教育中国·院士精品系列

普通高等教育"十三五"规划教材

PROCESSING TECHNOLOGY OF AQUATIC PRODUCTS

水产品加工学

朱蓓薇　董秀萍　主编

化学工业出版社

·北京·

本书以水产品加工工艺为主，涉及水产品加工原料、水产品的安全性相关内容。水产品加工原料全面介绍了各类典型的水产品，并结合水产化学方面的知识，归纳水产品加工原料的特点、化学组成及其在加工和贮藏过程中的变化。水产品加工工艺较为系统地介绍了各种水产加工制品的加工工艺，包括冷冻制品、干制品、腌制品、熏制品、鱼糜及其制品、罐头、调味料、海藻、海珍品及海洋功能食品。设置了章前兴趣引导和问题导向，明确了学习目标；在正文中设置了概念检查和案例教学；在章后设置了总结和课后练习，提高学生对学习内容的理解能力和解决工程问题的能力。

本书适用于高等院校食品科学与工程专业教材或教学参考书，也可作为从事水产品加工的科技人员及相关研究人员的阅读参考书。

图书在版编目（CIP）数据

水产品加工学 / 朱蓓薇，董秀萍主编 . —北京：化学工业出版社，2019.12（2022.6重印）

普通高等教育"十三五"规划教材

ISBN 978-7-122-35765-6

Ⅰ.①水… Ⅱ.①朱… ②董… Ⅲ.①水产品加工 - 高等学校 - 教材 Ⅳ.①S98

中国版本图书馆 CIP 数据核字（2019）第 256528 号

责任编辑：赵玉清
责任校对：杜杏然
文字编辑：周 侗
装帧设计：尹琳琳

出版发行：化学工业出版社
　　　　　（北京市东城区青年湖南街13号　邮政编码100011）
印　　装：北京建宏印刷有限公司
889mm×1194mm　1/16　印张25　字数660千字
2022年6月北京第 1 版第 4 次印刷

购书咨询：010 - 64518888
售后服务：010 - 64518899
网　　址：http：// www.cip.com.cn
凡购买本书，如有缺损质量问题，本社销售中心负责调换。

《水产品加工学》
编写组人员及单位信息

主编： 朱蓓薇　董秀萍

参编人员及单位：

章	章节名称	单位	参编人员
第一章	水产品加工原料概述	大连工业大学	朱蓓薇、董秀萍
第二章	主要水产品加工原料	大连工业大学	朱蓓薇、董秀萍
第三章	水产品加工原料的化学组成	大连工业大学	吴海涛
第四章	水产品成分在加工贮藏中的变化	大连工业大学	吴海涛
第五章	冷冻水产品加工	中国海洋大学	曾名湧、刘尊英
第六章	干制水产品加工	中国海洋大学	曾名湧、刘尊英
第七章	腌制水产品加工	集美大学	杨燊
第八章	熏制水产品加工	浙江工商大学	戴志远、张益奇
第九章	鱼糜及鱼糜制品加工	浙江工商大学	戴志远、张益奇
第十章	水产品罐头加工	大连工业大学	朱蓓薇、李冬梅
第十一章	水产品调味料加工	大连海洋大学	赵前程、马永生
第十二章	海藻加工	大连工业大学	宋爽、启航
第十三章	海珍品加工	大连工业大学	朱蓓薇、董秀萍、秦磊
第十四章	海洋功能食品加工	海南大学	申铉日、何燕富
第十五章	水产品加工高新技术	海南大学	申铉日、何燕富
第十六章	水产品质量与安全	集美大学	刘光明

前言

习近平总书记指出，党和国家事业发展对高等教育的需要比以往任何时候都更加迫切，对科学知识和卓越人才的渴求比以往任何时候都更加强烈。推进"新工科"建设是高等教育主动服务国家新一轮科技革命和产业变革、发展新经济战略的迫切需要。如何培养出一流工科人才是新时代高校人才培养改革和实践的重要课题。

当前，加强工程教育是高等学校工科人才培养的主要指导方针，教材是知识传播和文化传承的重要载体。在教育部食品科学与工程类教学指导委员会的指导下，全国各食品院校对食品专业的培养主线，知识体系和培养模式进行重组提升，对核心课程教学内容进行优化升级，力求做到理论与实践相结合，知识目标与能力目标相统一，使教材能和翻转式、混合式、探究式等教学形式以及富媒体新技术教学手段相适应，不断致力于构建完善的教材建设体系，在提高我国食品类专业人才培养质量等方面发挥了积极作用。

本教材是作者们在多年来讲授相关课程的基础上，经过不断探索实践，按照教育部一流课程教材建设要求，在化学工业出版社的大力支持下，综合了大连工业大学、中国海洋大学、浙江工商大学、大连海洋大学、海南大学、集美大学等高校在教学与科研两方面的经验，参考了国内外大量的文献和著作编写而成，力求能够反映现代水产品加工领域的最新理论和研究成果，强化工程实践能力和创新意识的培养，以期达到既符合国家水产品行业人才培养需求，又能够切实提高学习者的基本技能和实践动手能力的目的。

我国是世界第一渔业大国，水产品产量近 30 年连续居世界第一位。水产品加工业是整个渔业发展的龙头，也是连接一产和三产的桥梁纽带，是加快现代渔业发展的重要内容。随着水产品加工技术的提高，冷冻、干制、腌制、烟熏、鱼糜、罐藏、调味料等传统水产制品被赋予了科技的内涵，海珍制品及海洋功能食品等新兴产业也成为推动水产生产持续发展的重要动力。本教材以水产品加工为主线，涉及水产品加工原料、水产品的安全性等相关内容。水产品加工原料全面介绍了各类典型的水产品，并结合水产化学方面的知识，归纳水产品加工原料的特点、化学组成及其在加工和贮藏过程中的变化。水产品加工工艺较为系统的介绍了各种水产加工制品的加工工艺，包括冷冻制品、干制品、腌制品、熏制品、鱼糜及其制品、罐头、调味料、海藻、海珍品及海洋功能食品。

为促进学习过程，引导学生开阔思路，积极思考，主动参与教学与讨论，培养创新型人才，参照教育部"金课"建设的"两性一度"的要求，本书具有以下特色：

• 每章设置了兴趣引导、问题导向和学习目标，提供相关主题讨论，使学生的注意力集中到应该学到的知识上；

- 教学过程中针对性设置概念检查和案例教学，检测学生们在概念水平上理解学科知识的程度；

- 每章后提炼知识点小结，增加课后练习，充分调动学生自我思考的能力，进一步提高学生对概念的理解；

- 设置的工程设计问题的思考，是为了提高学生解决复杂问题的综合能力，培养学生未来去探究前沿学科的高级思维习惯，最终达到加强能力和技巧的培养目的；

- 提供了学生学习资源（二维码链接）、教师资源（www.cipedu.com.cn）两类数字化教学资源，方便教学的同时，更有助于学生对所学知识的理解与应用。

因此，本书不仅可以作为食品科学与工程、食品质量与安全、海洋资源开发技术等专业本科生和研究生的教材或教学参考书使用，还可以作为从事水产品加工的相关领域工作人员的参考书和工具书。

本书为新编教材，内容上既注意深度与先进性，又注意与实际紧密结合，以学生为中心的原则，力求结构安排更加合理。全书共分十六章，第一、二章由朱蓓薇和董秀萍编写；第三、四章由吴海涛编写；第五、六章由曾名湧和刘尊英编写；第七章由杨燊编写；第八、九章由戴志远和张益奇编写；第十章由朱蓓薇和李冬梅编写；第十一章由赵前程和马永生编写；第十二章由宋爽和启航编写；第十三章由朱蓓薇、董秀萍和秦磊编写；第十四、十五章由申铉日、何燕富编写；第十六章由刘光明编写。全书由朱蓓薇、董秀萍和吴海涛负责统稿。博士研究生李德阳、谢伊莎、阎佳楠、许喆、崔蓬勃、宋玉昆参与了本书的文字校对工作。

水产品加工学所涉及的内容和领域广泛，限于编者水平，本书内容中难免存在疏漏和不妥之处，恳请读者批评指正。

编　者
2019.10
于大连工业大学

第三章 水产品加工原料的化学组成 044

第四章 水产品成分在加工贮藏中的变化 056

第八章　熏制水产品加工　　136

第九章　鱼糜及鱼糜制品加工　　148

第十三章　海珍品加工　256

第十四章　海洋功能食品加工　300

第十五章　水产品加工高新技术 332

第十六章　水产品质量与安全　368

第一章　水产品加工原料概述

○○ —— ○○ ○ ○○

作为人类食物的重要来源，种类繁多的水产品不仅承载着解决人类食物安全的重任，更肩负着提高人类健康和生活质量的使命。加深对水产资源特性的了解，提高对水产资源的高质化加工和高值化利用，是落实"加快建设海洋强国""健康中国2030"等国家战略的重要举措。

（a）海底世界（一）

（b）海底世界（二）

（c）几种常见的水产品原料

❋ 为什么要了解水产品加工原料的特性?

　　水产品加工原料是开展加工的重要基础,但原料种类繁多,特性各有差异,加工方式不能统一,只有通过了解原料的特性,并因地制宜控制加工过程,使加工过程更加科学合理,提高原料的利用率,进而满足当前社会和消费者对食品越来越高的要求。了解水产品加工原料的种类和特性,有助于产品研发过程中确定加工工艺及控制参数,掌握水产加工种类的不同加工特性,也是未来指导工程应用的必备知识。

👁 学习目标

○ 描述我国海洋渔业资源和内陆渔业资源的现状。
○ 叙述什么是水产品加工,进行水产品加工的目的。
○ 描述水产品加工原料的主要特性。
○ 掌握水产品加工原料的主要品种。

第一节　水产资源概述

　　水产资源是天然水域中具有开发利用价值的经济动植物种类和数量的总和,又称渔业资源。按水域可分为海洋渔业资源和内陆渔业资源。

1. 海洋渔业资源

　　中国海疆辽阔,环列于大陆东南面有渤海、黄海、东海和南海 4 大海域,东部和南部大陆海岸线 1.8 万多千米,海域分布有大小岛屿 7600 多个,内海和边海的水域面积约 470 多万平方千米,蕴藏着丰富的海洋渔业资源。中国海域地处热带、亚热带和温带 3 个气候带,水产品种类繁多。

2. 内陆渔业资源

　　中国是世界上内陆水域面积最大的国家之一。在我国广阔的土地上,分布着众多的江河、湖泊、水库、池塘等内陆水域,总面积 27 余万平方千米。江河湖泊及水库既是渔业捕捞场所,又是水生经济动植物增殖、养殖的基地。此外,通过适当改造可用于养鱼的沼泽地、废旧河道、低洼河道、低洼易涝地和滨河、滨湖的滩涂等面积颇大,是中国内陆发展渔业的潜在水域资源。
　　水产品是生活于海洋和内陆水域野生和人工养殖的有一定经济价值的生物种类的统称。2018 年我国水产品总产量 6457.66 万吨,其中海水产品产量 3301.43 万吨，占总产量的 51.12%；淡水产品产量 3156.23 万吨，占总产量的 48.88%。总产量中养殖产量 4991.06 万吨，占中国渔业总产量的 77.29%，居世界首位；捕捞产量 1466.60 万吨，占总产量的 22.71%。在我国水产品产量统计中，按类别主要分为鱼类、甲壳类、贝类、藻类和头足类等，相应产量见表 1-1。由于水产生物与陆地生物生活环境极为不同，赋予了水产品特殊的营养成分，为水产食品的开发提供了前提条件。然而，水产品种类的多样性、生产活动的季节性以及原料的易腐性等因素又给水产品加工提出了更高的要求。

表1-1　2018年中国水产品产量（不包含远洋渔业）

项目	鱼类	甲壳类	贝类	藻类	头足类	其他
产量 / 万吨	3557.09	737.91	1527.76	236.91	56.99	115.25
总产量比例 /%	57.08	11.84	24.52	3.80	0.91	1.85

注：引自《中国渔业统计年鉴》，2019。

水产品加工是利用物理、化学、微生物学或机械等方法保藏和加工水产品的过程。水产品加工主要包括保鲜、食品加工和非食品加工三个方面。保鲜的目的在于防止水产品在生产、加工、流通过程中腐败变质，保持其良好的鲜度。食品加工是水产品加工的主要目的，是利用先进的设备与技术，将有经济价值的水产动、植物原料加工成适合消费者食用的成品与半成品的过程。非食品加工是指利用各种食用价值和商品价值低的水产品、水产品加工废弃物或水产动、植物体的某些组织和营养成分为原料进行的加工过程，主要产品为饲料、医药和化工产品，例如鱼粉、鱼肝油、水产皮革以及工艺品等。

第二节　水产品加工原料的分类

水产品加工原料主要是指具有一定经济价值和一些可供利用的、生活于海洋和内陆水域的生物种类。水产品加工原料的范围极为广泛，按其生物学特征可分为动物性原料和植物性原料。

一、动物性原料

常见的可作为水产品加工原料的动物有脊椎动物门、软体动物门、节肢动物门、棘皮动物门及腔肠动物门的某些种类。

（一）鱼类

鱼类依形态结构主要分为软骨鱼纲和硬骨鱼纲。

1. 软骨鱼纲

软骨鱼纲主要分为板鳃亚纲和全头亚纲。板鳃亚纲的分布较广，印度洋、太平洋和大西洋、南半球自赤道至南纬 55°、北半球自赤道至北纬 80°以上均有分布。根据形态特征不同，板鳃亚纲又分为鲨形总目和鳐形总目。其中鲨形总目在世界上约有 360 种，中国约有 100 种。鳐形总目在世界上共有 430 多种，我国有 80 多种。全头亚纲在世界上的种类较少，只有 30 多种，我国约有 5 种，如产于南海的长吻银鲛（*Rhinochimaera pacifica*）。

2. 硬骨鱼纲

硬骨鱼纲包括肉鳍亚纲和辐鳍亚纲。肉鳍亚纲的鱼类主要是化石，与加工业关系不大。辐鳍亚纲又称真口鱼纲。产于我国的有 8 个总目，26 个目。与加工业关系密切或有一定经济价值的辐鳍亚纲一些目的鱼类主要是鲟形目、鲱形目、鲑形目、鳗鲡目、鲤形目等。

（二）软体动物

软体动物主要包括贝类和头足类，可分为双神经纲、腹足纲、挠足纲、瓣鳃纲和头足纲，其中经济价值较高的有瓣鳃纲、腹足纲和头足纲中的一些种类。

1. 瓣鳃纲

瓣鳃纲动物的种类很多，约 15000 多种，大多数分布于海洋。如三角帆蚌、青蛤、文蛤、贻贝、蚶、扇贝、缢蛏、江瑶、珍珠贝、牡蛎等，都有很高的营养价值，是捕捞、养殖和出口加工的重要种类。

2. 腹足纲

腹足纲种类极多，遍及全世界的海洋、江河和陆地，如红螺、田螺和鲍鱼等都属于腹足类。

3. 头足纲

头足纲动物大约有 400 余种，常见的有 70 多种，全部是海产动物，如乌贼、长腕蛸、短蛸（章鱼）、鱿鱼等。头足类虽然种类不算多，但有的种类产量却极大。如枪乌贼的年捕捞量可达 600 万～700 万吨，与中上层鱼类和南极磷虾共同被国际渔业资源学家称为世界三大潜在渔业资源。

（三）甲壳动物

甲壳动物属于节肢动物门甲壳纲，主要包括虾类和蟹类。本纲动物绝大多数水生，在淡水和海水中均有分布，少数是陆生或半陆生的，也有一些是营寄生生活。甲壳动物目前已知有 30000 余种，根据形态特征，可分为：切甲亚纲和软甲亚纲。我国渔业捕获量较大的甲壳动物有梭子蟹、河蟹、对虾等。

（四）棘皮动物

棘皮动物是没有头部、体部等构造，体呈辐射对称的海产动物。其体形多种多样，有星状、球状、圆柱状和树状分枝等。棘皮动物的种类很多，包括海参纲、海胆纲、海星纲、海百合纲和海蛇函纲，其中经济价值较高的是海参纲的海参和海胆纲的海胆。

（五）腔肠动物

腔肠动物是最原始的多细胞动物，约 9000 多种，可分为水螅纲、珊瑚纲、钵水母纲和栉水母纲。其中经济价值较高的是钵水母纲的海蜇，其伞部的中胶层很厚，含有大量的水分和胶质物，经加工处理后成为蜇皮。

（六）爬行动物

爬行纲动物是陆生脊椎动物。它们的成体能在陆地生活，胚胎也能在陆地上发育。爬行动物是变温动物，主要经济品种为中华鳖。

二、植物性原料

藻类是主要的植物性水产食品原料。藻类是含叶绿素和其它辅助色素的低等自养植物。植物体为单细胞、群体或多细胞，一般结构简单，无根、茎、叶的分化，是一个简单的叶状体，故又称叶状体植物。它们的体形，除部分海产品比较大外，一般都相当微小。

藻类植物的种类繁多，已知种属的有 3 万种左右。我国的藻类资源相当丰富，迄今为止被认为有经济价值的藻类有 100 多种，但常见的经济价值较高的藻类主要属于褐藻门和红藻门，如褐藻门的海带、裙带菜，红藻门的紫菜、江蓠和石花菜等。

第三节 水产品加工原料的特性

一、多样性

水产品加工原料的多样性主要表现在种类繁多和成分的多变性两个方面。

（一）种类繁多

与农畜产品原料相比，水产品加工原料种类繁多，分布在广阔的海洋和内陆水域，不仅包括动物，还包括植物，个体大小和具体形态千差万别。

鱼类是水产资源中数量最大的类群，我国海洋鱼类有 1700 余种，经济鱼类约 300 种；而内陆水域定居繁衍的鱼类，粗略估计约 770 余种，其中不入海的纯淡水鱼 709 种，经济鱼类约 140 余种。我国的沿海和近海海域中，底层和近底层鱼类是最大的渔业资源类群，产量较高的鱼类有带鱼、马面鲀、大黄鱼、小黄鱼等；其次是小中上层鱼类，产量较高的有太平洋鲱、日本鲭、蓝圆鲹、鰤、银鲳、蓝点马鲛、竹荚鱼等。对于淡水渔业来说，由于我国大部分国土位于北温带，所以内陆水域中的鱼类以温水性种类为主，其中鲤科占中国淡水鱼的 1/2，鲶科和鳅科合占 1/4，其它各种淡水鱼占 1/4。占比重较大的品种有鲢、鳙、青鱼、草鱼、鲤、鲫、鳊等，其中鲢、鳙、青鱼、草鱼是中国传统养殖鱼类，被称为"四大家鱼"。它们具有生长快、适应性强等特点。

世界上藻类植物约有 2100 属，27000 种。我国藻类约 2000 种，经济藻类主要以大型海藻为主，人类已利用的约有 100 多种，列入养殖的只有五属，包括海带、裙带菜、紫菜、江蓠和麒麟菜属。我国甲壳类近 1000 种。在甲壳动物中，目前已知的海产甲壳动物包括蟹类 600 余种、虾类 360 余种、磷虾类 42 种，其中具有经济价值并构成捕捞对象的有 40 余种，主要为对虾类、虾类和梭子蟹科，品种有中国对虾、中国毛虾、三疣梭子蟹等。除了海产甲壳动物品种，我国还有丰富的淡水虾资源，包括青虾、白虾、糠

虾和米虾等。蟹类中的中华绒螯蟹在淡水渔业中占重要地位，是我国重要的出口水产品之一。头足类软体动物为经济价值较高的种类，我国近海约有 90 种，捕捞对象主要是乌贼科、枪乌贼科及柔鱼科，包括曼氏无针乌贼、中国枪乌贼、太平洋褶柔鱼、金乌贼等。此外，我国还具有多种既可采捕又能进行人工养殖的海产和淡水贝类，如海产双壳类的牡蛎、扇贝、鲍鱼、蛏和蚶，以及淡水贝类的螺、蚌和蚬等，其中扇贝和鲍鱼是珍贵的海产食品原料。

（二）成分的多变性

与陆生生物比较，水产动物的生长、栖息和活动都有一定的规律性，特别对于鱼贝类，其化学成分受种类、性别、季节、大小、洄游、产卵及栖息环境等不同而有很大差异。这些变动反映了鱼贝类的生理状态和营养状态，在这些变动中，营养成分的不断蓄积对水产品的营养和风味有一定贡献，但营养成分的变化也对水产品的加工特性造成不利影响。

水产原料的营养成分主要由水分、蛋白质、脂肪、糖类、无机盐及维生素组成。不同种类水产品加工原料，其各个化学组成的比例各不相同。与农畜品原料比较，水产品加工原料的水分含量较高（60%～90%）。按水分的存在状态可分为自由水和结合水，两者的比例为 4∶1，自由水在干燥时易蒸发，在冷冻时易冻结；而结合水通常与蛋白质及碳水化合物的羧基、羟基、氨基等形成氢键而结合，难于被蒸发和冻结。大部分鱼贝类的蛋白质含量约为 20%，可分为水溶性（肌浆）、盐溶性（肌原纤维）、不溶性（肌基质）等蛋白质组分。与畜肉相比，鱼肉蛋白的肌基质蛋白含量较低，而肌原纤维蛋白含量较高，因此，鱼肉往往比畜肉口感柔软。鱼贝类的总脂质的变化幅度比陆生动物的变化要大，并且脂质的含量与水分含量呈负相关性，水分含量高的鱼类脂质含量少。同时，部分水产品加工原料还含有一定的碳水化合物，包括糖原、二糖、单糖等。贮存于肌肉或肝脏中的糖原，是鱼贝类能量的来源。由于双壳贝类以糖原作为主要的能量贮藏，所以贝肉中的糖原含量比鱼肉高，例如蛤蜊 2%～6.5%、蛏 5%～9%、牡蛎 4%～6%、扇贝高达 7%，贝类的糖原含量受季节性影响很大。另外，藻类化学组成的基本特点是脂肪含量极低、碳水化合物和矿物质的含量相对较高。藻类的化学组成往往随着种类、季节变化、个体大小和部位以及生长环境（如生长基质、温度、光照、盐度、海流、潮汐等条件）不同而有显著的变化。

1. 鱼贝类一般成分的季节变化

水产原料的捕捞具有一定的季节性，目前关于水产品加工原料中主要营养成分的季节性变化的研究很多。鱼类的蛋白质和脂质（或与此相关的水分）随季节变化较大，而贝类的糖原随季节的变化较大。引起这种变化的原因主要有两个方面：一方面与年龄相关，一些成分随着年龄的增长而变化；另一方面是随着生殖周期的发生而变化。

鱼类肌肉脂质含量一般随年龄增长而增加。淡水鲢鱼肌肉中甘油三酯（TG）、游离脂肪酸（FFA）、磷脂（PL）和一种未知成分（UN）的含量随季节的变化而变化，其中 TG 的含量与鲢鱼体重呈线性相关，说明鲢鱼肌肉组织中的脂肪随着鱼体体重的增加而逐渐蓄积。鲈塘鳢冬季粗蛋白含量显著低于春季和夏季，而水分、灰分和粗脂肪含量没有显著的季节变化；能量密度在冬季最低，夏季最高，可能与其越冬期间大量消耗蛋白质和能量有关。

对于贝类，以泥蚶为例，其糖原含量在冬季（12 月～翌年 2 月）最高，在 8 月份最低；而蛋白质则呈现相反变动趋势，在糖原蓄积时呈最低值。表明泥蚶在性腺增殖生长期和休止期以糖原的形式储存能量，这种糖原积累的时期是泥蚶美味的季节。牡蛎的脂肪、糖原和蛋白质含量也与繁殖活动存在密切联系。魁蚶组织中的糖原含量在 3 月～7 月显著高于其它月份，并且性腺中的含量高于其他组织，于 5 月达最大值 64.2%，表明糖原在魁蚶繁殖活动中具有重要作用；蛋白质含量在除闭壳肌外的其他 3 种组织中出现冬季和产卵盛期两个低谷，说明蛋白质能够弥补糖原的供能不足，与繁殖活动存在密切联系。

2. 鱼类不同部位的成分组成差异

鱼体不同部位一般成分差别最大的是脂肪含量。一般情况下，腹肉比背肉含量高，表层肉比深层肉含量高，靠近头部的肉比尾肉含量高。对于草鱼、鳙、鲢和鲫鱼等几种淡水鱼的背肉和腹肉化学组成比较发现，灰分和蛋白质含量变化较小，水分和脂肪含量变化较大。另外，暗色肉是鱼类特有的肌肉组织。大量的研究表明，鱼类暗色肉中脂肪含量较多，而水分和蛋白质含量较低。例如竹荚鱼暗色肉中脂肪含量为 5.9%，普通肉中只有 1.7%；沙丁鱼暗色肉中脂肪含量达 12.8%，普通肉中只有 2.9%；狭鳞鳎鲽暗色肉中脂肪含量达 27.3%，普通肉中为 7.0%。从营养方面讲，暗色肉与普通肉并无太大差别，但由于暗色肉含有大量的色素蛋白——血红蛋白和肌红蛋白，这两类色素蛋白都易发生氧化，严重影响其加工特性，在加工中应引起高度重视。

3. 天然鱼类与养殖鱼类的成分组成差异

饵料对鱼类肌肉成分的变化也有一定影响。随着养殖技术的发展，越来越多的鱼类可以进行人工养殖，使渔获量不稳定性大大降低。虽然对天然鱼类与养殖鱼类的营养成分有了一定研究，但尚未总结出规律性。以鳗鲡为例，养殖鳗鲡的脂肪含量明显高于天然鳗鲡，水分含量则与此相反，而蛋白质和灰分变化不大。因此，采用养殖鱼类作为水产品加工原料，应考虑饵料组成对鱼类一般成分、加工特性及风味的影响。

二、营养性和功能性

水产品加工原料含有多种营养物质。作为食物源，水产品对调节和改善食物结构，供应人体健康所必需的营养元素起重要作用。

（一）蛋白质的营养性与功能性

从氨基酸组成、蛋白质的生物效价来看，水产品蛋白质的营养价值并不逊于鸡蛋、畜禽肉类等优质蛋白质。一些鱼类蛋白质的生理价值（BV）和净利用率（NPV）的测定值大约为 75～90，和牛肉、猪肉的测定值相当。以食物蛋白质中必需氨基酸的化学分析的数值为依据，FAO/WHO 在 1973 年提出的氨基酸计分模式（AAS）对各种鱼、虾、蟹、贝类蛋白质营养值的评定结果显示，多数鱼类的 AAS 值均为 100，与猪肉、鸡肉、禽蛋的数值相同，而高于牛肉和牛奶。但鲣、鲉、鲆、鲽等部分鱼类以及部分虾、蟹、贝类的 AAS 值低于 100，为 76～95。另外，鱼类蛋白质的消化率为 97%～99%，和蛋、奶相当，高于畜产肉类。除鱼类外，其它水产品也有其独特的蛋白质含量及组成优势。南极磷虾中的蛋白质含量丰富，可占其鲜质量的

15.40%～16.31%，蛋白质中所含的必需氨基酸占氨基酸总量的 42.32%～45.28%，必需氨基酸与非必需氨基酸的比值为 73.37%～82.74%，这一比值满足 FAO/WHO 推荐的理想蛋白质模式。牡蛎是优质蛋白质的良好来源，蛋白质含量占其干重 50.76%～56.57%，蛋白质中所含必需氨基酸占氨基酸总量 12.20%～14.15%，其中亮氨酸和赖氨酸占优势。刺参中含有较高的胶原蛋白，具有抗肿瘤、清除自由基的功能，可作为血管紧张素转移酶抑制剂；刺参的必需氨基酸和呈味氨基酸分别占氨基酸总量 28.49% 和 56.54%，同时富含甘氨酸和碱性氨基酸，使其可以与阿胶、龟板胶、鹿角胶等传统中药在成分和作用上相媲美。

鱼贝类的第一限制性氨基酸多为含硫氨基酸，这一点也与鸡蛋、肉类等相似。海带中的第一限制性氨基酸是赖氨酸，这一点与陆生植物，如大米和小麦相似。而且，不论鱼类在分类学上相差多远，其蛋白质中都具有相似的氨基酸组成，特别是丝氨酸、苏氨酸、蛋氨酸、酪氨酸、苯丙氨酸、色氨酸、精氨酸等含量，几乎无鱼种间的差异，血红肉的蛋白质亦是如此。甲壳类因种类不同，色氨酸及精氨酸含量略有差异。软体动物中贝类和鱿鱼在甘氨酸、酪氨酸、脯氨酸、赖氨酸等的含量上有所不同。甲壳类、贝类的肌肉蛋白质和鱼类相比，缬氨酸、赖氨酸和色氨酸等含量亦有不同。

（二）脂质的营养性与功能性

水产动物的脂质在低温下具有流动性，并富含多不饱和脂肪酸和非甘油三酯等，与陆生动物的脂质有较大差别。鱼类中的不饱和脂肪酸含量比畜肉高，且不同种类之间在数量及性质上的差异较大。同一种鱼，养殖品种与天然成长的品种之间脂肪酸组成不尽相同，这可能与喂养的饲料有关。例如，香鱼背肌的脂肪酸组成中，天然鱼中 18∶1、18∶2、20∶4、22∶6 的脂肪酸含量高，而养殖鱼 14∶0、16∶0、18∶3 及 20∶5 的脂肪酸含量高。鲍鱼的必需脂肪酸主要包括亚油酸（18∶2）、亚麻酸（18∶3）、花生四烯酸（ARA）以及二十碳五烯酸（eicosapentaenoic acid，EPA），二十二碳六烯酸（docosahexaenoic acid，DHA）含量极少或痕量。

另外，鱼贝类富含 n-3 系的多不饱和脂肪酸，这种特征在海水性鱼贝类中表现更为显著。EPA 和 DHA 对人类的健康有着极为重要的生理保健功能。鱿鱼中多不饱和脂肪酸占脂肪酸总量的 51.71%，其中 EPA 和 DHA 含量极其丰富，共占脂肪酸总量的 46.13%。牡蛎中多不饱和脂肪酸占总脂肪酸的 42.26%～45.24%，其中 DHA 占总脂肪酸的 18.53%～21.16%，EPA 占总脂肪酸的 17.23%～18.68%。海蜇含有 30 多种脂肪酸，海蜇皮、海蜇头、海蜇生殖腺的脂肪酸组成差别不大，多不饱和脂肪酸含量在 36.2%～38.7% 之间，其中 DHA、ARA 和 EPA 含量较高。

（三）糖类的营养性与功能性

在水产原料中，鱼贝类体内最常见的糖类为糖原，贮存于肌肉和肝脏中，是能量的重要来源。除了糖原之外，鱼贝类中还含有多糖类物质，例如黏多糖（glycosaminoglycan），主要存在于结缔组织中，常见的黏多糖除甲壳类的壳和乌贼骨中所含的甲壳质（chitin）外，还有鲸软骨和鲨鱼皮中的透明质酸（hyaluronic acid），鱿鱼和章鱼等皮内的软骨素（chondroitin），鲸和板鳃类、乌贼类的皮或软骨中的硫酸软骨素（chondroitin sulfate）等。

值得注意的是，糖类是海藻中的主要成分，一般占其干重的50%。其中，红藻中的糖类包括琼胶、卡拉胶、红藻淀粉和一些低聚糖及单糖，如木聚糖、甘露聚糖、糖醇等；褐藻中的糖类包括褐藻胶、褐藻淀粉、褐藻糖胶和甘露醇等低分子单糖；绿藻中的碳水化合物包括木聚糖、甘露聚糖、葡聚糖和硫酸杂多糖等。研究已经发现，大型海藻多糖及动物多糖具有多种生理活性功能，是海洋生物活性物质的研究热点之一。如海参体壁中含有的多糖成分具有增强免疫力、抗肿瘤、抗凝血、延缓衰老、保护神经细胞、保肝等多种生物活性，可作为功能性食品的重要功能因子；牡蛎多糖具有抗肿瘤、抗氧化、抗血栓及增强机体免疫功能等多种生物活性；鲍鱼多糖具有增强机体免疫力、抗癌等功能。

三、渔获量不稳定性

水产品原料的稳定供应是水产品加工生产的首要条件。但是，鱼类等水产品的渔获量受季节、渔场、海况、气候、生态环境等多种因素影响，难以保证一年中的稳定供应，这就使得部分水产品的加工生产具有季节性。特别是人为捕捞因素更会引起种群数量剧烈变动，甚至引起整个水域种类组成的变化。例如，我国原来的四大海产经济鱼类中的大黄鱼、小黄鱼和带鱼，由于资源的变动和酷渔滥捕等原因，产量日益下降；而某些低值鱼类如鲐鱼、沙丁鱼和鳀鱼等产量大幅度上升。随着我国远洋渔业的发展，柔鱼和金枪鱼的渔获量正在逐年增加。为了保护我国海洋渔业资源，减少幼鱼的海捕产量，我国沿海各海域已实行伏季休渔制度。1999年我国农业部决定，海洋捕捞计划产量实行"零增长"，为渔业的持续发展奠定基础，并逐步向科学管理、合理利用水产资源的方向发展。近年来，随着我国养殖技术的不断发展，养殖水产品占水产品总量的比重不断增加。很多养殖水产品可以常年稳定供应，使渔获量的不稳定性有所改善。

四、易腐性

水产植物藻类属于易于保鲜的品种，而水产动物原料一般含有较高的水分和较少的结缔组织，因此，与陆生动物相比，极易腐败变质。原因如下：

① 鱼体在消化系统、体表、鳃丝等处都黏附着细菌，并且种类繁多。鱼体死后，这些细菌开始向纵深渗透，在微生物的作用下，鱼体中的蛋白质、氨基酸及其它含氮物质被分解为氨、三甲胺、吲哚、硫化氢、组胺等低级产物，使鱼体产生腐败的臭味，这个过程就是细菌腐败，也是鱼类腐败的直接原因。

② 鱼体内含有活力很强的酶，如内脏中的蛋白质分解酶、脂肪分解酶，肌肉中的腺苷三磷酸（ATP）分解酶等。一般来说，鱼贝类的蛋白质容易变性，在各种蛋白质分解酶的作用下，蛋白质分解，游离氨基酸增加，氨基酸和低分子的含氮化合物为细菌的生长繁殖创造了条件，加速了鱼体的腐败进程。此外，鱼类特别是红色肉鱼类死后，体内糖原代谢产生乳酸，使pH值大幅度下降，加重了肌红球蛋白在酸性条件下的不稳定性，这也是加工中值得注意的问题之一。

③ 鱼贝类的脂质由于含有大量的EPA和DHA等高度不饱和脂肪酸而易于变质，产生酸败，不饱和脂肪酸的双键被氧化生成过氧化物及其分解物加快了蛋白质变性和氨基酸的劣化。鱼贝类中蛋白质和脂质的这种极不稳定性，是由它们所生存的生态环境所决定的固有特性。

④ 外界的环境对水产动物的腐败有促进作用，例如高温及阳光照射等。一般鱼贝类栖息的环境温度较低，在稍高的温度环境中放置，酶促反应大大提高，加快了腐败进程。

水产品加工原料的这些特性决定了其加工产品的多样性、加工过程的复杂性和保鲜手段的重要性。因此，原料保鲜是水产品加工过程中最重要的环节，有效的保鲜措施可避免鱼贝类捕获后腐败变质的发生。

 概念检查 1-1

○ 描述水产品加工原料的主要特性。

○ 水产品加工原料中哪一类原料易腐败，腐败的主要原因是什么？如何解决？请结合所学的知识谈谈水产品加工原料特性对加工工艺的影响。

参考文献

[1] 朱蓓薇，曾名湧 . 水产品加工工艺学 [M]. 北京：中国农业出版社，2011.

[2] 石彦国 . 食品原料学 [M]. 北京：科学出版社，2016.

[3] 章超桦，薛长湖 . 水产食品学 [M]. 3 版 . 北京：中国农业出版社，2018.

[4] 张显良 . 中国渔业统计年鉴 [M]. 北京：中国农业出版社，2019.

[5] Lorenzo José，Agregán Rubén，Paulo M，et al.Proximate composition and nutritional value of three macroalgae：Ascophyllum nodosum，Fucusvesiculosus and Bifurcariabifurcata [J]. Marine Drugs，2017，15（11）:360-370.

[6] 杜双双 . 浅谈藻类对环境净化和环境保护的作用 [J]. 资源导刊：地球科技版，2013，7:100-101.

[7] 李畅，陈紫琪，卢荆澳，等 . 野生葛氏鲈塘鳢营养成分及能量密度的季节变化 [J]. 安徽农业科学，2017，45（8）:117-118.

[8] 邓传敏，孔令锋，于瑞海，等 . 长牡蛎壳金选育群体性腺发育与营养成分的周年变化 [J]. 中国水产科学，2017，（1）:40-49.

[9] 阮飞腾，高森，李莉，等 . 山东沿海魁蚶繁殖周期与生化成分的周年变化 [J]. 水产学报，2014，38（1）:47-55.

[10] 陈舜胜，陈椒，俞鲁礼，等 . 几种淡水商品鱼背、腹肉一般成分的季节变化 [J]. 上海海洋大学学报，1995，（2）:99-106.

[11] 谌芳，刘晓娜，吉维舟，等 . 5 种淡水鱼的肌肉及肝脏营养成分测定及比较 [J]. 贵州农业科学，2016，（11）:108-111.

[12] 刘丽，刘承初，赵勇，等 . 南极磷虾的营养保健功效以及食用安全性评价 [J]. 食品科学，2010，31（17）:443-447.

[13] 刘志东，王鲁民，陈雪忠，等 . 南极磷虾蛋白的研究进展 [J]. 食品与发酵工业，2017，（07）:247-256.

[14] Zhu Y J，Li Q，Yu H，et al.Biochemical composition and nutritional value of different shell color strains of pacific oyster Crassostrea gigas [J].Journal of Ocean University of China，2018，17（4）:897-904.

[15] 赵艳芳，盛晓风，宁劲松，等 . 我国北方 3 种主要养殖模式刺参的营养组成与功能性成分差异研究 [J]. 食品安全质量检测学报，2018，9（08）:81-87.

[16] 王永辉，李培兵，李天，等 . 刺参的营养成分分析 [J]. 生物资源，2010，32（4）:35-37.

[17] 徐玮，麦康森，王正丽 . 鲍鱼必需脂肪酸营养生理研究 [J]. 中国海洋大学学报：自然科学版，2004，34（6）:983-987.

[18] 刘艳青，李兆杰，李国云，等 . 雌、雄皱纹盘鲍内脏脂肪酸及磷脂组成的比较分析 [J]. 食品科学，2013，34（10）:184-186.

[19] 方益，夏松养 . 北太平洋红鱿鱼营养成分分析及评价 [J]. 浙江海洋学院学报，2014，（1）:85-91.

[20] 马永全，于新，黄小红，等 . 海蜇的药用与食用价值研究进展 [J]. 广东农业科学，2009，（9）:153-156.

[21] 张红玲, 韦豪华, 李兴太 . 海参多糖的提取分离与生物活性研究进展 [J]. 食品安全质量检测学报, 2017, (06): 126-131.

[22] 侯丽, 汪秋宽, 何云海, 等 . 牡蛎多糖提取及其对小鼠急性酒精肝损伤的保护作用 [J]. 食品工业科技, 2014, (22): 356-359.

[23] 殷红玲, 杨静峰, 李冬梅, 等 . 酶法提取鲍鱼多糖的研究 [J]. 食品与发酵工业, 2006, 32 (12):158-160.

[24] 罗晓航 .PEF 结合酶法提取鲍鱼脏器粗多糖及其抗氧化活性研究 [D]. 福建农林大学, 2012.

总结

○ 渔业资源

　• 海洋渔业资源

　• 内陆渔业资源

○ 水产品加工原料主要特征

　• 多样性

　• 营养性和功能性

　• 渔获量不稳定性

　• 易腐性

○ 常见水产动物性原料

　• 鱼类、软体动物、甲壳动物、棘皮动物、腔肠动物、爬行动物

○ 常见水产植物性原料

　• 藻类

课后练习

一、正误题

1) 水产品加工是利用物理、化学、微生物学或机械等方法保藏和加工水产品的过程。（　　）

2) 只要是生活于海洋和内陆水域的生物种类都可以作为水产品加工原料。（　　）

3) 水产品加工原料的特性主要表现在种类繁多和成分的多变性两个方面。（　　）

4) 不同种类水产品加工原料，其各个化学组成的比例大致相同。（　　）

二、选择题

1) 水产品加工主要包括（　　）、食品加工和非食品加工三个方面。

　A. 保存　　　　　　　B. 保鲜　　　　　　　C. 预处理

2) 鱼体不同部位一般成分差别最大的是脂肪含量。一般情况下，脂肪含量在腹肉中比背肉含量（　　），表层肉中比深层肉含量（　　），靠近头部肉中比尾肉含量（　　）。

　A. 高，高，低　　　　B. 高，低，高　　　　C. 高，高，高

设计问题

水产品原料易腐败变质的原因。

第二章　主要水产品加工原料

在海藻繁茂的海底，生活着各种各样的水产动物，其中有一种像黄瓜一样的动物，它们披着褐色或苍绿色的外衣，身上长着许多突出的肉刺，这就是海中的"人参"——海参。虽然海参其貌不扬，生存历史却使人惊诧，在六亿多年前的前寒武纪就开始存在了。海参类的垂直分布幅度也很大，从潮间带到几千米深的大洋深处，甚至万米深渊海沟都有海参栖息。刺参是海参中较为名贵的品种，也是我国重要的海水养殖品种。在自然海区，刺参利用管足和肌肉的伸缩在海底做迟缓运动，当夏季来临水温升高到一定温度后，一定规格的刺参会向深水处迁移，在海水较深、较平静的岩礁附近不食不动，进入"夏眠"。

（a）与藻类嬉戏的小鱼

（b）生活在中国北方海底的海参

（c）生活在中国北方海底的扇贝

✿ 为什么要认识主要水产品加工原料？

　　我国水产品加工原料种类繁多，分布在广阔的海洋和内陆水域，不仅包括动物，还包括植物，个体大小和具体形态千差万别。虽然水产品加工原料具有相似特性，但每个品种间仍存在较大差异，这种差异会影响原料的加工特性。通过了解和认识常见水产品加工原料，有助于发展原料自身特有加工性质，提升原料的价值，提高水产原料资源的利用率。

👁 学习目标

○ 认识常见的水产品原料。
○ 了解常见的水产品原料加工利用。

第一节　鱼类

　　作为水产品加工原料的鱼类，主要分为海洋鱼类和淡水鱼类两种。鱼类食品肉质细嫩，味道鲜美，富含优质蛋白质，容易消化吸收，尤其适宜老人、幼儿和病人食用。鱼类中脂肪含量低，热能低，所以鱼肉是高蛋白质、低热量的食物，是比家禽、家畜都要优越的动物性食物。另外，鱼类含多种维生素和无机盐，包括维生素 A、维生素 D、烟酸、钙、磷、钾、铜、锌、硒、碘等。

一、海洋鱼类

（一）带鱼

　　带鱼（*Trichiurus haumela*）是中国最主要的海产经济鱼类之一，广泛分布于世界各地的温带、热带海域。中国的沿海均产带鱼，东海和黄海分布最多。带鱼是多脂鱼类，味道鲜美，经济价值很高。除鲜销外，可加工成罐头制品、鱼糜制品、腌制品和冷冻小包装制品等。

　　带鱼又称刀鱼、牙鱼、白带鱼，属硬骨鱼纲（Osteichthyes）、鲈形目（Perciformes）、带鱼科（Trichiuridae）、带鱼属（*Trichiurus*）。带鱼鱼体显著侧扁，呈带状，尾细长如鞭；一般体长为 60～120cm，体重 200～400g。头窄长而侧扁，前端尖突，两颌牙发达而尖锐。体表光滑，鳞退化成表皮银膜，全身呈浮游光泽的银白色，背部及背鳍、胸鳍略显青灰色（如图 2-1 所示）。

（二）大黄鱼

　　大黄鱼（*Pseudosciaena crocea*）是中国主要海产经济鱼类之一，分布于中国黄海南部、福建和江浙沿海。目前市场上所见的多为养殖品种。大黄鱼肉质鲜嫩，目前绝大部分为鲜销，还可加工成风味独特的水产品，大黄鱼的鱼鳔可干制成名贵的鱼肚。

图2-1　带鱼

大黄鱼又称黄鱼、大王黄、大鲜，属硬骨鱼纲（Osteichthyes）、鲈形目（Perciformes）、石首鱼科（Sciaenidae）、黄鱼属（Pseudosciaena）。大黄鱼体长椭圆形，侧扁，尾柄细长；一般成体鱼长为30～40cm，体长为高的3倍多。头大而侧扁，背侧中央枕骨棘不明显，鱼体黄褐色，腹面金黄色（如图2-2所示）。

（三）小黄鱼

小黄鱼（Pseudosciaena polyactis）是中国主要的经济鱼类之一，主要分布于黄海、渤海、东海、台湾海峡以北的海域，主要产地在江苏、浙江、福建、山东等省的沿海地区。小黄鱼肉质鲜嫩，营养丰富，可供鲜销或腌制，鳔可制备鱼鳔胶，精巢提取鱼精蛋白。

小黄鱼又称黄花鱼、小鲜，属硬骨鱼纲（Osteichthyes）、鲈形目（Perciformes）、石首鱼科（Sciaenidae）、黄鱼属（Pseudosciaena）。小黄鱼的外形与大黄鱼相似，但体形较小，一般体长为16～25cm，体重200～300g（如图2-3所示）。

图2-2　大黄鱼

图2-3　小黄鱼

 概念检查 2-1

○ 描述大黄鱼与小黄鱼加工利用方面的主要区别。

（四）海鳗

海鳗（Muraenesox cinereus）是海产经济鱼类，分布于印度洋和太平洋，在中国主要产于东海。海鳗肉质洁白细嫩，味道鲜美，营养丰富。除鲜销外，可加工成罐头、鱼丸、鱼香肠等。同时，鳗鱼也是制作鱼糜制品和鱼肝油的原料。

海鳗又名鳗鱼、牙鱼，属硬骨鱼纲（Osteichthyes）、鳗鲡目（Anguilliformes）、海鳗科（Muraenesocidae）、海鳗属（Muraenesox）。海鳗体长近似圆筒状，后部侧扁；一般体长为35～60cm，体重1000～2000g。头长而尖，口大，口裂达眼后方；眼大，呈卵圆形。全身光滑无鳞，侧线明显；背部呈银灰色，个体大的呈暗褐色，腹部近乳白色，背鳍和臀鳍边缘呈黑色（如图2-4所示）。

图2-4　海鳗

（五）绿鳍马面鲀

绿鳍马面鲀（*Navodon septentrionalis*）资源丰富，营养价值较高，主要分布于中国东海、黄海及渤海，东海产量较大。绿鳍马面鲀肉质结实，营养丰富，除鲜销外，经深加工制成美味烤鱼片畅销国内外，是出口的水产品之一。绿鳍马面鲀也可加工成罐头食品和鱼糜制品。另外，它的鱼肝占体重的4%~10%，出油率较高，可作为鱼肝油制品的油脂来源之一。

绿鳍马面鲀又称马面鱼、象皮鱼，属硬骨鱼纲（Osteichthyes）、鲀形目（Tetraodontiformes）、革鲀科（Aluteridae）、马面鲀属（*Navodon*）。绿鳍马面鲀鱼体较侧扁，呈长椭圆形；一般体长为10~20cm，体重40g左右。头短口小，眼小位高，鳞细小，呈绒毛状。鱼体呈蓝灰色，无侧线；尾柄长，尾鳍截形，鳍条呈墨绿色；第二背鳍、胸鳍和臀鳍均为绿色（如图2-5所示）。

（六）鲐鱼

鲐鱼（*Pneumatophorus japonicus*）具有很高的经济价值，分布于太平洋西部，中国近海均产之，主要产地有海洋岛、连青石、大沙及沙外等渔场。肉质坚实，除鲜销外，还可制成腌制品和罐头，其肝可提炼鱼肝油。鲐鱼体内酶活性强，体内糖原分解迅速，组织易软化，尤其当气温高时，分解更快。因此，鲐鱼的保鲜非常重要，同时也可利用鲐鱼的这一特点，对其中的内源酶进行分离提纯，值得进一步研究。

鲐鱼又称鲭鱼、鲐鲅鱼、青花鱼，属硬骨鱼纲（Osteichthyes）、鲈形目（Perciformes）、鲭科（Scombridae）、鲐属（*Pneumatophorus*）。鱼体粗壮微扁，呈纺锤形，一般体长为20~40cm，体重150~400g。头大、前端细尖似圆锥形，眼大位高，口大，上下颌等长。体背呈青黑色或深蓝色，体两侧胸鳍水平线以上有不规则的深蓝色虫蚀纹，腹部白而略带黄色；两个背鳍相距较远，尾鳍深叉形，基部两侧有两个隆起脊；胸鳍浅黑色，臀鳍浅粉红色，其他各为淡黄色（如图2-6所示）。

（七）蓝点马鲛

蓝点马鲛（*Scomberomorus niphonius*）是黄海、渤海产量最高的经济鱼类，分布于北太平洋西部，中国产于东海、黄海和渤海近海海域。蓝点马鲛鱼肉多刺少，肉质坚实紧密，味道鲜美，营养丰富。除鲜销外，可加工成罐头、咸干

图2-5　绿鳍马面鲀

图2-6　鲐鱼

品和熏制品。鱼肝维生素A和维生素D含量较高，是中国北方地区生产鱼肝油制品的主要原料之一。

　　蓝点马鲛又称鲅鱼，属硬骨鱼纲（Osteichthyes）、鲈形目（Perciformes）、鲭科（Scombridae）、马鲛属（Scomberomorus）。体长而侧扁，呈纺锤形，一般体长为25～50cm，体重300～1000g。口大，稍倾斜；体被细小圆鳞，侧线呈不规则的波浪形；尾柄细，每侧有三个隆起脊，中央脊长而且最高；尾鳍大，呈深叉形。鲅鱼体背部呈蓝黑色，体侧中央布满蓝色斑点，腹部呈银灰色，带蓝点的鲅鱼为北方海域独有，南方的鲅鱼很少有蓝点（如图2-7所示）。

彩图2-7

图2-7　蓝点马鲛

（八）银鲳鱼

　　银鲳鱼（Pampus argenteus）是名贵的海产食用鱼类之一，分布于印度洋和太平洋西部。中国沿海均产之，东海与南海较多。主要渔场有黄海南部的吕泗渔场，可形成较大的渔汛。银鲳鱼肉质细嫩且刺少，可加工成罐头和干制品。

　　银鲳鱼又称白鲳、镜鱼、鲳片鱼、平鱼，属硬骨鱼纲（Osteichthyes）、鲈形目（Perciformes）、鲳科（Stromateidae）、鲳属（Pampus）。体呈卵圆形，侧扁，胸、腹部为银白色，一般体长20～30cm，体重300g左右。头较小，吻圆钝略突出。头胸相连明显，口、眼都很小，两颌各有一行细牙。无腹鳍，鳍刺很短，尾鳍叉形，下叶长于上叶；体被细小的圆鳞，易脱落，侧线完全；体背部微呈青灰色，胸、腹部为银白色，全身具银色光泽并密布黑色细斑。（如图2-8所示）。

（九）卵形鲳鲹

　　卵形鲳鲹（Trachinotus ovatus）栖息在太平洋、印度洋及大西洋的暖海中上层区域，在中国的南海和东海等近海也有分布。卵形鲳鲹是中国海南、广东和广西等省（自治区）重要的海水养殖名贵经济鱼类。卵形鲳鲹肉质细嫩，味道鲜美。卵形鲳鲹是鱼片及鱼糜制品深加工的优质原料。

　　卵形鲳鲹又称黄腊鲳、金鲳、黄腊鲹，属硬骨鱼纲（Osteichthyes）、鲈形目（Perciformes）、鲹科（Stromateidae）、鲳鲹属（Trachinotus）。体短而高，极侧扁，略呈菱形。头较小，吻圆，口小、牙细。成鱼腹鳍消失。尾鳍分叉颇深，下叶较长。体为银白色，上部微呈青灰色。以甲壳类等为食。体背部微呈青灰色，胸、腹部微呈银白色，全身具银色光泽（如图2-9所示）。

图 2-8　银鲳鱼　　　　　　　　图 2-9　卵形鲳鲹

（十）大眼金枪鱼

大眼金枪鱼（*Thunnus obesus*）是金枪鱼类中仅次于蓝鳍金枪鱼的大型鱼种，广泛分布于热带、亚热带海域，在中国分布于南海和东海。金枪鱼类肉味鲜美，有"海中鸡肉"之称，可加工成罐头、生鱼片等。

大眼金枪鱼又称肥壮金枪鱼、大目鲔，属硬骨鱼纲（Osteichthyes）、鲈形目（Perciformes）、金枪鱼属（*Thunnus*）。体呈纺锤形，肥满粗壮，体前中部为亚圆筒状。一般为体长 1.5~2.0m，体重 100kg 左右。尾柄短，两侧各有一大隆起脊，尾基上下方另有 2 个小隆起脊。头部圆大、吻短、眼大，上颌骨平直，上下颌有小型锥齿一列。体被栉鳞，胸甲鳞片显著大。侧线在胸鳍上方呈波状，向后沿背缘延伸达尾基。体头背部青蓝色，臀鳍淡色，腹鳍灰色，前端微带黄色，小鳍黄色，有黑色边缘（如图 2-10 所示）。

彩图 2-10

图 2-10　大眼金枪鱼

（十一）远东拟沙丁鱼

沙丁鱼是集群性洄游鱼类，分布于大西洋东北部、地中海沿岸。中国沙丁鱼类主要为小沙丁鱼属及拟沙丁鱼属。小沙丁鱼属中以金色小沙丁鱼和裘氏小沙丁鱼产量最高；拟沙丁鱼属中的远东拟沙丁鱼（*Sardinops melanostictus*）是沙丁鱼中产量最高的鱼类，在中国东南沿海有分布。沙丁鱼肉质鲜嫩，由于此种鱼个体小、产量高、产值低、保鲜加工困难大，多作鱼粉原料，可加工制得鱼糕、鱼丸、鱼卷、鱼香肠等多种方便食品。

远东拟沙丁鱼又称沙脑鳁、真鳁、大肚鳁，属硬骨鱼纲（Osteichthyes）、鲱形目（Clupeiformes）、鲱科（Clupeidae）、拟沙丁鱼属（*Sardinops*）。体形侧扁，一般体长 14~20cm，体重 20~100g。体被大圆鳞，不易脱落；体背部青绿色、腹部银白色，体侧有两排蓝黑色圆点；鳃盖骨上有明显的线状射出条纹；尾鳍深叉形，鳍基有 2 个显著的长鳞（如图 2-11 所示）。

（十二）竹荚鱼

竹荚鱼（*Trachurus japouicus*）是中国的一般经济鱼类，主要分布于南海、东海及黄海。除供鲜销外，还可加工成罐头或咸干品。

竹荚鱼又称刺公、池鱼姑、真鲹，属硬骨鱼纲（Osteichthyes）、鲈形目（Perciformes）、鲹科（Carangidae）、竹荚鱼属（*Trachurus*）。鱼体呈纺锤形，侧扁；口大，上下颌有细牙一列；圆鳞，易脱落，侧线上全部被棱鳞，棱鳞高而强，形如用竹板编制的组合隆起荚，竹荚鱼由此得名（如图2-12所示）。

图 2-11　远东拟沙丁鱼　　　　　　　　　　图 2-12　竹荚鱼

（十三）鲈鱼

鲈鱼（*Lateolabrax japonicus*）为常见的经济鱼类之一，也是发展海水养殖的品种。分布于太平洋西部、中国沿海及通海的淡水水体中，黄海、渤海较多。主要产地是青岛、石岛、秦皇岛及舟山群岛等地。鲈鱼肉质坚实洁白，味道鲜美，营养丰富。

鲈鱼又称花鲈、四肋鱼、鲈鲛，属硬骨鱼纲（Osteichthyes）、鲈形目（Perciformes）、鮨科（Percidao）、花鲈属（*Lateolabrax*）。个体大，最大可达30～50斤❶。体延长而侧扁，一般体长30～40cm，体重400～800g。眼间隔微凹。口大，下颌长于上颌。吻尖，牙细小，在两颌、犁骨及腭骨上排列成绒毛状牙带。侧线完全与体背缘平行，体被细小栉鳞，皮层粗糙，鳞片不易脱落。体背侧为青灰色，腹侧为灰白色。体侧及背鳍鳍棘部散布着黑色斑点，随年龄增长，斑点逐渐不明显。腹鳍位于胸鳍始点稍后方。第二背鳍基部浅黄色，胸鳍黄绿色，尾鳍叉形呈浅褐色（如图2-13所示）。鲈鱼因其体表肤色有差异而分白鲈和黑鲈。黑鲈的黑色斑点不明显，除腹部灰白色外，背侧为古铜色或暗棕色；白鲈鱼体色较白，两侧有不规则的黑点。

图 2-13　鲈鱼

彩图 2-13

（十四）大菱鲆

大菱鲆（*Scophthalmus maximus*）主要产于大西洋东侧沿岸，中国山东地区养殖量最大。大菱鲆味道鲜美，营养丰富，鳍边含有丰富的胶质，具有很好的滋润皮肤和美容的作用。主要以鲜销为主。

---

❶ 1斤=500g。

大菱鲆又名蝴蝶鱼、多宝鱼。属于鲆科（Bothidae）、菱鲆属（Scophthalmus）。体扁平，俯视呈菱形，两眼位于头部左侧，有眼侧（背面）体色较深，呈棕褐色，又称沙色，可随环境和生理状况改变而出现深浅的变化。背鳍、臀鳍和尾鳍均发达。体长与体高之比为1：0.9，养成品个体体重500～1500g（图2-14）。

（十五）黑鳃梅童鱼

黑鳃梅童鱼（Collichthys niveatus）为中国近海小型经济鱼类之一。黑鳃梅童鱼主要分布在渤海。黑鳃梅童鱼肉质鲜嫩，营养丰富，主要以鲜销为主，也可用来加工鱼糜。

黑鳃梅童鱼俗称大头宝，属于鲈形目（Perciformes）、石首鱼科（Sciaenidae）、梅童鱼属（Collichthys）。黑鳃梅童鱼顶枕部的中央有2个小棘，呈镰刀状。臀鳍第一鳍棘略弯曲，呈钩状。鳔细长，达腹腔的前后端，两侧有13～16对树枝状侧支。鳃腔皮肤及鳃耙具有黑色素沉积。耳石较厚，表面及边缘较平滑（如图2-15所示）。

图2-14 大菱鲆   图2-15 黑鳃梅童鱼

（十六）大泷六线鱼

大泷六线鱼（Hexagrammos otakii）主要分布于中国黄海、渤海的近海多岩礁海区，也分布于日本、朝鲜及俄罗斯远东诸海。具有耐低温、肉质鲜美等特点。大泷六线鱼含水量低，可食部分比值高，优于其他鱼类；蛋白质含量很高，脂肪与灰分亦然，能值高。此外，它还含有丰富的微量元素及维生素。

大泷六线鱼，俗称黄鱼，属鲉形目（Scorpaeniformes）、六线鱼科（Hexagrammidae）。大泷六线鱼在体形上属于纺锤形，这种体形特征与其生活环境相适应，这种体形有利于其在礁石间穿梭游动及捕食。大泷六线鱼两颌具细牙，圆锥状，呈2～3排排列，这种牙齿适合以小鱼和无脊椎动物为食。胸鳍较大，有力，适合短途冲刺，捕食猎物（如图2-16所示）。

（十七）黑鲷

黑鲷（Sparus macrocephalus）分布于北太平洋西部，中国沿海均产之，以黄海、渤海产量较多，是渤海、黄海近岸海域的重要经济和养殖鱼种。黑鲷肉味鲜美，以鲜销为主。

黑鲷又名黑加吉、海鲋、黑立、乌格等，属鲈形目（Perciformes）、鲷科（Sparidae）、鲷属（Sparus）。黑鲷具有杂食性、广温和广盐性等特点，是海水养殖的优良品种。鱼体偏扁、椭圆，与真鲷类似，但体色不同，为灰褐色，具银色光泽，体侧有若干条褐色条纹（如图2-17所示）。

图 2-16　大泷六线鱼

图 2-17　黑鲷

（十八）黑鲪

黑鲪（*Sebastes schlegeli*）分布于西太平洋中部和北部，在东海和黄海、朝鲜半岛、日本、鄂霍次克海南部均有分布。黑鲪肉质细嫩，味道鲜美，一直是中国北方海域重要的海捕经济鱼类。除鲜销外，可加工成咸干品和熏制品。

黑鲪又名许氏平鲉，俗称黑寨、黑鱼、黑头鱼和黑老婆，属鲉形目（Scorpaeniformes）、鲉科（Scorpaenidae）、平鲉属（*Sebastes*）。体长、侧扁，一般体长20～30cm，体重100～300g，多年生黑鲪大的可达10kg多。吻较尖，下颌长于上颌，口大、牙细小。两颌、犁骨及腭骨均具细齿带，上颌外侧有一条黑纹。全身除两颌、眶前骨和鳃盖无鳞外均被细圆鳞。背及两侧灰褐色，具不规则黑色斑纹，胸腹部灰白色。背鳍黑黄色，其余各鳍灰黑色（如图2-18所示）。

图 2-18　黑鲪

二、淡水鱼类

（一）青鱼

青鱼（*Mylopharyngodon piceus*）主要分布于中国长江以南的平原地区，长江以北较稀少；它是长江中、下游和沿江湖泊里的重要渔业资源和各湖泊、池塘中的主要养殖对象。青鱼经济价值高，其肉嫩味美，肉厚刺少，富含脂肪。除鲜销外，可加工成罐头制品、熏制品等。

青鱼又称黑鲩、螺蛳青、乌青，属硬骨鱼纲（Osteichthyes）、鲤形目（Cypriniformes）、鲤科（Cyprinidae）、青鱼属（*Mylopharyngodon*），是中国淡水养殖的"四大家鱼"之一。青鱼体长，略呈圆筒形，尾部侧扁，腹部圆，无腹棱。头部较尖，稍平扁；口端位，呈弧形；上颌稍长于下颌，无须；眼位于头侧正中。背鳍和臀鳍无硬刺，背鳍与腹鳍相对。鳞大而圆，体背及体侧上半部青黑色，腹部灰白色，各鳍均呈灰黑色（如图2-19所示）。

图 2-19　青鱼

（二）草鱼

草鱼（*Ctenopharyngodon idellus*）是中国重要淡水经济鱼类，为中国东部广西至黑龙江等平原地区的特有鱼类。通常栖息于平原地区的江河湖泊，于水体的中下层或靠岸水草多的地方，是比较典型的草食性鱼类。草鱼肉厚刺少，肉质白嫩，韧性好。除鲜销外，可加工成罐头制品、熏制品等。

草鱼又称鲩、草青、棍鱼，属硬骨鱼纲（Osteichthyes）、鲤形目（Cypriniformes）、鲤科（Cyprinidae）、雅罗鱼亚科（Leuciscinae）、草鱼属（*Ctenopharyngodon*），是中国淡水养殖的"四大家鱼"之一。通常体长 30～60cm，体重 1000～2000g，最大的个体体重可达 35kg。体长形，略呈圆筒形，腹圆无棱。头前部稍干扁，尾部侧扁。口端位，弧形，无须。背鳍和臀鳍均无硬刺，背鳍和腹鳍相对。胸鳍不达腹鳍。体为淡的茶黄色，背部青灰略带草绿，腹部灰白色。胸鳍和腹鳍灰黄色，偶鳍微黄色，其他各鳍浅灰色（如图 2-20 所示）。

图 2-20　草鱼

（三）鲢鱼

鲢鱼（*Hypophthalmichthys molitrix*）是较易养殖的优良鱼种，为中国主要的淡水养殖鱼类之一，分布于中国的东北部、中部、东南及南部地区江河中。鲢鱼肉质鲜嫩，营养丰富，主要以鲜销为主，可加工成罐头、熏制品或干制品，也可用来加工冷冻鱼糜。

鲢鱼又称白鲢、水鲢、鲢子，属硬骨鱼纲（Osteichthyes）、鲤形目（Cypriniformes）、鲤科（Cyprinidae）、鲢亚科（Hypophthalmichthyinae），是中国淡水养殖的"四大家鱼"之一。鲢鱼形态和鳙鱼相似，多与草鱼、鲤鱼混养。体形侧扁、稍高，呈纺锤形，背部青灰色，两侧及腹部白色。头较大，眼睛位置很低，鳞片细小。腹部正中角质棱自胸鳍下方直延达肛门，胸鳍不超过腹鳍基部，尾鳍深叉形，各鳍均为灰白色（如图 2-21 所示）。

图 2-21　鲢鱼

（四）鳙鱼

鳙鱼（*Aristichthys nobilis*）是优良的淡水经济鱼类之一，主要分布在中国的中部、东北和南部地区的江河中，但长江三峡以上和黑龙江流域则没有鳙鱼的自然分布。鳙鱼属于滤食性鱼类，对于水质有清洁作用，一般鱼池、水库多与其他鱼类一起混养，所以称为"水中清道夫"。鳙鱼营养丰富，肉质肥嫩，特别是鳙鱼头，大而肥美，鱼鳃下边的肉呈透明的胶状，里面富含胶原蛋白，能够对抗人体老化及修补身体细胞组织，是深受大众喜爱的佳肴。鳙鱼主要以鲜销为主，也可加工成罐头和干制品。

鳙鱼又称胖头鱼、花鲢，属硬骨鱼纲（Osteichthyes）、鲤形目（Cypriniformes）、鲤科（Cyprinidae）、鲢亚科（Hypophthalmichthyinae）、鳙属（*Aristichthys*），是中国淡水养殖的"四大家鱼"之一。鳙鱼外形似鲢鱼，体侧扁，较高。头比鲢鱼大，约占体长的三分之一。眼小，位较低；口大，端位；下颌稍向上倾斜。鳃耙细密呈页状，但不联合。鳞小，腹面仅腹鳍伸至肛门具皮质腹棱。胸鳍长，末端远超过腹鳍基部。体侧上半部灰黑色，腹部灰白色，两侧杂有许多浅黄色及黑色的不规则小斑点（如图 2-22 所示）。

图 2-22　鳙鱼

 概念检查 2-2

○ 描述淡水鱼中的"四大家鱼"品种，并简要说明各自主要的加工利用方法。

（五）鲤鱼

鲤鱼（*Cyprinus carpio*）广泛分布于全国各地，是中国养殖历史最悠久的淡水经济鱼类。虽各地品种极多，形态各异，但实为同一物种。鲤鱼肉质细嫩，具有很高的营养价值，可鲜销，也可制成鱼干。

鲤鱼俗称鲤拐子、鲤子，属硬骨鱼纲（Osteichthyes）、鲤形目（Cypriniformes）、鲤科（Cyprinidae）、鲤属（*Cyprins*）。身体侧扁而腹部圆，口呈马蹄形，须两对。背鳍基部较长，背鳍和臀鳍均有一根粗壮带锯齿的硬棘。体侧金黄色，尾鳍下叶橙红色（如图 2-23 所示）。鲤鱼平时多栖息于江河、湖泊、水库、池

沼的水草丛生的水体底层，以食底栖动物为主。其适应性强，耐寒、耐碱、耐缺氧。

图 2-23　鲤鱼

（六）鲫鱼

鲫鱼（*Carassius auratus*）为中国重要食用淡水鱼类之一，肉质细嫩，肉味甜美，营养价值很高，全国各地（除青藏高原地区）水域常年均有生产，以 2～4 月份和 8～12 月份的鲫鱼最肥美。鲫鱼主要以鲜销为主，也可制成鱼干。

鲫鱼又称鲋鱼、鲫瓜子，属硬骨鱼纲（Osteichthyes）、鲤形目（Cypriniformes）、鲤科（Cyprinidae）、鲫属（*Carassius*）。鲫鱼的适应性非常强，对水温、pH、溶氧、水体肥度、盐度等适应能力比其他鱼类强。鲫鱼一般体长 15～20cm，体侧扁而高，体较厚，腹部圆。头短小，吻钝，无须。鳃耙长，鳃丝细长。鳞片大，侧线微弯。背鳍长，外缘较平直；背鳍、臀鳍第 3 根硬刺较强，后缘有锯齿；胸鳍末端可达腹鳍起点；尾鳍深叉形。一般体背面灰黑色，腹面银灰色，各鳍条灰白色（如图 2-24 所示）。因生长水域不同，体色深浅有差异。

图 2-24　鲫鱼

（七）尼罗罗非鱼

尼罗罗非鱼（*Oreochromis niloticus*）原产于约旦的坦噶尼喀湖，是联合国推荐养殖的优质水产养殖品种，中国于 1978 年从非洲引进并推广养殖，现已列为第三批外来入侵物种目录。尼罗罗非鱼是罗非鱼中最大型的品种，而且骨刺少，肉质细嫩且富于弹性，味道鲜美，其风味可与海洋鲷鱼、比目鱼媲美。罗非鱼主要用于加工鱼片，也可作为生产冷冻鱼糜的原料。

尼罗罗非鱼又名非洲鲫鱼。属于鲈形目（Perciformes）、丽鲷科（Cichlidae）、罗非鱼属（*Tilapia*）。其外形类似鲫鱼，体侧扁，背较高，背、胸、腹、臀、尾鳍都较大，体色因环境（或繁殖季节）而有变化，在非繁殖期间为黄棕色

（如图 2-25 所示）。

图 2-25　尼罗罗非鱼

第二节　贝类

贝类的种类很多，全世界已知约有 12 万种之多，其种群数量仅次于昆虫，为地球上第二大动物群体。中国有 800 余种海洋贝类，贝类养殖已成为中国水产养殖的重要组成部分。海产贝类主要包括鲍鱼、扇贝、贻贝、牡蛎、蚶、蛤、蛏、海螺等，淡水贝类主要有螺、蚌等。

一、鲍鱼

鲍鱼属于经济贝类中比较古老、比较低等的种类，是名贵的海珍品。世界上主要产鲍鱼的国家有澳大利亚、中国、日本、美国、墨西哥及南非。迄今为止，全世界已发现的鲍鱼约有近 100 种，其中经济种类有近 20 种。中国沿海共分布有鲍鱼 8 种，其中经济品种有皱纹盘鲍（*Haliotis discus hannai*）、杂色鲍（*Haliotis diversicolor*）、九孔鲍（*Haliotis diversicolor supertexta*）。鲍鱼含有丰富的蛋白质，还有较多的钙、铁、碘和维生素 A 等营养元素。在加工过程中，常将鲍鱼的腹足部分制成干品，也可加工成鲍鱼罐头和即食产品。

鲍鱼在动物系统分类学中，隶属于软体动物门（Mollusca）、腹足纲（Gastropoda）、前鳃亚纲（Prosobranchia）、原始腹足目（Archaeogastropoda）、鲍科（Haliotidae）。鲍鱼的贝壳由石灰质构成，一般有 3 个螺层，外表面覆有一层薄薄的角质层，呈褐色或暗红色，生长纹明显。通常，可以根据鲍鱼壳的生长纹来判断它的年龄和生长状况。内表面覆有一层珍珠层，光艳亮洁。鲍鱼的软体部可分为头部、足部、外套膜、内脏团 4 大部分。其足部特别发达，质量可占体重的 40%～50%，占软体部质量的 60%～70%，是食用的主要部分（如图 2-26 所示）。

彩图 2-26

图 2-26　鲍鱼

二、扇贝

扇贝是一种经济及营养价值很高的海珍品，其营养丰富，味道鲜美，含有多种氨基酸，高蛋白质，低脂肪。中国进行扇贝人工养殖始于 1968 年，此前，扇贝的生产以采捕自然野生扇贝为主。目前在中国分布的扇贝主要有四种，包括栉孔扇贝（*Chlamys farreri*）、华贵栉孔扇贝（*Chlamys nobilis*）、海湾扇贝（*Argopecten irradias* Lamarck）及虾夷扇贝（*Patinopecten yessoensis*）。目前，扇贝养殖业成为继海带和对虾养殖后的第三大海水养殖业。由于扇贝生长快、适应性强、产量高，已取得明显的经济效益。除鲜销外，扇贝肉，特别是贝柱肉是十分受欢迎的高档水产食品，多加工成冻制品、干制品、熏制品和其他调味制品；扇贝的裙边部分在加工过程中经常被丢弃，造成巨大浪费，研究人员利用酶解技术，研制开发了扇贝裙边多肽，并发现扇贝裙边多肽具有多种生理功能活性。

扇贝属于软体动物门（Mollusca）、瓣鳃纲（Lamellibranchia）、珍珠贝目（Pterioida）、扇贝科（Pectinidae）。世界上共有扇贝 400 多种。扇贝有两个壳，大小几乎相等，壳面一般为紫褐色、浅褐色、黄褐色、红褐色、杏黄色、灰白色等。由于它的贝壳很像扇面，所以得名。扇贝壳内面为白色，壳内的肌肉为可食部位。扇贝的肌肉系统主要包括闭壳肌、足的伸缩肌、外套膜肌（如图 2-27 所示）。扇贝只有一个闭壳肌，所以属于单柱类，由横纹肌和平滑肌组成，前者功能为快速闭壳，后者功能为持久闭壳。

 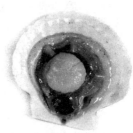

彩图 2-27

图 2-27　扇贝

三、牡蛎

牡蛎在世界范围内已发现有 100 种左右，在中国沿海分布的牡蛎约有 20 种，其中主要经济种类的大型牡蛎包括近江牡蛎（*Ostrea rivularis* Gould）、褶牡蛎（*Ostrea plicatula*）、太平洋牡蛎/长牡蛎（*Crassostrea gigas*）、大连湾牡蛎（*Ostrea talienwhanensis* Crosse）及密鳞牡蛎（*Ostrea denselamellosa* Lischke）。牡蛎肉味鲜美，营养丰富，软体部位蛋白质含量高，被称为"海中牛奶"。牡蛎除鲜销外，可加工成干制品、调味料等，牡蛎干制品俗称蚝豉或蚝干。另外，由于牡蛎含有多种独特的成分，包括糖原、牛磺酸、生物锌等，因此牡蛎也可加工成具有调节人体机能作用的功能食品。

牡蛎俗称蚝，属软体动物门（Mollusca）、瓣鳃纲（Lamellibranchia）、翼形亚纲（Ptermorphia）、珍珠贝目（Pterioida）、牡蛎科（Ostridae）。牡蛎具有

左右两个贝壳，以韧带和闭壳肌等相连。右壳又称上壳，左壳又称下壳，一般左壳稍大，并以左壳固定在岩礁等固形物上。由于固定物种类、形状、大小不一以及外界环境因素的影响，贝壳的形状常常发生变化，如图2-28所示。牡蛎的整个软体组织是食用的主要部位，由外套膜包围整个软体的外部，分左右两片，相互对称，外套膜的前端彼此相连并与内脏囊表面的上皮细胞相愈合。

四、贻贝

贻贝主要分布于中国的黄海、渤海沿岸。鲜活贻贝是大众化的海鲜品，除鲜销外，常煮熟后加工成干品——贻贝干，俗称淡菜，具有很高的营养价值，蛋白质含量高达50%以上，还含有多种维生素及人体必需的锰、锌、硒、碘等多种微量元素。

贻贝俗称海虹，属软体动物门（Mollusca）、双壳纲（Bivalvia）、翼形亚纲异柱目（Anisomyaria）、贻贝科（Mytilidae）。贻贝壳呈楔形，前端尖细，后端宽广而圆。一般壳长6～8cm，壳高是壳长的2倍多，壳薄，壳顶近壳的最前端。两壳相等，左右对称。壳面紫黑色，具有光泽，生长纹细密而明显，自顶部起呈环形生长。壳内面灰白色，边缘部为蓝绿色，有珍珠光泽。铰合部较长，韧带深褐色，约与铰合部等长。后闭壳肌退化或消失，足很小，细软（如图2-29所示）。

图 2-28　牡蛎

图 2-29　贻贝

五、蚶

蚶是海产软体动物，属双壳纲（Bivalvia）、蚶目（Arcoida）、蚶科（Arcidae）。蚶科动物生活在浅海泥沙中，中国沿海地区均有分布，经济价值较高的有魁蚶、泥蚶、毛蚶。蚶壳呈船形，具有长而直的铰合线，有许多连锁的小齿，壳外通常有带茸毛的厚角质层，许多种类的外套膜缘有数列单眼。魁蚶（如图2-30A所示）是大型蚶，出肉率高，肉为橘红或杏黄色，味道鲜美，富含蛋白质及多种氨基酸，贝肉多加工成蝴蝶状冻品。泥蚶又名血蚶，壳白褐色，皮薄，肉常用于凉拌菜。毛蚶（如图2-30B所示）个头大于泥蚶，有扎手短毛，肉质较泥蚶粗糙。

A　　　　　　　　　　　　　　　　B　　　　　　　　彩图 2-30

图 2-30　蚶

六、菲律宾蛤仔

菲律宾蛤仔（*Ruditapes philippinarum*）在中国北起辽宁，南至广西、海南都有分布，为广温、广盐性贝类。菲律宾蛤仔属典型的高蛋白质、低脂肪贝类，软体部含人体所需必需氨基酸种类齐全，比例适宜；脂肪酸含量丰富，EPA 和 DHA 含量高，具有较高的保健作用。除鲜销外，经加工可制成冷冻包装食品。

菲律宾蛤仔，俗称蚬子、杂色蛤等，属软体动物门（Mollusca）、双壳纲（Veneroida）、帘蛤科（Veneridae）、蛤仔属（*Ruditapes*）。其形态特征是贝壳顶稍突出，喙在前部 1/3 处，于背缘靠前方微向前弯曲。放射肋细密，位于前、后部的较粗大，与同心生长轮脉交织成布纹状。贝壳表面的颜色、花纹变化极大，外观一般有奶油色、棕色、深褐色，有密集褐色或赤褐色组成的带状或斑点和花纹。贝壳内面白色、粉红色、淡灰色或肉红色，从壳顶到腹面有 2～3 条浅色的色带（如图 2-31 所示）。

图 2-31 菲律宾蛤仔

七、文蛤

文蛤肉质白嫩，含有人体必需的氨基酸、蛋白质、脂肪、碳水化合物、钙、铁以及维生素等成分。除鲜销外，文蛤还可加工成冷冻品、干制品及罐头等。

文蛤俗称"花蛤"，属软体动物门（Mollusca）、瓣鳃纲（Lamellibranchia）、帘蛤目（Veneroida）、帘蛤科（Veneridae）、文蛤属（*Meretrix*），因贝壳表面光滑并布有美丽的红、褐、黑等色花纹而得名。其贝壳略呈三角形，腹缘呈圆形，壳质坚厚，两壳大小相等。壳顶位于背部偏前。前后缘近等长，壳长略大于壳高。壳表平滑，后缘青色，壳顶区为灰白色，有锯齿状褐色花纹，花纹排列不规则，随个体大小而有变化。外韧带、铰合部发达，后闭壳肌痕略大（如图 2-32 所示）。

图 2-32 文蛤

八、缢蛏

缢蛏（*Sinonovacula constricta*）是中国沿海常见的一种大众化的海产食品。在中国沿海，尤其是浙江和福建两省，缢蛏的人工养殖很广泛。蛏肉味道鲜美，营养丰富，含有丰富的蛋白质及碳水化合物，并含有钙、磷、铁等矿物质。缢蛏除鲜销外，常加工成干品——蛏子干。

缢蛏俗称"蛏子"，属软体动物门（Mollusca）、瓣鳃纲（Lamellibranchia）、真瓣鳃目（Eulamellibranchiata）、竹蛏科（Solenidae）。缢蛏壳两扇，形状狭而长，剃刀状（如图2-33所示）。腹缘近于平行，前后端圆，壳顶位于背缘，略靠前端。背壳中央稍偏前方有一条自壳顶到腹缘的斜沟，状如缢痕，与回沟相应的有一条突起。贝壳关闭时，前后两端均有开口。壳薄而脆，壳面呈黄绿色或黄褐色，成体表皮常被磨损脱落呈白色，生长纹清晰，壳内面呈乳白色。斧足大而活跃，能在洞穴中迅速上下移动。

九、四角蛤蜊

四角蛤蜊（*Mactra veneriformis*）是东港地区黄海滩涂上盛产的贝类，主要分布在辽宁省营口渤海海域和丹东东海海域。蚬子肉中含有蛋白质、多种维生素和钙、磷、铁、硒等人体所需的营养物质；还含有微量的钴，对维持人体造血功能和恢复肝功能有较好效果。

四角蛤蜊，俗称白蚬子，属瓣鳃纲（Lamellibranehia）、真瓣鳃目（Eulamel-libranehia）、蛤蜊科（Mactridae）、蛤蜊属（*Mactra*）。贝壳坚厚，略呈四角形。两壳极膨胀。壳顶突出，位于背缘中央略靠前方，尖端向前弯。贝壳具外皮，顶部白色，幼小个体呈淡紫色，近腹缘为黄褐色（如图2-34所示）。

图 2-33 缢蛏　　　　　　　　　　　　　　　图 2-34 四角蛤蜊

十、海螺

海生的螺类可通称为海螺（sea snail），属于软体动物，腹足纲（Gastropoda）。常生活于潮间带及泥沙质海底或沙滩，在中国沿海地区均有分布，经济价值较高的有红螺、香螺、斑玉螺、方斑东风螺、泥螺等。因品种差异螺肉呈白色至黄色不等。螺壳一般呈灰黄色或褐色，具有排列整齐而平的螺肋和细沟，壳口宽大，壳内面光滑呈红色或灰黄色，可做工艺品。

香螺（*Neptunea cumingi*）主要分布在中国黄海、渤海，朝鲜半岛和日本沿海也有分布，栖息于数米至7～8m水深的沙泥质或岩礁的海底。含有丰富的蛋白质、钙、磷、铁及多种维生素成分。它还具有一定的药用作用。香螺属新腹足目（Neogastropoda）、蛾螺（Buccinacea）、香螺属（*Neptunea*）。香螺贝壳大，呈纺锤形，有7个螺层，缝合线明显，每一层壳面足部和体螺层上部扩张形成肩角。在基部数螺层

的肩角上具有发达的棘状或翘起的鳞片状突起，整个壳面具有许多细的螺肋和螺纹。壳表黄褐色，被有褐色壳皮。壳口大，卵圆形，外唇弧形，简单；内唇略扭曲。前沟较短宽，前端多少向背方弯曲（如图2-35A所示）。

红螺（*Rapana bezoar*）生活于浅海数米水深的泥沙海底，分布广，以渤海湾产量较高。含丰富的蛋白质、无机盐及多种维生素。红螺又称海螺、皱红螺。红螺属新腹足目、骨螺科（Muricidae）、红螺属（*Rapana*）。红螺贝壳大，壳极坚厚，壳顶尖细，螺旋部短。螺层有6层，每层宽度迅速增加，有发达肩角。缝合线和生长线明显。红螺壳面粗糙，具有排列整齐而平的螺旋形肋和细沟纹。螺面黄褐色，有棕黑色斑点（如图2-35B所示）。

A   B

图2-35　螺

十一、中国圆田螺

中国圆田螺（*Cipangopaludina chinensis* Gray）营养价值高，含蛋白质、脂肪、碳水化合物、钙、磷、铁、硫胺素、核黄素、尼克酸、维生素A等营养物质。冻螺肉还供出口，此外还可用于生产禽畜的饲料。

中国圆田螺俗称螺蛳、田螺，属软体动物门（Mollusca）、腹足纲（Gastropoda）、栉鳃目（Ctenobranchia）、田螺科（Viviparidae）、圆田螺属（*Cipangopaludina*），中国各淡水水域均有分布。中型个体，壳高约4.4cm、宽2.8cm。贝壳近宽圆锥形，具有6~7个螺层，每个螺层均向外膨胀。螺旋部的高度大于壳口高度，体螺层明显膨大。壳顶尖，缝合线较深。壳面无滑无肋，呈黄褐色。壳口近卵圆形，边缘完整，具有黑色框边。唇为角质的薄片，小于壳口，具有同心圆的生长纹（如图2-36所示）。

图2-36　中国圆田螺

第三节　甲壳类

一、虾类

（一）龙虾

龙虾属共有 19 种，主要分布于热带海域，产于中国东海和南海，是名贵海产品。中国已发现 8 种，包括中国龙虾（如图 2-37 所示）、波纹龙虾、密毛龙虾、锦绣龙虾、日本龙虾、杂色龙虾、少刺龙虾及长足龙虾等。龙虾体大肉多，营养丰富，含有丰富的蛋白质、尼克酸、维生素 E、硒等营养成分。目前龙虾以鲜销为主。

龙虾又称龙头虾，属节肢动物门（Arthropoda）、甲壳纲（Crustacea）、十足目（Decapoda）、龙虾科（Palinuridae）。龙虾体呈粗圆筒状，体长一般在 20～40cm 之间，重 500g 左右，是虾类中最大的一类。

图 2-37　中国龙虾

背腹稍平扁，头胸甲发达，坚厚多棘，色彩斑斓。腹部较短而粗，后部向腹面卷曲，尾扇宽短。龙虾有坚硬、分节的外骨骼。胸部具五对足，其中一对或多对常变形为螯，眼位于可活动的眼柄上，有两对长触角。

（二）对虾

对虾（*Penaeus orientalis*）在中国种类多、分布广，常见的有中国对虾（如图 2-38A 所示）、长毛对虾、墨吉对虾、日本对虾、宽沟对虾、斑节对虾（如图 2-38B 所示）和短沟对虾等，主要分布于黄海、渤海一带和朝鲜西部沿海，其中中国对虾是中国水产品出口的主要品种。对虾肉质细嫩，味道鲜美，是一种营养价值较高的动物性食品，不但蛋白质含量高，还含有维生素 A、硫胺素、核黄素、尼克酸、维生素 E，以及钙、磷、钾、镁、硒等多种矿物质。对虾利用价值很高，除鲜销外，可加工制成虾干、虾米等上等海味品；虾头可加工成虾头酱、虾头粉等；对虾经采肉的壳含有 17% 的甲壳质，经过一系列的处理，可制成可溶性的甲壳素。

A　　　　　　　　　　　B

图 2-38　对虾

对虾俗称大虾，属节肢动物门（Arthropoda）、甲壳纲（Crustacea）、十足目（Decapoda）、对虾科（Penaeidae）。对虾个体肥硕，体形细长而侧扁，体外被几丁质甲壳。虾体透明，略呈青蓝色。身体分为头胸部和腹部，头胸部较短，腹部较细长，每节甲壳由关节膜连接，可以自由伸屈。通常雌虾大于雄虾，雌虾生殖腺成熟前呈豆瓣绿色，成熟后呈棕黄色。成熟雌虾平均体长一般 18～19cm，体重 75～85g；雄虾平均体长 14～15cm，体重 30～40g。

（三）鹰爪虾

　　鹰爪虾（*Trachypenaeus curvirostris*）在中国沿海地区均有分布，东海及黄海、渤海产量较多，其中威海是高产海区。鹰爪虾出肉率高，肉味鲜美，是一种中型经济虾类。鹰爪虾以鲜销为主，运销内地则多数加工成冻虾仁。另外，鹰爪虾是加工虾米的主要原料，经过煮熟晾晒去壳后便是颇负盛名的"金钩海米"，其色泽呈金黄色，形状像一把钩子，蛋白质含量高，富含钙、磷等微量元素。

　　鹰爪虾又称鸡爪虾、厚壳虾、红虾，属节肢动物门（Arthropoda）、甲壳纲（Crustacea）、十足目（Decapoda）、对虾科（Penaeidae）。鹰爪虾因其腹部弯曲、形如鹰爪而得名（如图2-39所示）。体形粗短，甲壳很厚，表面粗糙不平。体长6～10cm，体重4～5g。额角上缘有锯齿。头胸甲的触角刺具较短的纵缝。腹部背面有脊。尾节末端尖细，两侧有活动刺。体为红黄色，腹部各节前缘为白色，后背为红黄色。

（四）毛虾

　　毛虾是中国的小型经济虾类，主要分布在渤海、黄海海域及东海、南海沿岸。毛虾渔获后，除少数供鲜销外，多数进行加工，或直接晒干成生干毛虾，或将鲜品煮熟后晒干成熟虾皮和去皮小虾米，也可制成虾酱、虾油等发酵制品，虾糠可作饲料或肥料。

　　毛虾又称虾皮、水虾，属节肢动物门（Arthropoda）、甲壳纲（Crustacea）、十足目（Decapoda）、樱虾科（Sergestidae）、毛虾属（*Acetes*）。毛虾体长一般不超过4.5cm，雌虾略大于雄虾。甲壳很薄，体透明，稍带红色点，体躯极度侧扁。毛虾头胸甲具眼上刺、肝刺。额角短小，略呈三角形，上缘1～2小齿。腹部发达，长度约为头胸甲的2倍。尾节短小，末端钝尖。复眼角膜大而圆，眼柄细长（如图2-40所示）。

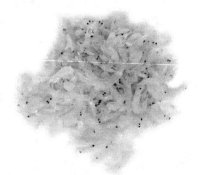

图2-39　鹰爪虾　　　　　　　　　　　图2-40　毛虾

（五）沼虾

　　沼虾是温热带淡水中重要的经济虾类，主要产于亚洲、非洲、中南美洲的内陆水域。中国沼虾广泛分布于华北及南方各省的湖泊、河流及河口区。沼虾肉质鲜美，烹熟后周身变红，色泽好且营养丰富。除鲜销外，虾卵可用明矾脱水，晒干后销售，或用于制作虾子酱油。虾体晒干去壳后为虾米，也称为"湖米"，用以区别海产的虾米。

沼虾是沼虾属的总称，又称河虾、青虾，属节肢动物门（Arthropoda）、甲壳纲（Crustacea）、十足目（Decapoda）、长臂虾科（Palaemonidae）、沼虾属（*Macrobrachium*）。沼虾体侧扁，额角发达，上下缘均具齿。体青蓝色，透明带棕色斑点，故名青虾。头胸部较粗大，步足中前2对呈钳状，雄性特别粗大，通常超过体长。全身覆盖由几丁质和石灰质等组成的甲壳（如图2-41所示）。

（六）白虾

白虾主要分布在印度洋和西太平洋地区温暖海域或淡水中。白虾对环境适应能力强，生长和繁殖都快，在黄海和渤海沿岸产量仅次于中国毛虾和中国对虾。除鲜销外，还可干制成品质很好的虾米，卵可干制成虾子。

白虾属节肢动物门（Arthropoda）、甲壳纲（Crustacea）、十足目（Decapoda）、长臂虾科（Palaemonidae）、白虾属（*Exopalaemon*）。白虾因甲壳薄而透明，微带蓝褐或红色点，死后体呈白色而得名。头胸甲有鳃甲刺、触角刺而无肝刺。额角发达，上下缘皆有锯齿，上缘基部形成鸡冠状隆起，末部尖细部分上缘无齿，但近末端处常有1或2附加小齿，下缘末端有小齿数个。腹部第2节侧甲覆于第1、3节侧甲外面，第4～6节向后趋细而短小，尾节窄长，末端尖。大颚有由2节构成的触须（如图2-42所示）。

图2-41　沼虾　　　　　　　　　　　图2-42　白虾

（七）克氏原螯虾

克氏原螯虾（*Procambarus clarkii*）广泛分布于中国长江中下游各省市，养殖主要集中在安徽、湖北、江苏、江西等地。克氏原螯虾肉洁白细嫩，味道鲜美，高蛋白质，低脂肪，营养丰富。它所含的脂肪主要是由不饱和脂肪酸组成，易被人体吸收。

克氏原螯虾又称小龙虾、红螯虾，属节肢动物门（Arthropoda）、甲壳纲（Crustacea）、十足目（Decapoda）、龙虾科（Palinuridae）。克氏原螯虾体形粗壮，甲壳厚，呈深红色。头胸部很大，呈圆形，厚度略大于宽度，表面中部较光滑，两侧具粗糙颗粒（如图2-43所示）。

（八）口虾蛄

口虾蛄（*Oratosquilla oratoria*）是沿海近岸性品种，栖息于浅水泥沙或礁石裂缝内，中国南北沿岸均有分布，是中国重要的海水经济品种。口虾蛄肉味美鲜嫩，淡而柔软，有一种特殊诱人的鲜味。每年的春季是其产卵的季节，此时食用为最佳。

彩图 2-43

图 2-43　克氏原螯虾

　　口虾蛄又称琵琶虾、皮皮虾、虾耙子，属节肢动物门（Arthropoda）、甲壳纲（Crustacea）、十足目（Decapoda）、虾蛄科（Squillidae）、口虾蛄属（*Oratosquilla*）。口虾蛄头部与腹部的前 4 节愈合，背面头胸甲与胸节明显。腹部 7 节，分界明显，较头胸两部大而宽（如图 2-44 所示）。

（九）南极磷虾

　　南极磷虾（*Euphausia superba*）是似虾的无脊椎动物，主要分布在南冰洋的南极洲水域，被誉为"世界未来的食品库"。南极磷虾含有多种人体必需氨基酸，可以改善皮肤组织，增强全身的免疫系统。通常被制成虾酱。南极磷虾油含有高质量的胆碱，可以促进婴儿的大脑发育。

　　南极磷虾又称大磷虾，属于节肢动物门（Arthropoda）、甲壳纲（Crustacea）、磷虾目（Euphausiacea）、磷虾科（Euphausiidae）、磷虾属（*Euphausia*）。南极磷虾体长 4～5cm，质量在 2g 左右，寿命为 5～7 年。身体透明，头胸甲与整个头胸部愈合，但不伸向腹面，因此不形成鳃腔；鳃裸露，直接浸浴水中。腹部 6 节，末端具有 1 个尾节。胸肢 8 对，都是双枝型，基部各有鳃，适于游泳。胸肢中无特化的颚足，眼柄腹面、胸部及腹部的附肢基部都具有球状发光器，可发出磷光（如图 2-45 所示）。

图 2-44　口虾蛄

图 2-45　南极磷虾

二、蟹类

（一）三疣梭子蟹

　　三疣梭子蟹（*Portunus trituberculatus*）是中国沿海的重要经济蟹类，广泛分布于中国南北各海域，一般从南到北，3～5月和9～10月为生产旺季，渤海湾辽东半岛4～5月产量较多。三疣梭子蟹肉含有丰富的蛋白质，蟹黄含有磷脂、维生素等多种物质。除鲜销外，还可晒成蟹米、研磨蟹酱、腌制全蟹（卤螃蟹）、制成罐头等。蟹壳可做甲壳素原料，经济效益非常可观。

三疣梭子蟹又称枪蟹、海蟹，属节肢动物门（Arthropoda）、甲壳纲（Crustacea）、十足目（Decapoda）、梭子蟹科（Portunidae）。三疣梭子蟹全身分为头胸部、腹部和附肢（如图2-46所示）。头胸部呈梭形，稍隆起。表面有3个显著的疣状隆起，一个在胃区，两个在心区。其体形似椭圆，两端尖，尖如织布梭，故得名。雄蟹背面茶绿色，雌蟹紫色，腹面均为灰白色。

（二）中华绒螯蟹

中华绒螯蟹（*Eriocheir sinensis*）广泛分布于中国南北沿海以及各地湖泊，以江苏阳澄湖所产最为著名。中华绒螯蟹肉质鲜嫩，营养丰富，以肝脏和生殖腺最肥。除鲜销外，中华绒螯蟹主要出口国外。

中华绒螯蟹又称河蟹、螃蟹、毛蟹、大闸蟹，属节肢动物门（Arthropoda）、甲壳纲（Crustacea）、十足目（Decapoda）、方蟹科（Grapsidae）、绒螯蟹属（*Eriocheir*）。中华绒螯蟹体重一般为100～200g，可食部分约占1/3。身体分为头胸部和腹部两部分，腹部有步足5对（如图2-47所示）。头胸部的背面被头胸甲所包盖，呈墨绿色、方圆形，有6条突起为脊。河蟹腹面灰白色，雌性腹部呈圆形，雄性腹部为三角形。

图 2-46　三疣梭子蟹

图 2-47　中华绒螯蟹

彩图 2-46

彩图 2-47

第四节　头足类

一、乌贼类

（一）中国枪乌贼

中国枪乌贼（*Loligo chinensis*）属暖温性水生软体动物，主要分布在中国南海和东海南部，主要渔场在福建南部、台湾、广东和广西近海。中国枪乌贼鲜肉含丰富的蛋白质和维生素A，肉质也较软嫩。除少量鲜销外，主要晒成鱿鱼干，成干率为10%～12%，肉甜细嫩，质地极佳。

中国枪乌贼俗称鱿鱼、锁管、长筒鱿，属软体动物门（Mollusca）、头足纲（Cephalopoda）、枪形目（Teuthoidea）、枪乌贼科（Loliginidae）。中国枪乌贼由头部、足部、胴部和内壳组成（如图2-48所示）。头部和躯干部都很狭长，尤其是躯干部末端很尖，形状很像标枪的枪头，而且在海里行动非常迅速，所以得名。

图 2-48　中国枪乌贼

（二）金乌贼

金乌贼（*Sepia esculenta*）在中国沿海各地均有分布，以黄海、渤海产量较多。金乌贼肉洁白如玉，营养丰富，高蛋白质，低脂肪，可加工制成罐头食品或干制品。金乌贼的干制品南方叫螟蜅鲞，北方叫墨鱼干，均为海味佳品。

金乌贼俗称墨鱼、斗鱼，是一种中型的乌贼。金乌贼属软体动物门（Mollusca）、头足纲（Cephalopoda）、十腕目（Decapoda）、乌贼科（Sepiidae）。金乌贼胴部卵圆形，一般胴长为 21cm，长度为宽度的 2 倍。背腹略扁平，侧缘绕以狭鳍，不愈合。体内有墨囊，内贮有黑色液体。胴体上有棕紫色与白色细斑相间，雄体阴背有波状条纹，在阳光下呈金黄色光泽（如图 2-49 所示）。

二、柔鱼类

柔鱼是重要的海洋经济头足类，广泛分布于太平洋、大西洋、印度洋各海域。主要渔场在日本群岛的太平洋沿岸和日本海，黄海北部也有渔场。柔鱼除鲜销外，因其肉质较硬，常加工成干制品和熏制品。

柔鱼类俗称黑皮鱿鱼、鱿鱼，属软体动物门（Mollusca）、头足纲（Cephalopoda）、枪形目（Teuthoidea）。柔鱼由头、足和胴部组成（如图 2-50 所示）。头部两侧的眼径略小，眼外无膜。头部和口周围有 10 只腕，其中 4 对较短，顶部触腕穗上有 4～8 行吸盘。胴部圆锥形，狭长。肉鳍短，分列于胴部两侧后端，并相合成横菱形。

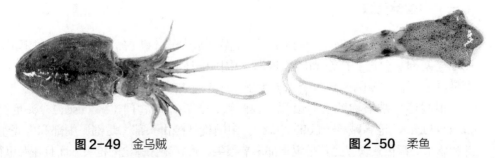

图 2-49　金乌贼　　　　　　　　　　　　图 2-50　柔鱼

三、章鱼类

章鱼主要分布在太平洋沿岸、红海和地中海。加工品主要有冷冻品、煮干品、熏制品及其他调味加工品。

章鱼类属软体动物门（Mollusca）、头足纲（Cephalopoda）、八腕总目（Octopodiformes）、章鱼目（Octopoda）、蛸科（Octopodidae）。章鱼类有8个腕，体色呈暗褐色，体表有褐色、黄色、青色的斑点（如图2-51所示）。

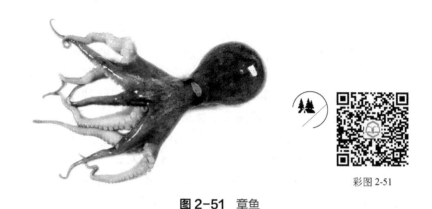

彩图 2-51

图 2-51　章鱼

第五节　藻类

海洋中生长着8000多种海藻，具有广泛的利用价值。海藻主要由蓝藻、绿藻、红藻和褐藻四大类组成，其中褐藻和红藻因种类多，产量丰富，并含有丰富的褐藻胶、琼胶和卡拉胶，已经由自然生长逐步变为人工养殖。

一、海带

海带（*Laminaria japonica*）是一种在低温海水中生长的大型海生褐藻植物，主要分布在辽宁、山东、江苏、浙江、福建及广东省北部沿海。海带是一种营养价值很高的蔬菜，从海带中提取制得的碘、褐藻酸及甘露醇，广泛应用于医药、食品和化工行业。海带除鲜食外，还可以制成海带酱油、海带酱、海带干制品等。

海带是海带属海藻的统称，又称昆布、江白菜，属褐藻门（Phaeophyta）、褐藻纲（Phaeophyceae）、海带目（Laminariales）、海带科（Laminariaceae）。海带藻体呈长带状、革质，藻体明显地区分为固着器、柄部和叶片，一般长2～4m，宽20～30cm。新鲜海带叶面通体呈橄榄色和青绿色，干燥后的海带变成褐色、黑褐色，表面常常附有白色粉状盐渍（如图2-52所示）。

二、裙带菜

裙带菜（*Undaria pinnatifida*）为温带性海藻，它能忍受较高的水温，主要分布在浙江省的舟山群岛

图 2-52　海带

及嵊泗岛，现在青岛和大连地区也有裙带菜的分布。裙带菜中含有多种营养成分，由于纤维含量多，相对比较硬，同时还含有多种维生素。裙带菜不仅是一种食用的经济褐藻，而且可作综合利用，是提取褐藻酸的原料。一般除鲜销外，可加工制得盐渍品及干制品。

裙带菜又称海芥菜、裙带，属褐藻门（Phaeophyta）、褐藻纲（Phaeophyceae）、海带目（Laminariales）、翅藻科（Alariaceae）、裙带菜属（Undaria）。裙带菜的叶片呈羽状裂，也很像裙带，故得名。裙带菜呈褐色，长 1.0～1.5m，宽0.6～1.0m，明显地分化为固着器、柄及叶片三部分。孢子叶肉厚，富含胶质，滑而有光泽（如图 2-53 所示）。

图 2-53　裙带菜

三、紫菜

紫菜（Porphyra）广泛分布于世界各地，在中国北起辽宁，南至海南均有分布。紫菜是一种营养价值较高的食用海藻，其蛋白质含量较高，并含有丰富的碘、多种维生素和无机盐等微量元素。紫菜味道鲜美，可作汤的主料、其他食物及肉类的佐料。除鲜销外，可加工成干紫菜、调味紫菜、紫菜酱等产品。

紫菜属红藻门（Rhodophyta）、原红藻纲（Protoflorideophyceae）、红毛菜目（Bangiales）、红毛菜科（Bangiaceae）。紫菜外形简单，由盘状固着器、柄和叶片三部分组成。紫菜含有叶绿素、胡萝卜素、叶黄素、藻红蛋白及藻蓝蛋白等色素，由于其含量比例的差异，导致不同种类的紫菜呈现紫红、蓝绿、棕红、棕绿等颜色，以紫色居多，故得名（如图 2-54 所示）。

四、角叉菜

角叉菜（*Chondrus ocellatus*）主要分布于我国东南沿海及胶东半岛沿海。作为暖温带性海藻，角叉菜具有很高的经济效益，可作制胶工业原料，是水产动物的天然优质饵料。近年来有关角叉菜中多糖、氨基酸等多种活性物质的提取和营养食品开发日益受到重视。

角叉菜属红藻门（Rhodophyta）、红藻纲（Florideophyeeae）、杉藻目（Gigartinales）、杉藻科（Gigartinaceae）。海生，藻体丛生，固着在基质上，深紫色或稍带绿色，强韧革质，高4～12cm。藻体直立，具壳状固着器，基部亚扁形，向上则扁平叉开，数回叉状分枝。腋角宽圆，顶端圆钝形，舌状，浅凹或两裂状，边缘全缘或有副枝（如图2-55所示）。

彩图2-55

图2-54　条斑紫菜　　　　　　　图2-55　角叉菜

五、石莼

石莼（*Ulva lactuca* L.）属温带性种类，广泛分布在西太平洋，我国主要分布在东海和南海。通常生长在中潮带、低潮带及大干潮线附近的岩礁或粗石沼泽中，内湾更多些。石莼一直以来作为药材使用，具有治疗中暑、肠胃炎、咽喉炎等功效。石莼中的石莼多糖为其主要的功能成分，现代药理学研究表明，石莼多糖具有抗氧化、抗菌、抗病毒和降血糖等多种作用。

石莼，属绿藻门（Chlorophyta）、石莼目（Ulvales）、石莼属（*Ulva*），是一种海洋经济绿藻类，藻体为膜质，厚约45μm，仅有两层细胞，细胞剖面观呈正方形，基部不厚，近似卵形，边缘带略有波纹，呈宽广的叶片状，高100～400mm，嫩时为淡黄绿色，成熟时草绿色（如图2-56所示）。

彩图2-56

图2-56　石莼

六、螺旋藻

螺旋藻在显微镜下可见其形态为螺旋丝状，故而得名（如图2-57A所示）。螺旋藻在世界各地均有分布，是一种热带和亚热带性藻类，中国的海南沿海和云南省内陆均有养殖和加工。螺旋藻营养丰富，干基中蛋白质含量高达60%～70%，总脂量低，γ-亚麻酸含量较高，微量元素丰富，特别是硒。此外，还含有多糖、β-胡萝卜素等营养成分。因此，螺旋藻风行世界，成为最佳的健康保养食品（如图2-57B所示）。

螺旋藻是一类低等植物，属于蓝藻门（Cyanophyta）、蓝藻纲（Cyanophyceae）、藻殖段目（Hormogonales）、颤藻科（Oscillatoriaceae）、螺旋藻属（*Spirulina*）。它们与细菌一样，细胞内没有真正的细胞核，所以又称为蓝细菌。

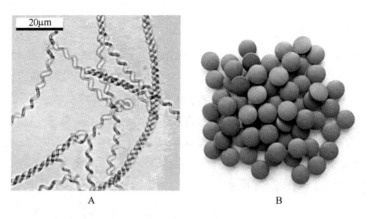

图 2-57　螺旋藻

第六节　其他类

一、棘皮动物类

（一）海参

海参（sea cucumber）是海洋中最常见的无脊椎动物，中国海参主要分布在山东半岛、辽东半岛以及海南岛。海参体壁部分柔软，富含胶质，是供人们食用的主要部分，因其胆固醇含量极低，是一种典型的高蛋白质、低脂肪、低胆固醇的食物。海参是名贵的海珍品，除鲜销外，可加工制得盐干海参、盐渍海参、冻干海参及即食海参等。

海参属棘皮动物门（Echinodermata）、海参纲（Holothuroidea）。绝大多数海参的体形呈扁平圆筒状，两端稍细，体分背、腹两面，具有辐射及左右对称结构（如图 2-58 所示）。海参体柔软，伸缩性很大。背部略隆起，具圆锥状肉刺（又称疣足），排列成 4～6 个不规则纵行，是变形的管足，具有感觉功能。体腹面比较平坦，有密集的管足，排列成不规则的 3 条纵带。管足呈空心管状，末端有吸盘，是海参的附着器官和运动器官。口在前端，肛门在后端，触手生于口的周围，有 10～30 个，常为 5 的倍数。

图 2-58　海参

（二）海胆

全世界现有海胆（sea urchin）种类繁多，约 850 种，但可食用的种类较少。

目前已被开发利用并形成一定规模的仅 30 种左右，全部为正形海胆大中型可食用的种类。海胆黄，不但味道鲜美，营养价值也很高，不但含有蛋白质，还含有多种脂肪酸、维生素、各种氨基酸及磷、铁、钙等营养成分。海胆除了鲜销外，还可以生产加工成盐渍海胆、酒精海胆、冰鲜海胆、海胆酱和清蒸海胆罐头等多种食品。

海胆也是一种棘皮动物，属棘皮动物门（Echinodermata）、游走亚门（Eleutherozea）、海胆纲（Echinoidea）。海胆呈半球形或近似于半球形，呈两侧对称及五辐射对称结构，形如刺猬（如图 2-59 所示）。海胆为雌雄异体，在外观上很难区分。海胆的生殖腺紧贴在壳内侧，呈纺锤状。生殖腺通常为黄色、橘黄色、土黄色或白色等。雄性个体的性腺色淡，偏白。

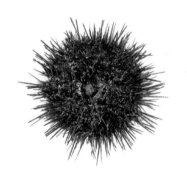 

彩图 2-59

图 2-59　光棘球海胆

二、腔肠动物类

腔肠动物主要包括海蜇、海葵、水螅等，其中海蜇是主要加工食用品种。海蜇分布于南海、东海、黄海、渤海四大海区内海近岸。海蜇中水分含量较高，干基中蛋白质含量相对较高，必需氨基酸构成与人体所需氨基酸组成比较接近，具有较高的营养价值。海蜇可供鲜食，或加工成盐渍品。

海蜇是生长在海洋中营浮游生活的大型暖水性水母类，为双胚层动物，隶属腔肠动物门（Coelenterata）、钵水母纲（Scyphomedusae）、根口水母目（Rhizostomeae）、根口水母科（Rhizostoidae）、海蜇属（*Rhopilema*）。海蜇体形似蘑菇状，分为伞体和口腕部，伞体俗称海蜇皮，口腕部俗称海蜇头。伞体部和口腕部之间由胃柱和胃膜连为一体（如图 2-60 所示）。

图 2-60　海蜇

 概念检查 2-3

○ 描述常见的水产品原料，并说明其加工利用。

 参考文献

[1]　朱蓓薇，曾名湧. 水产品加工工艺学 [M]. 北京：中国农业出版社，2011.

[2] 朱蓓薇. 海珍品加工理论与技术的研究 [M]. 北京: 科学出版社, 2010.

[3] 石彦国. 食品原料学 [M]. 北京: 科学出版社, 2016.

[4] 章超桦, 薛长湖. 水产食品学 [M]. 3 版. 北京: 中国农业出版社, 2018.

[5] 邹国华, 郭志杰, 叶维均. 常见水产品实用图谱 [M]. 北京: 海洋出版社, 2008.

[6] 斯蒂文·W·柏塞尔, 耶依夫·萨摩, 尚塔尔·康南德. 世界重要经济海参种类 (中文版) [M]. 北京: 中国农业出版社, 2017.

[7] 刘宏森. 水生动植物食物的经济价值 [M]. 天津: 天津科技翻译出版公司, 2010.

[8] 农业农村部渔业渔政管理局. 中国渔业统计年鉴 [M]. 北京: 中国农业出版社, 2019.

总结

○ 水产品加工原料主要品类

- 鱼类
- 贝类
- 甲壳类
- 藻类
- 其他

课后练习

一、正误题

1) 贝类的种类很多, 全世界已知约有 12 万种之多, 其种群数量仅次于昆虫, 为地球上第二大动物群体。（　　）

2) 我国著名的大闸蟹的学名为三疣梭子蟹。（　　）

3) 中国常提到的淡水鱼中的"四大家鱼"指的是罗非鱼、草鱼、鲢鱼和青鱼。（　　）

4) 海胆为雌雄异体, 其食用部位为海胆的生殖腺。（　　）

5) 螺旋藻含有较高的 γ- 亚麻酸、硒、多糖、β- 胡萝卜素等营养成分, 被认为是最佳的健康保养食品之一。（　　）

二、选择题

1) 鱼类中脂肪含量（　　）, 热能（　　）, 是比家禽、家畜都要（　　）的动物性食物。

　A. 低, 低, 优越　　　　　　　B. 高, 高, 优越　　　　　　C. 低, 高, 低劣

2) 大黄鱼是中国主要海产经济鱼类之一, 大黄鱼肉质鲜嫩, 目前绝大部分为鲜销, 还可加工成风味独特的水产品, 大黄鱼的（　　）可干制成名贵的鱼肚。

　A. 鱼胃　　　　　　　　　　B. 鱼鳔　　　　　　　　　　C. 鱼肠

3) 海参是名贵的海珍品, 海参体壁是供人们食用的主要部分, 具有（　　）

蛋白质、（　　）脂肪、（　　）胆固醇的特点。

 A. 高，低，低　　　　　　B. 高，低，高　　　　　　C. 高，高，高

 ## 设计问题

1）作为海产经济鱼类之一，海鳗肉质洁白细嫩，味道鲜美，营养丰富。根据书上内容并结合自己的知识简述，除鲜销外，海鳗作为原料加工制成的食品。

2）目前，扇贝养殖业成为继海带和对虾养殖后的第三大海水养殖业。除鲜销外，扇贝的扇贝柱部分干制后即得"干贝"；但扇贝的裙边部分在加工过程中经常被丢弃，请根据所学内容，提供一些建议，从而能避免资源的浪费。

3）著名的阳澄湖大闸蟹学名为中华绒螯蟹，是中国重要的洄游性水产经济动物之一，在淡水捕捞业中占有相当重要的地位。挑选大闸蟹时要注意不能购买死蟹，这是为什么？

（www.cipedu.com.cn）

第三章　水产品加工原料的化学组成

水产品种类多样，图中有鱼类、虾类、蟹类、贝类及头足类。它们形态上千差万别，在化学组成上同样各具特点。

金枪鱼和三文鱼分别富含血红素和类胡萝卜素，二者的色素化学组成不同能直接反映在视觉效应上。

（a）琳琅满目的水产品

（b）金枪鱼和三文鱼寿司

 为什么要学习水产品加工原料的化学组成？

在了解了水产品加工主要原料的基础上，我们注意到，与陆生生物相比，水产品加工原料具有高蛋白质、低脂肪和低热量的特点，例如，在第九章第一节中，在加工鱼糜制品时添加2%~3%的食盐，经擂溃后会产生黏稠状的肉糊，这主要是因为鱼肉中的肌原纤维蛋白为盐溶性的，食盐可促进其溶解从而吸收大量水分。因此，全面了解水产品加工原料的化学组成特性，对于水产品加工是非常必要的。

👁 **学习目标**

○ 能够简述鱼贝类肌肉蛋白质的组成。
○ 能够区分肌浆蛋白、肌原纤维蛋白以及肌基质蛋白的差别。
○ 列举常见的水产植物多糖，并分析其化学组成特点。
○ 列举常见的水产动物多糖，并分析其化学组成特点。
○ 能够简述水产品脂类的种类，并叙述其特点，列举相应实例。
○ 能够简述水产品呈味成分的种类，并叙述其特点，列举相应实例。

第一节　蛋白质

一、鱼贝类肌肉蛋白质

鱼类的蛋白质，按其对中性盐的溶解性，可以分为水溶性（肌浆）、盐溶性（肌原纤维）及不溶性（肌基质）三种蛋白质组分，如表3-1所示。鱼肉的肌原纤维蛋白含量丰富，而肌基质蛋白含量远低于陆产动物，所以鱼肉组织比陆产动物柔软。

表3-1　鱼类肌肉蛋白的分类

分类	溶解性	存在位置	代表例
肌浆蛋白（20%~50%）	水溶性（可溶于水和低离子强度的I=0.05~0.15中性缓冲液）	肌细胞间或肌原纤维间	糖酵解酶、肌酸激酶、小清蛋白、肌红蛋白
肌原纤维蛋白（50%~70%）	盐溶性（可溶于高离子强度的$I \geq 0.5$的中性缓冲液）	肌原纤维	肌球蛋白、肌动蛋白、原肌球蛋白、肌钙蛋白
肌基质蛋白（<10%）	不溶性（不溶于水和低离子强度的中性缓冲液）	肌隔膜、肌细胞膜、血管等结缔组织	胶原蛋白

注：$I=0.5\sum C_i Z_i^2$，式中，I为离子强度；C_i为离子的物质的量浓度；Z_i为离子的价数；$\sum$表示"加和"的符号。

1. 肌浆蛋白

肌浆蛋白是存在于肌肉细胞浆中的水溶性（或稀盐类溶液）的各种蛋白质的总

称，种类复杂，包括肌纤维细胞质中存在的白蛋白、代谢中的各种蛋白酶及色素蛋白。各种肌浆蛋白的分子质量一般为1.0×10^4Da至10.0×10^4Da之间，其含量为全蛋白质的20%～35%。将新鲜的肌肉研磨破碎后，用低离子强度的缓冲液提取，高速离心后，可以去除细胞等微粒和肌原纤维蛋白，得到的上清液即为肌浆蛋白，或称为水溶性蛋白。在低温贮藏和加热处理中，肌浆蛋白热凝温度高，较肌原纤维蛋白稳定。另外，色素蛋白的肌红蛋白也存在于肌浆中。

2. 肌原纤维蛋白

肌原纤维蛋白是由肌球蛋白、肌动蛋白以及被称为调节蛋白的原肌球蛋白与肌钙蛋白所组成，其中以肌球蛋白和肌动蛋白为主体，是支撑肌肉运动的结构蛋白质。采用高浓度的中性盐溶液提取研碎的鱼肉，经高速离心后可得到肌原纤维蛋白，也称为盐溶性蛋白。另外，在鱿鱼、乌贼、虾、蟹类等无脊椎动物中，构成粗丝的蛋白质中还含有副肌球蛋白，如在乌贼的肌原纤维中含有10%～15%，在扇贝的横纹肌中含3%，在牡蛎的横纹肌中含19%。

在鱼类肌肉蛋白质中，肌原纤维蛋白占肌肉总蛋白质的60%～75%，而肌球蛋白占肌原纤维蛋白的40%～50%。肌球蛋白具有三个重要的性质，包括具有ATP酶的作用，可将ATP分解成ADP；与肌动蛋白组成的细丝相结合；在生理条件下形成丝。当鱼肉蛋白质在冷藏、加热过程中变性时，会导致ATP酶活性的降低甚至消失；同时，变性的肌球蛋白在盐类溶液中的溶解度会有所下降。这两种性质是用于判定肌肉蛋白质变性的重要指标。

3. 肌基质蛋白

肌基质蛋白是由胶原蛋白、弹性蛋白和连接蛋白构成的结缔组织蛋白，构成了鱼体的肌原纤维鞘、肌隔膜及腱。肌基质蛋白一般不溶于水或中性盐溶液，化学稳定性较强。在一般鱼肉结缔组织中，存在最多的肌基质蛋白是胶原蛋白。

胶原蛋白是生物体中重要的结构蛋白质之一，存在于鱼贝类的皮、骨、鳞、腱及鳔中，占总蛋白质的15%～45%，甘氨酸 - 脯氨酸 - 羟脯氨酸或羟赖氨酸重复序列的连续性是原纤维胶原蛋白的重要特征，也是形成高度有序的胶原纤维的基础。因此，在原纤维胶原蛋白的氨基酸中，甘氨酸约占1/3，脯氨酸和羟脯氨酸占1/5以上，还有大量的羟赖氨酸和丙氨酸。当胶原纤维在水中加热至70℃以上时，构成原胶原分子的三条多肽链之间的交联结构被破坏，而形成溶解于水的明胶。肉类的加热或鳞皮等熬胶的过程中，胶原被溶出的同时，肌肉结缔组织被破坏，使肌肉组织变得软烂和易于咀嚼。

二、海藻蛋白质

海藻中的氮含量是衡量海藻蛋白质含量变化的重要指标，海藻含氮化合物分为蛋白氮和非蛋白氮两部分，其中蛋白氮占70%～90%，非蛋白氮占10%～30%。总氮量乘以蛋白质换算系数（6.25）可得到粗蛋白，藻类的粗蛋白一般占干重的5%～25%。

在红藻和蓝藻中，参加光合作用的辅助色素是与水溶性蛋白结合的藻胆蛋白（phycobiliprotein）。藻胆蛋白是一种水溶性的色素蛋白，颜色有红、粉红和蓝色三种。在海藻细胞内，藻胆蛋白吸收太阳光后，能将70%～80%的能量传递给叶绿素a，藻胆蛋白的吸收光谱在450～650nm，正好填补了叶绿素a吸收不到的光谱。

 概念检查 3-1

○ 鱼肉肌肉蛋白包括哪几类？

第二节　碳水化合物

在水产加工原料中，鱼贝类体内最常见的碳水化合物为糖原，通常含量为10%以下，而碳水化合物是海藻的主要成分，一般占其干重的50%。值得注意的是，水产加工原料中还含有大量的具有广泛应用价值的碳水化合物，如海藻中的褐藻胶、琼胶和卡拉胶等，以及水产动物中的甲壳素、黏多糖等生物多糖。近年来，各国的科学家大力开展从海洋开发新药物的研究计划，因此对海洋中资源丰富的生物多糖进行广泛研究，并逐步应用于医药和食品工业中。

多糖是碳水化合物的一类，通常由10个以上的单糖组成，分子可以是线性的，也可以是分支的。按照来源的不同，可将水产生物多糖分为植物多糖和动物多糖两大类。

一、植物多糖

海洋植物多糖主要来自海藻，广泛分布于海藻的细胞中，发挥不同的功能。例如，海藻纤维素、木聚糖、甘露聚糖等构成了海藻细胞壁的骨架；存在于细胞质中的褐藻淀粉、红藻淀粉是代谢能耗物质；藻类细胞间质中的琼胶、卡拉胶、杂多糖、褐藻胶等，参与藻类的物质代谢。根据来源，海洋植物多糖可分为红藻多糖、褐藻多糖及绿藻多糖。在绿藻的水溶性多糖中普遍存在木糖和鼠李糖，还含有大量的杂多糖。

（一）红藻多糖

红藻细胞间质多糖是由 D- 或 L- 型半乳糖及其衍生物聚合而成的线性高分子，所以又被称为半乳聚糖或半乳糖胶。根据其所含半乳聚糖的结构特点来看，可分为琼胶类（agar-type）和卡拉胶类（carrageenan-type）。

琼胶也称琼脂，是从红海藻纲的某些海藻（例如石花菜、江蓠、鸡毛菜等）中提取出的亲水性胶体。不同藻类制备得到的琼胶，其凝胶强度差异较大，结构上也有一定的差异。研究发现，琼胶是由中性琼脂糖（agarose，含60%～80%）和含硫酸根的硫琼胶（agaropectin，含20%～40%）构成的，其中琼脂糖是由1,3连接的 β-D- 吡喃半乳糖与1,4连接的3,6-内醚-α-L-半乳糖反复交替连接而成的线性分子。

卡拉胶是从红藻的角叉菜、麒麟菜和琼枝菜等藻类中提取的多糖，是一种硫酸半乳聚糖，其分子类型因来源不同而多样，但都是1,3-β-D- 半乳糖（1,3-G）和1,4-α-D- 半乳糖（1,4-G）交替连接形成的骨架结构。根据半乳糖中是否含有内醚以及半乳糖上硫酸基的数量和连接位置不同可将卡拉胶分为5族13种，工业上生产具有商品价值的为 κ-、ι- 和 λ-卡拉胶。

（二）褐藻多糖

褐藻多糖包括褐藻胶和褐藻糖胶。褐藻胶是从海带、巨藻、马尾藻、裙带菜、羊栖菜等藻类中提取的褐藻酸盐类。由于海带产量巨大，目前主要从海带中提取褐藻胶。在化学组成上，褐藻胶是由1,4-β-D- 甘露糖醛酸（mannuronic acid，M）和 1,4-α-L- 古罗糖醛酸（guluronic acid，G）两种糖单元聚合而成的高分子线性糖醛酸聚合物。褐藻糖胶是褐藻所特有的细胞间质多糖，一般存在于生长在潮间带长时间与空气接触的褐藻中，例如墨角藻类，褐藻糖胶含量高达 20%。褐藻糖胶的化学组成比较复杂，是由岩藻糖、糖醛酸和硫酸酯单糖等组成的。因此，褐藻糖胶一般又被称为岩藻糖的硫酸化多糖或岩藻聚糖硫酸酯。从不同褐藻中提取的褐藻糖胶的单糖组成、糖醛酸含量及硫酸酯含量差异较大。

（三）绿藻多糖

与红藻和褐藻一样，绿藻也含有丰富的多糖。在绿藻水溶性多糖中普遍存在木糖和鼠李糖，已发现木聚糖、甘露聚糖和葡聚糖等中性聚糖，还有大量的水溶性硫酸化多糖。硫酸化多糖为杂多糖，其结构复杂，单糖组分种类多。根据其所含的主要的糖组分，绿藻的水溶性多糖可分为"木糖 - 半乳糖 - 阿拉伯糖聚合物"和"葡萄糖醛酸 - 木糖 - 鼠李糖聚合物"。前者的代表性原藻有岩生刚毛藻、细硬毛藻、丝状蕨藻及刺松藻等，后者的代表性原藻有石莼、浒苔、顶管藻等。绿藻种类资源丰富，关于绿藻多糖的结构和生理功能特性还有待于进一步研究。

二、动物多糖

（一）甲壳素

甲壳素，又名几丁质，广泛存在于虾、蟹中，在昆虫等节肢动物外壳、真菌和藻类的细胞壁中也有壳聚糖的成分。

甲壳素是由 N-乙酰氨基葡萄糖以 β-1,4 糖苷键聚合而成，由于存在强大的分子间作用力而使其难溶于一般溶剂。壳聚糖是甲壳素的脱乙酰衍生物，由 N-乙酰氨基葡萄糖和氨基葡萄糖以 β-1,4 糖苷键聚合而成。由于存在大量裸露的氨基基团，易于在酸性条件下质子化，导致分子间作用力被打破，因此壳聚糖可溶解于乙酸、乳酸、盐酸等稀酸溶液，但不能溶于中性或碱性溶液。壳聚糖是自然界中仅次于纤维素的第二丰富贮量的天然多糖，而且是自然存在的唯一碱性多糖，在虾、蟹中的含量高达 20%～30%。

（二）海参多糖

海参多糖是海参体壁的一类重要成分，其含量可占干参总有机物的 6% 以上。目前发现的海参多糖主要有两类：一类为海参糖胺聚糖或黏多糖（holothurian glycosaminoglycan，HGAG），是由 D-N-乙酰氨基半乳糖、D-葡萄糖醛酸和 L-岩藻糖组成的分支杂多糖，分子量为 4 万～5 万；另一类为海参岩藻多糖（holothurian fucan，HF），是由 L-岩藻糖所构成的直链多糖，分子量为 8 万～10 万。两者的组成糖基虽不同，但糖链上都有部分羟基发生硫酸酯化，并且硫酸酯化类多糖含量均在 32% 左右，两种多糖的特殊结构均为海参所特有。

（三）鲨鱼软骨酸性黏多糖

鲨鱼中富含多种软骨成分，采用碱提法和酶解提取法可从鲨鱼软骨中获得鲨鱼软骨酸性黏多糖（shark cartilage acid mucopolysaccharide，SCAMP）。SCAMP 是一种糖的复合成分，包括透明质酸、软骨素、4-硫酸软骨素、6- 硫酸软骨素、硫酸角质素及肝素等。在这些成分中，重复二糖单元中至少有一个带有负电荷的羧基或硫酸基。

 概念检查 3-2

○ 水产多糖主要来自哪些原料？

第三节　脂类

水产动物中的脂质在生物体内具有多种功能，可作为热源、营养素以及保温、缓冲及浮力物质等。脂质在水产品利用方面也有重要作用，包括脂质含量的多少影响水产食品的口感；水产品脂质具有一定的生理调节功效；脂质能赋予水产食品不同的风味。

鱼类的脂质含量变化较大，根据总脂质含量，一般可将鱼类分为少脂鱼（<1%）、中脂鱼（1%～5%）、多脂鱼（5%～15%）以及特多脂鱼（>15%）。少脂鱼主要是一些底栖性鱼类，如鳕鱼、鳎鱼、银鱼等；中脂鱼有大黄鱼、鲣鱼、白鲢鱼等；多脂鱼有带鱼、大麻哈鱼、沙丁鱼等；特多脂鱼有鲥鱼、鳗鲡、金枪鱼等。贝类所含的脂肪量很低，一般在2%左右；相对于蛋白质含量，其脂肪更低于一般动物性食品，而且其中n-3系列的多不饱和脂肪酸含量相当丰富，占总脂肪酸含量的9%～45%。

一、脂肪酸

鱼贝类中的脂肪酸（fatty acid）大都是C_{14}～C_{20}的偶数直链状脂肪酸，含奇数碳原子数的脂肪酸和侧链脂肪酸的量甚微。大致可分为饱和酸（saturated acid）、具有1个双键的单烯酸（monoenoic acid）和具有2～6个双键的多烯酸（polyenoic acid）。一般将具有两个以上双键的脂肪酸称作多不饱和脂肪酸（polyunsaturated fatty acids，PUFA）。不饱和脂肪酸的双键大都为顺式（cis）的，多烯酸都具有共轭双键的结构。

从脂肪酸合成的角度来看，不饱和脂肪酸可根据双键结合的位置分为油酸（oleic acid，n-9）、棕榈油酸（palmitoleic acid，n-7）、亚油酸（linoleic acid，n-6）及亚麻酸（linolenic acid，n-3）（n-6原来的表示为ω-6，即从末端甲基开始数第6位碳原子上开始有双键结合）。主要代表物有单烯酸$C_{18:1n-9}$（油酸）、双烯酸$C_{18:2n-6}$（亚油酸）、三烯酸$C_{18:3n-3}$（亚麻酸）、四烯酸$C_{20:4n-6}$（arachidonic acid，花生四烯酸）、五烯酸$C_{20:5n-3}$（eicosapentaenoic acid，EPA，二十碳五烯酸）及六烯酸$C_{22:6n-3}$（docosahexaenoic acid，DHA，二十二碳六烯酸）。

鱼油中不饱和脂肪酸和高不饱和脂肪酸的含量高达70%～80%，远高于畜禽类动物。EPA具有抑制血小板凝集反应的作用，而DHA对大脑发育和功能发挥具有重要作用。

鱼贝类脂质的特征是富含n-3系的多不饱和脂肪酸（PUFA），而且这种倾向是海水鱼贝类比淡水鱼贝类更显著。此外，磷脂中n-3 PUFA的含有率比中性脂质高，越是脂质含量低的种属，其脂质中的n-3 PUFA的比例越高。

二、甘油三酯

甘油三酯是甘油与三个脂肪酸以酯键相结合而成的化合物，是鱼类积蓄脂肪的主要成分，在营养状态良好时，沙丁鱼、鲹、鲭、鲣等鱼类的甘油三酯积存在皮下组织，鳕、鲨鱼、乌贼等的甘油三酯积存在内脏各器官，特别在肝脏中含量多。鱼油的甘油三酯与陆生动物的油脂比较，往往是多种脂肪酸结合，2（β）位与不饱和脂肪酸结合，2位结合碳链短的脂肪酸，3位（α'位）结合碳链长的脂肪酸。

三、烃类及固醇

在鱼类的肌肉脂质及内脏油中含有不皂化物的饱和或不饱和、直链或支链的烃类。硬骨鱼类、动物性浮游生物的脂质中烃的含量低，一般在3%以下。拟灯笼鲨、尾鲨等深海鲨鱼的肝脏中除含有大量的角鲨烯之外，还发现含有姥鲛烷（pristane，$C_{18}H_{38}$）、鲨烯（zamene，$C_{19}H_{38}$）、植物烷（phytane，$C_{20}H_{42}$）等烃类。桡足类（copepods）含有丰富的姥鲛烷等烃类，可以说是海洋中姥鲛烷的第一生产者。

固醇在无脊椎动物中的种类非常多，但在鱼类中主要是胆固醇（cholesterol）及其脂肪酸酯。与普通鱼类相比，乌贼、章鱼及虾类中的胆固醇含量较高，产卵鱼的胆固醇含量也较高。

四、蜡酯

某些鱼类和甲壳类，以脂肪酸和高级醇形成的蜡酯（WE）来取代甘油三酯作为主要的贮藏脂质。海洋的中层和深层，生物密度稀薄，生物饵料的供给也不安定，生活在此环境下的桡虫类、南极磷虾类、糠虾类、十足类等甲壳类和矢虫类、乌贼的种属的体内存在大量的 WE，如南极的桡足类的一种 *Calanus hyperboreus*，按干基计含 70% 的 WE（脂质计 90%），动物浮游生物的 WE 积蓄量同植物浮游生物的增殖密度呈比例增加。然而，生活在饵料供给充足的温带、热带表层、深海的底层、淡水水域的动物浮游生物及甲壳类几乎不含 WE。

蜡酯还存在于皱鳃鲨肝油、短吻丝鳕肝油、抹香鲸的体油及脑油中，狭鳕、无须鳕、鲻鱼等的卵巢中，以及异鳞蛇鲭、棘鳞蛇鲭、海鲂及棘鲷等的体油中。不同的鱼种，构成 WE 的脂肪酸和醇也不相同，一般情况下，碳链以 $C_{18:1}$ 及 $C_{20:1}$ 的组成比例高。研究还发现，小白鼠由于食用异鳞蛇鲭肉而引起腹泻和皮脂溢，这是由于肉中含有大量的蜡酯所致。因此，含有大量蜡酯的鱼种不适合食用。

五、极性脂肪

磷脂质和胆固醇一道作为组织的脂肪分布于细胞膜和颗粒体中。磷脂质的组成不因动物种类而有大的变动。鱼贝类存在的主要磷脂质同其他动物一样，有磷脂酰胆碱（phosphatidylcholine，PC）、磷脂酰乙醇胺（phosphatidylethanolamine，PE）、磷脂酰丝氨酸（phosphatidylserine，PS）、磷脂酰肌醇（phosphatidylinositol，PI）、鞘磷脂（sphingomyelin，SM）等。鱼贝类肌肉中磷脂质的 75% 以上是 PC 和 PE。PC 的 1 位多为 16：0、18：1 等饱和脂肪酸和单烯酸；2 位往往结合 20：5、22：6 等 *n*-3 PUFA。在贝类的复合脂质中检出具有 C-P 结合的磷酸酯（phosphonolipid，PnL），PnL 又可分为甘油磷酸酯和鞘磷脂（sphingophosphonolipid，SPnL）。在牡蛎、鲍鱼和扇贝中含有大量的 SPnL（占磷脂的 9%～36%），主要分布于内脏、外套膜鳃等组织，闭壳肌中含量最多。

第四节　呈味成分

鱼贝类组织用热水或适当的除蛋白质物质（如乙醇、三氯乙酸、过氯酸等）处理，将生成的沉淀除去后得到的溶液中，含有多种物质，广义上称这些物质为提取物成分。鱼贝类的提取物一般不包含脂肪、色素等。主要包括两大类：一种是含氮成分，即非蛋白氮；另一种是非含氮成分。前者含量远高于后者。这些可萃取成分，包括游离氨基酸、低肽、核苷酸、有机碱、有机酸、糖类及无机盐等，同呈味物质有关。

一、游离氨基酸

游离氨基酸及相关化合物是鱼和贝类提取物的含氮成分，是重要的滋味物质，也是香味前体物质。氨基酸及其衍生物的味感与氨基酸的种类及其立体结构有关。例如甘氨酸具有爽快的甜味，对鱼、虾、

蟹的鲜美有一定贡献；丙氨酸呈略带苦味的甜味，赋予扇贝以甜鲜的美味；缬氨酸、蛋氨酸则引发海胆的苦味，是形成海胆独特风味不可缺少的呈味成分。

鱼类中的游离氨基酸总含量比贝类及甲壳类中的要低，但鱼类中的某些游离氨基酸浓度足够高而对鱼肉的风味起作用。一般而言，红肉鱼类味浓厚，白肉鱼类味清淡，这与不同鱼类中的氨基酸组成有一定的关系。鲐鱼、鲣鱼、黄鳍金枪鱼等红色鱼肉中组氨酸含量较高；真鲷、牙鲆、紫色东方鲀等白色鱼肉中牛磺酸的含量较高。在贝类中，甘氨酸、谷氨酸、精氨酸、丙氨酸和牛磺酸等都是重要的呈味成分。甲壳类肉中含有大量的精氨酸、甘氨酸和脯氨酸，还含有丙氨酸、谷氨酸和牛磺酸等，使得甲壳类肉带有一种甜的味道，并在加热时产生挥发性风味化合物。蟹肉中含有较高的甘氨酸、精氨酸、脯氨酸和牛磺酸，这四种成分占蟹肉中游离氨基酸总量的69%～80%。蟹肉和对虾肉各含有较多的牛磺酸和甘氨酸，因而滋味存在着显著差异。对中国对虾、太湖青虾和太湖白虾中游离氨基酸组成的分析表明，含量较高的有甘氨酸、精氨酸、丙氨酸及牛磺酸等。

此外，在鱼贝类滋味的贡献方面，氨基酸除了发挥自身的呈味作用外，还具有相互协同或阻碍等问题。它们对滋味的贡献，主要取决于各种氨基酸的阈值、含量以及其他成分的相互作用，目前已经确认游离氨基酸和核苷酸具有相互促进作用。

二、肽类

鱼贝类的浸出物中还含有低分子肽，这类成分对呈味也有一定的贡献。鱼类中含肽较多，而贝类含肽较少。已从鱼肉提取物中鉴定出的肽类有肌肽（β-丙氨酰基组氨酸）、鹅肌肽（β-丙氨酰基-1-甲基组氨酸）和鲸肌肽（β-丙氨酰基-3-甲基组氨酸）。肌肽在鳗鱼和鲣鱼中含量丰富，鹅肌肽在金枪鱼、鲣鱼和某些品种的鲨鱼中含量丰富，而鲸中则含有丰富的鲸肌肽。在乌贼、章鱼等无脊椎动物肌肉中几乎没有检出肌肽、鹅肌肽及鲸肌肽。这些肽类在中性附近具有很强的缓冲能力，可使滋味变得浓厚。此外，这些肽类分子能与其他成分反应进一步形成各种风味物质。例如与谷氨酸羧基端连接有亲水性氨基酸的二肽、三肽有鲜味，若与疏水性氨基酸相连则产生苦味。

三、核苷酸及其关联化合物

核苷酸及其关联化合物是鱼贝类及甲壳类中已知能产生鲜美滋味的重要化合物，在鱼类和甲壳类的肌肉中，90%以上的核苷酸是嘌呤的衍生物。鱼贝类死亡后，肌肉中的腺苷三磷酸在酶的催化下降解。对于鱼肉来说，其中的肌苷一磷酸（IMP）显著增加；虾蟹肌肉中IMP和腺苷一磷酸（AMP）都显著增加；乌贼、贝类等软体动物肌肉中的AMP显著增加。此外，5′-核糖核苷酸、AMP、IMP、鸟苷一磷酸（CMP）可与谷氨酸钠结合产生强的特征性鲜味。

四、其他含氮成分

鱼肉中主要的有机碱是脲、氧化三甲胺及甘氨酸甜菜碱等，它们对鱼肉的风味有特殊贡献。一般，脲在鱼肉组织中存在量较小，而在海产软骨鱼中的含量相对较高（1%～2.5%）。脲没有风味，但能够在细菌脲酶的催化作用下分解为氨和二氧化碳，氨的刺鼻气味会使鱼肉令人难以接受。氧化三甲胺存在于海产的真骨鱼和软骨鱼中，具有甜味。但氧化三甲胺的分解产物具有一种强烈的气味，使腐败鱼变味。甘氨酸甜菜碱在无脊椎水产动物中含量丰富，具有甜味。鱼贝类中含有机碱主要是甜菜碱，其中最重要的也是甘氨酸甜菜碱，另外还含有 β- 丙氨酸甜菜碱、肉毒碱、龙虾肌碱基葫芦巴碱等。

五、非氮化合物

鱼贝类肌肉浸出物中含有的非氮化合物主要是有机酸、糖类和无机物。有机酸有乙酸、丙酸、乳酸、丙酮酸、琥珀酸、草酸等，其中最主要的是丙酮酸、乳酸和琥珀酸。琥珀酸及其钠盐是贝类的主要呈味成分；乳酸是较敏捷的鱼如金枪鱼和鲣鱼中的主要酸，可提高缓冲能力并增强呈味。鱼贝类中的糖类可分为游离糖和磷酸糖。游离糖中最主要的成分是葡萄糖，主要来自肌肉中糖原的分解。浸出物中还含有次黄嘌呤核苷游离成的核糖。磷酸糖是糖酵解途径和磷酸戊糖循环的中间产物，主要有葡萄糖-1-磷酸、葡萄糖-6-磷酸、果糖-6-磷酸、果糖-1,6-二磷酸、核糖-5-磷酸等。浸出物含有的无机盐主要是 Na^+、K^+、Ca^{2+}、Mg^{2+}、Cl^-、PO_4^{3-} 等，对鱼贝类的呈味有重要作用。

第五节　其他成分

水产食品的可食部分含有多种人体营养所需的维生素，包括脂溶性维生素——维生素 A、维生素 D、维生素 E 和水溶性维生素——维生素 B_1、维生素 B_2、维生素 B_5、维生素 C、烟酸及泛酸等。维生素的含量和分布根据水产品的种类和部位而异。

水产品中还含有一定的矿物质，随种类和组织不同而有较大的差别。在水产动物的骨、鳞、甲壳、贝壳等硬组织中含量较高，特别是贝壳中高达 80%～90%，而肌肉组织中的含量一般较低，含量为 1%～2%。鱼贝类肌肉中存在的无机质主要有 Na、K、Ca、Mg、Cl、P 及 S 等常量元素，还含有其他为人体所必需的微量元素，如 Mn、Co、Cr、I、Mo、Se、Zn、Cu 等。在硬组织中的矿物质是以钙的碳酸盐和磷酸盐为主体的大量无机质和胶质蛋白、贝壳硬蛋白等蛋白质及甲壳素等多糖类所构成的。鱼类骨头的主要无机质是 Ca 和 P；鱼鳞中无机质的比例因鱼种而不同，主要成分也是 Ca 和 P。骨、齿、鳞中的无机质都主要以 $Ca_{10}(PO_4)_6 \cdot H_2O$ 的形式存在。甲壳类的壳中的无机质主要成分除 Ca 外，还有微量的 Mg 和 P，大部分以 $CaCO_3$、$MgCO_3$、$Ca_3(PO_4)_2$ 等形式存在。贝壳的无机质大部分为 $CaCO_3$，也含有少量的 $MgCO_3$、$Ca_3(PO_4)_2$，微量的 Si、Fe、Mn 等。此外，海藻中含有丰富的无机质，其含量因海藻的种类、生长环境、生长状况和季节的不同而变化。一般海藻中的灰分含量为 10%～20%，有的高于 30%。含量比较多的有钠、钾、钙、镁，其中，钠和钾主要以氯化物或硫酸盐的形式存在，与细胞内的生理机能有关。钙在褐藻中特别多，而镁在绿藻中含量多。另外，海藻中还含有 Se 和 Zn 等微量元素，还含有 As 和 Ni 等有毒元素。

值得注意的是，海洋生物体内蕴藏着许多天然的生物活性物质，随着生物分离纯化技术的不断提高和海洋生化药物研究的深入，越来越多的海洋生物活性物质被分离鉴定出来。从化学结构来看，海洋生物活性物质主要为肽类、多糖类、生物碱类、萜类、大环聚酯类、聚醚类、多烯类不饱和脂肪酸、甾类等。

📁 **参考文献**

[1] 李兆杰，薛勇，等 . 水产品化学 . 北京: 化学工业出版社，2007.

[2] 夏松养，奚印慈，谢超，等 . 水产食品加工学 . 北京: 化学工业出版社，2008.

[3] 沈月新 . 水产食品学 . 北京: 中国农业出版社，2001.

[4] 林洪，曹立民，刘春娥，等 . 水产品资源有效利用 . 北京: 化学工业出版社，2007.

[5] 李八方 . 海洋生物活性物质 . 青岛: 中国海洋大学出版社，2007.

[6] 朱蓓薇，曾名湧 . 水产品加工工艺学 . 北京: 中国农业出版社，2010.

 总结

○ 肌肉蛋白质的组成
- 肌浆蛋白：存在于肌肉细胞浆中的水溶性（或稀盐类溶液）的各种蛋白质的总称，种类复杂，包括肌纤维细胞质中存在的白蛋白、代谢中的各种蛋白酶及色素蛋白。
- 肌原纤维蛋白：由肌球蛋白、肌动蛋白以及被称为调节蛋白的原肌球蛋白与肌钙蛋白所组成，其中以肌球蛋白和肌动蛋白为主体，是支撑肌肉运动的结构蛋白质。
- 肌基质蛋白：由胶原蛋白、弹性蛋白和连接蛋白构成的结缔组织蛋白，构成了鱼体的肌原纤维鞘、肌隔膜及腱。

○ 植物多糖
- 红藻多糖：红藻细胞间质多糖是由D-或L-型半乳糖及其衍生物聚合而成的线性高分子，所以又被称为半乳聚糖或半乳糖胶。
- 褐藻多糖：褐藻多糖包括褐藻胶和褐藻糖胶。褐藻胶是从海带、巨藻、马尾藻、裙带菜、羊栖菜等藻类中提取的褐藻酸盐类。
- 绿藻多糖：在绿藻水溶性多糖中普遍存在木糖和鼠李糖，已发现木聚糖、甘露聚糖和葡聚糖等中性聚糖，还有大量的水溶性硫酸多糖。

○ 动物多糖
- 甲壳素：又名几丁质，广泛存在于虾、蟹中，在昆虫等节肢动物外壳、真菌和藻类的细胞壁中也有壳聚糖的成分。
- 海参多糖：海参多糖是海参体壁的一类重要成分，其含量可占干参总有机物的6%以上。目前发现的海参多糖主要有两类：一类为海参糖胺聚糖或黏多糖，另一类为海参岩藻多糖。
- 鲨鱼软骨酸性黏多糖：鲨鱼中富含多种软骨成分，采用碱提法和酶解提取法可从鲨鱼软骨中获得鲨鱼软骨酸性黏多糖。

○ 脂类
- 脂肪酸：鱼贝类中的脂肪酸大都是$C_{14} \sim C_{20}$的偶数直链状脂肪酸，含奇数碳原子数的脂肪酸和侧链脂肪酸的量甚微。
- 甘油三酯：甘油三酯是甘油与三个脂肪酸以酯键相结合而成的化合物，是鱼类积蓄脂肪的主要成分。
- 烃类及固醇：在鱼类的肌肉脂质及内脏油中含有不皂化物的饱和或不饱和、直链或支链的烃类。固醇在无脊椎动物中的种类非常多，但在鱼类中主要是胆固醇及其脂肪酸酯。
- 蜡酯：某些鱼类和甲壳类，以脂肪酸和高级醇形成的蜡酯（WF）来取代甘油三酯作为主要的贮藏脂质。
- 极性脂肪：磷脂质和胆固醇一道作为组织的脂肪分布于细胞膜和颗粒体中。

○ 呈味成分
- 游离氨基酸：游离氨基酸及相关化合物是鱼和贝类提取物的含氮成分，是重要的滋味物质，也是香味前体物质。氨基酸及其衍生物的味感与氨基酸的种类及其立体结构有关。

- 肽类：鱼贝类的浸出物中还含有低分子肽，这类成分对呈味也有一定的贡献。鱼类中含肽较多，而贝类含肽较少。
- 核苷酸及其关联化合物：核苷酸及其关联化合物是鱼贝类及甲壳类中已知能产生鲜美滋味的重要化合物，在鱼类和甲壳类的肌肉中，90%以上的核苷酸是嘌呤的衍生物。
- 其他含氮成分：鱼肉中主要的有机碱是脲、氧化三甲胺及甘氨酸甜菜碱等，它们对鱼肉的风味有特殊贡献。
- 非氮化合物：鱼贝类肌肉浸出物中含有的非氮化合物主要是有机酸、糖类和无机物。

课后练习

一、判断题

1）DHA 可作为食品营养强化因子添加到婴儿配方奶粉中。（　　　）

2）富含蜡酯的水产品不宜食用。（　　　）

二、选择题

1）海藻中的主要化学成分是（　　　），其含量大概占干基 50%。

　　A. 水分　　　　　　　　B. 碳水化合物　　　　　　C. 蛋白质　　　　　　　D. 脂肪

2）壳聚糖与甲壳素的关系是（　　　）。

　　A. 甲壳素是壳聚糖的水解产物　　　　　　B. 壳聚糖是甲壳素的脱乙酰基衍生物
　　C. 甲壳素和壳聚糖是一种物质　　　　　　D. 壳聚糖是甲壳素的水解产物

3）鱼肉中包含水溶性、盐溶性和不溶性的蛋白质，属于不溶性蛋白质的是（　　　）。

　　A. 肌红蛋白　　　　　B. 肌球蛋白　　　　　　C. 肌动蛋白　　　　　　　D. 胶原蛋白

4）存在于红肉鱼、虾、蟹中重要的色素是（　　　）。

　　A. 血红素　　　　　　B. 虾青素　　　　　　　C. 黑色素　　　　　　　　D. 叶黄素

5）鱼肝油的主要成分是（　　　）。

　　A. DHA 和 EPA　　　B. DHA 和 BHT　　　C. 维生素 A 和维生素 E　　D. 维生素 A 和维生素 D

6）鱼油的不饱和程度与（　　　）指标有关。

　　A. 酸价　　　　　　　B. 碘价　　　　　　　　C. K 值　　　　　　　　D. VBN

7）甲壳类的呈味特征成分是（　　　）。

　　A. 胡萝卜素　　　　　B. 甘氨酸　　　　　　　C. 赖氨酸　　　　　　　　D. 琼胶

8）牛磺酸属于（　　　）。

　　A. 游离氨基酸　　　　B. 结构氨基酸　　　　　C. 必需氨基酸　　　　　　D. 蛋白氨基酸

三、填空题

1）鱼贝类的结缔组织属于肌基质蛋白，它主要由（　　　）和（　　　）组成。

2）水产动物原料蛋白质中（　　　）含量较高，可同谷物类食品配合起到蛋白质互补作用。

3）鱼油中的（　　　）具有抑制血小板凝集反应的作用，而（　　　）对大脑发育和功能发挥具有重要作用。

四、简答题

1）简述水产食品原料的营养学特点。

2）简述鱼贝类呈味提取物中主要成分有哪些？

第四章　水产品成分在加工贮藏中的变化

○○ —— ○○ ○ ○○

　　鱿鱼经干制加工后，不仅外观形态上发生显著变化，化学组成上也发生一定变化。

（a）鱿鱼的自然干制

（b）鱿鱼干

 为什么要学习水产品成分在加工贮藏中的变化?

在了解了水产品加工原料的化学组成的基础上,我们会注意到水产品原料在化学组成上各有特点,在加工贮藏过程中会发生相应变化。例如,在第三章第一节中,鱼肉蛋白不仅在加热过程中发生热变性,在冷冻贮藏时也会发生冷冻变性。另外,在第五章第一节提到的虾类黑变与酶促褐变相关。因此,为了保障水产品原料的加工特性,保证产品品质,工程师熟悉水产品成分在加工贮藏中的变化是非常重要的。

👁 学习目标

○ 能够描述水产品蛋白质变性的过程及典型的变化。
○ 能够简述水产品脂质劣化的原理以及对应产生的变化。
○ 能够描述水产品糖类非酶促褐变的原理及相应的变化。
○ 能够列举水产原料类胡萝卜素褪色的例子。
○ 能够分析虾头黑变的原理及控制方法。
○ 能够描述鱼体在新鲜、腐败及加工熟化后风味的变化。

第一节　蛋白质的变性

蛋白质的变性是指其立体结构发生改变和生理机能丧失,该反应大多为不可逆的。目前国内外对水产品的贮存多以冷冻为主,鱼贝类在冷冻贮藏过程中,其肉质存在不同程度的变化,保水性降低,凝胶形成能力下降,口感和质地也随之下降。这些变化都是由于肌原纤维蛋白的变性所引起的,而肌浆蛋白和肌基质蛋白的变化很小。

一、冷冻变性

肌原纤维蛋白是鱼贝类肌肉蛋白质的主体,鱼贝类蛋白质冷冻变性以肌原纤维蛋白的变性为主。鱼类在冷冻贮藏过程中,肌原纤维蛋白的变性以肌球蛋白类的不溶性变化为主要特征,典型的为 ATP 酶的活性变化。

鱼肉肌原纤维蛋白具有 ATP 酶的活性,在冻藏过程中,随着蛋白质的变性会引起该酶活性的变化。因此,肌原纤维蛋白的 ATP 酶活性被广泛用来作为鱼肉或鱼糜蛋白变性的指标。肌原纤维蛋白 ATP 酶包括 Ca^{2+}-ATPase、Mg^{2+}-ATPase、Ca^{2+}-Mg^{2+}-ATPase、Mg^{2+}-EGTA-ATPase(EGTA 为 N,N,N',N'-四乙酸），其中 Ca^{2+}-ATPase 是反映肌球蛋白分子完整性的良好指标，Mg^{2+}-ATPase 和 Ca^{2+}-Mg^{2+}-ATPase 分别反映内源或外源 Ca^{2+} 存在下肌动球蛋白完整性的指标，而 Mg^{2+}-EGTA-ATPase 则反映了肌钙蛋白-原肌球蛋白复合物完整性的指标。

如图 4-1 所示，冷冻贮藏过程蛋白质的稳定性还与冷冻温度或鱼品种有关。冷冻温度越低，肌球蛋白的变性程度越小。基于蛋白质变性特性，在同一冷冻贮藏温度下，寒带鱼品种的肌肉品质相对容易下降，除了其肌球蛋白的 Ca^{2+}-ATPase 酶活性下降以外，巯基氧化导致肌球蛋白重链结合形成二聚物、溶解性降低均是冷藏/冷冻贮藏过程中会发生的问题。

在鱼糜加工业中，抗冻剂得到广泛应用，主要为 4% 蔗糖和 4% 山梨醇的混合物，通常称其为"商业抗冻剂"，这种复合抗冻剂被证实对鱼肉肌原纤维蛋白具有很好的抗冻效果。在鱼糜中添加糖类的同时，还要添加一些复合食品磷酸盐，在添加效果上以焦磷酸钠和三聚磷酸钠为最佳。

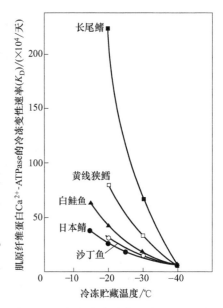

图 4-1　鱼肉冷冻贮藏温度和肌原纤维蛋白的冷冻变性速率之间的关系

 概念检查 4-1

○ 蛋白质冷冻变性会发生哪些变化？

二、热变性

鱼类肌肉蛋白质的加热变性和畜肉相似，但比畜肉的稳定性差，和畜肉一样发生汁液分离、体积收缩、胶原蛋白水解成明胶等。蛋白质受热后，分子运动加剧，其空间构象也发生位移，造成 ATPase 失去活性。鱼类普通肌原纤维蛋白的热变性速度，常以其 Ca^{2+}-ATPase 活性为指标进行测定。鱼类肌原纤维蛋白 Ca^{2+}-ATPase 的热变性曲线如图 4-2 所示，越是栖息在低温的鱼种其肌原纤维蛋白发生变性的温度越低。这显示栖息温度越低的鱼类，构成蛋白质的结构也越具有柔软性。

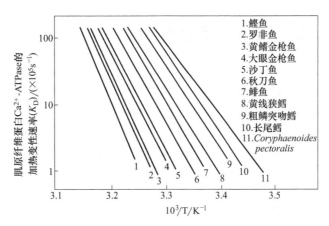

图 4-2　鱼类的栖息温度（T 为热力学温度）与肌原纤维蛋白热稳定性之间的关系

三、盐渍变性

咸鱼和鲜鱼的肉质相差较大，高盐渍鱼肉质较硬，这种变化与组织收缩及蛋白质变性有关。鱼肉蛋白质的盐渍变性是指在提高温度和盐分的情况下，蛋白质分子的结构排列发生变化，导致其不溶。构成肌原纤维的蛋白质在盐渍中变性程度最大，一般为盐浓度达到 7%～8% 时，蛋白质呈现盐析的效果。盐渍鱼肉的 SDS-聚丙烯酰胺凝胶电泳分析结果证明盐渍处理会使肌球蛋白重链发生多元聚合（图 4-3）。

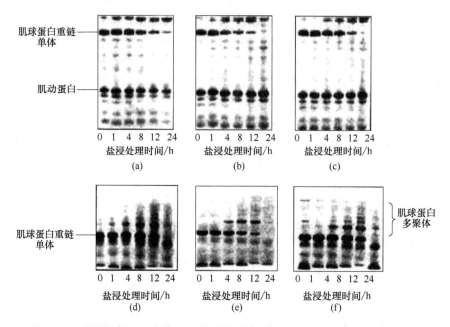

图 4-3 黄线狭鳕肌肉中肌原纤维蛋白的成分组成以及盐渍处理导致的变化

黄线狭鳕鱼糜 [(a), (d)]、肉馅 [(b), (e)] 和肉丝 [(c), (f)] 在 4℃下浸渍于 3mol/L NaCl，定期取样用于 SDS-聚丙烯酰胺凝胶电泳分析；(a)(b)(c) 和 (d)(e)(f) 的聚丙烯酰胺凝胶浓度分别为 5% 和 1.8%

第二节　脂质的劣化

水产食品的脂质劣化包括氧化和水解两种。一方面，脂肪是由甘油和脂肪酸等组成的，脂肪酸中的双键特别容易和空气中的氧结合而被氧化；另一方面，鱼贝类的肌肉和内脏器官中含有脂肪水解酶和磷脂水解酶，在贮藏过程中这些酶对脂质发生作用，引起脂质的水解。因此，脂质的劣化反应包括两方面的因素，一种是纯粹的化学反应，另一种是酶的作用。

一、氧化

脂质氧化过程中会产生一些低分子的脂肪酸、羰基化合物（醛）、醇等，会产生不愉快的刺激性臭味、涩味和酸味，所以这一过程也称为酸败。多脂鱼类的干制品、熏制品、盐藏品、冷冻品等在长期贮存时，随着脂质的氧化，内部也强烈褐变，引起油烧。

脂质的氧化受温度、水分活度、加工方法等影响。实验证明，−25℃仍不能完全防止脂肪氧化，需降低到 −40℃ 以下氧化反应才能得到抑制减缓。一般来说，食品中脂质的氧化速率在水分极度缺少的场合最快，真空冻结干燥水产品由于水分含量少，而且肉质呈多孔质，表面积很大，所以脂质的氧化特别快。虽然干制品的水分活度较低，脂酶及脂肪氧化酶的活性受到抑制，但是由于缺乏水分的保护作用，因而极易发生脂质的自动氧化作用，导致干制品的变质。图 4-4 显示了 37℃ 下贮藏的冻干大麻哈鱼的脂质氧化与相对湿度的关系，低于单分子层吸附水的相对湿度将促使脂质氧化快速进行，而较高的相对湿度将对脂质起一定的保护作用。当然，相对湿度对脂质氧化的影响还与温度、氧气分压等因素有关。

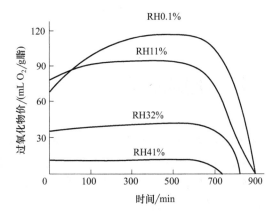

图 4-4　冻干大麻哈鱼贮藏中的脂质氧化与相对湿度的关系（37℃）

此外，高压和辐照对脂质的氧化有一定的影响，采用高压处理沙丁鱼碎肉后，在 5℃ 贮藏过程中，过氧化物价（POV）随处理压力的增加而增高，这可能是由于高压造成蛋白质变性，组织中的其他成分和变性的蛋白质共同促进了脂质的氧化。鱼类脂质在辐照时由于高度不饱和脂肪酸的氧化而产生异味。辐照对脂质主要作用是在脂肪酸长链中 C-C 键处断裂而产生正烷类化合物，又由于次级反应化合物进一步转化为正烯类，在有氧存在时，由于烷自由基的反应而形成过氧化物及氢过氧化物，该反应与常规脂类的自动氧化过程相似，最后导致醛、酮等化合物的生成。

 概念检查 4-2

○ 水产品脂质氧化的产物有哪些？

二、水解

水产品脂质的劣化还包括脂质的水解，脂质水解后造成鱼贝类质量降低，水解产生不稳定的游离脂肪酸，还能进一步促进蛋白质的变性。低脂鱼主要是以磷脂为主的水解，多脂鱼多以甘油三酯为主的水解。即使在低温贮藏条件下，鱼体中的脂肪分解酶的活力仍然很强。如图 4-5 所示，低温贮藏过程中，鳕鱼肌肉中的游离脂肪酸逐渐生成，温度越高，游离脂肪酸的生成速度越快。

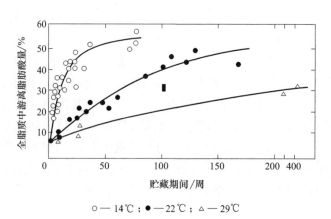

○ — 14℃；● — 22℃；△ — 29℃

图 4-5　贮藏温度对鳕鱼肌肉中游离脂肪酸生成速度的影响

第三节　糖类的变化

　　美拉德反应也称为糖 - 氨反应，通常由还原糖与氨基酸等含氨基化合物反应，以荧光物质为中间体，最终生成褐色的类黑精。美拉德反应是鳕鱼等白色肉在冷冻贮藏过程中产生褐变的主要原因。鳕鱼在死亡后，鱼肉中核酸系物质的分解产物核糖，与蛋白质分解产物反应导致褐变。此外，冷冻扇贝柱的黄色变化、鲣鱼罐头的橙色肉等都是美拉德反应引起的变色。

　　美拉德反应与反应时间、温度、pH 值、脂质氧化程度等因素有关，也与参与反应的糖类（包括单糖、寡糖和多糖）、氨基酸、蛋白质等有很大关系。贮藏温度越高，美拉德反应越快，一般冻鱼在 -30℃ 以下冻藏能够防止美拉德反应；pH 为中性或酸性时可抑制美拉德反应，而偏碱性的 pH 有利于美拉德反应，冻鱼在 pH 6.5 以下贮藏可减少褐变的出现；脂质氧化程度较大时，由于产生的羰基化合物较多，非酶褐变速率较快。目前国际上冷冻鱼类的冻藏温度多在 -29℃ 以下，这就延缓或防止了冻鱼的变色。另外添加一些无机盐（亚硫酸氢钠等）可以阻断和减弱美拉德反应。

　　图 4-6 显示了糖原含量不同的扇贝柱（闭壳肌）在 5℃ 下贮藏过程中糖原的降解中间代谢产物葡萄糖 -6- 磷酸的变化和加热褐变程度。贮藏前，糖原含量为 0.75%～1.10% 的活贝和糖原含量为 7.36% 的活贝，葡萄糖 -6- 磷酸含量分别为 13mg/100g 和 26mg/100g。于 5℃ 下贮藏 3 天后，糖原含量为 0.75%、1.10% 和 7.36% 的活贝样品，其活贝的葡萄糖-6-磷酸含量分别提高到 31mg/100g、73mg/100g 和 137mg/100g。如果对这些扇贝进行加热，低糖原组扇贝（1.10%）的褐变程度明显低于高糖原组（7.36%）。也就是说，对于高含量糖原的扇贝，经过快速冷冻后，在解冻的同时糖原迅速被分解，由此蓄积大量的葡萄糖 -6- 磷酸或果糖 -6- 磷酸等磷酸还原糖，最终导致褐变产生。

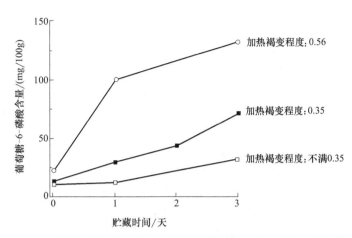

图4-6　糖原含量不同的扇贝柱在贮藏过程（5℃下）中葡萄糖-6-磷酸的变化与加热褐变程度之间的关系

糖原含量（%）：○ 7.36；■ 1.10；□ 0.75

加热褐变程度等级表示：不满0.35，不褐变；0.35~0.4，微弱褐变；0.5以上，强褐变

加热褐变程度是以在110℃条件下加热90min时分离溶液在450nm处的吸光度为指标

第四节　其他成分的变化

一、色素变化

　　鱼和贝类及其制品在加工、贮藏过程中，常因自然色素物质的破坏或新的变色物质的产生发生颜色的改变，对制品的外观、商品价值产生重要影响。例如，鱼类暗色肉中脂肪含量较多，而水分和蛋白质含量较低。从营养方面讲，暗色肉与普通肉并无太大差别，但由于暗色肉含有大量的色素蛋白——血红蛋白和肌红蛋白，这两类色素蛋白都易发生氧化，严重影响其加工特性。

（一）类胡萝卜素的褪色

　　鲷、鲑、鳟等体表有红色素的鱼类在冻藏、腌制及罐头制造过程中，常发生肉色褪色现象。同样，虾、龙虾等也能看到变黄和褪色现象，这都与类胡萝卜素（主要是虾青素）有关，由于类胡萝卜素具有多个共轭双键，易于发生异构化和氧化，因此引起最大吸收带的波长短波侧移动和吸光值下降。类胡萝卜素为脂溶性色素，能透过组织中的油脂，渗透到其他不含此色素的组织。鲱、鲭等多脂鱼，与鱼皮相接部分的肌肉在冷冻贮藏中也会产生黄变现象，这是由于存在于鱼皮中的黄色类胡萝卜素，在贮藏中逐渐向肌肉扩散溶解于肉中脂质中。罐装牡蛎的黄变也是类似的现象，牡蛎水煮罐头在室温下长期贮存，因牡蛎肝脏中含有类胡萝卜素，能转移到肌肉中，导致原来白色的肉部分变为橙黄色。

　　添加抗氧化剂可以防止盐藏大麻哈鱼褪色，说明氧化与褪色有关。将捕获后的新鲜鱼避光贮藏、迅速冻结、采用阻隔紫外线的包装、使用适当浓度的抗坏血酸钠和脂溶性抗氧化剂等处理方法可防止这种褪色现象。

（二）酶促褐变

　　酶促褐变是指在分子态氧存在下多酚氧化酶氧化酚类物质而生成醌，醌再自动氧化最终生成黑色素的现象。

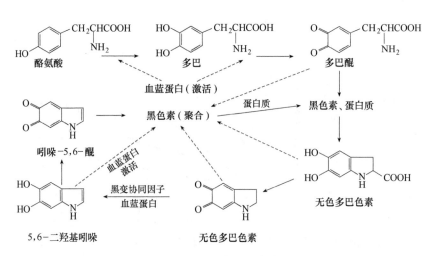

图 4-7　黑色素的合成途径

　　水产品的酶促褐变典型的有酪氨酸酶促氧化造成虾的黑变，在外观上的主要表现为从新鲜时的正常青色逐渐失去光泽而变为红色甚至黑色，特别为头、胸、足、关节处容易变黑。虾的黑变使其商品价值降低。这种现象与苹果、土豆的切口在空气中容易发生褐变的现象本质上是相同的。虾类黑色素的生成过程如图 4-7 所示。虾类黑变过程中血蓝蛋白起到重要作用，被激活的血蓝蛋白具有多酚氧化酶的活性，催化酪氨酸氧化成多巴、多巴醌；无色多巴色素在血蓝蛋白和黑变协同因子（MCF）共同作用下转化成 5,6-二羟基吲哚，最后形成黑色素。虾类黑变的程度与酶的活性、局部的氧浓度、温度及游离酪氨酸的含量有关。在加工过程中为了防止冻虾黑变，采取去头和内脏、洗去血液等方法后冻结。在冻藏过程中有的采用真空包装来进行贮藏，另外用水溶性抗氧化剂溶液浸渍后冻结，再用此溶液包冰衣后贮藏，可取得较好的防黑变效果。

二、气味变化

　　鱼体死后从新鲜到腐败的变化过程，一般分为僵硬期、自溶和解僵、腐败三个阶段。以水产动物体内核苷酸的分解产物作为测定其鲜度的指标（K 值）。在僵硬期的变化主要包括糖原酵解生成乳酸，ATP 发生分解产生其关联化合物，以及在磷酸肌酸和腺苷酸激酶的作用下 ADP 生成 ATP 等过程。死后僵硬是鱼体肌肉中的肌动蛋白和肌球蛋白在一定 Ca^{2+} 浓度下，借助 ATP 的能量释放而形成肌动球蛋白，使肌肉失去伸展性而变得僵硬。在自溶和解僵过程中，肌肉重新变得柔软称为解僵，而后鱼体又自行分解，称为自溶。解僵和自溶主要是在内源蛋白酶和外源蛋白酶作用下，蛋白质被水解成小肽和氨基酸。

　　新鲜的鱼和鲜度下降或长期贮藏的鱼的气味有着很大的区别。新鲜的鱼有很浓的腥味，一旦当鲜度下降后，就产生了腐败的胺臭味。胺类化合物是臭味的主要成分。氨、二甲胺（DMA）、三甲胺（TMA）是代表成分。AMP 在酶的作用下生成肌苷酸 IMP，同时产生氨；游离氨基酸和蛋白质肽链上的氨基酸残基通过脱氨酶的作用也会产生氨。鱼贝类中含有的氧化三甲胺（TMAO）在微生物酶的作用下生成三甲胺、二甲胺。

鱼贝类腐败后，能产生大量的硫化氢，细菌还能将含硫氨基酸分解为其他的含硫呈味化合物，如甲硫醇、二甲基硫等，这些含硫化合物与臭气有很大关系。和新鲜鱼相比，冷冻鱼的嗅感成分中羰基化合物和脂肪酸含量有所增加，其他成分与鲜鱼基本相同。干鱼那种清香霉味，主要是由丙醛、异戊醛、丁酸、异戊酸产生的，这些物质也是通过鱼的脂肪发生自动氧化而产生的。

熟鱼和新鲜鱼比较，挥发酸、含氮化合物和羰基化合物的含量都有所增加，并产生熟鱼的诱人香气。熟鱼的香气形成途径与其他畜禽肉相似，主要是通过美拉德反应、氨基酸降解、脂肪酸的热氧化降解以及硫胺素的热解等反应生成。各种加工方法不同，香气成分和含量都有差别，形成了各种制品的香气特征。烤鱼和熏鱼的香气与烹调鱼有差别，如果不加任何调味品烘烤鲜鱼，主要是鱼皮及部分脂肪、肌肉在加热条件下发生非酶褐变，其香气成分较贫乏；若在鱼体表面涂上调味料后再烘烤，来自调味料中的乙醇、酱油、糖也参与了受热反应，羰基化合物和其他风味物质含量明显增加，风味较浓。香味物质是具有挥发性的，水产品在烟熏过程中由于加热挥发出迷人的香气。据分析这类化合物的主要组分是醛、酮、内酯、呋喃、吡嗪和一些含硫化合物。它们的前体是水溶性抽出物中的氨基酸、肽、核酸、糖类和脂类等，在加热过程中与熏烟反应而产生一系列的香味物质。

从鲜度低下的鱼贝肉及调理、加工品中检出的羰基化合物，主要是 5 个碳以下的醛、酮，这些羰基化合物由不饱和脂肪酸的氧化分解生成，美拉德反应也能生成醛酮化合物。脂质，特别是不饱和脂肪酸与加热鱼肉的臭气产生有重要关系。

📁 参考文献

[1]　渡部终五 . 水产利用化学基础 . 林华娟，毛伟杰，译 . 北京: 化学工业出版社，2017.

[2]　李兆杰，薛勇，等 . 水产品化学 . 北京: 化学工业出版社，2007.

[3]　郝涤非，乔志刚，李学军，等 . 水产品加工技术 . 北京: 中国农业科学技术出版社;2008.

[4]　刘红英，齐凤生，张辉 . 水产品加工与贮藏 . 北京: 化学工业出版社，2006.

[5]　夏松养，奚印慈，谢超，等 . 水产食品加工学 . 北京: 化学工业出版社，2008.

[6]　沈月新 . 水产食品学 . 北京: 中国农业出版社，2001.

[7]　郑坚强 . 水产品加工工艺与配方 . 北京: 化学工业出版社，2008.

[8]　朱蓓薇，曾名湧 . 水产品加工工艺学 . 北京: 中国农业出版社，2010.

📄 总结

○ 蛋白质的变性

- 冷冻变性: 鱼类在冷冻贮藏过程中，肌原纤维蛋白的变性以肌球蛋白类的不溶性变化为主要特征，典型的为ATP酶的活性变化。

- 热变性: 蛋白质受热后，分子运动加剧，其空间构象也发生位移，造成ATPase失去活性，鱼类普通肌原纤维蛋白的热变性速度，常以其Ca^{2+}-ATPase活性为指标进行测定。

- 盐渍变性: 鱼肉蛋白质的盐渍变性是指在提高温度和盐分的情况下，蛋白质分子的结构排列发生变化，导致其不溶。

○ 脂质的劣化

- 氧化：脂质氧化过程中会产生一些低分子的脂肪酸、羰基化合物（醛）、醇等，会产生不愉快的刺激性臭味、涩味和酸味，所以这一过程也称为酸败。
- 水解：低脂鱼主要是以磷脂为主的水解，多脂鱼多以甘油三酯为主的水解。

○ 糖类的非酶褐变变化

- 美拉德反应：美拉德反应也称为糖–氨反应，通常由还原糖与氨基酸等含氨基化合物反应，以荧光物质为中间体，最终生成褐色的类黑精。

○ 色素变化

- 类胡萝卜素的褪色：由于类胡萝卜素具有多个共轭双键，易于发生异构化和氧化，因此引起最大吸收带的波长短波侧移动和吸光值下降。
- 酶促褐变：酶促褐变是指在分子态氧存在下多酚氧化酶氧化酚类物质而生成醌，醌再自动氧化最终生成黑色素的现象。

○ 气味变化

- 新鲜的鱼有很浓的腥味，一旦当鲜度下降后，就产生了腐败的胺臭味。胺类化合物是臭味的主要成分。
- 鱼贝类腐败后，能产生大量的硫化氢，细菌酶还能将含硫氨基酸分解为其他的含硫呈味化合物。
- 熟鱼的香气主要是通过美拉德反应、氨基酸降解、脂肪酸的热氧化降解以及硫胺素的热解等反应生成。

✐ 课后练习

一、选择题

1）存在于红肉鱼、虾、蟹中重要的色素是（　　）。
 A. 血红素　　　　　B. 虾青素　　　　　C. 黑色素　　　　D. 叶黄素

2）下列物质对蛋白质冷冻变性有抑制作用的是（　　）。
 A. 维生素B　　　　B. 味精　　　　　C. 复合磷酸盐　　D. 蛋清

3）鱼类肌肉中（　　）的含量越高，其生产鱼糜时的凝胶形成能就越大。
 A. 肌红蛋白　　　　B. 血红蛋白　　　　C. 肌原纤维蛋白　D. 胶原蛋白

4）与鱼类鲜度相关的指标有（　　）。
 A. K 值　　　　　B. POV　　　　　C. ATP　　　　　D. PUFA

5）与熟鱼的香气形成途径无关的是（　　）。
 A. 美拉德反应　　　B. 氨基酸降解
 C. 酶促褐变　　　　D. 脂肪酸的热氧化降解

二、填空题

1）水产品加工中常遇到的蛋白质变性有（　　）和（　　）。

2）蛋白质冷冻变性的速率通常采用（　　）的活性来指示。

3）鱼体死后从新鲜到腐败的变化过程，一般分为（　　）、（　　）、（　　）三个阶段。

三、简答题

1）普通肉的加工贮藏特性优于暗色肉，为什么？

2）简述鱼贝类死后变化有哪些阶段并简单解释其本质？

3）简述鱼贝类臭味成分可分为哪几类？并举例说明。

第五章　冷冻水产品加工

　　温度是影响水产品新鲜度的重要因素，低温可以抑制鱼体内源酶的活性和微生物的生长繁殖。因此，不管是在水产品的加工环节，还是在流通环节，保持低温环境是保证水产品品质的重要举措。

（a）水产品加工需在低温条件下进行

（b）冷冻水产品的低温展示和销售

 为什么要学习冷冻水产品加工工艺?

　　从前面的章节学习我们知道,水产品水分含量高,鲜度下降快,物流半径短,非沿海、沿江人们要想吃到新鲜的水产品,仅靠活鱼运输途径是远远满足不了需求的。目前已经证实,低温加工是保持水产品新鲜度最重要的技术手段。本章主要知识点如冷冻水产品的加工方法、快速冻结、水产品的冷链流通等将有助于您更好地探索冷冻水产品加工的奥秘。

👁 学习目标

○ 能用简洁、专业的语言讲述清楚冷冻水产品加工的原理。

○ 能区分水产品冷却与冻结、冷藏与冻藏的概念。

○ 能够列举3种以上水产品的冷却方法与冻结方法。

○ 能够描述缓慢冻结与快速冻结的差异及对水产品品质的影响。

○ 能分析蛋白质冷冻变性的原因,并列出3种以上的控制措施。

○ 能阐释汁液流失的原因,并列出5种以上的控制措施。

○ 能依据基本技术参数计算水产品冻结过程中的冷耗量。

○ 能通过调研总结冷冻水产品加工存在的主要问题。

○ 能通过有效交流讨论,分析如何发展水产品的冷链流通。

○ 能通过现代信息手段获取水产品冷冻新技术及其研究进展。

　　冷冻水产品是指经冷却或冻结后进行低温贮藏的水产品。由于水产品具有水分含量高、营养丰富等特点,在贮藏与加工过程中极易受微生物浸染、酶的降解和氧化作用等而腐败变质。冷冻技术可有效抑制水产品腐败变质,最大限度保持水产品新鲜品质与延长货架期,是近几年发展最迅猛、应用最广泛的技术之一,也使得我国冷冻水产品加工业成了一个极具竞争力的行业。

　　冷冻技术发展历史悠久。《诗经·豳风·七月》中有"二之日凿冰冲冲,三之日纳于凌阴"的关于采集和贮藏天然冰的记载。春秋战国时,《周礼》中有用鉴盛冰,贮藏膳羞和酒浆的明文,表明中国古代很早已使用冷藏技术。宋代开始利用天然冰来保藏黄花鱼,当时称之为"冰鲜"。冷藏水果出现于明代,《群芳谱》称当时用冰窖贮藏的苹果,"至夏月味尤美"。与冷藏性质相近的冻藏方法出现于宋代,主要用于保藏梨、柑橘之类的水果。据《文昌杂录》记载,采用此法时水果要"取冷水浸良久,冰皆外结"以后食用,而"味却如故"。

现代化的冷冻技术与冷冻食品，欧美发达国家发展较早，我国起步较晚，但发展迅速。1864 年氨压缩机获得法国专利，为冻藏食品创造了条件。1880 年，澳大利亚首先应用氨压缩机制冷生产冻肉，销往英国。1889 年美国制成冰蛋。1891 年新西兰大量出口冻羊肉。美国分别在 1905 年和 1929 年大规模生产冻水果和冻蔬菜。20 世纪 60 年代初，流化床速冻机和单体速冻食品出现。1962 年，液氮冻结技术开始应用于工业生产。我国在 20 世纪 70 年代开始起步，90 年代后快速发展。目前，全球范围累计的冷冻食品生产总量达到了 5500 多万吨，品种琳琅满目，超过了 3500 种。2015 年我国速冻食品行业销售收入达到 879.91 亿元，年增长率 15% 以上。

第一节　冷冻水产品加工原理

一、冷冻对水产品微生物的影响

（一）微生物的耐冷性

微生物耐冷性因种类而异，一般地，球菌类比革兰氏阴性杆菌更耐冷，而酵母和霉菌比细菌更耐冷。比如，观察在 -20℃ 左右冻结贮藏的鱼贝类中的大肠菌群和肠球菌的生长发育状况，可以发现，大肠菌群在冻藏中逐渐死亡，而肠球菌贮藏 370 天后几乎没有死亡。

对于同种类的微生物，它们的耐冷性则随培养基组成、培养时间、冷却速度、冷却终温及初始菌数等因素而变化。一般地，培养时间短的细菌，耐冷性较差；冷却速度快，则细菌在冷却初期死亡率大；冷冻开始时温度愈低则细菌死亡率愈高；不同温度下冻藏时，冻藏温度愈低，则细菌死亡愈少。

如果水产品水分较多，则细菌耐冷性较差；如果水产品加工过程中添加糖、盐、蛋白质、胶状物及脂肪等物质时，则可增强微生物耐冷性。由于大多数嗜冷性微生物为需氧微生物，因此，在缺氧环境下，微生物耐冷性变差。

（二）冷冻对微生物的抑制作用

如果将温度降低到微生物最适生长温度以下，则其生长繁殖速度就会下降。对于水产品来说，温度越低，其微生物增殖就越慢，腐败进程被延缓，贮藏期就越长。研究表明，梭子蟹在 4℃ 下冷藏与 -3℃ 微冻贮藏时，其微生物增殖速度是不同的，4℃ 下冷藏的梭子蟹，其细菌总数在贮藏第 4 天达到 10^5CFU/g，而 -3℃ 微冻的梭子蟹在贮藏的第 12～15 天才达到此值（图 5-1）。

冷冻条件下，细菌的生长速度变慢，代谢降低，繁殖下降，但细菌并未死亡，一旦条件允许，细菌仍可快速繁殖，引起水产品腐败变质，这也是冷冻水产品需要冷链运输与流通的重要原因。尽管如此，当微生物所处环境温度突然急速降低时，部分微生物将会休克死亡。不同微生物对低温休克的敏感性不一样，G^- 细菌比 G^+ 细菌强，嗜温性菌比嗜冷性菌强。对于同一菌株，则降温幅度越大，低温休克效果越强。低温休克的机理尚未完全明了，可能与细菌细胞膜、DNA 的不可逆损伤有关。

另外，冻结和解冻也会引起微生物细胞损伤及细菌总数减少。冻结和解冻引起的微生物损伤及细菌总数减少还与冻结和解冻速度有较大关系。一般地，缓慢冻结所引起的微生物细胞损伤更严重，细菌总

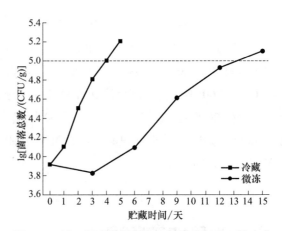

图 5-1 梭子蟹菌落总数在不同贮藏温度下的变化

数减少得更多，而快速冻结则相反。原因是缓慢冻结相对快速冻结，所形成的冰晶体较大，在最大冰结晶生成带停留时间长，对细菌细胞的损伤严重，因此细菌总数减少得更多。

虽然不少微生物能在低温下生长繁殖，但是，它们分解食品的能力已非常微弱，甚至已完全丧失。比如荧光假单胞菌、黄色杆菌及无色杆菌等，虽然在 0℃ 以下仍可继续生长繁殖，但对碳水化合物的发酵作用，在 -3℃ 时需 120 天才可测出，而在 -6.5℃ 下则完全停止。对蛋白质的分解作用，在 -3℃ 时需 46 天才能测出，而在 -6.5℃ 下则已停止。这也正是冷冻可以保持水产品品质的原因或者说水产品冷冻加工的基础。

二、冷冻对水产品酶活性的影响

酶是由活细胞产生的、对其底物具有高度特异性和高度催化效能的蛋白质或 RNA，酶在水产品变质腐败过程中发挥着重要作用。在水产品贮藏与加工过程中，蛋白酶、脂肪酶和多酚氧化酶等酶活性的增加，会促进水产品蛋白质、脂肪降解和水产品褐变反应发生，从而加速水产品品质劣变。研究表明，当虾的多酚氧化酶活性达到 110U/mg 蛋白质时，则虾的感官品质将发生显著黑变，不再为消费者所接受。进一步研究表明，虾的黑变与多酚氧化酶和蛋白酶活性密切相关，控制多酚氧化酶和蛋白酶活性升高，则虾的黑变率降低，可更好地保持虾的品质。

冷冻条件下，与腐败变质的相关的酶活性可显著降低，从而保持水产品品质。低温对酶活性的抑制作用因酶的种类而有明显差异。比如脱氢酶活性会受到冻结的强烈抑制，而脂酶、脂氧化酶等许多酶类，即使在冻结条件也能继续活动，它们甚至在 -29℃ 的温度下仍可催化磷脂产生游离脂肪酸。这说明有些酶的耐冷性强于细菌，因此，由酶造成的食品变质，可在产酶微生物不能活动的更低温度下发生。

冷冻对水产品中的酶有抑制作用，低温特别是冻结将对酶的活性产生更大影响。从图 5-2 可以看出，在低温（小于 0℃）范围内，某些酶如过氧化物酶就开始偏离 Arrhenius 的直线关系，但另一些酶如过氧化物酶的辅基血红素的催化活力在低温下遵循 Arrhenius 直线关系。

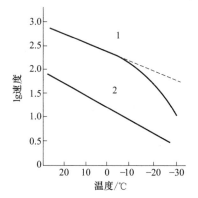

图 5-2 温度对血红素和过氧化物酶催化愈创木酚氧化反应速度的影响
1—过氧化物酶；2—血红素

三、冷冻对水产品氧化的影响

引起食品变质的原因除了微生物及酶促反应外，还有其他一些因素，如氧化作用、生理作用、蛋白质冻结变性等，其中较典型的例子是脂肪氧化。脂肪与空气接触时，发生氧化反应，生成醛、酮、酸、内酯、醚等物质，造成水产品品质下降。水产品中不饱和脂肪酸含量高，在贮藏与加工过程更易氧化变质。水产品脂肪氧化会加速蛋白质氧化，引起蛋白质变性，持水力进一步下降，品质劣变。

无论是微生物引起的水产品变质，还是由酶和其他因素引起的变质，在低温环境下，都可以延缓或减弱，但低温并不能完全抑制它们的作用，即使在低于冻结点的低温下进行长期贮藏的水产品，其质量仍然有所下降。

四、冷冻对水产品品质的影响

（一）水分蒸发

水产品在冷冻贮藏过程中，其水分会形成冰结晶，并不断向环境空气升华而逐渐减少，导致表面干燥、质量减轻，这种现象俗称干耗。水分蒸发主要由水产品表面与其周围空气之间的水蒸气压差来决定的，压差越大，则单位时间内的干耗也越大。

影响水分蒸发的因素很多，比如环境湿度、包装、冻结方式、冻藏温度、水产品温度、水产品与环境的温差、水产品的形状与特性、分割程度等。干耗不仅会造成水产品质量损失，而且还会引起外观的明显变化。更为严重的是当冻结水产品发生干耗后，由于冰晶升华后在水产品中留下大量缝隙，大大增加了水产品与空气接触面积，并且随着干耗的进行，空气将逐渐深入到水产品内部，引起严重氧化反应，从而导致褐变出现及味道和质地严重劣化。

有效地防止水分蒸发的方法：良好包装，如气密性包装或真空包装等；包冰衣；涂膜保鲜；使冷冻环境温度低且稳定；提高环境相对湿度及采用保温效果好的冷库等。

（二）蛋白质冻结变性

水产品在冷冻贮藏与加工过程中，造成蛋白质结构改变，导致蛋白质的 ATPase 活性减小、肌动球蛋白溶解性降低、持水力下降等，此即蛋白质冻结变性。目前有关蛋白质冻结变性的机理仍未完全清楚，普遍接受的有两种观点：其一，由于冻结使肌肉中水溶液的盐浓度升高，离子强度和 pH 值发生变化，使蛋白质因盐析作用而变性；其二，由于蛋白质部分结合水被冻结，破坏了其胶体体系，使蛋白质大分子在冰晶挤压作用下互相靠拢并聚集而变性。

蛋白质冻结变性受到诸多因素的影响，如冻结及冻藏温度、共存盐类、脂肪氧化及水产品种类等。冻结及冻藏温度是影响蛋白质冻结变性的主要因素。一般地，冻藏温度越高，蛋白质越易变性，在接近食品冰点的温度下冻藏时，变性程度最大。由图5-3可知，鲢整肌、碎鱼肉和鱼糜经缓冻后在-18℃条件下冻藏，其盐溶性蛋白溶解度比在-40℃冻藏条件分别下降了21.8%、42.5%和18.2%，而三种样品速冻后在-18℃冻藏比-40℃冻藏时其盐溶性蛋白分别下降了22.1%、37.5%和17.1%，这充分显示，冻藏温度对三种形态肌组织的蛋白质冷冻变性都有显著的影响。即贮藏温度比冻结速率更重要，而且冻藏温度越低，蛋白质变性越小。图5-4显示，冻藏温度越低，冻结鳕鱼蛋白质变性越少，即可溶性蛋白质量就越多。

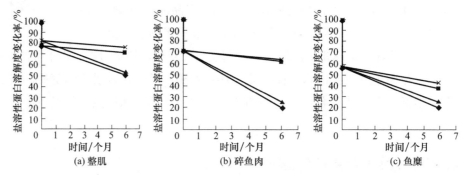

图5-3　冻藏温度对鱼肌盐溶性蛋白的影响

　　-18℃冻结；-18℃冻藏；　-18℃冻结；-10℃冻藏；
　　-10℃冻结；-18℃冻藏；　-40℃冻结；-10℃冻藏

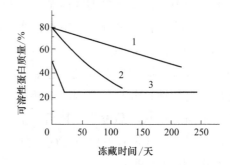

图5-4　冻结鳕鱼的蛋白质变性与冻藏温度之关系

1—-29℃；2—-21.7℃；3—-14℃

蛋白质冻结变性与脂肪氧化有一定关系。鳕鱼在冻藏过程中蛋白质溶解性下降与游离脂肪酸增加的趋势是相关的。若将盐溶性蛋白质溶液与亚油酸及亚麻酸混合后，发现蛋白质溶解性明显下降。但是，脂肪酸引起蛋白质冻结变性的机理还需进一步研究。也有研究表明，冻结和冻藏过程使鱼肉蛋白质发生明显变性，说明冰晶形成及其长大是引起蛋白质变性的重要原因之一。

此外，Ca^{2+}、Mg^{2+}等盐类可促进蛋白质变性，而磷酸盐、甘油、糖类等可减轻蛋白质变性。比如在冻结鱼糜时，往往用水漂洗鱼肉以洗去Ca^{2+}、Mg^{2+}等盐类，再加 0.5% 的磷酸盐及 5% 的葡萄糖，调节 pH 为 6.5～7.2，然后冻结，可使蛋白质冻结变性大为减少。

有效地防止蛋白质冻结变性的方法：快速冻结；低温贮藏；在冻结前添加糖类、磷酸盐类、山梨醇、谷氨酸和天冬氨酸等氨基酸、柠檬酸等有机酸等物质。

（三）汁液流失

冷冻水产品在解冻时，冰晶融解产生的水分没有完全被组织吸收重新回到冻前状态，其中有一部分水分就从水产品内分离出来，此种现象称为汁液流失。它是普遍存在于冻结水产品中一种重要的品质受损害现象，流失液越多，水产品品质越差。因此，流失液多少是判断冷冻水产品质量优劣的主要理化指标之一。目前认为造成水产品汁液流失的原因主要有两个：其一是蛋白质在冻结及冻藏过程中发生变性，使其持水力下降，因而融冰水不能完全被这些大分子吸回，无法恢复到冻前状态；其二由于水变成冰晶使水产品组织结构受到机械性损伤，在组织结合面上留下许多缝隙，那些未被吸回的水分，连同其他水溶性成分一起，由缝隙流出体外，造成汁液流失。

汁液流失受到许多因素的影响，主要有原料种类、冻结前处理、冻结时原料新鲜度、冻结速度、冻藏时间、冻藏期间对温度的管理及解冻方法等。原料鲜度越低则流失液越多。通过对冻结狭鳕鱼的研究发现，狭鳕鱼死后开始冻结的时间越迟，则蛋白质变性越严重，解冻之后汁液流失也越多。此外，冻藏温度越低或冻藏时间越短则汁液流失越少。研究表明，温度越低，鲤鱼在冻藏过程中汁液流失率越低。在 −60℃ 贮藏时几乎不发生汁液流失，在 −40℃、−30℃ 贮藏时其汁液流失率也显著低于 −20℃ 的汁液流失。中华管鞭虾分别在 −20℃、−30℃ 和 −40℃ 条件下冻藏 24 周后，其汁液流失率分别为 6.00%、5.49% 和 4.79%，温度越低汁液流失越少（图 5-5）。

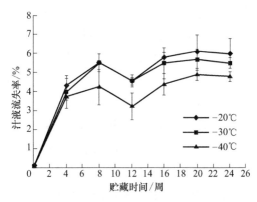

图 5-5 冻藏温度对虾汁液流失的影响

有效防止汁液流失的方法：使用新鲜原料；快速冻结；降低冻藏温度并防止其波动；添加磷酸盐、糖类等抗冻剂。研究者证实，镀冰衣或在镀冰中添加迷迭香提取物可有效降低泥虾冷冻过程中的汁液流失。

（四）脂肪酸败

脂肪酸败就是脂肪的氧化过程，是引起水产品发黏、风味劣变等变质现象的主要原因。脂肪酸败有

两种类型，即水解酸败和氧化酸败。

水解酸败是由于酶类等因素的作用而引起的，它在冷藏和冻藏水产品中缓慢地进行，使脂肪逐渐被分解成游离脂肪酸，进一步促进脂肪氧化酸败。

氧化酸败通常是指脂肪自动氧化，自动氧化是按照自由基连锁反应机制进行的，包括引发、连锁反应及终止等阶段。主要反应如下所示：

引发反应：$$RH \longrightarrow R\cdot + H\cdot$$

连锁反应：$$R\cdot + O_2 \longrightarrow ROO\cdot$$

$$ROO\cdot + RH \longrightarrow ROOH + R\cdot$$

终止反应：$$R\cdot + R\cdot \longrightarrow R\text{-}R$$

$$R\cdot + ROO\cdot \longrightarrow ROOR$$

$$ROO\cdot + ROO\cdot \longrightarrow ROOR + O_2$$

脂肪自动氧化受到许多因素的影响，诸如脂肪酸不饱和度，水产品与光和空气接触面大小，温度，铜、铁、钴等金属，肌红蛋白及血红蛋白，食盐及水分活度等。通常，脂肪酸不饱和程度提高，温度上升，铜、铁、钴等金属离子和食盐及肌肉色素的存在，紫外线照射及水产品与空气接触面增加等，都会促进脂肪自动氧化。

不同冻结方式可影响脂肪氧化。研究表明，采用液氮冻结、平板冻结和冰柜冻结对带鱼脂肪氧化的影响不同，不同带鱼的硫代巴比妥酸值（TBA）在 −18℃贮藏 30 天后出现较大差异，液氮组、平板组、冰柜组 MDA 分别从初始的 0.16mg/100g、0.19mg/100g、0.18mg/100g 上升至 0.51mg/100g、0.82mg/100g、1.27mg/100g，冻结速度越快，脂肪氧化越低。

冻藏温度也会影响脂肪氧化，研究者研究了不同贮藏温度 −15℃、−18℃、−20℃、−25℃和 −30℃对狭鳕鱼脂肪氧化的影响，发现温度越低，脂肪氧化程度越低（图 5-6）。但温度对脂肪氧化未见明显关联性，可能与脂肪氧化产物 MDA 与鱼体内的胺类、氨基酸、核苷酸以及醛类化合物发生反应有关。

包装材料也会影响脂肪氧化，研究表明，采用 PVDC、聚乙烯、复合袋（聚丙烯 / 聚乙烯 / 尼龙）三种不同包装材料对鲅鱼进行包装，发现在 −18℃贮藏 360 天后，其脂肪氧化硫代巴比妥酸值（TBA）差异较大，PVDC 包装组为 1.83mg MDA/kg，聚乙烯包装组为 3.41mg MDA/kg，复合袋包装组为 2.29mg MDA/kg。

有效地防止脂肪酸败的方法：低温加工与贮藏；真空包装或采用充入惰性气体的包装；包冰衣；添加特丁基对苯二酚（TBHQ）、α- 生育酚等抗氧化剂。

（五）冷冻水产品变色

由于水产品自身成分方面的特殊性，加上微生物、酶、氧化作用等因素的

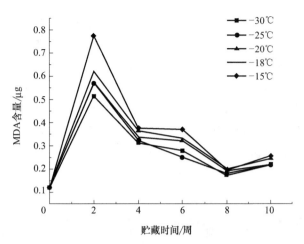

图 5-6　冻藏温度对狭鳕鱼脂肪氧化的影响

影响，使得水产品在冷冻贮藏与加工过程中发生诸多的变色现象，如红肉鱼褐变、旗鱼绿变、贝类红变、虾类黑变等。

1. 红肉鱼褐变

红肉鱼在冻藏过程中，也会发生如肉类一样的褐变，其原因也相同。红肉鱼褐变程度与变性肌红蛋白生成量有一定关系，当变性肌红蛋白量超过 70% 时，表现出明显褐变。红肉鱼褐变速度受到温度、pH 值、氧分压、共存盐类及不饱和脂肪酸等因素的影响。

2. 旗鱼绿变

旗鱼在冻藏中，连接于皮和腹腔的肌肉会出现绿色，有时还伴有恶臭味，这种现象称为旗鱼绿变。绿变原因是细菌繁殖使鱼肉蛋白质分解产生 H_2S，H_2S 与肌肉中的肌红蛋白和血红蛋白等化合产生绿色硫肌红蛋白和硫血红蛋白所致。当鱼肉中的 H_2S 浓度达到 $1\sim2mg/100g$ 时，就可能造成鱼肉绿变。除旗鱼外，其他鱼类如蓝枪鱼、白枪鱼、青鲨、狭鳞庸鲽、青鲦等也会发生绿变。绿变主要发生在背部、体侧部及腹部靠近皮肤的血和肉中，血液对绿变有促进作用。

3. 贝类红变

有些双壳贝类如牡蛎在冷冻中或解冻后会变成红色，其原因是牡蛎在贮藏过程中仍在进行自身消化，使其消化管发生组织崩坏，被摄入藻体中的红色类胡萝卜素蛋白质复合体流出而引起。

4. 虾类黑变

虾类在冷藏过程中，在其头部、胸甲、尾节等处会逐渐出现黑点甚至黑斑，此即黑变。黑变的原因是酪氨酸酶或酚酶将酪氨酸氧化成类黑精所致。在甲壳类动物的头部、关节、胸甲、胃肠、生殖腺、体液等处均存在酪氨酸酶，因而这些地方容易出现黑变。酚酶活性与温度、Cu^{2+} 及 pH 值等因素有很大关系。当 pH 在 $6.5\sim7.5$ 之间时酚酶活性最强，但在酸性环境中，酚酶很不稳定。

有效地防止水产品变色的方法：采用新鲜度高的水产品；冻结之前去掉内脏；捕获之后立即放血，快速冻结及低温冻藏；真空包装或采用充入惰性气体的包装；包冰衣；添加抗氧化剂等。

总之，无论是细菌、霉菌、酵母菌等微生物引起的水产品变质，还是由酶和其他因素引起的变质，在低温环境下，都可以延缓或减弱，但低温并不能完全抑制它们的作用，即使在-18℃的低温下进行长期贮藏的水产品，其质量仍有所下降。

第二节　冷冻水产品加工方法与设备

鲜活的水产品，如果不进行及时处理，就会受微生物、酶、氧化等作用而引起品质劣变。冷冻加工与贮藏有利于抑制或延缓微生物和酶的作用，降低非酶反应和氧化反应速率，从而保持水产品品质。因此，冷冻加工是水产品捕获后最有效、最广泛使用的加工方法。

冷冻水产品有生鲜的初级加工品和调味半成品，也有烹调的预制品等，因此，冷冻水产品加工工序也因水产品的种类、形态、大小、产品的形状、包装等不同而异，但一般都要经过冷却或冻结处理。冷冻水产品加工的基本流程如下：

原料选择→前处理→冷却或冻结→包装→成品→冷藏或冻藏→冷链流通与消费

一、水产品的冷却与冻结

（一）水产品的冷却

水产品冷却的本质是一种热交换过程，是让水产品的热量传递给周围的低温介质，在尽可能短的时间内，使水产品温度降低到高于其冻结点的某一预定温度，以便及时地抑制其体内的生化变化和微生物的生长繁殖过程。在实际生产中，水产品冷却应在渔获物捕捞之后立即进行，并从渔船上开始一直贯穿至卸货码头、加工、销售全过程。

冷却速度就是用来表示放热过程快慢的物理量。它受水产品与冷却介质之间的温差、水产品大小及形状、冷却介质种类等因素的影响，可用 $\bar{v}$ 表示。假设水产品刚开始冷却时的温度为 $\bar{t}_0$，经过时间 τ 后水产品的平均温度为 $\bar{t}$，则可得到下式：

$$\bar{v} = \frac{\bar{t}_0 - \bar{t}}{\tau} \qquad (5-1)$$

式中　$\bar{t}_0$——冷却前水产品平均温度，℃；

$\overline{t}$——冷却后水产品平均温度，℃；

τ——冷却时间，h。

上式表示水产品的冷却速度为单位时间内水产品温度降低的幅度，单位为℃/h。

（二）冷却方法与设备

1. 空气冷却法

空气冷却法是将水产品放置于冷却空气中，通过冷却空气的不断循环带走水产品热量，从而使水产品获得冷却的方法。其冷却效果主要取决于空气温度、循环速度及相对湿度等因素。

一般地，空气温度越低，循环速度越快时（冷风流速一般为0.5~3m/s），冷却速度也越快。一般水产品冷却时所采用的冷风温度在0℃左右。相对湿度高些，水产品的水分蒸发就少些，冷却时可避免水产品发生干耗。

空气冷却法是一种简便易行、适用范围广的冷却方法，它的缺点是冷却速度慢，当冷却室内空气相对湿度低的时候，被冷却水产品干耗较大。

2.水冷却法

水冷却法是将水产品直接与低温的水接触而获得冷却的方法。

水冷却法通常有两种方式：浸渍式和喷淋式。前者是将水产品直接浸入冷水中，使之冷却的方法；而后者是用喷嘴把冷水喷到水产品使之冷却的方法。水冷却法中的水可以是淡水或海水，但必须是清洁、无污染的水。在冷却过程中，水会逐渐被污染，因此需经常更换冷却水和消毒。冷却用水可用制冷装置冷却到适宜的温度。

水冷却法的优点是冷却速度快、避免了干耗、占用空间少等，但存在损害水产品外观、易发生交叉污染及水溶性营养素流失等缺陷。

3. 碎冰冷却法

碎冰冷却法即碎冰直接与水产品接触，吸收融解热后变成水，同时使水产品冷却的方法。冰无害、价廉、便于携带，当冰融化时，1kg冰会吸收334.72kJ的热量，以此达到冷却水产品的目的。

碎冰冷却的效果主要取决于水产品的种类和大小、冰与水产品的接触面积、用冰量、冷却前水产品原始温度等。冰粒越小，则冰与水产品的接触面越大，冷却速度越快。因此，用于冷却的冰事先需粉碎，在使用时，还应注意及时补充冰和排除融冰水，以免发生脱冰和相互污染，导致水产品变质。用于冷却的冰可以是海水冰，也可以是淡水冰，但都必须是清洁、无污染的。

碎冰冷却法的特点是冷却速度快，产品表面湿润、光泽，且无干耗。

（三）水产品的冻结

1. 水产品的冰点

随着水产品温度的降低，可以观察到在某个温度下水产品中的水分开始结冰，此温度即为水产品的

冰点或冻结点。根据 Raoult 法则，在稀溶液中存在冰点下降现象。冰点下降的程度取决于溶液的物质的量浓度，一般地，溶液浓度每增加 1mol/L，则冰点下降 1.86℃。因此水产品的冰点低于水的冰点，通常在 -1~-3℃之间，取决于水产品的种类、鲜度及预处理等因素。由于冰点下降，水产品在冻结过程中会发生水分的转移与重新分布，即水分逐渐从细胞质转移到细胞间，如图 5-7 所示。

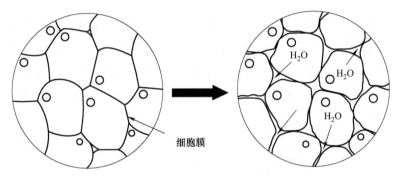

图 5-7 水产品冻结过程中的水分转移

2. 冻结过程与冻结曲线

当水产品的温度降至其冰点以下时，如不考虑过冷，则水产品中开始出现冰晶。由于冰晶的析出使水产品剩余水溶液的冰点下降，因此，必须继续降温，冰晶才会不断析出。实际上，水产品在冻结时，无需使全部水分冻结，只要水产品的绝大多数水分已结冰，冻结过程就可结束。为了判断冻结的程度，Heiss 提出冻结率概念，即在某个温度下，食品中已冻的水分占总水分之比例，以 R_f 表示。如以 t_f 为冰点，t 为食品的温度，则冻结率可用下式计算：

$$R_f = 1 - \frac{t_f}{t} \tag{5-2}$$

将冻结过程中水产品温度随时间的变化关系在坐标图中表示出来，就得到冻结曲线。由于水产品不同部位的温度变化速度不一样，通常水产品表面温度的变化要快于内部温度的变化，而中心温度的变化是最慢的。如不特别指明，则冻结曲线就是指中心温度随时间而变化的关系，如图 5-8 所示。

从图 5-8 可以看出，冻结曲线可分成 AB、BC 及 CD 三个阶段，其中 AB 阶段是冷却过程，而 BC 和 CD 两阶段为冻结过程，但 BC 与 CD 两阶段又有显著区别。BC 阶段相当于冰点 t_f~-5℃的温度变化，假如水产品的冰点为 -1℃，则 BC 阶段相当于 80% 的冻结率，也就是说大多数水分是在 BC 阶段变成冰晶的。因此，BC 阶段的温度变化不大，但所费时间却比较长。我们把 BC 阶段所对应的温度区间 -1~-5℃称为最大冰晶生成带。通过最大冰

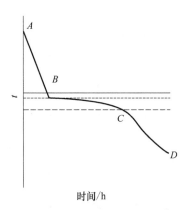

图 5-8　食品冻结曲线

晶生成带后，水产品在感官上即呈冻结状态。但此时并不意味着冻结过程的结束。为了贮藏的安全性，国际制冷学会建议冻结终了时食品中心的温度应在 -18℃ 以下。

3. 冻结速度

冻结速度，是指水产品内某点的温度下降的速度或水产品内某种温度的冰锋向内扩展的速度，一般可用下式表示：

$$V = \frac{\mathrm{d}\delta}{\mathrm{d}\tau} \tag{5-3}$$

式中　V——冻结速度，cm/h；

　　　$\mathrm{d}\delta$——冻结层的厚度，cm；

　　　$\mathrm{d}\tau$——冻结时间，h。

对于冻结水产品而言，不同部位的冻结速度存在较大差异，总是表层快而越往内层越慢。因此，为实用起见，冻结速度有三种常用的表示方法。

① 以通过最大冰晶生成带的时间来表示。凡在 30min 以内通过 -1～-5℃ 的温度带，谓之快速冻结，而超过 30min 时则谓之缓慢冻结。

② Plank 表示法。即单位时间内 -5℃ 之冰锋向内部推进的距离。有三种情形：当冻结速度在 5～20cm/h，称为快速冻结；当冻结速度在 1～5cm/h 时，为中速冻结；当冻结速度在 0.1～1cm/h 时，为缓慢冻结。

③ 国际制冷学会表示法。1972 年，国际制冷学会 C_2 委员会提出：冻结速度是食品表面达到 0℃ 后，食品中心温度点与其表面间的最短距离与食品中心温度降到比食品冰点低 10℃ 时所需时间之比。并将冻结速度分成以下几种情形：当冻结速度小于 0.5cm/h 时为缓慢冻结；当冻结速度为 0.5～5cm/h 时为快速冻结；当冻结速度为 5～10cm/h 时为急速冻结；当冻结速度为 10～100cm/h 时为超速冻结。

冻结速度直接影响冰晶的状态，一般地，冻结速度越快，则形成的冰晶数量越多，体积越细小，形状越趋向棒状和块状，它们之间的关系见表 5-1。

表5-1　冻结速度与冰晶状态之间的关系

冻结速度	冰晶的状态			冰锋前进速度 $V_{冰}$ 和水分移动速度 $V_{水}$ 之关系
	形状	数量	大小（直径×长宽）	
数秒	针状	无数	（1～5）μm×（5～10）μm	$V_{冰} \gg V_{水}$
1.5min	杆状	很多	（0～20）μm×（20～50）μm	$V_{冰} > V_{水}$
40min	柱状	少数	（50～100）μm×（100）μm	$V_{冰} < V_{水}$
90min	块粒状	少数	（50～200）μm×200μm 以上	$V_{冰} \ll V_{水}$

（四）冻结方法与设备

1. 空气冻结法

　　空气冻结法是用低温空气作为介质以带走水产品的热量，从而使水产品获得冻结的方法。空气冻结设备按水产品在冻结过程中是否移动分成固定式和流化床式两种。固定式冻结设备有隧道式冻结器、螺旋带式冻结器等。流化床式冻结设备有两种，即带式和盘式流化床冻结器，适合于冻结个体小、大小均匀，且形状规则的水产品，如扇贝柱等。

　　（1）隧道式冻结器

　　隧道式冻结器是较早应用的空气吹风冻结系统。"隧道"这个名称现在已被用来泛指吹风冻结器，而不管它是否具有隧道的形状。隧道式冻结器的结构示意图如图5-9所示。它主要由绝热外壳、风机、蒸发器、吊挂装置或小货车或传送带等部分组成。

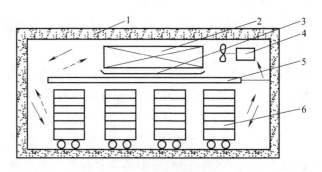

图 5-9　隧道式冻结器

1—绝热外壳；2—蒸发器；3—承水盘；4—可逆转的风机；5—挡风隔板；6—小货车

　　在冻结时，水产品装在托盘中并放在货车上，散装的个体小的水产品如蛤、贝柱及虾仁等放在传送带上进入冻结室内。风机强制冷空气通过水产品，吸收水产品的热量使水产品获得冻结，而吸热后的冷风再由风机吸入通过蒸发器重新被冷却，如此反复循环直至水产品完成冻结。空气温度一般为 −35～−30℃，冻结时间随水产品种类、厚度不同而异，一般为 8～40min。

隧道式冻结具有劳动强度小、易实现机械化和自动化、冻结量较大、成本较低等优点。其缺点是冻结时间较长，干耗较多，风量分布不太均匀等。

（2）螺旋带式冻结器

螺旋带式冻结器的结构示意图如图 5-10 所示。该装置由转筒、蒸发器、风机、传送带及一些附属设备等组成，其核心部分是一靠液压传动的转筒，其上以螺旋形式缠绕着网状传送带。冷风在风机的驱动下与放置在传送带上的水产品做逆向运动和热交换，使水产品获得冻结。传送带的层距、速度等均可根据具体情况来调节。

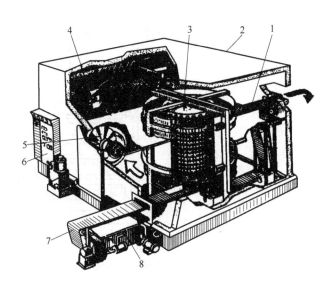

图 5-10 螺旋带式冻结器

1—出料传送带；2—绝热箱体；3—转筒；4—蒸发器；5—风机；6—控制箱；7—进料口；8—传送带清洗器

螺旋带式冻结的优点是冻结速度快，比如厚为 2.5cm 的水产品在 40min 左右即可冻结至 −18℃；冻结量大，占地面积小；工人在常温条件下操作，工作条件好；干耗小于隧道式冻结；自动化程度高；适应范围广，各种有包装或无包装的水产品均可使用。其缺点是在小批量、间歇式生产时，耗电量大，成本高。因此，应避免在量小、间断性的冻结条件下使用。

2. 平板冻结或间接接触冻结法

平板冻结或间接接触冻结法是通过冷的金属表面与水产品接触来完成冻结的方法。与空气冻结法相比，此种冻结法具有两个明显的特点：①热交换效率更高，冻结时间更短；②不需要风机，可显著节约能量。其主要缺陷是不适合冻结形状不规则及大块的水产品。

这类冻结方式最常用的设备是平板冻结器。在平板冻结器中，核心部分是可移动的平板。平板内部有曲折的通路，循环着液体制冷剂或载冷剂。平板可由不锈钢或铝合金制作，目前以铝合金制作的平板较多。相邻的两块平板之间构成一个空间，称为"冻结站"。水产品就放在冻结站里，并用液压装置使平板与水产品紧密接触。由于水产品和平板之间接触紧密，且金属平板具有良好的导热性能，故其传热系

数较高。当接触压力为7～30kPa时，传热系数可达93～120W/（m²·℃）。平板两端分别用耐压柔性胶管与制冷系统相连。

根据平板布置方式不同，平板冻结器有三种型式：卧式、立式和旋转式。卧式平板冻结器结构如图5-11所示，平板放在一个隔热层很厚的箱体内，箱体一侧或相对两侧有门。一般有7～15块平板，板间距可在25～75mm之间调节。适用于冻结矩形和形状、大小规则的包装产品。主要用于冻结鱼片、虾和其他小包装水产品。这种冻结器的优点主要是冻结时间短，占地面积少，能耗及干耗少，产品质量好。缺点主要是不易实现机械化、自动化操作，工人劳动强度大。

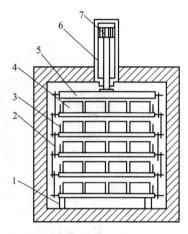

图 5-11 卧式平板冻结器

1—支架；2—链环螺栓；3—垫块；4—水产品；5—平板；6—液压缸；7—液压杆件

3. 喷淋或浸渍冻结法

喷淋或浸渍冻结法是将包装或未包装的水产品与液体制冷剂或载冷剂接触换热，从而获得冻结的方法。由于此种冻结方式的换热效率很高，因此冻结速度极快。所用制冷剂或载冷剂应无毒、不燃烧、不爆炸，与水产品直接接触时，不影响水产品的品质。常用的制冷剂有液氮、液体二氧化碳等，常用的载冷剂有氯化钠、氯化钙及丙二醇的水溶液等。

这类冻结设备目前使用较多的是液氮冻结器，具体如图5-12所示。

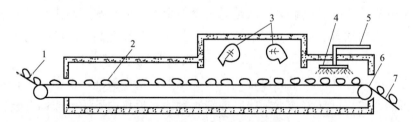

图 5-12 液氮冻结器

1—进口；2—食品；3—风机；4—喷嘴；5—N₂供液管；6—传送带；7—出口

液氮冻结器同一般冻结装置相比，冻结温度更低，所以常称为低温冻结装置或深冷冻结装置，其优越性主要表现在冻结速度极快，一般为吹风冻结的数倍，且干耗极少，产品质量好。研究表明，采用液氮喷淋冻结银鲳鱼和带鱼，肌纤维间隙最小、细胞完整致密，与新鲜样品最为接近，无冰晶损伤痕迹；而采用普通冰柜冻结的银鲳鱼和带鱼，其肌肉组织被冰晶破坏程度大，细胞间隙变大，且结构不完整。研究者采用液氮浸渍冻结带鱼，其肌肉纤维保持了较好的完整性，排列紧密，具有较高的持水力，与其他冻结方式相比，产生了更小更规则的胞内冰晶。而传统慢速冻结，则生成了大的胞外冰晶，对带鱼的肌肉纤维造成分离和破坏，使带鱼具有较低的持水力，对其最终品质造成不可逆转的破坏。

4. 冻结新技术

目前研究较多的冻结新技术包括磁场辅助冻结、超声波辅助冻结和高压辅助冻结等。

磁场辅助冻结技术是通过在物料冷冻时加入磁场，磁场通过震动影响冰晶的成长过程，从而减缓冰晶的成长速度。即时冻结技术（cell alive system，CAS）是磁场冻结的一种形式，它将动磁场和静磁场结合在一起，对物料进行冷冻，避免了在冻结过程中冰晶膨胀给水产品组织带来的伤害，使水产品在解冻后可以保持良好的口感和营养。

超声波辅助冻结技术是利用超声波控制冷冻过程中冰晶的形成和分布，形成细小且分布均匀的冰晶，并加速传热、传质，最终达到快速冻结的效果，改善水产品在冻藏过程中的受损程度。研究者利用超声波辅助冻结对中国对虾的冰晶状态与其水分变化进行研究，发现超声波辅助冻结所用时间短，可快速通过最大冰晶形成带，减少对水产品的损伤，提高了冻结速率，维持了对虾良好的品质。此外，超声波辅助冻结还可缩短鲤鱼的冻结时间，从而改善鲤鱼的冻结品质。

高压辅助冻结技术是采用较高的压力，使产品在低温条件下冻结的技术。高压辅助冻结可减少水产品营养损失，缩短冻结时间，并可使酶灭活，杀死部分微生物，从而使产品的品质基本不发生变化。压力转移冻结是高压辅助冻结技术的一种表现形式，将样品置于 200MPa 下，使样品温度冷却至稍高于样品初始冻结点后，瞬间释放压力，样品温度先下降，温差变大后又开始上升，温差的转变使样品内部形成均一、细小的冰晶，降低了冰晶对物料的破坏，实现速冻效果。

相比于传统的冷冻方式，新型冷冻技术可改善产品品质，延长贮藏时间，最大限度地减轻水产品在冷冻贮藏过程中的品质变化，但是这些技术的应用大都停留在实验室探索阶段，在实际水产冷冻方面应用少，对于新型冷冻技术在生产中的应用还有待深入研究。

 概念检查 5-1

○ 描述水产品冻结的过程，请给出具体措施如何控制水产品冰晶体的大小？

二、水产品的包装与冷冻贮藏

（一）水产品的包装

冻结水产品在冻藏前，绝大多数情况下需要包装。冻结水产品的包装不仅可以保护冻结水产品的质

量，防止其变质，还可以使冷冻水产品的生产更加合理化，提高生产效率。另外，科学合理的包装还可以给消费者卫生感、营养感、美味感和安全感，从而提高冷冻水产品的商品价值，促进冷冻水产品的销售与消费。

冷冻水产品的包装材料一般应满足以下要求：①能阻止有毒物质进到水产品中去，包装材料本身应无毒；②不与水产品发生化学作用，包装材料在 -40℃低温和在高温处理（如在烘烤炉或沸水中）时不发生化学及物理变化；③能抵抗感染和不良气味；④防止微生物及灰尘污染；⑤不透或基本不透过水蒸气、氧气或其他挥发物；⑥能在自动包装系统中使用；⑦包装大小适当，以便在商业冷柜中陈列出售；⑧包装材料应具有良好的导热性能；⑨能耐水、弱酸和油；⑩必要时应不透光，特别是紫外线等。

目前应用于冷冻水产品的包装材料有聚乙烯、聚丙烯、聚酯、聚苯乙烯、聚氯乙烯、尼龙及铝箔等薄膜类材料或上述材料的复合材料等。包装方式有成型、装填及封口包装或采用收缩及拉伸包装等。

（二）水产品冷藏

冷藏是将冷却的水产品置于水产品冰点以上某一个温度（-1.5～10℃）保藏水产品的方法。水产品的冷藏有两种方法，即空气冷藏法和气调冷藏法。水产品常采用空气冷藏法，气调冷藏法普及率低，多用于实验研究。

空气冷藏法的贮藏效果与冷藏温度、相对湿度、空气循环、包装等有关。

1. 冷藏温度

大多数水产品的冷藏温度在 -1.5～10℃之间，在保证水产品不发生冻结的前提下，冷藏温度越接近水产品冻结点则冷藏期越长。水产品不像果蔬类食品会发生冷害，因此，水产品的冷藏可采用接近冰点的温度进行冷藏。研究者采用 -0.7℃的冰温条件贮藏鲶鱼，其挥发性盐基态氮（TVB-N）和生物胺含量均低于 0℃的样品，并获得了较高的感官评分。采用甘氨酸、氯化钠和 D- 山梨糖醇等作为冰点调节剂来扩大南美白对虾的冰温范围，从而可提高对虾冰温贮藏的效果。

合适的冷藏温度是保证冷藏水产品质量的关键，但在贮藏期内保持冷藏温度的稳定也同样重要。因此，对于冷藏水产品，温度波动应控制在 ±0.5℃以下，否则，就会严重损害冷藏水产品的质量，显著缩短它们的贮藏期。

2. 相对湿度

水产品在冷藏时，除了少数是密封包装，大多是放在敞开式包装中，这样冷却水产品中的水分就会自由蒸发，引起减重及表面发干等现象，对于新鲜水产品，其相对湿度应控制在 95% 以上。

3. 空气循环

空气循环的作用一方面是带走热量，另一方面是使冷藏室内的空气温度均匀。空气循环可以通过自由对流或强制对流的方法实现，目前在大多数情形下采用强制对流的方法。空气循环的速度取决于产品的性质、包装等因素。循环速度太小，可能达不到带走热量、平衡温度的目的；循环速度太快，会使水分蒸发太多而严重减重，并且会消耗过多的能源。一般最大的循环速度不超过 0.3~0.7m/s。水产品采用不透蒸汽包装材料包装时，则冷藏室内的空气循环速度可适当大些。

4. 包装及堆码

包装对于水产品冷藏是有利的，这是因为包装能方便水产品的堆垛，减少水分蒸发并能提供保护作用。不论采用何种形式的包装，产品在堆码时必须做到：①稳固；②能使气流流过每一个包装；③方便货物的进出。因此，在堆码时，产品一般不直接堆在地上，也不能与墙壁、天棚等相接触，包装之间要有适当的间隙，垛与垛之间要留下适当大小的通道等。

（三）水产品冻藏

冻藏是将冻结的水产品置于水产品冰点以下某一个温度（-1.5~-23℃）保藏水产品的方法。商业上冻结水产品通常是贮藏在低温库或冻藏室中。在冻藏过程中，如果控制不当会造成冰结晶成长、干耗和冻结烧而影响冻结水产品的品质。冷冻水产品的贮藏质量主要受贮藏条件的影响，即受冻藏温度、相对湿度及空气循环等因素的影响。

1. 冻藏温度

根据温度与微生物、酶作用的相互关系，我们知道，温度越低，水产品品质保持越好，贮藏期也越长。但是，随着冻藏温度的降低，运转费用将增加，因此，应综合各种因素的影响来决定合适的冻藏温度。国际制冷学会推荐 -18℃为冻结食品的实用贮藏温度。

但是，从冻结水产品发展趋势来分析，温度越低，水产品品质保持越好，如 -30℃下贮存的冻结水产品，其干耗可以比在 -18℃下贮藏时减少一半以上。不管采用什么温度贮藏冻结水产品，为了防止冰晶生长、增加干耗及质量劣变，应尽量保持温度的稳定。

2. 相对湿度

冷冻水产品在贮藏时，可以采用相对湿度接近饱和的空气，以减少干耗和其他质量损失。

3. 空气循环

空气循环的主要目的是带走从外界透入的热量和维持均匀的温度。由于冷冻水产品的贮藏时间相对较长，因此，空气循环的速度不能太快，以减少水产品的干耗。通常可以采用包装或包冰衣等措施来减轻空气循环对水分损失的影响。空气循环可以通过在冻藏室内安装风机来实现。

三、水产品冷链流通

水产品冷链流通泛指新鲜水产品或冷藏冷冻类水产品在生产、运输、贮藏、销售直至消费前的各个环节中始终处于规定的低温环境下，以保证水产品质量，减少水产品损耗的一项系统工程。它是以冷冻工艺学为基础、以制冷技术和信息技术为手段的低温物流过程。由于温度在很大程度上决定了化学反应中酶的活性，影响着微生物的活动和生物体的代谢作用，因此水产品的冷链流通可最大限度地保持水产品品质，较好地满足市场和消费者的需求。随着人们生活水平的提高，对水产品的新鲜度、营养性、方便性等方面的要求也日益提高，因此，水产品的冷链流通具有更广阔的市场和发展前景。

（一）水产品冷链发展状况

在欧美一些发达国家，很早就重视冷链物流系统的建设和管理问题，现在已形成了完整的食品冷链体系。美国、日本、德国等发达国家和地区在运输过程中大部分使用冷藏车或者冷藏箱，并配以先进的信息技术，采用铁路、公路、水路等多种方式联运，建立了包括生产、加工、储藏、运输、销售等在内的新鲜物品的冷冻冷藏链，使新鲜物品的冷冻运输率及运输质量完好率都得到极大提高，流通损耗率仅有2%～5%，已形成一种成熟的模式。

美国的冷链流通体系先进，水产品的储藏、运输等环节都采用了现代化先进的技术，比如仓库管理系统（WMS）、运输管理系统（TMS）、全球定位系统（GPS）、电子数据交换（EDI）等。美国的物流网络遍布全国各地，水产品市场、水产品仓库等水产品加工厂有专门的铁路线路。就专业冷藏车辆而言，我国与美国的人均冷藏车拥有量差距悬殊，数据显示，在美国平均每500人就有一辆冷藏车，而我国大概是每5000人才有一辆冷藏车。

日本水产品冷链物流的发展得益于信息技术的应用，日本的大型超市已经能够广泛地运用销售信息系统（POS）、自动订货系统（EOS）。日本的公共信息平台能使日本水产品批发市场和国内外批发市场相链接，通过信息网络系统，日本的水产品批发市场已经成为大宗水产品交易中心。日本东京驻地市场拥有28.8万平方米的面积，供应着东京90%的水产品，是世界上最大的渔产品批发市场，有批发、零售、电子信息化、现场拍卖等交易方式。水产品能够从产地直接运输到配送中心或者市场中，冷链运输效率得到提高，服务质量得到了加强。

我国目前尚未形成完整的冷冻冷藏链，从起始点到消费点的流通贮存效率和效益无法得到控制和整合。我国水产品流通量很大，但大部分在常温条件下流通，冷冻运输率只占20%左右，而欧洲、美国、日本等发达国家占80%～90%。近年来，我国冷冻产业及冷链流通虽发展较快，但与国外冷链相比还有很大差距。主要存在以下几方面的问题：

1. 完整独立的水产品冷链体系尚未形成

从整体冷链而言，中国的食品冷链还未形成体系，无论是从中国经济发展的消费内需看，还是与发达国家相比，差距都十分明显。目前大部分水产品还是在没有冷链保证的情况下流通的，冷链运输率不足20%。冷链发展的滞后在相当程度上已影响着水产品产业的发展。

2. 水产品冷链的市场化程度低，第三方介入很少

我国水产品冷链的第三方物流发展十分滞后，服务网络和信息系统不够健全，大大影响了水产品物流的质量及物流信息的准确性和及时性。同时，水产品冷链的成本和商品损耗很高，物流成本在整个成本构成中占40%以上，而发达国家的物流成本一般控制在10%左右。

3. 水产品冷链的硬件设施不完善

目前我国水产品物流是以常温物流或自然物流形式为主，缺乏完善的冷冻冷藏设备和技术，水产品在物流过程中的损失很大，水产品安全问题非常突出。目前，我国拥有冷藏保温汽车约4万辆，而美国和日本分别拥有冷藏保温汽车20万辆和12万辆；我国冷藏保温汽车占货运汽车比例仅为0.3%，而发达国家中，美国为1%，英国为2.6%，德国达到3%。近些年来冷链物流基础设施建设正在逐步扩大，但是诸如制冷装备、冷藏车辆等基础设施资源的人均所得量仍然很低，基础设施分布不均，主要是港口和生产基地，偏远地区的人均占有量超低。

4. 冷链物流缺少信息化

与发达国家相比，我国的制冷技术发展相对滞后，冷冻冷藏质量监控、洁净度控制等先进技术在我国不能得到很好的实施，从而使整个冷链物流的供应缺乏信息化。随着互联网时代的迅速发展，信息化建设已经成为冷链物流发展的重要因素，信息流畅与否将会对冷链运输造成影响，信息化的发展程度直接影响冷链物流的发展。目前很多企业还未意识到冷链信息化的重要性，在很大程度上限制了水产品冷链的发展。水产品生产者和消费者之间只有获得充分的信息，了解市场的情况，才能使市场健康有序地发展。

5. 未建立一套行之有效的管理体制

欧美发达国家已经基本建立起了适合于各类食品冷藏特点的高效冷藏链管理体制，而我国至今未建立起真正意义上有效的食品冷藏链的一整套管理体系。

由于水产品产业化程度和产供销一体化水平不高，从农业的初级产品来看，虽然产销量巨大，但在初级农产品和易腐水产品供应链上，既缺乏水产品冷链的综合性专业人才，又缺乏供应链上下游之间的整体规划与协调，因此，水产品冷链体系存在严重的失衡和无法配套的现象，导致水产品冷链的资源难以整合以及行业的推动乏力。

（二）水产品冷链组成

水产品冷链一般由以下环节组成：冷冻加工、冷冻贮藏、冷冻运输、冷冻销售及冷冻消费。其中冷冻加工、冷冻贮藏、冷冻运输和冷冻销售又是冷链重中之重的环节。

1. 冷冻加工

冷冻加工包括各种水产品原料的预冷却、各种冷冻水产品的加工与加工品的速冻等。主要涉及冷却与冻结装置，主要由生产厂商完成，冷冻条件容易控制，生产线一旦安装投入生产也相对较稳定。

2. 冷冻贮藏

冷冻贮藏包括水产品原料及其加工品的冷藏和冻藏，主要涉及各类冷藏库，此外还涉及展示柜、冻藏柜及家用冰箱等。

3. 冷冻运输

冷冻运输包括水产品低温状态下的中、长途运输及短途配送等物流环节。主要涉及铁路冷藏车、冷藏汽车、冷藏船、冷藏集装箱等低温运输工具。在冷冻运输过程中，冷链断链或温度波动是引起水产品品质下降的主要原因之一，所以运输工具应具有良好的隔热保温性能，在保持规定低温的同时，更要保持稳定的温度和冷链的连续性。

4. 冷冻销售

冷冻销售包括冷冻水产品的批发及零售等，由生产厂家、批发商和零售商共同完成。早期，冷冻水产品的销售主要由零售商的零售车和零售商店承担。近年来，城市超级市场的大量涌现，已使其成为冷冻水产品的主要销售渠道。超市中的冷冻陈列柜也兼有冷藏和销售的功能，是水产品冷链的主要组成部分之一。

（三）水产品冷链相关设备

1. 固定冷冻设备

冷冻贮藏是水产品冷链中的一个重要环节，主要涉及各类冷藏库，另外还涉及冷藏陈列柜和家用冰箱等。

冷藏库简称冷库，它是用制冷的方法对易腐水产品进行加工和贮藏，以保持水产品食用价值的建筑物。水产品冷藏库是冷藏链的一个重要环节，冷藏库对水产品的加工和贮藏、调节市场供应、改善人民生活水平等都发挥着重要的作用。冷库与一般建筑物不同，除要求方便实用的平面设计外，还要有良好的库体围护结构。冷库的墙壁、地板及平顶都要有一定厚度的隔热材料，以减少外界传入的热量。

冷藏库由主体建筑、制冷系统和其他附属设施组成。其中制冷系统是冷藏库最重要的组成部分，是冷源。制冷系统是一个封闭的循环系统，用于冷库降温的部件包括蒸发器、压缩机、冷凝器和必要的调节阀门、风扇、导管和仪表等（图5-13）。制冷时制冷系统启动压缩机，使系统内接近蒸发器的一端形成低压部分，吸入贮液罐的液体制冷剂，通过调节阀门进入蒸发器，蒸发器安装在冷藏库内，制冷剂在蒸发器中汽化吸热，转变为带热的气体，经压缩机压缩后进入冷凝器，用冷水从冷凝器的管道外喷淋，排除制冷剂从冷库中带来的热量，在高压下重新转变为液态制冷剂，暂时贮存在贮液罐中。当启动压缩机再循环时，液态制冷剂重新通过调节阀进入蒸发器汽化吸热，如此反复工作。

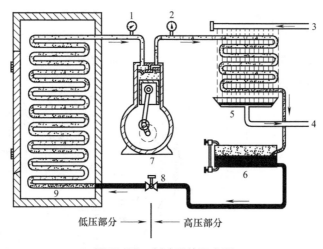

图 5-13 制冷系统示意图

1，2—压力表；3—冷凝水入口；4—冷凝水出口；5—冷凝器；6—制冷剂；7—压缩机；
8—调节阀；9—蒸发器

蒸发器是制冷系统的主要部件之一，它向冷藏库内提供冷量，并将库内的热量传至库外。蒸发器有直接冷却和间接冷却两种方式。直接冷却方式是将蒸发器安装在冷藏库内，利用鼓风机将冷却的空气吹向库内各部位，吸收产品热量后的热空气流向蒸发器进行冷却。间接冷却方式是将蒸发器安装在冷藏库外的盐水槽中，先将盐水冷却，再将低温盐水经管道导入安装在冷藏库的盘管中，低温盐水吸收库内的热降低库温，回到盐水槽中再被冷却，继续导至盘管循环流动，不断吸热降温。

压缩机是制冷机的"心脏"，推动制冷剂在系统中循环。压缩机有多种型式，如往复式、活塞式、离心式、旋转式和螺杆式等，其中活塞式和螺杆式应用较广泛。压缩机的制冷负荷常用 kJ/h 表示，一般中型冷藏库压缩机制冷量在$(2.09\sim12.56)\times10^5$kJ/h 范围内，设计人员将根据地域、气候、冷藏库容量和产品数量等具体条件选择。

冷凝器的作用是将压缩后的气态制冷剂中的热排除，同时凝结为液态制冷剂。冷凝器有空气冷却、水冷却和空气与水结合的冷却方式。空气冷却只限于小型冷藏库设备中应用，水冷却的冷凝器则可用于所有形式的制冷系统。为了节省用水量，各地冷藏库都配有水冷却塔和水循环设备，反复使用冷却水。降温后的制冷剂从气态变为液态，在压缩机推动下进入贮液罐中贮存，当制冷系统中需要供液时，启动

调节阀门再进入蒸发器制冷。

库内空气与水产品接触，不断吸收它们释放出来的热量和水蒸气，逐渐达到饱和。该饱和湿空气与蒸发器外壁接触即冷凝成霜，而霜层不利于热的传导而影响降温效果。因此，在冷藏管理工作中，必须及时除去蒸发器表层的冰霜，即所谓"冲霜"。冲霜可用冷水喷淋蒸发器，也可利用吸热后的制冷剂引入蒸发器外盘管中循环流动，使冰霜融化。

陈列柜是超级市场、零售商店等销售环节的冷冻设备，也是冷冻水产品被消费者选择消费的主要场所，目前已成为水产品冷链中的重要环节。根据冷藏陈列柜的结构，可分为卧式与立式多层两种；根据冷藏陈列柜封闭与否，又可分为敞开型和封闭型两种。

卧式敞开型冷藏陈列柜如图5-14所示。这种陈列柜上部敞开，开口处有循环冷空气形成的空气幕；通过围护结构侵入的热量也被循环的冷风吸收，不影响水产品的质量，对水产品质量影响较大的是由开口部侵入的热空气及辐射热。

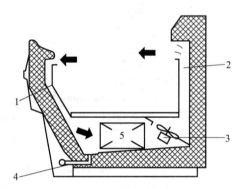

图5-14 卧式敞开型冷藏陈列柜示意

1—吸入风道；2—吹出风道；3—风机；4—排水口；5—蒸发器

当外界湿空气侵入陈列柜时，遇到蒸发器就会结霜，随着霜层的增大，冷却能力降低，因此在24h内必须进行一次自动除霜。外界空气的侵入量与风速有关，当风速超过0.3m/s时，侵入的空气量会明显增加。

与卧式的相比，立式多层陈列柜中商品放置高度与人体高度相近，展示效果好。但这种结构的陈列柜的内部冷空气更易逸出柜外，外界侵入的空气量也多。为了防止冷空气与外界空气的混合，在冷风幕的外侧又设置一层或两层非冷空气构成的空气幕，同时配置较大的冷风量。由于立式陈列柜的风幕是垂直的，外界空气侵入柜内的数量受空气流速的影响更大。如图5-15所示为立式多层敞开型冷藏陈列柜的示意。

卧式封闭型冷藏陈列柜的结构与卧式敞开型相似，不同的是在其开口处设有2~3层玻璃构成的滑动盖，玻璃夹层中的空气起隔热作用。

立式多层封闭型冷藏陈列柜的柜体后壁上有冷空气循环通道，冷空气在风机作用下强制地在柜内循环。柜门为二或三层玻璃，玻璃夹层中的空气具有

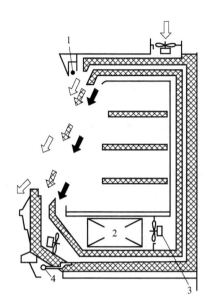

图 5-15 立式多层敞开型冷藏陈列柜示意
1—荧光灯；2—蒸发器；3—风机；4—排水口

隔热作用，由于玻璃对红外线的透过率低，虽然柜门很大，传入的辐射热并不多。

在冷藏链中，家用冰箱是最小的冷藏单位，也是冷藏链的终端。随着经济的发展，人民生活水平已得到很大提高，家用冰箱已大量进入普通家庭，对冷链的建设起了很好的促进作用。家用冰箱通常有两个贮藏室：冷冻室和冷藏室。冷冻室用于水产品的冷冻贮藏，贮存时间较长；冷藏室用于冷却水产品的贮藏，贮存时间一般较短。现在冰箱的内部设计也越来越合理，冷冻室往往被分割成几个小的冷冻室，不仅有利于贮存不同种类的食品，还可以避免食品之间的串味。而冷藏室也被分割成温度不同的几个分室，以利于存放不同温度要求的食品，从而更好地保持水产品的鲜度品质。

2. 冷冻运输设备

冷冻运输是水产品冷链中的一个重要环节，由冷冻运输设备来完成。冷冻运输设备是指本身能造成并维持一定的低温环境以运输冷冻水产品的设施及装置，包括冷藏汽车、铁路冷藏车、冷藏船和冷藏集装箱等。冷冻运输衔接了水产品从原料产地到加工厂、从产品出库到销售点等地点的转移，因此从某种意义上讲，冷冻运输设备是可以快速移动的小型冷藏库。

冷冻运输设备必须进行控温运输，控制温度波动幅度和减少波动持续时间。为了维持所运水产品的原有品质，保持车内温度稳定，冷冻运输过程中可从如下几个方面考虑：①水产品事先预冷，因为冷冻运输工具提供的制冷能力有限，不能用来降低产品的温度，只能有效地消除环境传入的热负荷，维持产品的温度不超过所要求保持的最高温度。因而在多数情况下不能保证冷却均匀。因此，易腐水产品在运输前应当采用专门的冷却设备和冻结设备，将制品温度降低到最佳贮藏温度以下，然后再进行冷冻运输。②要具备一定制冷能力的冷源。运输工具上应当具有适当的冷源，如干冰、冰盐混合物、碎冰、液氮或机械制冷系统等。③良好的隔热性能。④应具备温度检测和控制设备，温度检测仪必须能准确连续地记录货物间内的温度，温度控制器的精度要求高，防止温度过分波动。⑤车厢的卫生和安全。

此外，运输成本问题也是冷冻运输应该考虑的一个方面。应该综合考虑货物的冷藏工艺条件、交

通运输状况及地理位置等因素，采用适宜的冷冻运输工具。

冷藏汽车作为冷藏链的一个中间环节，基本上是作为陆地运输易腐水产品用的交通工具。作为短途运输的分配性交通工具，它的任务在于将由铁路或船舶卸下的水产品送到集中冷库和分配冷库。汽车冷冻运输能保证将水产品由生产性冷库或从周围 200km 内的郊区直接送到消费中心而不需转运。在消费中心，汽车冷冻运输的任务是将水产品由分配性冷库送到超级市场和其他消费场所。当没有铁路时，冷藏汽车也被用于长途运输冷冻水产品。

根据制冷方式的不同，冷藏汽车可分为机械制冷、液氮或干冰制冷、蓄冷板制冷等多种。机械制冷冷藏汽车如图 5-16 所示。这种通风方式使整个水产品货堆都被冷空气包围着，外界传入车厢的热流直接被冷风吸收，不会影响水产品的温度。

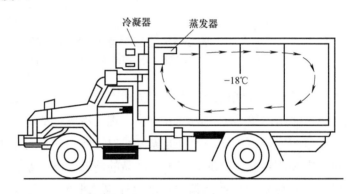

图 5-16 机械制冷冷藏汽车示意图

冷藏汽车运输量较小，但运输灵活，机动性好，能适应各地复杂地形，车内温度比较均匀稳定，温度可调，对沟通水产品冷藏网点有十分重要的作用。但冷藏汽车运输成本较高，结构复杂，易出故障，维修保养投资较大。

铁路冷藏车可以远距离运输大批量的冷冻水产品。铁路冷藏车分为冰制冷、液氮或干冰制冷、机械制冷、蓄冷板制冷等几种类型。机械制冷铁路冷藏车有两种结构形式：一种是每一节车厢都备有自己的制冷设备，用自备的柴油发电机组来驱动制冷压缩机，这种铁路冷藏车厢可以单节与一般货物车厢编列运行；另一种铁路冷藏车的车厢中只装有制冷机组，没有柴油发电机，这种铁路冷藏车不能单节与一般货物列车编列运行，只能整列运行，由专用车厢中的柴油发电机统一供电，驱动制冷压缩机。

机械制冷铁路冷藏车的优点是：温度低，温度调节范围大；车厢内温度分布均匀；运输速度快；制冷、加热、通风及除霜自动化。其缺点是：造价高；维修复杂；使用技术要求高。

冷藏船是利用低温运输易腐货物的船只。冷藏船主要用于渔业，尤其是远洋渔业。远洋渔业的作业时间很长，有时长达半年以上，必须用冷藏船将捕获物及时冷冻加工和冷藏。此外由海路运输易腐食品必须用冷藏船。冷藏船运输是所有运输方式中成本最便宜的，但是在过去，由于冷藏船运输的速度最慢，而且受气候影响，运输时间长，装卸很麻烦，因而使用受到限制。随着冷藏船技术性能的提高，船速加快，运输批量加大，装卸集装箱化，冷藏船运输量逐年增加，成为国际易腐食品贸易中主要的运输工具之一。

随着冷藏集装箱的普及与发展，目前水上运输大部分已采用冷藏集装箱代替运输船冷藏货舱来进行易腐货物的运输。冷藏集装箱运输船将成为水上运输的主要工具。冷藏集装箱是具有一定隔热性能，能保持一定低温，适用于各类产品冷冻运输而特殊设计的集装箱。

冷藏集装箱主要包括以下几种类型：保温集装箱、外置式保温集装箱、内藏式冷藏集装箱与液氮或干冰冷藏集装箱。内藏式冷藏集装箱带有制冷装置，可自己制冷。制冷机组安装在箱体的一端，冷风由风机从一端送入箱内。如果箱体过长，则采用两端同时送风，以保证箱内温度均匀。为了加强换热，可采用下送上回的冷风循环方式。

冷藏集装箱可广泛应用于铁路、公路、水路和空中运输，是一种经济合理的运输方式。采用冷藏集装箱，简化了装卸作业，缩短了装卸时间，提高了装卸负荷，因而人工和费用都减少了，降低了运输成本；调度灵便，周转速度快，运输能力大，对小批量冷货也适合，大大减少甚至避免了运输货损和货差；箱体内温度可以在一定的范围内调节，箱体上还设有换气孔，避免了温度波动对水产品质量的影响，实现从"门"到"门"的特殊运输方式。

（四）水产品冷链发展趋势

中国的水产品冷链建设正处于发展起步阶段。随着国家政策逐步完善和人民生活水平提高，水产品冷链在未来几年内会有长足发展，与水产品冷链相关的生产加工、保温流通和各种设备将有很大市场空间。未来的水产品冷链需从以下几个方面加强投入。

1. 发展先进的冷冻运输装备

要迅速提高我国水产品冷链物流水平，一要大规模改造和更新现有冷冻运输设备，国外冷冻冷藏物流之所以迅速发展，冷冻运输装备的发展起到了极为关键作用，发达国家已逐步淘汰了冰冷车，目前已广泛采用机械制冷式冷藏集装箱，并有通风、气调、液氮、保温、冷板等多种类冷藏箱，极大地促进了冷冻运输的发展；二要完善公路、铁路、水路、航空等运输网络，确保冷链流通的顺利进行。

2. 建立冷链物流体系和信息一体化体系

水产品冷链物流是水产品从捕捞开始直到最后消费的过程都是在冷链的低温环境下进行的。水产品想要保持鲜活的特征就要使冷链物流快速及时地进入流通渠道，尽快运到消费者手中，由于水产品从生产到消费中间有众多环节，在流通的过程中会经历一次又一次的转运，建立水产品冷链物流系统是对水产品的科学管理，可保证整个物流过程从捕捞成功到销售都处于低温的状态。

另外要加强信息化管理，配备物联网技术装备，如射频识别（radio frequency identification，RFID）、全球定位系统（global positioning system，GPS）、地理信息系统（geographic information system，GIS）、温度传感器等物联网设备，在运输过程中及时监控产品流通情况，实时共享水产品冷链物流全过程监控

系统，及时上传相应视频、数据到该监控系统，实现加工、仓储、运输和销售四大环节的信息共享，方便企业之间信息的传递，解决我国水产品冷链物流断链问题。

3. 发展第三方冷链物流

第三方物流企业是指专业的物流公司完成的物流作业任务，只提供物流服务，独立于卖家和买家，不参与商品的交易活动。因为水产品冷链物流的建设投资规模巨大，一般的企业没有足够的资金和经历来建设物流配送系统，如果企业想要把生意做好，就要用最小的成本达到最大的效益，把物流配送外包给第三方，能够使企业专注于原有行业的发展，发展优势业务，还可以有效地降低企业成本和提升企业的竞争力。同时第三方拥有专业的技能，能够充分利用第三方物流企业的信息资源，对资源的分配合理，效率可以得到提高，水产品得到良好的配送。

4. 培养冷链物流人才

冷链物流人才要具备多方面知识于一体，例如水产品加工、食品质量与安全、制冷技术、供应链管理等，属于复合型人才。而基于互联网的冷链物流系统，还要求其对物联网以及冷链物流体系的设计、构建、运营管理以及故障维修都要非常熟悉，这样的高级复合型人才是少之又少。冷链物流高级复合型人才对于水产品冷链物流的作用至关重要，人才的发展能够为水产品冷链物流带来生机和活力，能够推动冷链物流朝着更好的方向前进。因此，可通过岗前培训以及在岗培训等方式快速培育一批物联网以及冷链物流方面的专业人才，满足现阶段的需求；其次通过校企合作等引导高校开设相关课程，通过专业教学、实训、顶岗实习等方式源源不断地培育冷链物流专业的复合型人才，满足未来发展的需要；最后还可以通过建立冷链物流行业人才激励机制，引进国内外的优秀冷链物流管理人才，推动冷链物流高素质人才队伍建设。

总之，在从水产品原料到消费者获得冷冻水产品这一完整的冷链中，需要由冷冻水产品生产企业、地区批发销售商、大型超级市场、零售商店和消费者共同完成。冷冻水产品的冷链流通与管理需要各方面互相配合、共同完成，以保证各个环节水产品的质量。

 概念检查 5-2

○ 目前冷冻水产品存在哪些主要问题？如何解决？请结合
　所学的知识谈谈水产品冷冻加工的重要性。

第三节　冷冻水产品加工实例

我国是世界渔业大国，水产资源丰富，水产品种类繁多。近年来，我国水产品总量一直在不断增加。据统计，目前全国水产品总产量为6457.66万吨，其中养殖产量4991.06万吨、捕捞产量1466.60万吨，全国水产品人均占有量46.28kg。截至2018年底，我国水产品加工企业9336个，水产冷库7957座，用于加工的水产品总量为2653.41万吨，其中海水产品2099.02万吨、淡水产品554.29万吨，冷冻水产品加工量占加工总量的70%以上，加工种类和产量均居其他加工品之首。下面以具有代表性的冷冻鱼片加工、冷冻虾仁加工来阐述冷冻水产品加工工艺。

一、冷冻鱼片加工

冷冻鱼片包括冷冻淡水鱼片和冷冻海产鱼片，二者的工艺流程基本相同。对于不同的鱼种，在操作细节上会有略微的差异。冷冻鱼片的基本工艺流程及工艺要点如下：

原料选择→前处理→剖片挑刺→称重装盘→速冻→脱盘→包装、检验→成品冻藏

（1）原料选择

收购的淡水或海水鱼应符合鲜度和重量的标准。原料鱼应鳃盖紧闭、鳃丝鲜红、具固有腥气、眼球饱满凸出、眼膜透明、体表有光泽、鳞片完整及不易脱落、无内脏突出及腹部膨胀现象；鱼体肌肉结实富有弹性，手指压陷处容易复原，最好处于僵硬期或僵硬期以前的状态。如果原料鱼在冻结前鲜度下降，则加工后的冷冻水产品质量就差，而且冻藏中质量下降速度也快，贮藏期缩短。

（2）前处理

有些冷冻鱼片制品所采用的原料为冷冻鱼，在进行加工之前首先要进行解冻。解冻是使冻品融化恢复到冻前的新鲜状态，解冻的过程是冻品中的冰晶还原融解成水的过程，可看作是冻结的逆过程。在解冻过程中，热量不能充分地通过已解冻层传入冻品内部，为了避免表面首先解冻的水产品被微生物污染而导致变质，解冻所需的温度梯度也远小于冻结所用的温度梯度。因此，解冻所用的时间远大于冻结所用的时间。

某些种类的活鱼必须经过暂养工序，在具备暂养条件的水池中暂养，使其自行消除鳃内泥沙及表面污物，然后再对其进行加工，但暂养时间不宜过长。

（3）剖片挑刺

剖片是冷冻鱼片加工的关键工序，它的好坏直接影响到鱼片的质量和出品率。剖片宜用剖片机或熟练工人手工剖片，要保证刀刃锋利，避免切豁、切碎而降低出品率。将切割后的鱼片装入带网格的塑料筐中，用水漂洗后整形，除去鱼片上残存的鱼鳍等影响产品美观的多余部分。

挑刺修补要求对修整后的鱼片逐一检查，剔除鱼片中的骨刺、黑膜、鱼皮和血痕等杂物，在特制的灯光检测台上进行灯光检查，用小镊子挑出寄生虫（如线虫、绦虫和孢子等），并对整形工序进行检验和补漏。

（4）称重装盘

称重后的鱼片应尽快摆盘，不得积压，装盘有单冻和块冻两种形式。单冻是将鱼片横摆或竖摆到不锈钢盘上，尽量多摆一些，鱼片之间不能重叠。然后在鱼片上铺放一层塑料薄膜，从一端向另一端修形，

用拇指和食指将鱼片持直，鱼尾部不要修得太尖，周边要光滑，修好形后将多余的塑料薄膜折叠规整靠在盘壁上。

块冻时采用模具，纸盒放入模具中，将鱼片按大小、头尾整理好，整齐地摆在盒内。最底层肉面朝下，颈部在两头，尾部露出。最上层肉面朝上，压实、压平，六面棱角分明，无气泡、无淤血、无黑膜等杂质。摆盘要求上层表面鱼的切面向外，前后面脊背向外，左右面鱼头切面向外。另外摆盘过程中，应用消过毒的塑料片时常压平表面，防止气泡、冰球的出现。控出的水加入块中心，合盖时用手压盒面向外排气，再加上模具盖，便可冷冻。

（5）速冻

鱼盘要及时送进速冻库，库温保持在 −25℃ 以下，应尽量采用快速冻结的方式，以有利于提高产品质量和防止蛋白质冷冻变性。

（6）脱盘、包装、检验、冻藏

速冻完毕后，带水脱盘，镀冰衣，淋水脱盘时水温不超过 20℃，操作过程中应注意保持冰被完整。检查合格后，装入塑料袋，用封口机封口后装入纸箱，装好后用硬塑打包带打包。

包装、检验后应及时送入冷库冻藏，库温应控制在 −18～−25℃。

二、冷冻虾仁加工

冷冻虾仁加工是虾蟹类冷冻产品加工中的重要组成部分，加工的工艺流程及工艺要点如下：

原料选择→前处理→加工处理→洗涤控水→称重装盘→速冻→制作冰被→脱盘→镀冰衣→包装、检验→成品冻藏

（1）原料选择

选择大小适中的新鲜对虾，对于符合要求的原料虾，应按顺序及时投料加工，做到当日加工、不积压。一般僵直和僵直中的原料虾都视为新鲜度良好。对不能及时投料加工的原料虾，应及时投入 0～4℃ 的保鲜库，或以虾冰 1∶3 的配比，加直径不超过 3cm 的碎冰。冰块要洁净，层冰层虾，摊散均匀。

（2）前处理

原料虾的前处理包括冲洗、分类挑选、分等级规格等工序。原料虾应采用符合卫生标准的清水冲洗，以除去原料虾中的碎冰、泥沙、海草等污物。

（3）加工处理

加工虾仁首先要剥掉虾壳，去肠腺。虾壳剥除可采用手工剥制，也可采用超高压处理后再进行剥制；去肠腺时，左手持虾仁，使其背部向上，右手持尖刀，沿背部中线浅割一道小口，然后用刀尖将露出的肠腺挑除。将去掉肠腺的虾仁，在冰水中洗净，再按虾仁规格要求分级。分级后的虾仁，再经清洗一

次，放入筛盘内控水 10min，以待称重装盘。

凡新鲜度达到要求，而虾体残缺不全的均可作冻虾球原料。

（4）速冻

虾体的组织液中含有多种盐类，其冻结点为 -1～-2.5℃，由前面的水产品冻结曲线可知，-1～-5℃ 这一温度域是最大冰晶生成带，此时约有 80% 的水分变为固态。因此，只要冻结前原料虾的品质得以保证，冻结过程控制在 6～24h 之间，冻结后虾的质量不会受太大影响。

在实际生产中，经过检验上架的半成品，应立即送入速冻间，在半成品进入前，速冻间的温度必须降到 -15℃ 以下，入冻时要进行逐盘检查，不平整的要予以整理，以免影响造型。速冻的工作温度要求在 -25℃ 以下。如果超过 1h，尚未入速冻间者，必须进行复检，有特殊情况不能及时入冻的半成品，可置于 -8℃ 以下的预冷间进行保鲜，但一般不得超过 2h。

（5）制作冰被

对于块冻产品，已进入速冻间的虾，要适时适量地加灌清洁的淡水制作冰被，采取两次灌水法为佳，冰被的厚度以刚盖过虾体为宜。第一次加水是在虾体温度达到 -6～-8℃ 时进行，加水量以接近淹没上层虾体为度，这次加水主要是制作底冰被及边沿冰被。第一次加水的时间，掌握住虾的体温是重要的关键点，温度过高时加水，易使虾体浮起，造成底冰被过厚，并且会延长冻结时间，影响虾的质量，降低鲜度；温度过低时加水，当水接触到虾体，来不及渗透就结冰，易造成底冰被和边沿冰被出现蜂窝眼。第二次加水是在出速冻间前的 2～3h，加水量以全部淹没虾体为度，这次加水的主要目的是为了充分盖住虾体并使顶冰被平整。第二次加水的时间也很重要，加水过早，往往会造成顶冰被的凸起不平；加水时间过晚，会使冰的冻结不充分，影响产品质量和外观。总之，冰被的制作，要求平整光滑，透明度良好。虾块的冷冻时间越短越好，一般要求在 12h 以下，当虾块的中心温度达到 -18℃ 时，即可出速冻间脱盘。

（6）脱盘、镀冰衣

经过冻结后出速冻间的虾块，应及时脱盘，脱盘方法以淋水脱法为宜，操作时间不宜过长，水温不要过高，以防冰被融化。磕盘时要轻磕轻放，避免损伤冰被和铁盘。

冻块冰被不良的，要重新上水冻结或修正，畸形块、含有外来杂质、卫生不良的应剔出，严重的红底虾、混底虾及碎块虾，应交加工车间重新加工。包装前的冻块，必须加镀冰衣，加镀冰衣要在低温库内操作，一般是随同脱盘工作同时进行。加镀冰衣的方法，以过水法为最佳，水温为 0～4℃，浸水时间为 3～5s。镀冰以后的冻块，中心温度回升不得超过 3℃。用水要清洁卫生，以提高冰衣的透明度。此外，单冻虾仁的镀冰衣工序与此类似。

（7）包装、检验、冻藏

冻结后的虾要及时进行包装，经检验后转入冻藏，在冻藏过程中也会发生各种质变。虾体表面劣变，是冰晶升华而引起的失水，失水后虾肉表面干燥并产生微孔，与空气接触后引起变色、变味甚至蛋白质变性等。因此，冷冻虾仁的贮藏也不宜过长，一般不超过 3 个月为宜。

📁 参考文献

[1] 戴晋，张运栋，秦素研. 冷链物流与冷链食品 [J]. 农村经济与科技，2018，1: 158-159.

[2] 杜雪. 大连市水产品冷链物流的市场分析 [D]. 大连海洋大学，2016.

[3] 戈阳，周应恒，胡浩.日本水产品冷链物流发展及对中国的启示 [J].世界农业，2017，6: 181-190.

[4] 韩洋.冻藏过程中阿拉斯加鳕鱼品质变化研究 [D].大连工业大学，2016.

[5] 胡晓亮，王易芬，郑晓伟，等.抗冻剂在水产品冻藏中的应用研究[J].中国农学通报，2015，35: 38-42.

[6] 金文刚，白杰，刘姗姗，等.肉类冷冻理论与冷冻新技术 [J].肉类研究，2008，4: 75-78.

[7] 林荣辉.供应链环境下生鲜农产品的冷链物流研究 [D].山东理工大学，2014.

[8] 鲁珺.液氮深冷速冻对带鱼和银鲳品质及其肌肉组织的影响 [D].浙江大学，2015.

[9] 栾兰兰.冷冻带鱼冰晶生长预测模型及分形维数品质评价体系的建立 [D].浙江大学，2018.

[10] 农业农村部渔业渔政管理局，全国水产技术推广总站，中国水产学会.中国渔业统计年鉴 [M].北京: 中国农业出版社，2019.

[11] 石径.中华管鞭虾冻藏过程中品质变化规律及机理研究 [D].中国农业大学，2018.

[12] 孙博文.微冻梭子蟹品质变化及其控制技术研究 [D].中国海洋大学，2017.

[13] 涂钰.包装材料对冻藏鱼类及生物防腐剂对调理鱼类冷藏期间品质影响 [D].大连工业大学，2017.

[14] 汪之和，王慥，苏德福.冻结速率和冻藏温度对鲢肉蛋白质冷冻变性的影响 [J].水产学报，2001，25（6）: 564-569.

[15] 王路.基于物联网技术的水产品全程冷链物流体系构建 [D].青岛理工大学，2017.

[16] 王璋.食品酶学 [M].北京: 轻工业出版社，1990.

[17] 向迎春，黄佳奇，栾兰兰，等.超声辅助冻结中国对虾的冰晶状态与其水分变化的影响研究 [J].食品研究与开发，2018，2: 203-210.

[18] 徐剑，刘文钊，唐卫宁.我国水产品冷链物流发展瓶颈及对策研究 [J].现代经济信息，2018，1: 373-373.

[19] 徐进财.冷冻食品学 [M].台北: 复文书局，1983.

[20] 袁一博.水产品冷藏库系统设计及冷冻介质实验研究 [D].浙江海洋学院，2014.

[21] 曾名湧.食品保藏原理与技术 [M].北京: 化学工业出版社，2014.

[22] 张娅楠，赵利，刘华，等.水产品的冷冻变性及鱼糜抗冻剂研究进展 [J].河南工业大学学报: 自然科学版，2011，6: 88-92.

[23] 赵冰，张顺亮，李素，等.脂肪氧化对肌原纤维蛋白氧化及其结构和功能性质的影响 [J].食品科学，2018，5: 40-46.

[24] 朱蓓薇，曾名湧.水产品加工工艺学 [M].北京: 中国农业出版社，2010.

[25] Chevalier D, Sentissi M, Havet M, et al.Comparison of air-blast and pressure shift freezing on Norway lobster quality [J].Journal of Food Science, 2000a, 2: 329-333.

[26] Chevalier D, Sequeira-Munoz A, Le Bail A, et al.Effect of freezing conditions and storage on ice crystal and drip volume In turbot (*Scophthalmus maximus*): Evaluation of pressure shift freezing vs.air-blast freezing [J].Innovative Food Science & Emerging Technologies, 2000b, 3: 193-201.

[27] Dalvi-Isfahan M, Hamdami N, Xanthakis E, et al.Review on the control of

ice nucleation by ultrasound waves, electricand magnetic fields [J].Journal of Food Engineering, 2017, 195: 222-234.

[28] Li D, Qin N, Zhang L, et al.Degradation of adenosine triphosphate, water loss and textural changes in frozen common carp (*Cyprinus carpio*) fillets during storage at different temperatures [J].International Journal of Refrigeration, 2019, 98: 294-301.

[29] Li D, Zhu Z, Sun D W.Effects of freezing on cell structure of fresh cellular food materials : A review [J]. Trends in Food Science & Technology, 2018, 75: 46-55.

[30] Manheem K, Benjakul S, Kijroongrojana K, et al.The effectof heating conditions on polyphenol oxidase, proteases and melanosis in precookedPacific white shrimp during refrigerated storage [J]. Food Chemistry, 2012, 131: 1370-1375.

[31] Shi J, Lei Y, Shen H, et al.Effect of glazing and rosemary (*Rosmarinus officinalis*) extract on preservation of mud shrimp (*Solenocera melantho*) during frozen storage [J].Food Chemistry, 2019, 272: 604-612.

[32] Sun B, Zhao Y, Ling J, et al.The effects of superchilling with modified atmosphere packagingon the physicochemical properties and shelf life of swimming crab [J].Journal of Food Science and Technology, 2017, 7: 1809-1817.

[33] Sun Q, Zhao X, Zhang C, et al.Ultrasound-assisted immersion freezing accelerates the freezing process andimproves the quality of common carp (*Cyprinus carpio*) at different powerlevels [J].LWT-Food Science and Technology, 2019, 108: 106-112.

[34] Wang L, Liu Z, Zhao Y, et al.Optimization of thermophysical properties of Pacific white shrimp (*Litopenaeus vannamei*) previously treated with freezing-point regulators using response surface methodology [J].Journal of Food Science and Technology, 2015, 8: 4841-4851.

[35] Xu D, Xue H, Sun L, et al.Retardation of melanosis development and quality degradation of *Litopenaeus vannamei* with starving treatment during cold storage [J].Food Control, 2018, 92: 412-419.

[36] Zhu Y, Ma L, Yang H, et al.Super-chilling (0.7℃) with high-CO_2packaging inhibits biochemicalchanges of microbial origin in catfish (*Clarias gariepinus*) muscle duringstorage [J].Food Chemistry, 2016, 206: 182-190.

总结

○ 冷冻水产品加工原理
  - 冷冻条件下水产品中的腐败微生物生长代谢受阻。
  - 冷冻条件下水产品中的腐败相关酶活性下降。
  - 冷冻条件下水产品中的各类化学反应速度变慢。
  - 冷冻条件抑制水产品中的腐败因子，保持了水产品良好品质。
○ 水产品冷却
  - 让水产品的热量传递给周围的低温介质，从而降低水产品温度的方法（冰点以上温度）。
  - 冷却方法有空气冷却法、水冷却法和碎冰冷却法。
○ 水产品冻结
  - 让水产品的热量传递给周围的低温介质，从而降低水产品温度的方法（冰点以下温度）。

- 冻结方法有空气冻结法、平板冻结或间接接触冻结法及喷淋或浸渍冻结法。
- ○ 蛋白质冻结变性
  - 水产品蛋白质冷冻变性时，其结构改变，ATPase活性减小、肌动球蛋白溶解性降低、持水力下降。
  - 原因可能是离子强度和pH值发生变化，因盐析作用而变性；冰晶挤压并聚集而变性。
  - 影响因素有冻结及冻藏温度、共存盐类、脂肪氧化及水产品种类。
- ○ 汁液流失
  - 解冻时冰晶融解产生的水分不能重新回到冻前状态，造成小分子与部分水分流失。
  - 原因可能是蛋白质发生冷冻变性，持水力下降，也可能是冰晶造成细胞机械损伤。
  - 影响因素有原料种类、冻结前处理、原料新鲜度、冻结速度和时间、解冻方法等。
- ○ 水产品冷藏链
  - 由冷冻加工、冷冻贮藏、冷冻运输、冷冻销售及冷冻消费环节组成。
  - 固定冷冻设备包括各类冷藏库、冷藏陈列柜和家用冰箱等。
  - 冷冻运输设备包括铁路冷藏车、冷藏汽车、冷藏船和冷藏集装箱等。

📝 课后练习

一、正误题

1）在最大冰结晶生成带，耗冷量不断增加，水产品的温度逐渐降低。（   ）

2）液氮浸渍冻结属于快速冻结。（   ）

3）一般，冻藏温度越低，冷冻水产品的保质期越长。（   ）

4）水产品的变色与酶促褐变无关。（   ）

5）原料新鲜度、冻结速度、冻藏温度、冻藏时间及解冻方法等均影响水产品汁液流失。（   ）

6）制冷系统中蒸发器处温度最高。（   ）

7）水产品与环境空气间只要存在水蒸气压差就会发生干耗。（   ）

8）快速冻结与添加抗冻剂可防止蛋白质冻结变性，但不能减少汁液流失。（   ）

9）脂肪酸败包括氧化酸败和水解酸败。（   ）

10）汁液流失主要是大分子持水能力下降引起的。（   ）

二、选择题

1）水产品常用的冷却方法有（　　　）。

　　A. 碎冰冷却　　　　　　　B. 冷风冷却　　　　　C. 冷水冷却

2）蛋白质冻结变性的可能原因是（　　　）。

　　A. 胶体体系破坏　　　　　B. 冰晶机械损伤　　　C. 细胞液浓缩

 设计问题

　　现有鱼肉 10t，其水分含量为 68.6%，蛋白质含量 20.1%，脂肪含量 10.2%，其冰点温度为 −1℃。如将最初温度为 5℃的鱼肉在冻结室内冻结并降温到 −20℃，试计算鱼肉冻结 89.24% 时的冷耗量。已知 C_0、C_i 分别为 3.359kJ/(kg·K)、2.035kJ/(kg·K)。

（www.cipedu.com.cn）

第六章　干制水产品加工

　　虾皮的营养价值高，矿物质含量丰富，是干制水产品的佼佼者。捕捞的新鲜毛虾不耐贮藏，要及时进行加工处理，新鲜毛虾干制后即为虾皮。因毛虾体小、皮薄，干制后常使人感到只是一层皮，"虾皮"一名由此而来。

（a）毛虾捕捞

（b）新鲜毛虾

（c）干燥后的毛虾（虾皮）

 为什么要学习干制水产品加工工艺？

我们日常吃到的海参、虾皮、海带、紫菜等，其实都不是它们的新鲜状态，而是它们脱水后的干制品又经过复水而得。那么，水产品脱水过程中会发生哪些变化呢？如何保证脱水后的水产品能恢复到原来的"新鲜状态"呢？本章将为您讲述干制水产品的加工过程及不同干燥方法对水产品品质的影响，让您更深入地了解干制水产品的特点及其加工工艺，从专业角度阐释干制水产品的加工过程，深层解析不同干燥方法对水产品品质的影响。

👁 学习目标

○ 能用简洁、专业的语言讲述清楚干制水产品加工的原理。
○ 能区分水分活度和水分含量两个不同的概念。
○ 能阐述清楚水产品干制过程中的给湿过程与导湿过程。
○ 能分析湿热传递的影响因素，并能列出3种以上加快干制的措施。
○ 掌握3种以上水产品干制方法，并能比较分析不同干燥方法的优缺点。
○ 能阐明冷冻干燥系统中制冷系统、真空系统、冷凝系统和加热系统的作用。
○ 能通过调研总结干制水产品加工存在的主要问题，初步提出具有创新的解决措施。
○ 能通过有效交流讨论，分析干制水产品的发展前景。
○ 能通过现代信息手段获取水产品干制新技术及其研究进展。

干制水产品是指以鲜、冻动物性水产品或藻类为原料直接或经过腌渍、预煮、调味后在自然或人工条件下干燥脱水制成的产品。干制食品历史悠久，我国古代就已采用自然干燥或用火焙加工果干和菜干的记载。《周礼》中所说的干撩，即是用干藏法制成的梅干。中国古代干制的果品种类很多。名品如葡萄干、红枣出现于南北朝，荔枝干出现于宋代，桂圆出现于元代等，到明代，除菜干外，已有瓜干、萝卜干等多种干制品。

干制水产品的优点是重量轻、体积小，并且便于携带，在室温条件下可长期贮藏。其缺点是会导致蛋白质变性和脂肪氧化酸败。为了弥补这些缺点，现已采用轻干（轻度脱水）、生干、真空冷冻干燥以及调味干制等加工方法，以改进干制加工技术，提高产品质量。同时采用各种复合薄膜包装和个体小包装，大大改进了干制水产品的商品价值。

第一节　干制水产品加工原理

一、干制对水产品微生物的影响

（一）水分活度

人们早已认识到水产品含水量与其腐败变质之间有一定关系。比如新鲜鱼要比鱼干更容易腐败变质。但是，人们也发现许多具有相同水分含量的不同食品之间的腐败变质情况存在明显差异。其原因在于水的存在状态不同，食品的结合水是不能被微生物生长和生化反应所利用的，因此，水分含量作为衡量腐败变质的指标是不可靠的。有鉴于此，提出了水分活度这一概念。水分活度是指食品中水分存在的状态，即水分的游离程度，水分活度越高，结合水含量就越低，水分的游离程度就越高。

食品的水分活度是指体系中水蒸气分压与相同温度下纯水蒸气压之比，以 A_w 表示，即：

$$A_w = \frac{p}{p_0} \tag{6-1}$$

式中　p——食品的水蒸气分压，Pa；

p_0——同温度下纯水蒸气压，Pa。

显然，从理论上说，A_w 值在 0～1 之间。大多数新鲜水产品的 A_w 在 0.95～1.00 之间。另外，水分活度还有一个重要特性，即它在数值上与水产品所处环境的平衡相对湿度相等。比如，某种水产品与相对湿度为 95% 的湿空气之间处于平衡状态时，则该水产品的 A_w 为 0.95。

（二）水分活度与微生物的关系

微生物生长需要一定的水分活度，过高或过低的 A_w 不利于它们生长。微生物在水分活度低于某一数值时不能生长，此时的 A_w 为最低 A_w。微生物生长所需的最低 A_w 因种类而异，大多数细菌的最低 A_w 在 0.90 以上，大多数霉菌的最低生长 A_w 为 0.80 左右，酵母菌介于细菌和霉菌之间，其最低生长 A_w 在 0.88～0.91 之间。

此外，水分活度能改变微生物对热、光线和化学物质的敏感性。一般来说，在高水分活度时微生物最敏感；而在低水分活度时，微生物对热、光线和化学物质的抵抗性增强。

水产品水分活度降低，微生物的生长就会受到影响。因此，水产品干制过程中，微生物数量逐渐减少，生长繁殖受到抑制，因微生物引起的品质劣变就会减轻，从而保持水产品良好品质。

二、干制对水产品酶活性的影响

酶活性与水分活度之间存在一定关系。当水分活度在中等偏上范围内增大时，酶活性也逐渐增大。相反，减小 A_w 则会抑制酶活性，在最低 A_w 以下，酶是不能起作用的。酶要发挥作用，必须在最低 A_w 以上才行。最低 A_w 与酶种类、水产品种类、温度及 pH 等因素有关。

此外，酶的稳定性也与 A_w 存在较密切的关系。一般在低 A_w 时，酶稳定性较高，也就是说，酶在湿热状态下比在干热状态下更易失活。因此为了控制干制品中酶的活动，应在干制前对水产品进行湿热处

理，达到使酶失活的目的。

三、干制对水产品氧化的影响

干制过程不但影响水产品的水分含量，而且对水产品的脂肪、蛋白质和色素的氧化也有非常大的影响。梅鱼在热风干制过程中，温度和风速影响其脂肪氧化，干制温度越高，脂肪氧化越剧烈，过氧化值（POV）、硫代巴比妥酸（TBA）值、酸价（AV）就会越高，而较大的风速在一定程度上可抑制梅鱼脂肪氧化。不同干燥方式也影响水产品的氧化速度。研究表明，冷冻干燥的鳊鱼，其氧化程度和腐败程度低于冷风干燥和热泵干燥，其 TBA 值热泵干燥为7.68mg/kg，冷风干燥为 6.46mg/kg，冷冻干燥最低，为 1.85mg/kg。冷冻干燥的对虾在贮藏过程中，其 POV 和 TBA 值均低于热风干燥。无论是热风干燥、微波干燥或是微波真空干燥都使鲢鱼中的脂肪、二十碳五烯酸（EPA）、二十二碳六烯酸（DHA）显著降低，三种干燥方式中，热风干燥脂肪氧化最严重，TBA 值为 7.5mg/kg，而微波干燥和微波真空干燥仅为 1.4mg/kg 和1.5mg/kg。

此外，干制过程影响水产品色泽变化。鲈鱼在热风干制过程中，由于鱼片中大部分自由水被除去，使得鱼片质构发生改变，蛋白质发生变性，形成了一层较干硬的蛋白质，同时脂肪的氧化会造成不透明度的升高，导致鱼肉色泽变暗。研究表明，冻干虾仁的虾青素含量下降明显，虾青素的氧化降解引起冻干虾仁色泽的变化，使用充氮包装则可抑制这种变化。

四、干制对水产品品质的影响

水产品在干制时，因水分被除去而导致体积缩小，肌肉组织细胞的弹性部分或全部丧失而造成干缩。在干燥过程中，其内部除了水分会向表层迁移外，溶解在水中的溶质也会迁移而出现溶质迁移现象。另外，水产品在干制时，易造成蛋白质脱水变性、持水力下降，从而影响干制水产品品质。此外，水产品在干燥及贮藏过程中，由于受脱水及氧化等因素的作用，蛋白质、脂肪、维生素等营养成分发生损失，营养价值会有所下降。

研究表明，腌制鲅鱼在不同温度下干燥（40～60℃），发现干燥温度对鲅鱼的硬度、弹性、内聚性、咀嚼性、挥发性盐基态氮（TVB-N）、色泽等品质指标均具有显著影响，且干燥温度越高，影响就越显著。研究者研究了不同干燥方式对刺身品质的影响，结果表明，各干燥方法中，热风干燥和微波干燥的海参其酸性黏多糖含量低于真空冷冻干燥和微波真空冷冻干燥，而真空冷冻干燥的刺身其感官评分最高，且复水性最高。研究者进一步采用冰温 - 微波真空联合干燥技术干燥海参，发现该方法的干燥速率较冷冻干燥、热泵干燥分别提升 35.71%、18.18%，联合干燥海参的色泽、质构和营养素含量与冷冻干燥接近，均优于热泵干燥，多不饱和脂肪酸和多糖中硫酸根含量比冷冻干燥提高了 12.53% 和 16.43%。

上述结果表明，干燥过程影响水产品品质，但其影响受水产品种类、干燥方法、干燥温度、干燥时间等的影响。随着干燥新技术的发展和微波、红外等技术与干燥技术的组合联用，可为人们提供更多质优价廉的干制水产品。

第二节　干制水产品加工方法与设备

干制水产品种类很多，按加工工艺，一般可分为淡干品、盐干品、煮干品及调味干制品。淡干品又称为生干品，是指将原料水洗后，不经盐渍或者煮熟处理直接干燥而成的制品。用于淡干制品的水产原料通常是一些体形小、肉质薄而易于迅速干燥的水产品，如墨鱼、鱿鱼、章鱼、鳗鱼、海带等。盐干品是经过腌渍、漂洗再进行干燥的制品。多用于不宜进行生干和煮干的大中型鱼类和不能及时进行生干和煮干的小杂鱼等的加工。煮干品又称熟干品，是由新鲜原料经煮熟后进行干燥的制品。经过加热使原料肌肉蛋白质凝固脱水和肌肉组织收缩，从而使水分在干燥过程中加速扩散，避免变质。

不管哪种干制水产品，一般都要经过干燥脱水处理。干制水产品加工的基本流程如下：原料选择→前处理→干燥脱水→分级包装→成品检验→贮藏。

一、水产品干制过程中的湿热传递

（一）干制过程中的湿热传递

湿物料在接受加热介质供给的热量后，其表层温度逐渐升高到蒸发温度，表层水分开始蒸发并扩散到空气中去，内部水分则不断向蒸发层迁移。这个过程不断进行，使得湿物料逐渐获得干燥。上述湿物料的水分蒸发迁移过程实际上包括两个相对独立的过程，即给湿过程和导湿过程。

1.给湿过程

湿物料在受热后其表面水分将通过界面层向加热介质蒸发转移，从而在湿物料的内部与表面之间建立起水分梯度。在该水分梯度的作用下，湿物料内部的水分将向表层扩散，并通过表层不断向加热介质蒸发。我们把湿物料中的水分从其表面层向加热介质扩散的过程称作给湿过程。给湿过程在恒率干燥阶段内与自由液面的水分蒸发情况相似。给湿过程中水分蒸发强度可用下式表示：

$$q=\alpha_{mp}(P_{饱}-P_{空蒸})\frac{760}{B} \tag{6-2}$$

式中　q——湿物料的给湿强度，$kg/(m^2 \cdot h)$；

α_{mp}——湿物料的给湿系数，可根据公式 $\alpha_{mp}=0.0229+0.0174v$（$v$ 为介质流速）来计算，$kg/(m^2 \cdot h)$；

$P_{饱}$——湿物料湿球温度下的饱和水蒸气压，N/m^2；

$P_{空蒸}$——热空气的水蒸气分压，N/m^2；

B——当地大气压，N/m^2。

由式（6-2）不难看出，如果加热介质为空气，则温度越高，相对湿度越低，给湿过程进行得越快，也即干燥速率越快；空气流速越快，给湿过程也越快。

2. 导湿过程

固态物料干燥时会出现蒸汽或液体状态的分子扩散性水分转移，以及在毛细管势（位）能和其内挤压空气作用下的毛细管水分转移，这样的水分扩散转移常称为导湿现象，也可称它为导湿性。由于给湿过程的进行，湿物料内部建立起水分梯度，因而水分将由内层向表层扩散。这种在水分梯度作用下水分由内层向表层的扩散过程就是导湿过程。可用下式来表示导湿过程的特性：

$$\vec{q}_m = -\alpha_m \rho_0 \text{grad}W \qquad (6-3)$$

式中　$\vec{q}_m$——水分的流通密度，即单位时间内通过等湿面的水分量，$kg/(m^2 \cdot h)$；

α_m——导湿系数，m^2/h 或 m^2/s；

ρ_0——单位容积湿物料内绝对干物质的质量，kg/m^3；

$\text{grad}W$——湿物料内的水分梯度，kg 水 $/(m \cdot kg$ 干物质）。

导湿系数是指湿物料水分扩散的能力或者说湿物料内部湿度平衡能力的大小。它受湿物料的湿度和温度等因素的影响。

由于湿物料受热后形成了温度梯度，将导致水分由高温向低温处移动，这就是所谓的热湿传导现象或者叫雷科夫效应。水分在温度梯度作用下的传递过程是一个复杂的过程，它由下列现象组成：

① 水分子的热扩散。它是以蒸汽分子的流动形式进行的，蒸汽分子的流动是因为湿物料的冷热层分子具有不同的运动速率而产生的。

② 毛细管传导。这是由于温度升高导致水蒸气压力升高，使水分由热层进到冷层。

③ 水分内部夹持的空气因温度升高而膨胀，使水分被挤向温度较低处。

热湿传导现象所引起的水分转移量可用下式来计算：

$$\vec{q}_{m\theta} = -\alpha_m \rho_0 \delta \text{grad}\theta \qquad (6-4)$$

式中　$\vec{q}_{m\theta}$——在温度梯度作用下的水分流通密度，$kg/(m^2 \cdot h)$；

　　　δ——湿物料的热湿传导系数，$^\circ\!C^{-1}$；

　gradθ——温度梯度，$^\circ\!C/m$；

　α_m, ρ_0——与式（6-3）α_m, ρ_0 相同。

δ 的意义是当温度梯度为 $1^\circ\!C/m$ 时，物料内部所形成的水分梯度。与导湿系数相似，热湿传导系数也因湿物料中的水分与物料的结合形式而异。

根据以上所述，在干燥过程中，湿物料内部同时存在水分梯度和温度梯度。若两者方向相同时，则湿物料在干燥过程中除去的水分由下式计算：

$$\vec{q}_{总} = \vec{q}_m + \vec{q}_{m\theta} = -\alpha_m\rho_0 \text{grad}W + (-\alpha_m\rho_0\delta\text{grad}\theta)$$
$$= -\alpha_m\rho_0(\text{grad}W + \delta\text{grad}\theta) \tag{6-5}$$

通常，在对流干燥时，湿物料中温度梯度的方向是由表层指向内部，而水分梯度的方向则正好相反。在此情形下，如果导湿过程占优势，则水分将由物料内层向表层转移，热湿传导现象就成为水分扩散的阻碍因素。反之，如果热湿传导过程占优势，则水分随热流方向转移，即向水分含量较高处转移，此时导湿过程成为阻碍因素。不过，在大多数食品干燥时，热湿传导过程是水分扩散的阻碍因素。因此，水分蒸发量应按下式计算：

$$q_{总} = -\alpha_m\rho_0(\text{grad}W - \delta\text{grad}\theta) \tag{6-6}$$

但是，也应指出，在对流干燥的后期，即降率干燥阶段，常常会出现热湿传导过程占优势现象。于是，湿物料表层水分就会向内层转移，然而物料表面仍在进行水分蒸发（给湿过程），这将导致物料表层迅速干燥，表层温度也很快提高，进一步阻碍了内部水分的扩散和蒸发。只有在内层水分不断蒸发并建立起足够高的水蒸气压后，才能改变水分迁移的方向，内层水分才会重新扩散到物料表层进行蒸发。出现上述现象时，干燥时间就会延长。

当干燥较薄的湿物料时，可以认为物料内部不存在温度梯度，因此物料内部只进行导湿过程。这时物料的干燥速率将主要取决于空气的热力学参数，如温度、相对湿度、流速等，以及湿物料的水分扩散系数等。此外，当采用微波加热等内部加热法干燥水产品时，也可以认为不存在雷科夫效应。

（二）影响湿热传递的因素

水产品物料在干燥过程中会发生复杂的物理化学过程，因此在干制过程中其湿热传递受水产品自身性质、水产品表面积、干燥介质温度、空气流速、空气的相对湿度、大气压等多种因素影响。

湿热传递速率随湿物料表面积增大而加快。当湿物料初温一定时，干燥介质温度越高，表明传热温差越大，湿物料与干燥介质之间的热交换就越快。以空气作为传热介质时，空气流速将成为影响湿热传递的首要因素。一方面，空气流速越快，对流换热系数越大；另一方面，空气流速越快，与湿物料接触的空气量相对增加，因而能吸收更多的水分，防止在湿物料的表面形成饱和空气层。空气的相对湿度越低，则湿物料表面与干燥空气之间的水蒸气压差越大，加之干燥空气能吸纳更多的水分，因而能加快湿

热传递的速率。此外大气压可影响水的平衡关系，对干燥产生影响，因此可采用真空干燥的方式促进水产品的湿热传递。

（三）水产品干燥过程特性

水产品干燥过程的各种特性可用干燥曲线、干燥速率曲线及干燥温度曲线等结合在一起来加以描述。湿物料的干燥特性反映了水产品干燥过程中热、质传递的宏观规律，是选取干燥工艺和设备的主要依据，也为强化干燥过程提供了依据。

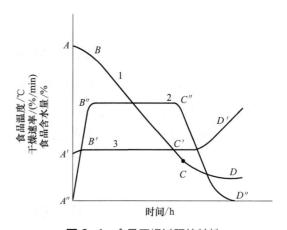

图 6-1　食品干燥过程的特性

1—干燥曲线；2—干燥速率曲线；3—干燥温度曲线

1. 干燥曲线

干燥曲线是表示水产品干燥过程中绝对水分和干燥时间之间关系的曲线，该曲线的形状取决于水产品种类及干燥条件等因素，典型的干燥曲线如图 6-1 中曲线 1 所示。

干燥曲线特征的变化主要由内部水分迁移与表面水分蒸发或外部水分扩散所决定，在干燥开始后的一小段时间内，水产品的绝对水分下降很少。随后，水产品的绝对水分将随干燥的进行而呈直线下降。到达临界点 C 后，绝对水分的减少将趋于缓慢，最后达到该干燥条件下的平衡水分，水产品的干燥过程也随之停止。

2. 干燥速率曲线

干燥速率曲线是表示干燥过程中某个时间的干燥速率与该时间的水产品绝对水分之关系的曲线（图 6-1 中曲线 2）。从该曲线不难看出，在开始干燥的最初一小段时间内，干燥速率将由 0 增加到最大。在随后的一段干燥时间内，干燥速率将保持恒定，因此也把这个阶段称为恒率干燥期。在干燥过程的后期，干燥速率将逐渐下降至干燥结束，这个阶段也称为降率干燥阶段。

3. 干燥温度曲线

水产品干燥温度曲线是表示干燥过程中水产品温度和干燥时间之关系的曲线，典型的水产品干燥温度曲线如图6-1中曲线3所示。该曲线表明在干制开始后的很短时间内，水产品表面温度迅速升高，并达到空气的湿球温度。在恒率干燥阶段内，由于加热介质传递给水产品的热量全部消耗于水分的蒸发，因而水产品不被加热，温度保持不变。在降率干燥阶段内，水分蒸发速率不断降低，使干燥介质传递给食品的热量超过水分蒸发所需热量，因此，水产品温度将逐渐升高。当水产品含水量达到平衡水分时，水产品温度也上升到与空气的干球温度相等。

不过，应该指出，上述干燥过程的特性曲线都是实验规律，因而不同的水产品及不同的实验条件所得到的结果可能会有所不同。

概念检查 6-1

○ 描述水产品干制的过程及其影响因素，如何实现热敏性物质的干燥，最大限度保留水产品功效成分？

二、水产品干制方法与设备

（一）对流干燥

对流干燥也叫空气对流干燥，是最常见的水产品干燥方法。它是利用空气作为干燥介质，通过对流将热量传递给水产品，使水产品中水分受热蒸发而除去，从而获得干燥。这类干燥在常压下进行，有间歇式（分批）和连续式两种。空气既是热源，也是湿气载体，干燥空气可以自然或强制对流循环的方式与湿物料接触。

对流干燥设备的必要组成部分有风机、空气过滤器、空气加热器和干燥室等。风机用来强制空气流动和输送新鲜空气，空气过滤器用来净化空气，空气加热器的作用是将新鲜空气加热成热风，干燥室则是水产品干燥的场所。对流干燥设备包括隧道式干燥、带式干燥、泡沫层干燥、气流干燥、流化床干燥和喷雾干燥等。水产品干制常使用隧道式干燥设备，如图6-2所示。

在干燥操作时，靠近出料口的料车首先完成干燥，然后被推出干燥器，再由入口送入另一辆料车，隧道中每一辆料车的位置都向出料口前移一个料车的距离，构成了半连续的操作方式。该干燥器的效率比较高，一台12车的隧道式干燥器，如果料盘尺寸为1m×2m，叠放层数为25层，每平方米料盘装水产品10kg，那么，一次即可容纳5000kg以上的新鲜水产品。

隧道式干燥设备的干燥效果受其总体结构和布置的影响，特别是受料车与空气主流的相对运动方向

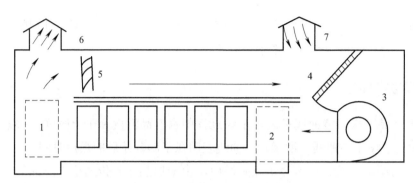

图6-2　隧道式干燥设备示意图

1—料车入口；2—干制品出口；3—风机；4—加热器；5—循环风门；6—废气出口；7—新鲜空气入口

的影响。一般地，料车与空气主流方向的相对运动有两种情形：一种是顺流，即料车运动方向与空气主流方向相同；另一种是逆流，即料车与空气主流呈相反方向运动。一般地，顺流干燥很难使干制品含水量降低到10%以下。因此，顺流干燥仅适用于半干水产品的干燥。

在逆流干燥时，潮湿物料首先遇到的是低温高湿的空气，此时物料的水分虽然可以蒸发，但速率较慢，水产品不易出现硬化现象。在物料移向热端的过程中，由于所接触的空气温度逐渐升高而相对湿度逐渐降低，因此水分蒸发强度也不断增加。当物料接近热端时，尽管处于低湿高温的空气中，由于其中大量的水分已蒸发，其水分蒸发速率仍较缓慢。此时物料的温度将逐渐上升至接近热空气的温度，因而应避免干制品在热端长时间停留，以防干制品焦化。为了防止焦化，热空气的温度不宜过高，以不超过80℃为宜。

（二）辐射干燥

这是一类以红外线、微波等电磁波为热源，通过辐射方式将热量传给待干水产品进行干燥的方法。辐射干燥也可在常压和真空两种条件下进行。

1. 红外干燥

红外干燥的原理是当水产品吸收红外线后，产生共振现象，引起原子、分子的振动和转动，从而产生热量使水产品温度升高，导致水分受热蒸发而获得干燥。干燥主要用红外线中的长波段即远红外，其波长范围为25～1000μm，当水产品吸收红外线时，几乎不发生化学变化，只引起粒子的加剧运动，使水产品温度上升。特别是当水产品分子、原子遇到辐射频率与其固有频率相一致的辐射时，会产生类似共振的情况，从而使水产品升温，干燥得以实现。

红外线干燥器的关键部件是红外线发射元件。常见的红外线发射元件有短波灯泡、辐射板或辐射管等，如图 6-3 所示。红外线干燥的最大优点是干燥速率快，另外，这种干燥器结构简单，能量消耗较少，操作灵活，温度的任何变化可在几分钟之内实现，且对于不同原料制成的不同形状制品的干燥效果相同，因此应用较广泛。

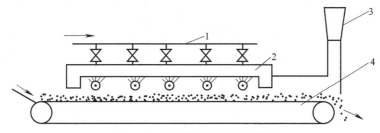

图 6-3　辐射管式红外线干燥器
1—煤气管；2—辐射体；3—吸风装置；4—输送器

研究者采用红外-热风耦合干燥技术干燥毛虾，确定其最佳干燥工艺条件为干燥温度 60℃、物料装载量 1.5kg/m²、红外辐射距离 15cm。毛虾经 50℃、60℃、70℃、80℃ 的红外干燥后，其游离氨基酸含量分别增加了 282%、267%、257%、222%，且干燥后烷烃类物质、醇类物质和含氮化合物等呈味物质增加明显。采用干燥温度为 17.9℃、相对湿度为 42.4%、对流风速为 2.5m/s、辐照功率为 305W 的条件低温-红外协同干燥水产品，该干燥方法不但大大缩短了干燥时间（其干燥时间是冷风干燥的 1/4），而且采用此方法干制的海鳗 TBA 值较低，品质良好。

2. 微波干燥

微波干燥的原理是利用微波照射和穿透水产品时所产生的热量，使水产品中的水分蒸发而获得干燥，因此，它实际上是微波加热在水产品干燥上的应用。根据结构及发射微波的方式的差异，微波加热有四种类型，即微波炉、波导型加热器、辐射型加热器及慢波型加热器等，它们的结构如图 6-4 所示。

微波加热器的选择包括选择工作频率和加热器型式等。目前常用的微波加热器频率有 915MHz 和 2450MHz 两种，一般地，穿透深度与微波频率成反比，故 915MHz 微波炉可加工较厚和较大的物料，而 2450MHz 的微波可加工较薄较小的物料。加热器型式应根据被干燥的水产品的形状、数量和工艺要求来选择。如果被干燥水产品的体积较大或形状复杂，应选择隧道式谐振腔型加热器，以达到均匀加热。如果是薄片状水产品的干燥，宜采用开槽的行波场波导型加热器或慢波型加热器。如果小批量生产或实验，则可采用微波炉。

研究者采用微波干燥技术干燥鲍鱼，其结果显示，鲍鱼微波干燥的最佳工艺条件为微波功率 2000W、真空度 -80kPa，此条件下干燥的鲍鱼复水率最大。采用微波干燥技术干制白对虾，发现其最佳的工艺条件为转换点水分含量 50%、微波功率 330W、微波时间 25s、微波真空度 0.07MPa，此条件下干燥的白对虾其复水率显著高于热风干燥，且可以保持较为致密的组织结构。微波干燥沙丁鱼时，当功率为 500W 时，其干燥效率可达 91.8%。海参微波真空干燥过程可在 15～21min 内完成，干燥效率高，并且产品外形完整均匀，干参复水后的流变学特性表明其食用品质好。

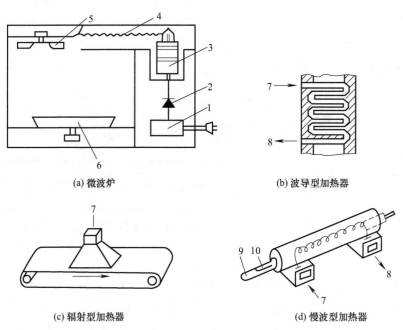

图 6-4　各种型式的微波加热器示意图

1—变压器；2—整流器；3—磁控管；4—波导；5—搅拌器；6—旋转载物台；
7—微波输入；8—输出至水负载；9—传送带；10—水产品

　　总之，微波干燥的特点是干燥速率非常快，水产品加热均匀，制品质量好，控制方便。要使加热温度从 30℃ 上升到 100℃，大约只需 2~3min。微波干燥热效率高，设备占地面积小。微波的加热效率很高，可达 80% 左右，其原因在于微波加热器本身并不消耗微波能，且周围环境也不消耗微波能，因此，避免了环境温度的升高。

　　微波干燥的主要缺点是耗电多，因而使干燥成本较高。为此可以采用热风干燥与微波干燥相结合的方法来降低成本。如采用热风-微波联合干燥小龙虾，发现联合干燥的小龙虾具有更高的 L^* 值和 a^* 值，更好的咀嚼性，较低的 TVB-N 值和 TBA 值，比单独微波干燥效果好。采用热风-微波干燥罗非鱼片，400W 条件下，6min 可完成干燥过程，而传统方法需要在 50℃ 干燥 4h。

（三）冷冻干燥

　　冷冻干燥也叫升华干燥、真空冷冻干燥等，是将水产品先冻结然后在较高的真空度下，通过冰晶升华作用将水分除去而获得干燥的方法。

　　冷冻干燥设备的基本组成包括干燥室、制冷系统、真空系统、冷凝系统及加热系统等部分。

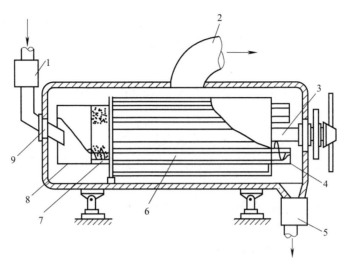

图 6-5 旋转式连续干燥器示意图

1—真空闭风器；2—接真空系统；3—转轴；4—卸料管和卸料螺旋；5—卸料闭风器；6—干燥管；
7—加料管和加料螺旋；8—旋转料筒；9—静密封

制冷系统的作用有两个，一是将物料冻结，二是为低温冷凝器提供足够的冷量。真空系统的作用主要是保持干燥室内必要的真空度，以保证升华干燥的正常进行；其次是将干燥室内的不凝性气体抽走，以保证低温冷凝效果。

加热系统的作用是供给冰晶升华潜热。加热系统所供给的热量应与升华潜热相当，如果过多，就会使食品升温并导致冰晶的融化；如果过少，则会降低升华的速率。

图 6-5 是一种旋转式连续干燥设备。它的主要特点是干燥管的断面为多边形，物料经过真空闭风器（也叫做进料闭风器）进入加料斜槽，并进入旋转料筒的底部，加料速率应能使筒内保持一定的料层（料层顶部要高于转筒底部干燥管的下缘）。每当干燥管旋转到圆筒底部时，其上的加料螺旋便埋进料层，并因转动而将物料带进干燥管。通过控制加料螺旋的螺距、转轴转速及进料流量等，就可使干燥管内保持一定的物料量。

冷冻干燥是在低温下进行的升华过程，它的快慢取决于传热和传质过程的快慢，从传热角度分析，热量以传导方式从外部热源到达升华前沿所遇到的阻力包括对流换热阻力和内部导热阻力，特别是多孔已干层，由于充满导热系数小的低压空气，热阻相当大，是决定传热过程快慢的主要因素。从传质角度分析，水蒸气从升华前沿向冷凝表面迁移时也会遇到内部阻力和外部阻力。内部传质阻力主要是已干层，外部阻力与水蒸气到低温冷凝器的通路的几何条件和除去水蒸气的方法有关。在冷冻干燥过程的不同阶段中，影响干燥速率的主要因素可能有所不同。但是，只要能够加快传热和传质过程，就可以提高冷冻干燥速率。从以上分析可知，加快冷冻干燥过程可以采用的方法包括：提高已干层导热性；减小已干层厚度；改变干燥室压力和提高升华温度；改进低温冷凝方法等。

冷冻干燥法能较好地保存水产品原有的色、香、味和营养成分，能较好地保持水产品原有形态，冻干水产品脱水彻底，保存期长。研究者采用冷冻干燥和热风干燥方法干制南美白对虾，结果表明，冷冻干燥后，南美白对虾水分含量低于5%，而热风干燥的水分含量为20.8%。就蛋白质而言，冷冻干燥后，

南美白对虾蛋白质含量为 76.2%，比热风干燥的蛋白质含量高 30.5%，其必需氨基酸 / 氨基酸总量的比值为 38.34%，非常接近 FAO/WHO 推荐的 40% 理想模式。将微波 - 冻干联合干燥技术用于高档海参的脱水加工，发现可缩短干燥时间 40%～50%，降低能耗 30%～50%，其干海参品质与传统冻干产品无显著性差异。

冷冻干燥法的主要缺点是能耗大、成本高，干燥速率慢，干燥时间长，但冷冻干燥能最大限度保持水产品品质，仍是极具竞争力的干燥技术。

三、干制水产品的包装与贮藏

（一）干制水产品的包装

干制食品的包装应在低温、干燥、清洁和通风良好的环境中进行，最好能进行空气调节并将相对湿度维持在 30% 以下。干制品的包装应能达到下列要求：①能防止干制品吸湿回潮，以免结块和长霉；②能防止外界空气、灰尘和微生物等入侵；③不透外界光线；④贮藏、搬运和销售过程中具有耐久牢固的特点，能维护容器原有特性；⑤包装的大小、形状和外观应有利于商品的推销；⑥和产品相接触的包装材料应符合食品卫生要求；⑦包装费用应做到低廉或合理。

常用的包装材料和容器有：金属罐、木箱、纸箱、聚乙烯袋、复合薄膜袋等。一般内包装多用有防潮作用的材料如聚乙烯、聚丙烯、复合薄膜、防潮纸等；外包装多用起支撑保护及遮光作用的金属罐、木箱、纸箱等。此外，对于防湿或防氧化要求高的干制品，除包装材料要符合要求外，还需要在包装内另加小包装的干燥剂、吸氧剂，以及采取充氮气、抽真空等措施。

（二）干制水产品的贮藏

合理包装的干制品受环境因素的影响较小，未经特殊包装或密封包装的干制品在不良环境因素的条件下容易发生变质现象。良好的贮藏环境是保证干制品耐藏性的重要因素。影响干制品贮藏效果的因素很多，如原料的选择与处理、干制品的含水量、包装、贮藏条件及贮藏技术等。

干制品必须贮藏在光线较暗、干燥和低温的地方。干制品的含水量对保藏效果影响很大。一般在不损害干制品质量的条件下，含水量越低保藏效果愈好。贮藏温度愈低，干制品品质的保存期也愈长，以 0～2℃ 为最好，但不宜超过 14℃。空气愈干燥愈好，它的相对湿度最好在 65% 以下。贮藏干制品的库房要求干燥、通风良好、清洁卫生，要根据干制品的特性，维持库内一定的温度、湿度，定期检查产品质量。

概念检查 6-2

○ 冷冻干燥的原理是什么？有何特点？如何加快冷冻干燥传热与传质过程。

第三节　干制水产品加工实例

干制水产品种类较多，常见的干制水产品有干海参、干鲍鱼、干咸鱼、半干咸鱼、干银鱼、干鱿鱼、干虾皮、干海带、干紫菜等。下面以半干咸鱼和干虾皮加工为例介绍干制水产品的加工工艺。

一、半干咸鱼加工

随着人们安全意识的增强，高盐的传统咸鱼制品已经开始向半干咸鱼转化。半干咸鱼水分含量较传统咸鱼高，肌肉软硬度适中，含盐量较低，口感好。

半干咸鱼的工艺流程及工艺要点如下：

原料选择→解冻→除鳞→腌制→清洗→去除表面附着水分→干制→冷却、包装→冷藏

（1）原料选择

选择的原料要求解冻后卫生、新鲜，无变质、变色现象，无异味。采用自然或流水进行解冻，清洗干净，宰杀除鳞、内脏及头部，并洗净血渍。

（2）腌制

一般采用混合腌制法，即将处理好的原料鱼摆放在洁净的腌制池内，一层鱼一层盐，并加入适量的水，保证鱼浸在盐水中以保证腌制速度及质量。腌制用盐量视鱼体大小、季节及消费者需求而定。

（3）干制

经腌制处理的鱼单层平铺或悬挂在热风干燥机内，干燥机的干制温度设为28～38℃，干制过程仿自然晾晒工艺，从而使生产不受自然条件限制而得以按期进行。干制过程鱼体表面容易形成硬壳，在干制期间设一定的时间做回软处理，最终水分依据现有产品控制在60%左右。

（4）包装及冷藏

烘干冷却后，按不同规格装袋，抽真空封袋后，入冷库中冷藏贮存。

二、干虾皮加工

虾皮是毛虾的干制品，有生虾皮和熟虾皮两种，以熟虾皮居多。虾皮体小、皮薄，干制后常使人感到只是一层皮，"虾皮"一名由此而来。虾皮的营养价值高，矿物质含量丰富，是干制水产品的佼佼者。虾皮的加工工艺流程及工艺要点如下：

原料选择→水洗→炊煮→沥水→干燥→分级、包装→成品

（1）原料选择

选择质量好的原料，并根据其鲜度的好坏进行分级，同时去除杂鱼、小蟹等以保证虾皮质量。

（2）水洗

对于鲜度好、纯净、无泥沙杂质的原料可进行水洗，水洗时要做到细心操作，避免大力搅拌，确保虾体完整。水洗采用的方法有两种：一种是筐洗，主要用于泥沙含量较少的原料，每筐装量6～8kg，放入盛有清洁海水的木桶中进行水洗；另一种是筛洗，主要用于泥沙、杂鱼较多的原料，根据杂鱼、虾的含量选择不同型号的竹筛，每筛装量2.5～3kg，于盛有清净海水的木桶中进行清洗，同时去除杂鱼等。

（3）炊煮

在盛有七成淡水的蒸煮锅内加约为毛虾质量5%～6%的盐，将水浇沸后，把毛虾置入锅中煮2min左右，待其熟后即捞出沥水。注意煮虾皮时不要在锅内放得太多，否则虾皮不易煮熟，而且易碎。

（4）干燥

干燥可采用自然晾晒或热风干燥。煮熟的毛虾沥水散热10h左右，当虾体比较坚韧时，即将其撒于干净的竹席上晾晒；晒至四成干时，要用竹耙等轻轻翻动，使原料干燥均匀；晒至九成干时即可。也可将原料置于干燥机内干制，温度控制在28～38℃，干燥时既不要干燥过度又不要干燥不够，以防止成品易碎或吸水变质。

（5）分级、包装

根据虾皮的质量进行分级、过筛除去虾糠、杂质，然后称重、包装。包装袋要具有防潮、耐压之功能。包装后的成品要贮存于凉爽干燥的仓库中，避免其吸水返潮而引起腐败变质。煮熟晒干的虾皮以色泽淡红、有光泽、质地软硬适中、有鲜味的为佳。

质量要求：熟虾皮以呈黄白色为佳，虾粒大小均匀、完整，干度适宜（用手抓一把，张开手后虾皮能自动散开），无杂质，咸淡适中，具有鲜美的口感。生虾皮呈白色或淡黄色，虾粒较大，整洁无杂质，干度适中，闻起来具有生虾皮特有的清鲜味。

📁 参考文献

[1] 陈小雷，胡王，鲍俊杰，等.不同干燥方式对封鳊鱼品质的影响[J].水产科学，2019, 1: 98-103.

[2] 崔宏博，宿玮，薛长湖，等.冷冻干燥南美白对虾贮藏过程中各种变化之间的相关性研究[J].中国食品学报，2012, 1: 141-147.

[3]　董志俭, 孙丽平, 唐劲松, 等. 不同干燥方法对小龙虾品质的影响 [J]. 食品研究与开发, 2017, 24: 84-87.

[4]　段续. 海参微波 - 冻干联合干燥工艺与机理研究 [D]. 江南大学, 2009.

[5]　何学连. 白对虾干燥工艺的研究 [D]. 江南大学, 2008.

[6]　孙妍, 杨伟克, 林爱东, 等. 海参微波真空干燥特性的研究 [J]. 食品工业科技, 2011, 6: 99-101.

[7]　吴佰林, 薛勇, 王玉, 等. 鲅鱼热风干燥动力学及品质变化研究 [J]. 食品科技, 2018, 10: 174-180.

[8]　曾名湧. 食品保藏原理与技术 [M]. 北京: 化学工业出版社, 2014.

[9]　张凡伟, 张小燕, 李少萍, 等. 干燥方式对刺参品质的影响 [J]. 食品与机械, 2018, 1: 209-212.

[10]　张高静. 不同干燥技术对南美白对虾干燥特性和产品品质影响的对比研究 [D]. 河北农业大学, 2013.

[11]　张倩, 张国琛, 李秀辰, 等. 不同干燥技术对海参干燥特性和产品品质影响的对比研究 [C].2016 年中国水产学会学术年会论文摘要集.

[12]　张孙现. 鲍鱼微波真空干燥的品质特性及机理研究 [D]. 福建农林大学, 2013.

[13]　张燕平, 岑琦琼, 戴志远, 等. 梅鱼热风干燥工艺模型及脂肪氧化规律初探 [J]. 中国食品学报, 2013, 9: 39-46.

[14]　郑海波. 水产品低温低湿及红外协同干燥理论分析和试验研究 [D]. 浙江工商大学, 2011.

[15]　钟丽琪, 杨靖杰, 林芳, 等. 冷风干燥过程中温度对鲈鱼片品质的影响 [J]. 科学养鱼, 2017, 7: 72-74.

[16]　周垚, 张建友. 红外 - 热风耦合干燥技术对毛虾品质的影响 [J]. 发酵科技通讯, 2017, 2: 121-128.

[17]　朱蓓薇, 曾名湧. 水产品加工工艺学 [M]. 北京: 中国农业出版社, 2010.

[18]　Darvishi H, Azadbakht M, Rezaeiasl A, et al.Drying characteristics of sardine fish dried withmicrowave heating [J].Journal of the Saudi Society of Agricultural Sciences, 2013, 12: 121-127.

[19]　Duan Z H, Jiang L N, Wang J L, et al.Drying and quality characteristics of tilapia fish fillets dried withhot air-microwave heating [J].Food and Bioproducts Processing, 2011, 89: 472-476.

[20]　Fu X, Lin Q, Xu S, et al.Effect of drying methods and antioxidants on the flavor and lipidoxidation of silver carp slices [J].LWT- Food Science and Technology, 2015, 61: 251-257.

[21]　Li D, Xie H, Liu Z, et al.Shelf life prediction and changes in lipid profiles of dried shrimp (*Penaeus vannamei*) during accelerated storage [J].Food Chemistry, 2019, 297: 124951 (Article in Press) .

[22]　Sampels S.The effects of processing technologies and preparation on thefinal quality of fishproducts [J]. Trends in Food Science & Technology, 2015, 44: 131-146.

总结

○ 干制水产品加工原理

- 水分活度降低时水产品中的腐败微生物生长代谢受阻。
- 水分活度降低时水产品中的腐败相关酶活性受到影响。
- 水分活度降低时水产品中的各类化学反应速度受到不同程度影响。
- 干制造成水产品水分活度下降, 腐败因子受到抑制, 体积缩小, 品质得以保持。

○ 干制过程中的湿热传递

- 干制过程包括给湿过程与导湿过程, 当存在温度梯度时, 还会出现雷科夫效应。

- 影响因素有水产品自身性质、表面积、干燥介质温度、空气流速、空气的相对湿度、大气压等。
- 水产品干制过程还可通过干燥曲线、干燥速率曲线及干燥温度曲线来描述。
○ 水产品干制方法
- 主要包括对流干燥、辐射干燥和冷冻干燥等。
○ 辐射干燥
- 通过辐射方式将热量传给待干水产品进行干燥的方法。
- 应用较为广泛的是红外干燥和微波干燥，且多和对流干燥联合使用。
○ 冷冻干燥
- 冷冻干燥是在较高的真空度下，通过冰晶升华作用将水分除去的干燥方法，适合热敏性物质。
- 冷冻干燥系统包括干燥室、制冷系统、真空系统、冷凝系统、加热系统、控制系统等。
- 可采用冷冻干燥与辐射干燥联用缩短干燥时间并提高干燥效率。
○ 干制品的包装与贮藏
- 干制品包装可采用普通包装或充气包装。
- 干制品贮藏环境一定要保持干燥、清洁和通风，必要时需配备干燥剂。

✎ **课后练习**

正误题

1) 细菌在水分活度 0.7 ～ 0.85 之间容易生长。（   ）

2) 水产品干制过程中，水产品的温度随时间呈线性变化。（   ）

3) 恒率干燥阶段水产品水分含量不再发生变化。（   ）

4) 物料表面积越大，热能需求越多，越难于干燥。（   ）

5) 辐射干燥比对流干燥热效率高。（   ）

6) 减少已干层厚度可加快冷冻干燥过程。（   ）

7) 冷冻干燥时冷阱温度与干燥室温度必须相同。（   ）

8) 溶质迁移是干制品发生表面硬化的主要原因。（   ）

9) 低水分活度下，酶对热的抗性增强，酶的钝化作用被削弱。（   ）

10) 水产品干制过程中，升率干燥阶段比恒率干燥阶段水分转移快。（   ）

工程基础问题

1）如何提升冷冻过程中的传热和传质速度？（　　　）

    A. 提高已干层导热性　　　　　　　　B. 减小已干层厚度

    C. 改变干燥室压力和提高升华温度　　D. 改进低温冷凝方法

2）在隧道式干燥过程中，为了得到水分含量为 10% 的干制水产品，在工艺设计时应（　　　）。

    A. 采用顺流模式，热空气与待干水产品流动方向一致

    B. 采用逆流模式，热空气与待干水产品流动方向相反

（www.cipedu.com.cn）

第六章

第七章　腌制水产品加工

水产品的腌制加工，是渔业生产上广泛采用的一种传统加工方法。这种方法是采用一定量的食盐来腌制鱼类等水产品，借助食盐的防腐作用，防止水产品腐败变质，同时，在微生物和酶的作用下产生独特风味的加工方法。

（a）大量鱼货没有得到及时处理已经开始腐败变质

（b）盐渍处理可以有效防止鱼货腐败变质

为什么学习腌制水产品加工工艺？

　　腌制水产品是我国传统的水产加工制品，具有地方特色、风味独特、保质期长的特点，许多产品在国内外享有盛誉。例如，在第三节第二部分中提到的糟青鱼、醉蟹，就是典型的腌制水产品。此外，腌制水产品加工设备投资少，工艺简单，便于短时间内处理大量鱼货，是在高产季节及时处理鱼货，防止腐败变质的一种有效方法。学习水产品腌制加工的原理和工艺，有助于提升水产品综合研发创新能力，也是水产品加工工程应用的必备知识。

学习目标

○ 定义腌制。

○ 指出盐渍和熟成过程原料内部发生的变化。

○ 归纳盐渍保藏的原理。

○ 描述影响盐渍的因素。

○ 概括食盐腌渍的方法，并指出它们的优缺点。

○ 描述腌渍过程中的产品质量变化，包括物理变化和化学变化。

○ 指出并描述主要水产品腌制的生产工艺。

○ 指出并描述3种发酵腌制水产品的生产工艺。

○ 能通过调研总结腌制水产品加工存在的主要问题。

○ 能通过有效交流讨论，分析未来腌制水产品的发展趋势。

○ 能通过现代信息手段获取水产品腌制新技术及其研究进展。

　　腌制水产品是我国一种具有独特风味的传统食品，不仅保存了丰富的营养物质，而且拥有独特的口感和风味。传统的加工工艺有盐渍、糟制、自然发酵等，产品因其风味和口感而闻名于世。腌制水产品有着广泛的民众基础，蕴藏着巨大的生命力。

第一节　腌制水产品加工原理

　　腌制是指用食盐、食糖、食醋和酒糟等辅助材料对食品原料进行处理，使其渗入食品组织内，以提高其渗透压，降低其水分活度，并有选择性地抑制微生物活动和酶活力，从而防止食品腐败，改善食用品质，利于保藏的加工过程。

　　食盐腌制是腌制加工的主要方法，在盐分扩散渗透趋向平衡的过程中，鱼肉组织呈现出许多新的化学与物理特性，从而失去其原有的生鲜气味和滋味，形成具有特定风味的腌制品。它包括盐渍和熟成两个阶段，盐渍是指食品与固体的食盐接触或浸于食盐溶液中，降低了食品的水分活度，对微生物生长发育、酶的活力以及环境中溶氧量等产生影响，达到抑制腐败变质的目的。熟成是指在盐渍过程中，在微生物和酶等的作用下，形成腌制品特有的风味。熟成是一个复杂的过程，决定于熟成物化条件的各种参数（温度、pH、离子强度和水分活度等）和鱼的生物学参数（蛋白质含量、脂肪含量、酶、微生物等）。在熟成过程中酶起到了关键作用。

一、盐渍保藏的原理

在水产品的盐渍过程中，食盐与被加工物料接触后形成溶液，产生相应的渗透压，溶质扩散进入水产品组织内，水分子渗透出来，降低了水分活度，抑制了微生物的生长。作用机理包括：①使微生物细胞脱水；②对微生物具有生理毒害作用；③对微生物酶活力有影响；④食盐溶液可降低微生物环境的水分活度；⑤使溶液中氧气浓度下降。

食盐的浓度对微生物生长具有重要的作用，一般来说，盐液浓度在1%以下时，微生物的生理活动不会受到任何影响。当浓度为1%～3%时，大多数微生物就会受到暂时性抑制。当浓度达到6%～8%时，大肠杆菌、沙门氏菌和肉毒杆菌停止生长。当浓度超过10%后，大多数杆菌便不再生长。球菌在盐液浓度达到15%时被抑制，其中葡萄球菌则要在浓度达到20%时才能被杀死。酵母在10%的盐液中仍能生长，霉菌必须在盐液浓度达到20%～25%时才能被抑制。与食盐浓度相对应的水分活度及其对微生物的抑制种类如表7-1所示。食盐浓度达到饱和时的最低水分活度为0.75，在这种水分活度范围内，并不能完全抑制嗜盐细菌、耐旱霉菌及耐高渗透压酵母的缓慢生长。然而，食盐的抑制作用会因低pH值和其他防腐剂的复合作用而得到提高。

表7-1 各种微生物被抑制的最低水分活度与相应的食盐浓度

微生物种类	水分活度	食盐溶液浓度 /%	微生物种类	水分活度	食盐溶液浓度 /%
大多数腐败细菌	0.91	13.0	嗜盐细菌	0.75	饱和
大多数腐败酵母	0.88	16.2	耐旱霉菌	0.65	
大多数腐败霉菌	0.80	23.0	耐高渗透压酵母	0.60	

此外，盐渍延缓和控制鱼肉的腐败还取决于其作用的速度和平衡时鱼肉中盐的浓度，通过食盐的渗透作用，尽快地除去鱼肉中深度部位的水分对防止腐败具有重要作用。在酶、微生物等作用下鱼肉组织进行自溶、分解和腐败，盐渍的效果以及它对制品品质的贡献，取决于食盐的渗透和鱼体的变质两方面的竞争性作用，即渗透速度与变质速度之比。盐渍作用的关键在于在鱼肉深部尚未变质之前，食盐能较快地到达。

二、影响盐渍的因素

盐渍保藏的效果主要是食品脱水与食盐渗透，使食品内形成高浓度的食盐溶液。因而，食盐的渗透速度和平衡浓度直接影响盐渍的效果。在盐渍过程中，食盐在食品中的渗透速度开始很快，然后逐渐减慢达到平衡。

（一）食盐的品质

腌制加工用盐通常有晒制盐、蒸发盐、岩盐和人造盐，都含有不纯物，其程度因种类、产地而异。盐中含有的主要杂质是泥沙、氯化钙、硫酸钙、氯化镁、硫酸镁、硫酸钠、碳酸钙及微量金属（如铜和铁）等。

食盐纯度对盐渍过程的影响主要与Ca^{2+}、Mg^{2+}有关，它们的溶解度远远超过NaCl的溶解度，而且随着温度的升高，这种差异会越来越大。因此它们的存在会影响食盐的渗透，对食盐离子有拮抗作用，并与鱼肉蛋白形成结合体而阻碍食盐的渗透。同时，过多的Ca^{2+}、Mg^{2+}会使腌制品变硬、变脆，并带有苦味。除纯度外，食盐颗粒的大小也直接影响腌制效果。盐粒越小越易溶解，有利于快速向鱼肉组织扩散。但水从鱼体中渗出的初始速度快，会洗走大量盐粒，造成补盐不足和盐的浪费。长期的生产经验表明，粗盐的盐粒大小以4.5～6.4mm为好。

（二）盐的浓度

渗透溶液的分子量及其解离情况对渗透脱水有很大的影响。溶质的分子量对渗透过程的速度并无显著的影响，但渗透压与溶质分子量及其浓度有一定的关系。因此，对于固定分子量的渗透溶液来说，浓度不同，会引起渗透压不同，从而造成对渗透过程的影响。在同一温度下，盐浓度越高，渗透压和扩散的浓度梯度大，渗透速度也越大。实际上，腌制时食盐用量需根据腌制目的、环境温度、腌制品种和消费者口味而有所不同。一般来说，盐量过高，就难以食用，同时高盐分的腌制品还缺少风味和香气。因此，国内外的腌制品一般都趋向于采用低盐浓度进行腌制。

（三）原料鱼的性状

食盐的渗透因原料鱼的化学组成、比表面积及其形态而异。对全鱼而言，鱼类的皮下组织和肌肉中存在的脂肪会阻碍盐分和水分的内外渗透。皮下脂肪层厚、多脂鱼类一般渗透较慢，鱼体中较高的蛋白质含量，也会延长内外部盐浓度达到渗透平衡所需的时间。此外，渗透速度还与鱼的鲜度有关，通常鲜度好的鱼渗透较快，反之则较慢。冻结引起的物理变化和蛋白质变性也会影响食盐的渗透，食盐的渗透速度一般为短时冻藏鱼＞未冻鱼＞长期冻藏鱼。除此之外，鱼皮和鱼体厚度也是食盐渗透的障碍，随着鱼体厚度的增加，渗透到鱼体内的食盐含量明显减小。

（四）盐渍温度

随着腌制温度的升高，渗透入鱼肌肉内的食盐含量也随着增加，这是因为温度的升高，食盐扩散的活化分子数目增加，扩散能力就加大；同时由于温度升高，介质的流动性增加，阻力减少，会加快食盐被鱼肌肉的吸收。尽管如此，在实际操作时必须谨慎对待，因为温度升高会带来微生物和酶作用的加快，这种作用通常超过盐渍速度，容易导致鱼肉变质，并带来营养成分损失。在实际生产中，除了小型鱼类食盐容易渗透、可在短时间内完成盐渍外，一般不倾向采用较高的盐渍温度。对肉层很厚或脂肪较多的鱼类，通常在 5～7℃下进行盐渍。

第二节　腌制水产品加工方法

一、腌制加工的方法

水产品的腌制方法按腌制时的用料大致可分为食盐腌制法、盐醋腌制法、盐糖腌制法、盐糟腌制法、盐酒腌制法、酱油腌制法、盐矾腌制法、多重复合腌制法。其中食盐腌制法是最基本的腌制方法，简称盐渍法。盐渍法按照用盐方式可分为干盐渍法、盐水渍法和混合盐渍法；按照盐渍的温度可分为常温盐渍和冷却盐渍；按照盐量可分为重盐渍和轻盐渍（淡盐渍）等。

（一）干盐渍法

在鱼品表面直接撒上适量的固体食盐进行腌制的方法称为干盐渍法。体表擦盐后，层堆在腌制架上或层装在腌制容器内，各层之间还应均匀地撒上食盐，在外加压或不加压条件下，依靠外渗汁液形成盐液（即卤水），腌制剂在卤水内通过扩散作用向鱼品内部渗透，比较均匀地分布于鱼品内。但因盐水形成是靠组织液缓慢渗出，开始时盐分向鱼品内部渗透较慢，因此，腌制时间较长。干腌法具有鱼肉的脱水效率高、盐腌处理时不需要特殊的设施等优点。但它的缺点是用盐不均匀时容易产生食盐的渗透不均匀，强脱水的原因致使鱼体的外观差，盐腌中鱼体与空气接触容易发生脂肪氧化等。因此该法适宜体形较小和低脂鱼类的加工。

（二）盐水渍法

将鱼体浸入食盐水中进行腌制的方法称为湿腌法。通常在坛、桶等容器中加入规定浓度的食盐水，并将鱼体放入浸腌。这种方法常用于盐腌鲑、鳟、鳕鱼类等大型鱼及鲐鱼、沙丁鱼、秋刀鱼等中小型鱼。盐水浸腌由于是将鱼体完全浸在盐液中，因而食盐能够均匀地渗入鱼体；盐腌中因鱼体不接触外界空气，不容易引起脂肪氧化（油烧现象）；不会产生干腌法常易产生的过度脱水现象，因此，制品的外观和风味均好。但其缺点是耗盐量大，并因鱼体内外盐分平衡时浓度较低，达不到饱和浓度，所以，鱼不能较长时间贮藏。

（三）混合盐渍法

混合盐渍法是干盐渍法和盐水渍法相结合的腌制法。即将鱼体在干盐堆中滚蘸盐粒后，排列在坛或桶中，以层盐层鱼的方式叠堆放好，在最上层再撒上一层盐，盖上盖板再压上重石。经一昼夜左右从鱼体渗出的组织液将周围的食盐溶化形成饱和溶液，再注入一定量的饱和盐水进行腌制，以防止鱼体在盐渍时盐液浓度被稀释。采用这种方法，食盐渗透均一，盐腌初期不会发生鱼体的腐败，能很好地抑制脂肪氧化，制品的外观也好。

 概念检查 7-1

○ 列举混合盐渍法比较干盐渍法和盐水渍法的优势。

（四）低温盐渍法

低温盐渍法的目的是阻止在盐渍过程中鱼肉组织自溶作用和细菌作用，防止鱼体深处的鱼肉在盐渍过程中发生变质，尤其是体形大而肥的鱼，其盐渍过程很慢，容易发生质变。低温腌渍法又分为冷却盐渍法和冷冻盐渍法。

1. 冷却盐渍法

冷却盐渍法是利用碎冰或制冷设备使温度在 0～5℃条件下进行盐渍的方法，其盐用量一般随冰用量增加而增加，其分配比例一般为容器下部用冰和盐的量占总量的 15%～20%，中部用 30%～40%，上部用 40%～45%，这主要是考虑了容器顶部易吸收外界热量使冰融化，且上部鱼体受盐溶液浸渍时间较晚的原因。该法可防止鱼肉在盐渍过程中因温度过高而发生自溶作用和细菌作用。尤其适用于盐渍体形大而肥的鱼。

2. 冷冻盐渍法

冷冻盐渍法是将鱼体冻结后再进行盐渍的方法。随着鱼体解冻，盐分逐渐渗入。冷冻盐渍法在保存制品质量方面更为有效，因为冷冻本身就是一种保藏手段。但冷冻盐渍法操作繁琐，只适用于熏制和干制的半成品制造，或用于盐渍体形大而肥的鱼。

二、腌制过程的质量变化

（一）物理变化

1. 重量变化

食盐渗透到鱼肉中，使鱼肉的水分和重量发生变化。食盐水腌制，浓度为6%时重量增加；浓度为24%时重量先减少后增加（图7-1）。用固体食盐时重量减少30%左右，此时给腌制品加压其重量最终可减少40%左右。水分的减少可抑制细菌生长发育和酶的活力，从而大大减缓鱼体腐败，达到保存的目的。

2. 肌肉组织的收缩

盐渍时，水分的渗出伴随着一定程度的组织收缩。这是由于吸附在蛋白质周围的水分失去后，蛋白质分子间相互移动，使静电作用的效果加强所致。

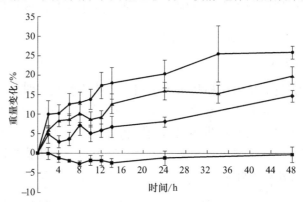

图 7-1 不同食盐浓度下鳕鱼鱼肉腌制期间的重量变化

盐水浓度：—◆— 6%；—▲— 15%；—◆— 18%；—■— 24%

（二）化学变化

1. 蛋白质与脂质的分解

由于腌制时鱼体和微生物酶的作用，蛋白质、脂质被分解，游离氨基酸增加。分解的程度与食盐的浓度成反比，但饱和盐浓度并不能完全抑制这种分解。温度越高，分解程度越大。鱼种之间以红色肉鱼分解大，同一种鱼全鱼比去内脏的鱼分解程度大。

2. 脂质的氧化

盐渍特别是干盐渍时，脂质（游离脂肪酸）易被空气氧化，并发展为油烧。食盐具有促进氧化变质的作用，防止脂质的氧化，可添加抗氧化剂并采用低温盐渍。

3. 蛋白质的变性

咸鱼与鲜鱼的肉质相差较大，特别是高浓度盐渍鱼变得较硬，这种变化与组织的收缩及蛋白质的变性有关。盐渍后肌肉中的盐溶性蛋白（SSP）失去溶解性和酶的活性，其不溶解性与食盐的渗透程度和脱水程度有关（如图7-2

所示）。一般来说，盐渗透浓度越高、脱水程度越大，鱼肉蛋白的不溶解现象越容易发生。此外，鱼种不同，变性的难易程度也不同。

4. 鱼肉成分的溶出

盐渍过程中，肌肉会产生可溶性成分的溶出。溶出成分中氮化物主要成分是蛋白质和氨基酸，溶出量以氮计，达 10%～30%。一般盐水渍较干盐渍、高温较低温、鱼片较鱼体溶出程度大。同时，盐渍鱼（如鳕、鲑）的表面有时会产生白色的结晶性物质。这种物质主要是正磷酸盐（$Na_2HPO_4 \cdot 2H_2O$），鱼肉中核苷酸类物质由于酶的分解而游离出磷酸基，由于食盐过饱和而被析出。

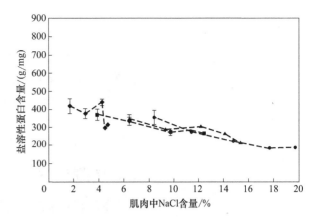

图 7-2　肌肉中 NaCl 含量与盐溶性蛋白的关系

盐水浓度：━◆━ 6%；━■━ 15%；━▲━ 18%；━●━ 24%

三、提高水产腌制品品质的措施

影响腌制水产品品质的因素主要包括：①亚硝酸盐和亚硝胺；②蛋白质分解物（组胺、三甲胺等）；③脂肪氧化及其分解产物；④有害微生物。在水产品腌制过程中，为了提高制品品质，可利用防腐因子的协同作用，结合低温贮藏、超高压保鲜技术、气调保鲜技术、辐照技术、酸化、应用乳酸菌等竞争性微生物、应用防腐剂等方式提高制品的品质。

第三节　腌制水产品加工实例

一、咸鱼制品

咸鱼是以鲜鱼为原料经食盐腌制适当成熟加工而成的。以咸大黄鱼为例介绍咸鱼制品的加工过程，其加工工艺流程及工艺要点如下：

原料前处理→冲洗→拌盐（三次）→入池（桶）腌制→封盐、压石→出料→沥卤→成品

（1）原料前处理

新鲜大黄鱼去内脏，流水清洗后沥干水，得处理后鱼体。

（2）拌盐

第一次加盐：称取占处理后鱼体质量 4.5%～5.5% 的食盐，将食盐均匀涂抹于鱼体表面，然后用保鲜膜覆盖鱼体，于 20～25℃下腌制 22～26h，得初步腌制后鱼体。

第二次加盐：称取占处理后鱼体质量 9%～11% 的食盐，先将初步腌制后鱼体沥干血水，然后将食盐均匀涂抹于鱼体的腹部和表面；按照鱼腹朝上的方式竖直排列后置于无菌保鲜箱中，在鱼上方施以鱼体总重 35%～45% 的压力，于 20～25℃腌制 4～6 天，得二次腌制后鱼体。

第三次加盐：称取占处理后鱼体质量 9%～11% 的食盐，将食盐均匀涂抹在二次腌制后鱼体的表面，在鱼上方施以鱼体总重 13%～18% 的压力，于 20～25℃下腌制 13～15 天。

（3）压石

腌渍 1～2 天后铺上一层硬竹片，上压石块至卤水淹没鱼体为宜。若有气泡上冒时，应加重压石。卤

水混浊发黑或有臭气，鱼体肌肉松软，腹部充气时，应及时翻池换卤。

当腌鱼感染有色的嗜盐菌后，嗜盐菌分解鱼肉蛋白质，使咸鱼鳞上出现红色斑点，并逐渐蔓延到鱼体内部，俗称"变红"。防止"变红"的方法是将鱼体放在4.5%的醋酸盐水中浸泡20～30min；对已感染的腌鱼可先用盐液洗涤后，再用上述方法进行处理。另外，严格执行清洁操作，保持盐渍环境和腌渍用具的清洁卫生，可以预防腌鱼变红。

二、发酵腌制品

发酵腌制水产品是指在腌制过程中通过自然发酵或直接添加各种促进发酵与增加风味的辅助材料加工而成的制品。酶香鳓鱼是典型的自然发酵制品，糟醉制品是典型的通过辅助材料促进发酵而制得的腌制品。

（一）自然发酵制品

酶香鳓鱼是广东、福建等气温较高地区的一种盐渍自然发酵鱼制品。在腌制过程中，利用鱼体自身酶类的自溶作用和微生物在食盐抑制下的部分分解作用，使蛋白质等分解为氨基酸类呈味物质，最终成为具有特殊酶香气味的制品。其加工工艺流程及工艺要点如下：

原料筛选→清洗→塞盐→入桶腌制→腌制发酵→压石加盖→出料→沥水→加盐包装→成品

（1）原料筛选

新鲜鳓鱼洗去体表黏液，经去鳞、剖取内脏和鱼鳃，清洗、沥干水分分级后腌制。冷藏后的鳓鱼不宜采用。

（2）腌制发酵

用盐时，以木棒自鳃部向鱼腹塞盐，再在两鳃和鱼体上敷盐，其用量以4天能全部溶化为宜。然后入桶腌制，先在桶底撒一层薄盐，再将鱼投入桶内，排列整齐，层鱼层盐。用盐总量为鱼重的28%～30%，其中鱼鳃和鱼腹7%，鱼表面10%，下桶盐11%～13%。在发酵期间不加压石。发酵过后，即加压石，使卤水浸没鱼体3～4cm为适度，然后加盖。腌制成熟时间为6～7天。

（3）出料

出料时，用手轻按鱼体上下数次，在原卤中洗去盐粒等物，如卤水混浊时，须再用饱和盐水洗涤一次，但必须保持鳞片完整。洗净沥水4h后，再进行包装，产品含盐量不超过18%。

（二）糟醉制品

糟醉制品是将原料盐渍脱水后，辅以酒糟、酒酿或酒类进行浸渍，经不同程度的发酵成熟加工而成。糟醉加工可分为盐渍脱水和糟制成熟两个阶段。在糟制成熟过程中，酒糟或酒中的酒精具有防腐作用，同时其中存在的微生物所分泌的酶能分解部分腥味物质，也能促进鱼体蛋白质等一些营养成分的分解。这一系列复杂的生化过程使制品具有特殊的发酵醇香味。常见的糟醉制品有糟青鱼、醉蟹等，其加工工艺流程及工艺要点分别如下：

1. 糟青鱼

原料预处理→盐渍→晒干→装坛→封坛与保藏

（1）原料预处理

新鲜青鱼经刮鳞后，开腹除去内脏、黑膜，沿脊柱将鱼体切片。

（2）盐渍

将食盐均匀地抹于鱼片的表面与内侧，分层叠放在腌鱼缸中，加上适当的压力。到卤水渗出浸没全部鱼片时，盐渍完毕，时间大约 7～10 天。重复一次，到全部鱼片腌硬为止。

（3）晒干

腌硬的鱼片日晒风干至皮面泛油光，一般日晒 4～5 天即可，肉质成红色时，即可切成大小均匀的块状装缸糟醉。

（4）装坛

切好的咸干青鱼块，整齐竖放在坛中，加入适量的糟醉液。装完后的糟醉液面要超过鱼块面高度 5cm 左右，使鱼体不至于因糟液减少而暴露在坛内空气中，从而影响成品的质量。糟醉液与鱼块的比例大致为 1∶1。

（5）封坛与保藏

封坛时，用 3～4 张牛皮纸将坛封牢。冬天糟的鱼经 2～3 个月后才能开坛销售。

2. 醉蟹

选蟹→暂养→脱水→清理→炒盐、炒椒→兑酒→下缸→翻缸→分装→检验

（1）原料前处理

选用肉质丰满、背壳坚硬的河蟹。按加工要求批量将暂养干净的螃蟹分批出篮，置于干燥处充分吐水。醉制前逐只去除蟹足上的残毛、污泥，挤出蟹脐中的污物，并擦净。

（2）炒盐、炒椒、兑酒

将用于醉制的盐、花椒、八角等调料炒熟。醉制用酒（一般为米甜酒）兑到 20 度以上。将炒熟的调料、香料和酒按比例调配、搅拌、沉淀、过滤。

（3）下缸、翻缸

醉制用的容器清洁、消毒，将清理后的原料蟹脐盖内敷入香料和盐，用棉线扎紧，放入缸中，灌入料液，使螃蟹全部浸没，置阴凉处。将上下层的蟹翻动，使蟹在卤汁中均匀醉制。翻缸要严格注意清洁操作，防止污染。一个月后醉制成熟，便可分装，即成成品。

三、海蜇制品

海蜇呈蘑菇状，分伞体和口腕两部分。通常将两部分切开分别加工，称为海蜇皮和海蜇头。鲜海蜇含水量高，极易腐败变质，因此海蜇的加工方法是用大量的食盐和明矾对海蜇进行盐渍脱水。用明矾和食盐复合腌制海蜇是中国特有的传统腌制加工方法，海蜇经三次盐矾加工，即制成海蜇制品。拌明矾的作用主要是利用硫酸铝在水溶液中解离形成的弱酸性和三价铝离子，对鲜海蜇组织蛋白有很强的凝固能力，使组织收缩脱水。

新鲜海蜇在腌制前，先将口腕和胴体割开，用海水和卤水进行清洗。一矾用盐量 4%～6%，用矾量为 0.2%～0.6%（对鲜海蜇重），腌渍 10～40h。二矾采用撒布食盐和矾粉的方法，用盐量为 12%～20%，用矾量为 0.4%～0.6%（对一矾海蜇重），视一矾海蜇的脱水程度而增减，腌渍 4～10 天。一矾和二矾期间的脱水及弱酸性的抑菌作用和维持质地挺脆尤为重要。三矾用盐量为 10%～30%，用矾量为 0.1%～0.3%

（对二矾海蜇重），视二矾海蜇的脱水程度而增减，腌渍时间为 5～10 天。经三矾后沥干盐卤，然后装桶、封盐、包装。优质的海蜇皮或海蜇头形状完整，呈鲜润白色或淡黄色（海蜇头一般为淡红色），肉质坚脆，具有独特风味。

四、鱼卵腌制品

鱼卵是一种营养丰富的食品，其含有大量的蛋白质、磷脂、不饱和脂肪酸、维生素及矿物质，还含有多种色素，包括胡萝卜素、叶黄素、虾青素等。腌渍品是鱼卵最常见的加工形式。选用的鱼种有鲑、鳟、鲟、鲱、鳕和金枪鱼等。

鲑科鱼类，例如大麻哈鱼、虹鳟、哲罗鱼和细鳞鱼等，它们的卵粒比一般的鱼卵大，直径为 6.5～7.5mm，色泽鲜艳。鲑鱼卵较鱼肉更为名贵，在加工过程中，原料鲑鱼卵要求新鲜，一般在捕获后 6h 以内进行加工，将卵粒分散后，在饱和盐水中盐渍 12～18min，取出沥干，冷库贮藏。

鲟鱼鱼卵的盐渍品，也称鱼子酱，呈绿色或灰色。加工时，先将卵粒分散，在饱和盐水中浸渍 1h，取出沥干，装入瓷制或陶制容器中，密封保存在 5℃左右使之成熟。鲟鱼卵膜较硬，可加入溶菌酶进行软化，或在盐渍时将卵膜压破。

盐渍鲱鱼卵一般取卵囊膜完好的鱼卵，也有少数加工分散粒状。原料首先应除去污血，采用过氧化氢处理可以除净残留血液和褐变物质。盐渍鲱鱼卵制品的颜色和形状与鲜品相似，外观呈透明黄色，具有坚韧的齿感和沙粒样口感。

 概念检查 7-2

○ 通过查阅文献结合我国水产腌制品现状，分析未来腌制水产品的发展趋势。

 参考文献

[1] Nguyen M V, Arason S, Thorarinsdottir K A, et al.Influence of salt concentration on the salting kinetics of cod loin (Gadusmorhua) during brine salting [J].Journal of Food Engineering, 2010, 100 (2):225-231.

[2] Nguyen M V, Thorarinsdottir K A, Gudmundsdottir A, et al.The effects of salt concentration on conformational changes in cod (Gadusmorhua) proteins during brine salting [J]. Food Chemistry, 2011, 125 (3):1013-1019.

总结

○ 食盐保藏原理
- 食盐溶液对微生物细胞具有脱水作用。
- 食盐对微生物具有生理毒害作用。
- 食盐溶液对微生物酶活力有影响。
- 食盐溶液可降低微生物环境的水分活度。

○ • 食盐的加入使溶液中氧气浓度下降。

○ 影响腌渍的因素

　• 食盐纯度对盐渍过程的影响主要与其中的二价离子有关。

　• 食盐颗粒的大小也直接影响腌制效果。越小的盐粒越易溶解，有利于快速向鱼肉组织扩散。

　• 在同一温度下，盐浓度越高，渗透压和扩散的浓度梯度大，渗透速度也越快。

　• 鱼类的皮下组织和肌肉中存在的脂肪会阻碍盐分和水分的内外渗透。

　• 食盐的渗透速度随温度升高而加快，但温度过高会引起产品变质。

○ 腌制加工的方法

　• 干盐腌渍法：优点是鱼肉的脱水效率高，盐腌处理时不需要特殊的设施。缺点是容易产生食盐的渗透不均匀，强脱水致使鱼体的外观差，容易发生脂肪氧化等。

　• 盐水腌渍法：优点是盐渍速度快，食盐能够均匀地渗入鱼体，不容易发生脂肪氧化现象，不会产生过度脱水现象。但其缺点是耗盐量大，平衡时盐浓度较低。

　• 混合腌渍法：可以结合干盐腌渍和盐水腌渍的优点，与低温腌渍法一样适用于盐渍肥满的鱼类。

○ 腌制过程的质量变化

　• 低浓度盐渍时重量会增加，高浓度盐渍时重量会减少。

　• 肌肉组织会有一定程度的收缩。

　• 蛋白质和脂质会发生一定程度的分解，温度越高分解程度越大。鱼种之间以红色肉鱼分解大，同一种鱼全鱼比去内脏的鱼分解程度大。

　• 腌制过程会出现脂肪氧化、蛋白质变性和部分鱼肉成分溶出的现象。

⚡ 设计问题

1）盐渍品熟成的特点有哪些？

2）影响腌制的因素有哪些？

3）干盐腌制法和盐水腌制法的优缺点是什么？

4）海蜇制品加工过程中加入明矾的目的是什么？

⚡ 工程基础问题

1）水产品腌制加工中食盐种类应选择（　　　）。
　　A. 含有 Ca^{2+}、Mg^{2+} 较多的食盐　　B. 高纯度食盐
　　C. 颗粒大的食盐　　　　　　　　　　　D. 颗粒小的食盐

2）冷却腌制法容器内冰和盐的比例一般为（　　　）。
　　A. 上部最多　　　　　　　　　　　B. 中部最多
　　C. 底部最多　　　　　　　　　　　D. 三层平均分配

3）根据所学知识，设计一种糟制大黄鱼产品的生产工艺。

4）鲑鱼采用哪种腌制方法比较合适？为什么？

（www.cipedu.com.cn）

第八章　熏制水产品加工

○○ —— ○○ ○ ○○

熏制加工是个上色与增味的过程。草鱼经熏制加工后，不仅色泽发生明显变化，形成了独特的烟熏风味，保藏期也得到一定程度的延长。

（a）草鱼

（b）熏制草鱼制品

 为什么要学习熏制水产品加工工艺?

和腌制一样，熏制也有着悠久的历史，可以追溯到公元前。食品熏制加工就是利用木材不完全燃烧时产生的烟气熏制食品，以赋予制品特殊风味并延长其保藏期。学习熏制加工原理，明确熏烟的主要成分，有助于理解熏制的目的和重要性。学习熏制水产品加工方法，有助于提高熏制品的食用安全性，推动熏制过程的工业化和现代化。

◉ **学习目标**

○ 了解熏制水产品的一般特点。

○ 能概述熏制水产品加工的原理。

○ 理解熏制加工目的、熏烟的成分及作用。

○ 能指出水产品熏制常用加工方法。

○ 能简述主要熏制品加工工艺及操作要点。

○ 能通过现代信息手段获取熏制加工新技术及其研究进展。

第一节　熏制水产品加工原理

"民以食为天，食以味为先"，也许是游牧人首先发现肉悬挂在树枝燃烧的火焰上能够获得诱人的风味，并可以延长其保藏期。熏制是人类用于保存肉类和鱼类的一种古老方法。熏制加工就是利用木材不完全燃烧时产生的烟气熏制食品，以赋予食品特殊风味并能延长食品保藏的方法。

一、熏烟成分及作用

熏制就是利用熏材不完全燃烧而产生的熏烟，赋予食品贮藏性和独特的香味。熏制品的风味与熏烟的香味和制品质构有关，前者与熏烟成分及原料肉加热产生的香气有关，后者与熏干过程引起的肉质硬化及自溶作用引起的肉质软化有关。熏烟的成分很复杂，由气体、液体和固体微粒等组成，因熏材种类和熏烟的产生温度不同而异，现在已在木材熏烟中分离出 200 种以上化合物。一般认为熏烟中主要成分为酚、醇、酸、羰基化合物和烃类等。

（一）酚类

从熏烟中分离、鉴定的酚类达 20 多种，如愈创木酚（邻甲氧基苯酚）、4-甲基愈创木酚、4-乙基愈创木酚、4-丙基愈创木酚、邻位甲酚、间位甲酚、对位甲酚、香兰素（烯丙基愈创木酚）等。酚主要有三重作用：抗氧化作用，抑菌防腐作用，形成特有的熏香味。熏烟中沸点较高的酚类抗氧化作用较强，特别是 2,5- 二甲氧基酚、2,5- 双甲氧基 -4- 甲基酚、2,5- 二甲氧基 -4- 乙基酚等，而低沸点酚类抗氧化作用较弱。

（二）醇类

熏烟中醇类主要有甲醇、伯醇、仲醇和叔醇等，其中，甲醇最常见。熏烟中醇的主要作用是作为挥发性物质的载体，对风味的形成并不起主要作用，杀菌能力较弱，而且易被氧化成相应的酸类。

（三）有机酸

熏烟中有机酸类主要是含 1～10 个碳原子的简单有机酸，具有微弱的杀菌防腐作用，对熏制品的风味影响也极为微弱。在熏制加工中，有机酸最重要的作用是促使熏制品表面蛋白质凝固，形成良好的外皮。

（四）羰基化合物

熏烟中还存在大量的羰基化合物，主要分布在蒸气相内的固体颗粒上。虽然绝大部分羰基化合物为非蒸气蒸馏性的，但蒸气蒸馏组分内有着非常典型的烟熏风味，而且其中的短链化合物对熏烟色泽、风味有重要影响。

（五）烃类

从熏烟食品中能分离出多种多环烃类，其中至少有苯并［a］芘和二苯并［a，h］蒽两种化合物是致癌物质。多环烃类对熏制品并没有重要的防腐作用，也不能产生特有风味，它们主要附着在熏烟内的颗粒上，故可通过过滤将其除去。

二、熏制加工目的

熏制是为了增加食品风味和延长食品贮藏期，其目的主要有以下几个方面：赋予制品特种熏制风味；发色；脱水干燥，杀菌消毒，防止腐败变质；防止脂肪氧化。

（一）赋予制品特种熏制风味

在熏制过程中，熏烟中的许多有机化合物附着在制品上，赋予制品特有的熏香味。酚类化合物是使制品形成熏制风味的主要成分，特别是其中的愈创木酚和 4- 甲基愈创木酚是最重要的风味物质。熏制品的熏香味是多种化合物综合形成的，这些物质不仅自身显示出烟熏味，还能与肉的成分反应生成新的呈味物质，综合构成肉的熏制风味。熏味首先表现在制品的表面，随后渗入制品的内部，从而改善产品的风味，使口感更佳。

（二）发色

熏制加工是个上色与增味的过程，熏烟成分中的羰基化合物可以和肉蛋白质或其他含氮物质中的游离氨基发生美拉德反应，使其外表形成独特的金黄色或棕色。熏制过程中的加热能促进硝酸盐还原菌增殖及蛋白质的热变性，游离出半胱氨酸，因而促进一氧化氮血色原形成稳定的颜色；另外还会因受热有脂肪外渗起到润色作用，从而提高制品的外观美感。

（三）杀菌、防腐

熏烟中酚类、醛类、酸类等都有较强的杀菌作用。在熏制过程中，很多微生物受到影响，特别是食品表面的微生物易被杀灭，其中大肠杆菌、变形杆菌、葡萄球菌对熏烟成分最敏感，但霉菌和细菌芽孢对烟的作用较稳定。熏烟的杀菌作用随着熏烟浓度的增加而提高，随着熏制时间的延长而增强。熏烟中这些杀

菌、防腐成分在熏制后仍残存在食品中，一定程度上可提高食品的贮藏期。

甲醛是熏烟成分中杀菌作用最强的醛类成分。一般说来，食品中甲醛吸收量越大，保存性就越好。经高浓度熏烟长时间熏制的制品更具突出的防腐效果。但速熏和液熏制品没有长期保藏性。因为后者水分含量多，熏烟成分的吸收量少，易受霉菌、酵母菌等微生物污染。酚类的抗菌作用有助于提高熏制食品的保藏性。酚类与甲醛反应后可在制品表面形成树脂膜，阻断制品内部水分与营养物质的渗出等，从而抑制食品表面微生物的增殖，但树脂膜也会限制甲醛向制品内部渗透，使得大块制品内部的微生物可能未被杀灭而保留下来。酸类物质也具有较强的抗菌能力。熏烟中的甲酸、醋酸等有机酸对抑菌杀菌均发挥一定的作用。熏烟中的醋酸可降低制品表面 pH，也是熏制提高保藏性的原因之一。

熏制品的贮藏性主要取决于制品的水分活度。熏制保藏效果也并非完全是熏烟成分的作用，还有干燥、盐腌等共同作用，是多种因素综合作用的结果。传统的熏制加工主要是为了保藏，现在上色和增味成了主要目的，保藏一般通过其他途径解决。目前随着加工技术的提高和贮藏、流通、销售等环节冷链的运用，熏制的杀菌作用逐渐处于次要地位，完全可通过栅栏技术来延长熏制品贮藏期。

（四）抗氧化

众所周知，水产品尤其是多脂鱼中含有大量不饱和脂肪酸，干鱼、腌鱼、鱼粉等产品在长期贮藏过程中容易发生氧化反应（即油烧现象），这也是水产加工的一大难题。但熏制过程中鱼品呈现出良好的油脂稳定性，熏制鱼中的油脂在贮藏过程中也非常稳定，维生素 A、维生素 D 也没有受到大量破坏，这主要是因为熏烟成分中存在有抗氧化作用的酚类及其衍生物，其中以邻苯二酚和邻苯三酚及其衍生物作用尤为显著。熏制时间越长，酚类物质被食品吸收越多，抗氧化效果越好。研究发现热熏鲟鱼加工过程中的脂肪氧化主要发生在腌制及风干过程中，熏制过程对于鱼肉脂肪酸氧化酸败具有明显的抑制作用。Nieva-Echevarría 等也发现液熏技术能够显著抑制脂肪氧化，但并不影响脂肪分解程度。

（五）干燥

在熏制过程中，原料长时间处于高温条件下，水分逐渐减少，使得干燥和熏制往往同时进行，一旦水分在原料内部扩散速度小于蒸发速度，就随着表面水分的损失而干燥变硬。原料表面的蛋白质由于热或熏烟中醛、酚等物质作用而发生变化，可形成膜，熏烟中的酚和醛的反应，也会在原料表面形成树脂膜。这种现象在传统熏制过程中特别明显，日本的"木鱼"就是在熏制干燥后变得无比坚硬。但在现代熏制工艺中，由于熏制时间短、熏制温度相对较低，干燥作用并不是很明显。

三、影响熏制的因素

（一）熏烟质量

熏制的作用取决于熏烟质量如熏烟中成分种类和浓度等，而熏烟质量的高低与燃料种类、燃烧温度等产生方式和条件有关。通常熏烟可以由植物性材料如不含树脂的阔叶树的木材、竹叶或柏枝等缓慢燃烧或不完全氧化产生。一般来说，硬木为熏制最适宜的燃料，胡桃木为优质熏制肉的标准燃料，但很难获得。工业生产多采用混合硬木屑，而软质木或针叶树应避免使用。

熏烟是由熏材的缓慢燃烧或不完全燃烧氧化产生的由蒸汽、气体、液体（树脂）和微粒固体等组成的混合物，是熏材的热解产物。熏材在热分解时，表面和中心存在着温度梯度，外表面燃烧氧化时，内部却在进行氧化前的脱水，当内部水分接近于零时温度就会迅速上升到 $200\sim400℃$，发生热分解产生熏烟。熏材燃烧温度宜控制在 $300℃$ 以下，温度过高，造成氧化过度，不利于熏烟产生，而且造成浪费。但如果空气供应不足，燃烧温度过低，熏烟呈黑色，则会导致大量碳酸产生，致使有害环烃类物质增加。

熏材水分含量也会直接影响熏烟质量，一般宜控制在 $20\%\sim30\%$。熏材太湿，不仅引起环烃类有害成分的产生，还会导致制品干燥速度降低，并使熏烟落在制品表面，使其变黑并产生酸味。熏材太干，制品往往会发焦，燃烧偏旺导致熏烟减少，使熏材有效成分被烧掉，造成浪费。

（二）熏制温度

熏制时温度过低，不会得到预期的熏制效果。但温度过高，会由于脂肪熔化、肉的收缩，达不到制品质量要求。常用的熏制温度为 $35\sim50℃$，一般熏制时间为 $12\sim48h$。温度增加，熏制速度加快。熏制所需要的温度和时间与制品种类、制作目的和前后的制作工序条件等有关。通常熏制和干燥同时进行或在干燥后进行。

（三）水分含量

熏制食品中存在的大多数熏烟成分是被食品表面和食品组织间隙的水分吸收。研究发现预先干燥的鱼体对熏烟中酚类物质的吸收速率是湿鱼的5%。相对湿度不仅对沉积速度而且对沉积的性质都有影响，相对湿度高利于加速沉积，但不利于色泽形成。食品表面上水分减少或缺少水分也会影响熏烟的吸收，潮湿有利于吸收，而干表面则延缓吸收。

 概念检查 8-1

○ 熏烟中的主要成分有哪些，分别有什么作用？

○ 在水产制品加工过程中，常使用熏制工艺，请简述熏制的目的及重要性。

第二节　熏制水产品加工方法

一般来说，鲜鱼、冷冻鱼、腌鱼、盐干鱼、贝肉等水产品，只要鲜度良好，脂肪含量适中，都可以作为熏制品原料。原料的脂肪含量高，会引起干燥困难、贮藏性差、熏烟成分与油一起流失等问题；脂肪含量少的原料，滋味差，熏烟的香气味难以吸附，鱼体过硬，外观差，成品率低；发生油脂氧化的原料，肉面易发黄油耗，不宜用作熏制加工。

熏制水产品的基本加工工艺流程如下：

原料→预处理→盐腌（调味）→（洗涤→脱盐）→风干、熏制→后处理→成品

生产熏制水产品时，熏制之前要进行适当的预处理，根据制品的原料不同和成品要求，预处理方法

也有很大的不同。预处理后的水产原料在熏制前还要进行盐腌或调味处理，增加制品风味，延长制品保藏期，有些产品甚至需要不止一次的调味处理，如熏制鱿鱼圈等。

传统熏制食品加工大都采用盐腌法处理原料。热熏法主要采用盐水法（湿腌）腌制调味，这种方法盐腌时间短、脱盐快、制品含盐量不会太高。冷熏法是以长期保藏为目的，食盐含量必须高，为了充分脱去原料中的水分，一般采用干腌法，用盐量为原料的10%～15%，盐腌2～3天至1周。盐腌后食盐均匀渗入鱼体内，由于充分脱水，鱼肉组织紧密，在长时间的熏制过程中不至于引起质量下降。现代熏制食品加工，往往产品盐分比较低，风味要求比较高，除了脱盐是关键外，盐腌过程中还需要用复合调味料调味处理。

盐腌（调味）后的原料在熏制前要进行适当干燥处理。风干的目的在于除去鱼体外表的水分，使熏制容易进行，避免由于原料表面水分过高而沉积过多熏烟中的固体成分，也可使制品色泽鲜艳，不发黑。在熏制完成后，如果还达不到制品的水分要求，则需要进一步干燥处理，这样不但降低制品水分，而且制品表面烟熏色更加牢固，色泽更圆润。熏制、干燥后的半成品，还要进行修整、包装、冻藏等后处理，如加工熟制品还要进行调味、杀菌等处理。熏制水产品加工方法主要有三种：冷熏法、热熏法和液熏法。

一、冷熏法

冷熏法是将原料鱼长时间盐腌，使盐分含量稍高，熏室温度控制在蛋白质热变性温度区以下（15～30℃）进行长时间（1～3周）熏干的方法。冷熏制品水分含量一般在45%以下，盐分含量为8%～10%。为了防止熏制初期的原料变质，通常在前处理时使用较高浓度的食盐，再经脱盐，除去过多盐分及可溶性成分，使鱼肉容易干燥、肉质坚实，且不易变质。通过熏制与干燥相结合，熏烟成分在冷熏制品中渗透较均匀且较深。与其他熏制法相比，冷熏制品的耐藏性相对较好，保藏期可达数月。

水产品中常用于冷熏的品种有鲱、鲑、鲐、鳕等。冷熏时，熏室温度宜保持在15～23℃，避免引起肉质热凝固变性。高于此温度可能会引起腐败变质；而温度过低，则干燥效率低，故通常要求环境温度在16～17℃以下的季节或采用具有制冷功能的熏制设备进行熏制。李海波等通过优化盐水浓度、烟熏温度、烟熏时间和成熟时间等4个关键参数，建立了冷熏调理贻贝的最佳工艺参数为腌制用盐水浓度17.0°Bé、烟熏温度25℃、烟熏时间1h、成熟时间2.5h，在此工艺条件下生产的冷熏贻贝肉色泽呈金黄色，滋味鲜美独特，并具有贻贝特有的风味。

二、热熏法

热熏法是将原料置于添加适量食盐的调味液中短时间浸渍，然后在比较接近热源之处，用较高温度（30～80℃）熏制的方法。热熏制品水分含量为45%～60%，盐分含量为2.5%～3.0%，制品肉质柔软，口感好，风味优于冷熏制品，但保藏性略差，一般常温贮藏期仅为4～5天，欲长时间贮藏时，需辅之以冻藏、罐藏等手段。热熏法熏制温度较高，可常年生产，主要原料有鲑鳟类、鲱、鳕、秋刀鱼、沙丁鱼、鳗鲡、鱿鱼、章鱼等。

热熏法一般用来生产以调味目的为主、贮藏目的为次的产品。热熏制品的水分含量较高，贮藏性较差，需通过后续干燥等方式降低制品的水分含量。热熏时间为3～8h，使肉发生热凝固，然后降低温度继续熏制2～3天，兼有熏制和干燥效果，可达到延长保存期的目的。热熏后，熏制品随熏室温度降低而自然冷却或存放于特定的降温室进行快速降温处理。对于水分为55%～65%、盐分为2.5%～3.0%的热熏制品来说，产品得率为经前处理后的65%～70%。龚洋洋等系统比较了冷熏和热熏俄罗斯鲟鱼片的物理特性，发现热熏鱼片的硬度、弹性和咀嚼性、饱和度等特性均高于冷熏鱼片，但亮度和色调要低于冷熏鱼片，热熏鱼片鱼肉偏暗，颜色偏红且肉色比冷熏鱼片深，造成两者差异的主要原因是由于冷熏与热熏过程中干燥和烟熏温度的不同。

三、液熏法

液熏法是将传统烟熏方法产生的烟气经冷凝、沉降、精制等工序得到的烟熏液作为添加剂用来生产液熏食品的方法。液熏技术是西方欧美等国家在总结了传统熏制技术的基础上发展起来的新型食品熏制技术。熏液保留了熏烟中的酚类化合物等对色泽和风味形成所必需的重要物质，除去了其中的焦油等有害成分，提高了制品安全性。液熏的对象可以是整条鱼也可以是鱼片或者鱼糜等。欧美国家大多比较喜欢熏制食品，如液熏罗非鱼、鲱、三文鱼、金枪鱼等。

传统熏制品具有熏味浓郁、营养丰富等特点，深受消费者喜爱，但也存在苯并[a]芘等致癌物含量高、熏制时间过长、熏制条件难控制、产品质量不稳定等弊端。液熏法改进了传统熏制工艺过程，具有以下优点：①不需要熏烟发生装置，节省大量设备费用；②熏液成分稳定，便于精确控制产品工艺，缩短熏制周期，实现熏制过程的机械化、连续化；③无致癌风险；④工艺简单，不污染环境；⑤通过后道工序使产品具有不同风味和控制熏制品色泽，这在传统熏制方法中无法实现；⑥在加工工序或配方中添加熏液，增加产品使用范围。

液熏技术在国外已较为成熟，国内目前也有学者将液熏技术应用于水产品加工中，如桂萌等从熏液种类、熏液浓度、液熏时间、干燥时间4个方面优化了鲟鱼片熏制工艺参数，熏制品风味浓郁，且苯并芘含量仅为0.22μg/kg。陈申如等通过控制烘烤温度及时间，建立了利用液熏技术熏制鳗鱼的工艺条件，有效解决了油脂外溢引起过氧化值快速增加的技术难题，还控制了微生物生长，保证了产品的安全性。

液熏法可以准确调整熏制品的最佳香味浓度，熏液及其香味成分容易赋予食品，香味均一，且仅作表面处理，就可以达到与普通熏制法同样的效果，但制品风味相对单一。此外，液熏法便于同上下游工艺协同处理，以此调控熏制品的水分、质构、色泽等物理特性。熏液在食品中的使用量，根据不同制品有所不同，大致为0.001%～0.3%。熏液及其衍生产物使用时可以采用直接混合法和表面添加法两种。

1. 直接混合法

将熏液按配方直接与水产品混合均匀即可。适用于鱼糜型、液体型、粉末型或尺寸较小食品的熏制。对于大尺寸食品，可通过成排的针，将熏液或稀释液注入食品，再经按摩使熏液分散均匀。如在熏制罐头食品加工中，可将熏液注入已装罐的罐内，然后按工艺封口杀菌，通过热杀菌能使熏液分布均匀。

2. 表面添加法

将熏液或稀释液施于食品表面而实现熏制目的。本法适用于尺寸较大的食品熏制，基本原理类似于熏烟作用于食品表面。熏液或稀释液的浓度、作用时间、食品表面的湿度和温度等，对最终熏制结果都有重要影响。表面添加法又可分为浸渍法、喷淋法、涂抹法和雾化法等。

①浸渍法　将食品浸渍于熏液或稀释液中，一定时间后取出，沥干或风干而成。浸渍液可重复使用。
②喷淋法　将熏液或稀释液喷淋于食品表面，一定时间后停止喷淋，风干或烘干即可。
③涂抹法　将熏液或稀释液涂抹于食品表面，多次涂抹可获得更好的效果。

④ 雾化法　将熏液或稀释液用高压喷嘴喷成雾状，在熏室中完成熏制。

 概念检查 8-2

○ 相比于传统熏制方法，液熏法有何优点？

第三节　熏制水产品加工实例

一、熏制鲱

熏制鲱是世界上产量最大的水产熏制品。生产国主要有英国、德国、荷兰、加拿大等。分整条热熏鲱（Bloater Herring）、背开热熏鲱（Kippered Herring）和整条冷熏鲱（Red Herring）三种。加工冷熏鲱，最好采用产卵期脂肪含量高、运动量大的鲜鱼为原料，脂肪含量过高的油鲱或脂肪含量少的都不宜使用。冷熏鲱鱼的加工工艺流程如下：

原料→盐渍→脱盐→风干→熏制→制品

1. 盐渍

选用湿腌法浸渍。用盐量为原料鱼的 12%～15%。2 天后加 10% 左右的重物加压，第 3 天、第 4 天重量逐渐加到 20% 和 30%，盐渍 7～8 天。

2. 脱盐

用淡水浸泡脱盐 30～48h。静水脱盐时，每天早晚各换一次水。由于脱盐时间长，有时可达 3 昼夜，为防止腐败变质，宜在流水中进行，维持较低的脱盐温度。

3. 风干

脱盐洗涤后，需避开太阳风干 3～5h。风干方法是用穿挂钉对准眼球或上吻突出的部位穿过，吊挂在木棒上。风干到没有水滴、表皮略显干燥为止。

4. 熏制

放入熏室夜间熏干。温度控制方法如下：第 1～7 天，18～20℃；第 8～21 天，20～22℃；第 22 天至结束，22～25℃。夜间要开熏室的窗及排气孔风干。熏干速度过快会引起脱皮及表皮起皱，影响外观。产品的得率为新鲜鲱鱼的 40% 左右，水分含量要求在 55% 左右。

二、熏制大黄鱼

熏制大黄鱼加工工艺流程如下：

原料处理→腌制（调味）→沥水→熏制→冷却→切块→包装→速冻→制品

1. 原料处理

取新鲜的人工养殖大黄鱼，去除鱼鳞，按椎骨方向将鱼体剖成两片或从鱼背向鱼腹方向剖杀，去除内脏，清洗。

2. 腌制（调味）

将剖杀后的鱼体用食盐腌制或在含有 10%～15% 食盐的调味料溶液中浸渍 30～60min，其用量以浸没鱼体为度。

3. 熏制

将腌制好的鱼体捞起、沥水，用米糠、木屑等发烟熏材，在熏制设备上进行熏制处理，温度在 30～40℃，时间为 4～6h，然后切块，包装。

4. 速冻

冷却，切块，包装已熏制过的鱼体，在 −23℃ 下速冻处理，直到其中心温度达到 −18℃ 以下为止，于 −18℃ 以下冻藏，制得熏制大黄鱼冻藏生制品。

三、熏制鱿鱼圈

熏制鱿鱼圈以冷冻或新鲜鱿鱼为原料，其加工工艺流程如下：

原料→解冻→去头、去耳、去内脏→清洗→脱皮→蒸煮→冷却、清洗→调味渗透→熏制→切圈→调味渗透→干燥→分级→金检→称量包装→成品

1. 原料

块冻原料来自渔船钓捕的北太平洋、阿根廷或日本海鱿鱼，要求品质良好，无明显机械伤，经检验合格后贮存于 −18℃ 以下的冷库内。

2. 解冻

采用流水解冻方法，解冻时间控制在 2h 以内。在解冻过程中，应将不符合质量要求的鱿鱼挑出。

3. 去头、去耳、去内脏

将已解冻的鱿鱼立即去头、去耳、去内脏，分离后胴体应无其他异物存在，将分离后的鱿鱼胴体用清洁水洗净。

4. 脱皮、蒸煮

将清洗干净的鱿鱼胴体放置脱皮槽内用 50℃ 左右的热水进行脱皮，将脱皮后的鱿鱼胴体倒入专用不锈钢框内，放入蒸煮槽内进行蒸煮。温度应控制在 95℃ 左右。

5. 冷却、清洗

将蒸煮后的鱿鱼胴体放入冰水中进行冷却，待冷却后将其放入清洗槽内逐个清洗，然后放入沥水框内沥水。

6. 调味渗透

准确称取定量的鱿鱼胴体倒入调味机内，然后放入规定重量的各种调味品进行自动调味，做到调味均匀，最后倒入桶内并加盖，送到渗透间内进行渗透，渗透时每隔一定时间应翻动一次，使其渗透均匀。

7. 熏制

将渗透好的鱿鱼胴体依次挂在熏架上，送入熏房，熏制温度控制在 70℃ 左右，并随时观察熏房温度

和烟熏效果。熏制时间控制在 4h 左右。

8. 切圈

从熏架上取下熏制好的鱿鱼胴体，根据客户要求调整切圈机刻度进行切圈。

9. 调味渗透

将切圈后的鱿鱼圈进行第二次渗透，操作方法与第一次相同。

10. 干燥、分级

将调味渗透后的鱿鱼圈均匀放在干燥机的输送带上，根据客户对产品的水分要求来控制烘干机的温度和输送带的行程速度。将烘烤干燥的鱿鱼圈放在已清洗消毒的操作台上，根据客户要求或圈的形状进行分级。

11. 金检、包装

将烘干后的鱿鱼圈分等级后装入塑料框内，经金属检测合格后进行称量和包装。

📁 参考文献

[1] 史思，伊雄海，赵善贞，等. 亚临界水萃取及气相色谱 – 质谱法测定烟熏鱼中苯并 [a] 芘残留 [J]. 上海海洋大学学报 .2014, 23（06）:948-953.

[2] 夏文水 . 食品工艺学 [M]. 北京: 中国轻工业出版社, 2011.

[3] 王宏海，戴志远，翁丽萍，等 . 烟熏鱿鱼不同温度贮藏期间色泽变化初步研究 [J]. 食品与发酵工业, 2011, 37（02）:214-217.

[4] da Silva Santos F M, da Silva A I M, Vieira C B, et al.Use of chitosan coating in increasing the shelf life of liquid smoked Nile tilapia(*Oreochromis niloticus*) fillet [J]. Journal of Food Science and Technology, 2017, 54（5）:1304-1311.

[5] Kong K J W, Alçiçek Z, Balaban M O.Effects of dry brining, liquid smoking and high-pressure treatment on the physical properties of aquacultured King salmon (*Oncorhynchus tshawytscha*) during refrigerated storage [J]. Journal of the Science of Food and Agriculture, 2015, 95（4）:708-714.

[6] 李晓燕，郝淑贤，李来好，等 . 热熏鲟鱼加工过程中的品质变化 [J]. 食品工业科技, 2015, 36（19）:73-77.

[7] Nieva-Echevarría B, Goicoechea E, Guillén M D.Effect of liquid smoking on lipid hydrolysis and oxidation reactions during in vitro gastrointestinal digestion of European sea bass [J].Food Research International, 2017, 97: 51-61.

[8] 李海波，赵长江，袁恒耀，等 . 响应面法优化冷熏调理贻贝(*Mytilus* sp.)生产工艺 [J]. 海洋与湖沼, 2013, 44（06）:1570-1577.

[9] 龚洋洋，黄艳青，陆建学，等 . 俄罗斯鲟烟熏鱼片营养品质分析及评价 [J]. 海洋渔业, 2014, 36（03）:265-271.

[10] 包宇婷 . 桉树烟液液熏尼罗罗非鱼、太平洋牡蛎产品的研究 [D]. 广东海洋大学, 2015.

[11] 焉丽波 . 鳕鱼液熏制品的研制及品质特性的研究 [D]. 中国海洋大学, 2013.

[12] Arvanitoyannis I S, Kotsanopoulos K V.Smoking of fish and seafood : history, methods and effects on physical, nutritional and microbiological properties [J].Food and Bioprocess Technology, 2012, 5（3）:831-853.

[13] 桂萌,林佳,马长伟,等.液熏鲟鱼片生产工艺优化与品质影响分析 [J].农业机械学报,2016,47(06):235-241.

[14] 陈申如,倪辉,张其标,等.液熏法生产熏鳗的工艺研究 [J].中国食品学报,2012,12(05):41-48.

[15] Ayvaz Z, Balaban M O, Kong K J W.Effects of different brining methods on some physical properties of liquid smoked king salmon [J].Journal of Food Processing and Preservation,2017,41(1):e12791.

总结

○ 熏制加工目的
- 赋予制品独特的熏制风味;发色作用;杀菌防腐作用;抗氧化作用;干燥作用。

○ 熏制防腐原理
- 熏烟中的酚类、醛类、酸类等组分具有较强的杀菌防腐作用;熏烟的杀菌作用随着熏烟浓度的增加而提高,随着熏制时间的延长而增强;熏制防腐效果是腌制、熏制、干燥等多种因素综合作用的结果。

○ 熏烟主要成分及作用
- 酚类,主要有三重作用:抗氧化、抗菌防腐、形成特有熏香味;醇类,主要是作为挥发性物质载体;有机酸类,主要是促进制品表面蛋白质凝固,形成良好的外皮;羰基化合物,可使熏制品具有特有风味和芳香味,可与制品中游离氨基发生美拉德反应,形成特有色泽;烃类,含有少量苯并 [a] 芘和二苯并 [a, h] 蒽等致癌物,可过滤除去。

课后练习

一、正误题

1)熏制最好的燃料是木屑。(　　　)

2)熏烟中酚类的主要作用是抗氧化、抗菌防腐和对制品的呈色、呈味作用。(　　　)

3)熏烟中有机酸类附着在食品表面使其 pH 值下降,增强了食盐对微生物的抑制作用。(　　　)

4)熏制保藏效果主要是熏烟成分的作用。(　　　)

5)相比于传统熏制方法,液熏法熏制周期短,安全性高,便于精确控制产品工艺,实现熏制过程的机械化、连续化操作。(　　　)

6)热熏制品的风味、保藏性均优于冷熏制品。(　　　)

二、选择题

1)液熏法在国内外已广泛使用,相比于传统熏制方法,其优点是(　　　)。
- A. 安全卫生　　　　　　　　　B. 熏制时间短　　　　　　　C. 风味独特
- D. 不需要烟熏发生器　　　　　E. 重现性较好

2)熏制工艺的保藏原理是(　　　)。
- A. 熏烟中含有抑菌物质　　　　B. 可降低酶的活性　　　　　C. 延缓了化学成分的变化
- D. 使原料脱去一部分水分　　　E. 可杀灭表面细菌

设计问题

简述熏制对水产品质量的影响。

第九章　鱼糜及鱼糜制品加工

鱼糜加工不受鱼种、鱼体规格大小限制，能根据市场需求加工成各种风味和形状的鱼糜制品。产品不含骨刺、食用方便、美味可口，深受消费者欢迎。

（a）低值小杂鱼

（b）冷冻鱼糜

（c）鱼糜制品

　　我国拥有丰富的海洋资源，且种类繁多。然而由于酷渔滥捕等原因，我国海洋渔业资源发生了结构性变化，传统经济鱼类产量和比例不断下降，低值鱼、小杂鱼明显增多。鱼糜及鱼糜制品可不受原料鱼种的限制，是海洋低值鱼、小杂鱼加工利用的最佳途径之一，在水产品加工行业中具有重要地位。学习鱼糜加工基本原理，有助于鱼糜制品研发过程中关键工艺参数的确定，学习鱼糜及鱼糜制品基本加工工艺，也是开发新型鱼糜制品和提高鱼糜制品品质的必备知识。

👁 **学习目标**

○ 能用简洁、专业的语言讲述清楚鱼糜及鱼糜制品加工的原理。
○ 能简述鱼糜蛋白质凝胶形成过程的三个阶段。
○ 能阐述鱼糜制品的凝胶化与凝胶劣化机理。
○ 分别指出四种鱼糜制品的凝胶化方法。
○ 能阐述影响鱼糜制品弹性的六个因素。
○ 能简述冷冻鱼糜及鱼糜制品的加工工艺及要点。
○ 能列举四种鱼糜制品的加工实例及加工工艺。
○ 能通过现代信息手段获取鱼糜制品加工新技术及其研究进展。

第一节　鱼糜及鱼糜制品加工原理

　　鱼糜及鱼糜制品的出现已有千年历史，而作为工业化生产还是在 20 世纪 60 年代后才逐渐发展起来。随着近几十年来渔业资源的结构性变化，传统经济鱼类产量不断下降，低值鱼、小杂鱼产量逐渐增加。鱼糜制品加工可以不受鱼种及鱼体规格大小限制，能大量地处理渔获物，产品不含骨刺，腥味少，且能根据市场和消费者需求，加工成各种风味和形状的食品，是海洋低值鱼、小杂鱼加工利用的最佳途径之一。据统计，2018 年全国鱼糜制品总产量为 145.5 万吨。目前，国内外用于加工成鱼糜制品的主要原料有狭鳕、海鳗、石首科鱼类（如小黄鱼、梅鱼和白姑鱼等）、带鱼、鲐、马鲛、蛇鲻、沙丁鱼及其他淡水鱼类等。

一、鱼糜凝胶形成过程

　　鱼类肌肉中的蛋白质一般分为肌原纤维蛋白、肌浆蛋白和肌基质蛋白三类。肌原纤维蛋白属于盐溶性蛋白质，是鱼糜形成弹性凝胶体的主要成分。当鱼体肌肉经绞碎后肌纤维受到破坏，在鱼肉中添加 2%～3% 的食盐进行擂溃，肌纤维进一步被破坏，并促进鱼肉中盐溶性蛋白质的溶解，它与水发生水化作用并聚合成黏性很强的肌动球蛋白溶胶，然后根据产品的需求加工成一定的形状，在加热过程中大部分肌动球蛋白溶胶凝固收缩，并相互连接成网状结构固定下来，加热后的鱼糜便失去了黏性和可塑性，形成富有弹性的凝胶体，即鱼糜制品。鱼肉的这种能力叫做凝胶形成能力，这是衡量原料鱼肉是否适宜做鱼糜制品的一个重要标志。鱼糜凝胶形成过程主要经过凝胶化（suwari）、凝胶劣化（modori）和鱼糕化（kombako）三个阶段。

（一）凝胶化

凝胶化是指肌原纤维蛋白充分溶出后，其肌动球蛋白受热后高级结构展开，通过氢键作用相互缠绕形成纤维状大分子而构成稳定的网状结构。凝胶化一般认为是内源性谷氨酰胺转氨酶催化蛋白质的 γ- 谷氨酰胺残基和 ε- 赖氨酸残基之间形成 ε-$(\gamma$-Glu$)$-Lys 共价交联。此外在 pH、离子强度等影响下，肌球蛋白分子的 α 螺旋结构不断解螺旋，蛋白质分子间通过疏水相互作用和二硫键等作用力形成松散的网状结构。肌球蛋白在溶出过程中具有极强的亲水性，因而在形成的网状结构中包含了大量的游离水，在加热形成凝胶以后，就构成了比较均一的网状结构而使鱼糜制品具有极强的弹性。鱼糜凝胶形成过程如图 9-1 所示。

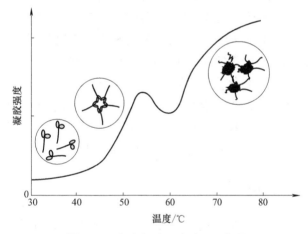

图 9-1　鱼糜凝胶形成过程示意图

（二）凝胶劣化

凝胶劣化是指在凝胶化温度带中已形成的凝胶结构，在 60℃ 附近温度域中逐渐劣化、崩溃的一种现象。凝胶劣化具有鱼种特异性，且鱼种间差异很大，这与凝胶化难易程度有关。一般白肉鱼类中有容易凝胶劣化的，也有比较难劣化的，红肉鱼类大部分容易凝胶劣化，而猪肉、鸡肉、兔肉等畜禽肉类通常不会出现凝胶劣化现象。凝胶劣化可引起鱼糜制品品质下降，引起凝胶劣化的内在原因主要有以下几个方面：

1. 内源组织蛋白酶作用

内源组织蛋白酶广泛存在于动物细胞溶酶体内，以半胱氨酸为活性中心，属于巯基蛋白酶类。多数研究认为，组织蛋白酶 B、H 和 L 在鱼糜凝胶劣化中起重要作用。这些酶类在漂洗过程中不易去除，因

而造成该类鱼糜在加热制成鱼糜制品过程中因肌球蛋白重链被分解而造成凝胶劣化现象，进而影响鱼糜制品的凝胶强度。

2. 内源丝氨酸蛋白酶作用

鱼类肌肉中丝氨酸蛋白酶分为肌浆丝氨酸蛋白酶和肌原纤维结合型丝氨酸蛋白酶，大部分肌浆丝氨酸蛋白酶可随漂洗液除去，而肌原纤维结合型丝氨酸蛋白酶在肌原纤维蛋白，特别是肌球蛋白中大量存在。研究认为肌原纤维结合型丝氨酸蛋白酶降解肌原纤维蛋白是造成鱼糜凝胶劣化的主要因素之一。为了提高鱼糜凝胶强度，常在鱼糜中添加一些蛋白酶抑制剂来抑制丝氨酸蛋白酶作用，研究发现大豆胰蛋白酶抑制剂添加量为 0.01% 时即可有效提高带鱼鱼糜制品的品质。

3. 蛋白质氧化作用

随着蛋白质氧化成为食品化学领域的研究热点，蛋白质氧化对鱼糜凝胶特性的影响逐渐被人们关注。由于凝胶制品的加工过程涉及众多工序，鱼糜蛋白质在该过程易于受到一定程度的氧化。如鱼肉在漂洗期间的氧化会导致凝胶形成能力降低，这直接与蛋白质氧化有关。目前，蛋白质氧化对鱼糜制品凝胶特性的影响仍存在争议，多数研究认为氧化对肌肉蛋白质凝胶特性具有不利影响。李艳青等研究了羟自由基氧化对鲤鱼肌原纤维蛋白乳化性和凝胶性的影响，发现氧化会导致鲤鱼肌原纤维蛋白凝胶弹性、硬度、保水性和白度不同程度下降。近年来也有研究认为适度氧化有利于加强蛋白质 - 蛋白质之间的相互作用，进而提高蛋白质的凝胶特性，但过度氧化则导致蛋白质之间过度聚集，损害其凝胶形成能力。蛋白质氧化程度如何影响鱼糜凝胶品质有待深入探讨。

（三）鱼糕化

当温度继续升高，鱼糜凝胶形成不可逆的交联结构，呈现非透明的、有序状态，网状结构锁定了其中的水分，使得鱼糜凝胶的强度显著增加，这个阶段叫做鱼糕化。鱼糕化影响凝胶内部蛋白质聚集状态，改变蛋白质交联网络结构并影响水分含量及分布。目前对鱼糕化温度的研究主要集中在 100℃ 以下，常用的鱼糕化方式为 85～90℃ 水浴 30min，在此条件下鱼糜制品需要保存在 4℃ 条件下，且货架期相对较短。近年来消费者对于鱼糜制品的即食性和方便性有了更高要求。研究发现经过 120℃ 杀菌的鱼糜制品可以有效延长货架期，但高温处理后的鱼糜凝胶遭到严重破坏，致使凝胶强度下降。如何改善高温鱼糜制品的凝胶特性是保证即食鱼糜制品品质的关键所在。

二、凝胶形成方法

鱼糜凝胶性能直接决定着鱼糜制品的品质优劣，在凝胶形成过程中不同凝胶条件会造成不同的凝胶特性。目前关于鱼糜凝胶形成已经不止于传统的二段加热，微波加热、欧姆加热等也被应用于鱼糜凝胶制作过程中，此外也有一些新的凝胶形成方式广泛应用于鱼糜凝胶化过程中，如酸诱导凝胶、发酵鱼糜凝胶、超声波处理、超高压处理等。

（一）热诱导凝胶

传统二段加热主要是指在 30～40℃ 之间肌球蛋白和肌动蛋白开始形成一定的结构，由溶胶变为凝胶；当温度达到 50～70℃ 时，此阶段会出现凝胶劣化，此时鱼糜凝胶制品品质较差，弹性较低；随着温度升高至 90℃ 左右时，鱼糜凝胶强度显著增加，形成鱼糜凝胶。相比传统水浴加热，研究指出微波加热能够使鱼糜凝胶中心温度快速通过"凝胶劣化区"，减少凝胶劣化出现，促进蛋白质之间形成更多二硫键等交联，提高鱼糜制品的凝胶性能。欧姆加热是指交流电流通过导电材料时内部产生热量，从而产生均匀的温度分布，但目前欧姆加热制成鱼糜尚处于初级阶段。研究表明，相比于水浴加热，欧姆加热鱼糜的断裂力和剪切力分别增加了 1.3 倍和 1.6 倍，二硫键形成程度更大，保水性更好。不同鱼种的最适欧姆加热功率也不同，这主要由于其中不同的内源酶所致。

（二）酸诱导凝胶

酸诱导凝胶指通过直接加酸或酸化剂的方式代替高温加热，导致蛋白质凝聚形成凝胶。相比于传统的二段加热，酸诱导凝胶用有机酸钠盐代替氯化钠的直接加入，间接降低了消费者对钠盐的摄入量。二段加热法制备的凝胶，在凝胶化过程中主要作用力是疏水作用和二硫键交联，而酸诱导凝胶形成过程中起主要作用的是疏水相互作用。研究还发现，将酸处理和热处理相结合，罗非鱼肌动球蛋白的凝胶特性要显著高于热诱导或酸诱导肌动球蛋白的凝胶特性。

（三）发酵鱼糜凝胶

发酵鱼糜制品主要是指在鱼糜中加入微生物，经发酵作用使鱼糜形成其特有的风味与口感，其中发酵温度和时间的控制是发酵进程的重要因素。在发酵过程中，随着有机酸的产生，鱼肉的 pH 下降，同鱼肉蛋白的等电点偏离，使鱼肉蛋白所带静电荷增加，蛋白质分子之间的排斥作用增大，从而影响蛋白质凝胶的形成。由于微生物发酵技术可以抑制一些腐败菌及病原菌的生长而有效延长肉制品的贮藏时间，有研究表明，发酵鱼糜具有良好的凝胶特性及弹性。

（四）超声波处理

超声技术是指利用超声的振动能量，在介质中产生强大的剪切力和高温，改变物质的结构和功能、加速反应速度的技术。超声波处理可以加速罗非鱼鱼糜肌肉组织分解和细胞破碎，促进盐溶蛋白溶出，还会增强内源性谷氨酰胺转氨酶活性，同时抑制组织蛋白酶活性，促使鱼糜凝胶强度提高。研究表明适当的超声波处理才能有效增强鱼糜制品的凝胶性能，而且凝胶性能的增强主要与肌原纤维蛋白二级结构的变化有关。

（五）超高压处理

超高压技术是利用高压使食品中的酶、蛋白质等生物高分子物质失去活性或变性的食品加工技术。

超高压处理可导致肌球蛋白构象改变，使其在凝胶化过程中更易与谷氨酰胺转氨酶接近，促进了分子间交联，改善鱼糜制品的凝胶性能。研究发现中等压强强度（100～300MPa）可以对凝胶特性产生积极影响，200MPa作为凝胶型制品的压强阈值，能够增强鱼糜的凝胶强度。此外，压力处理相比于热处理更有助于形成由天然形式的蛋白质聚集而成的弱交联。总之，超高压技术是一种较传统加热更加有利于鱼糜凝胶形成的处理方式。

三、影响鱼糜制品凝胶特性的主要因素

鱼肉经过采肉、漂洗、擂溃和加热等工序制成的鱼糜制品都具有一定的凝胶强度或弹性，不同的鱼种之间或者同一种鱼经过不同的加工工艺则会使制品产生不同的弹性。影响鱼糜制品弹性强弱的因素主要有以下几个方面：

（一）鱼的种类及鲜度

由于鱼种的不同，鱼糜的凝胶形成能有很大的差别，因而鱼糜制品弹性的强弱就有差异。大部分淡水鱼比海水鱼弹性差，软骨鱼比硬骨鱼弹性差，红肉鱼类比白肉鱼类差，这种因原料鱼种而引起的对制品弹性的影响是很复杂的。鱼种对鱼糜制品弹性强弱的影响主要有以下几个方面：鱼类肌肉中所含的盐溶性蛋白，尤其是肌球蛋白的含量；鱼种肌原纤维Ca-ATPase的热稳定性；捕捞季节和个体大小。

鱼糜制品的弹性与原料鱼鲜度也有一定关系，随着鲜度的下降，其凝胶形成能和弹性也逐渐下降。研究发现采用死后不同时间的鲢鱼肉制作的鱼糜凝胶，其凝胶强度、保水性和白度均有显著差异，其中以新鲜鲢鱼为原料制作的鱼糜凝胶的凝胶强度最高，而鱼糜凝胶的保水性和白度在鱼肉的僵直期最差。这主要是由于随着鲜度下降，肌原纤维蛋白变性也增加，从而失去了亲水性，即在加热后形成包含水分少或不包含水分的网状结构而使弹性下降。这种变性在红肉鱼类中更易发生，导致红肉鱼类肌原纤维蛋白容易变性的原因主要是鱼体死后肌肉的pH值向偏酸性方向变化。红肉鱼类鲜度下降导致弹性下降的另一个因素是其肌动球蛋白溶解度下降，而且溶解出来的肌动球蛋白的某些理化性状也有所改变，从而影响凝胶网状结构的形成。

（二）鱼肉化学组成

鱼类肌肉的凝胶形成能和制品的弹性与其鱼肉的化学组成成分相关。肌肉蛋白质中对鱼糜及鱼糜制品品质影响大的主要是肌原纤维蛋白和肌浆蛋白，其中肌原纤维蛋白占鱼肉蛋白质的60%～70%，是同弹性形成直接相关的蛋白质。红肉鱼类肌肉中水溶性蛋白质含量较白肉鱼类多，它与肌动球蛋白一起加热时，会影响肌动球蛋白的充分溶出和凝胶网状结构的形成，从而导致鱼糜制

品弹性的下降，这种对鱼糜制品弹性影响的大小程度基本上与水溶性蛋白质的含量成正比。

鱼体脂肪含量的多少对鱼糜制品弹性的形成影响不大，在漂洗鱼糜时，大部分脂肪会被除去，这有利于延长鱼糜及鱼糜制品的保藏性。但脂肪的存在，在一定程度上也能改善产品口感，增强其营养与风味。由于碳水化合物含量相当少，所以对鱼糜制品的加工基本无影响，但糖原的存在能增强产品风味的浓厚性和持续性。鱼肉中的无机盐含量对鱼糜制品的质量无明显影响，在漂洗时将近有 40% 左右的无机盐成分会随水溶性蛋白质一起除去。

（三）漂洗工艺

鱼糜漂洗与否将直接影响制品的弹性，对红肉鱼类的鱼糜或鲜度下降的原料尤其如此。鱼糜经过漂洗后，其化学组成成分与未漂洗鱼糜相比发生了很大的变化，这种变化主要表现在经过漂洗后，水溶性蛋白质、灰分和非蛋白质氮的含量均大量减少。

1. 漂洗介质

漂洗主要有清水漂洗法和稀碱盐水漂洗法。如何选择使用要根据鱼类肌肉的性质来决定。白肉鱼类一般可直接用清水漂洗，而红肉较多的鱼类等用稀碱盐水来漂洗，这样不仅可促进水溶性蛋白质的溶出和除去，而且又可使鱼肉 pH 值提高到 6.8，接近中性，以有效地防止蛋白质冷冻变性，增强鱼糜制品的弹性。研究发现采用不同浓度的 $CaCl_2$ 或 $MgCl_2$ 溶液漂洗鱼糜，会引起维持凝胶网状结构的化学作用力发生变化，尤其是 0.2% $CaCl_2$ 溶液可增强鱼糜凝胶中疏水相互作用，从而产生更好的凝胶强度。

2. 漂洗次数

未漂洗的鱼肉蛋白形成的鱼糜制品凝胶强度较低，而通过漂洗会除去鱼肉中的水溶性蛋白质，提高肌原纤维蛋白的浓度，改善鱼糜凝胶特性。实际上，漂洗次数主要根据原料鱼的鲜度及产品的质量要求而定，漂洗次数通常为 2~3 次。鲜度极好的原料漂洗次数可适当降低，一般对鲜度极好的大型白鱼肉甚至可不漂洗。同样，生产质量要求不高的鱼糜制品，也可降低漂洗次数。

尽管漂洗对提高鱼糜的质量很有效果，但也会降低鱼糜的营养成分及得率，而且影响制品的风味。近年来，国内外对于适度漂洗，甚至不漂洗鱼糜的开发逐渐成为研究热点。如 Priyadarshini 等采用不同漂洗介质对罗非鱼肉进行单次漂洗，发现稀碱盐水单次漂洗处理可得到质量较好的罗非鱼鱼糜。袁凯等基于工业化鱼糜漂洗工艺，探讨了白鲢鱼糜加工过程中蛋白质氧化规律，发现选择低温（4℃）少漂洗（1或 2 次）处理能够在满足工艺加工要求的同时有效提高鱼糜蛋白质得率，控制蛋白质氧化程度，从而维持蛋白质良好的功能特性。

3. 漂洗水温

水温主要是影响漂洗的效果和肌原纤维蛋白的变性。漂洗时水温高有利于水溶性蛋白质的溶出，使得鱼肉中的肌动球蛋白含量相对增加。但水温过高则会导致蛋白质的变性，降低鱼糜制品凝胶强度。漂洗水温通常宜控制在 10℃ 以下。

第九章

4. 漂洗液 pH 值

pH 值是影响肌肉中肌原纤维蛋白稳定性的重要因素。在生产冷冻鱼糜的工艺中漂洗水的 pH 值为 6.8，漂洗的时间一般在每次 10min 左右。此外，漂洗的效果还与搅拌时间、搅拌方法等因素有关，需在生产实践中不断摸索和总结经验，才能达到最佳效果。

（四）冻结贮藏

鱼类经过冻结贮藏，凝胶形成能和弹性都会有不同程度的下降，这是因为肌肉在冻藏过程中由于细胞内冰晶的形成产生很高的内压，导致肌原纤维蛋白发生冷冻变性。一旦发生冷冻变性，盐溶性蛋白质的溶解度就会下降，从而引起制品弹性下降。以鱼糜形式冻结贮藏，由于肌原纤维大部分已破裂，比整条鱼冻结贮藏更容易导致肌原纤维蛋白变性，因而必须添加抗冻剂才能有效地防止其冷冻变性。冻结贮藏对鱼糜制品弹性的影响因素主要有：冻结速率、冻藏时间、冻藏温度和冷冻 - 解冻循环次数等。冻结速率对整条鱼肌肉蛋白质变性的影响明显高于鱼糜蛋白质；冻藏温度对两种不同形态的肌肉蛋白质都有明显的影响；而冷冻 - 解冻循环次数越多，鱼糜蛋白质冷冻变性速度越快。

冷冻鱼糜技术的开发很大程度上取决于抗冻剂的发现。传统抗冻剂（白砂糖，山梨糖醇，磷酸盐等）存在高热量、高甜度的缺点，严重影响鱼糜制品的风味、口感和营养价值，对于糖尿病患者、高血糖病人以及肥胖症者这些特殊人群，不能摄取太高的热量，此外，过多的磷酸盐摄入会一定程度抑制钙的吸收。开发低聚糖类、蛋白质水解物、酶解物、糖醇和盐类等新型抗冻剂，以满足现代生活中消费人群对健康饮食的需求，已成为近年来的研究热点。

（五）解冻方式

解冻作为冷冻的逆过程是鱼糜以及鱼糜制品加工过程中不可缺少的重要手段。解冻速度和解冻温度的差异均会引起蛋白质不同程度的变性。目前的解冻方式主要有流水解冻、空气解冻、欧姆解冻、微波以及射频解冻等。工厂常用的鱼糜解冻方法主要是空气解冻和流水解冻等，这些方法耗时长，效率低，而且在解冻过程中还存在鱼糜汁液流失、微生物繁殖等问题。微波解冻和射频解冻是新兴的解冻方式，统称为介电解冻，通过产生的高频交变电磁场促使食品内部的离子产生振动以及水分子发生极性转动从而导致食品整体性被加热，是一种较为理想的解冻方式。刘富康等系统考察了不同解冻方式对鱼糜制品弹性的影响，发现微波解冻速率最快，射频解冻次之，空气解冻最慢，但空气解冻的鱼糜凝胶持水性最好，射频解冻次之，微波解冻的鱼糜凝胶持水性最差。

（六）外源添加物

在鱼糜制作过程中凝胶劣化不可避免，为降低生产成本或改善鱼糜制品品质，在鱼糜制品生产过程中，常需要加入一些外源添加物来辅助蛋白质网络空间的形成。不同种类的添加物对鱼糜凝胶作用机理不同，对其品质的影响也不同。添加外源组分的鱼糜凝胶一般可分为填充型、复合型及混合型凝胶。填充型凝胶是指添加的成分以原始形态填充在蛋白质凝胶网状结构中。复合型凝胶是指添加组分与蛋白质凝胶之间相互作用，产生交联。混合型凝胶是指肌原纤维蛋白形成连续相，添加物和该连续介质彼此穿插共同形成一个混合连续相。常用的外源添加物主要有非肌肉蛋白类（蛋清蛋白、大豆分离蛋白等）、淀粉类、多酚氧化物类以及一些酶制剂如谷氨酰胺转氨酶等。

概念检查 9-1

○ 描述鱼糜蛋白质凝胶化的过程，请给出具体凝胶化方法。

○ 鱼糜制品凝胶化与凝胶劣化机理有哪些？如何抑制凝胶劣化现象？请结合所学的知识谈谈还有哪些方法可以提高鱼糜制品的弹性。

第二节　鱼糜及鱼糜制品加工工艺

冷冻鱼糜是将原料鱼经清洗、采肉、漂洗、精滤、脱水、混合和冷冻加工等工序制成的产品，它是进一步加工鱼糜制品的中间原料，将其解冻或直接由新鲜原料添加食盐制得的鱼糜，再经擂溃或斩拌、成型、加热和冷却等工序就制成了各种鱼糜制品。

鱼糜制品营养丰富，蛋白质含量高，脂肪含量低，原料来源广泛，不受鱼种大小影响，并可就地及时加工，且产品具有食用方便、美味可口、风味独特等优点，因此受到消费者的普遍欢迎。鱼糜及鱼糜制品加工，可以提高低值鱼、小杂鱼加工利用率，增加原料的附加值。我国传统特色的鱼糜制品有福建鱼丸、鱼面，江西燕皮以及山东等地的鱼肉饺子等。目前已开发出一系列新型鱼糜制品和冷冻调理食品，以鱼丸、章鱼丸、鱼豆腐、鱼肉香肠、模拟制品、竹轮、鱼排和天妇罗等鱼糜制品以及冷冻调理食品为代表。

目前世界各国生产鱼糜制品的原料主要有沙丁鱼、鳗、带鱼、梅童鱼、蛇鲻、阿拉斯加狭鳕、太平洋无须鳕、鲐和淡水鱼等鱼种或由其制作的冷冻鱼糜。通常主要选用那些适于加工成鱼糜、捕获量较大的鱼种或者经济价值较低的小杂鱼作为原料。不同的鱼类原料具有不同的化学组成和理化特性，这是决定其利用价值、利用途径，采取何种加工方法和工艺设备以及加工成何种产品的基本因素，也是改进保藏技术，增加品种和提高质量的主要依据。

在鱼糜制品中添加什么样的辅料和添加剂，如何搭配使用，不仅关系到鱼糜制品的风味、口感和外观，也关系到产品质量和营养价值。这里所指的辅料主要包括鱼糜加工用水、淀粉、植物蛋白、蛋清、油脂、明胶、糖类等，而添加剂主要包括品质改良剂、调味品、香辛料、杀菌剂、防腐剂和食用色素等。这些辅料和添加剂可根据产品种类、质量要求、市场需要、消费习惯和市场价格等因素来搭配使用，同

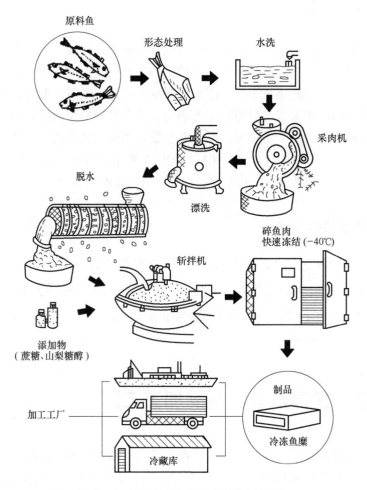

图 9-2　冷冻鱼糜加工工艺流程示意图

时应当特别注意多种辅料和添加剂使用量必须符合相应的国家卫生标准。

一、冷冻鱼糜加工工艺

冷冻鱼糜是指经前处理、清洗、采肉、漂洗、精滤、脱水、混合、充填和冻结等加工得到的糜状制品。根据是否添加食盐又可分为无盐鱼糜和加盐鱼糜，无盐鱼糜一般添加 5.0% 左右的食糖和 0.2%～0.3% 的多聚磷酸盐（焦磷酸钠和三聚磷酸钠混合物）。目前国内生产的大多为无盐鱼糜。国家市场监督管理总局、国家标准化管理委员会于 2018 年 6 月发布了《冷冻鱼糜加工技术规范》（GB/T 36395—2018），规定了冷冻鱼糜加工的基本要求、加工技术要点及生产记录。冷冻鱼糜加工工艺如图 9-2 所示。

（一）原料鱼种及鲜度

考虑到产品的弹性和色泽，一般选用白肉鱼类做鱼糜原料。红肉鱼类因肌肉组成成分的特点，所制成产品的白度和弹性均不及白肉鱼类。随着鱼糜加工技术的进步，红肉鱼类资源较丰富，也逐渐被利用加工成鱼糜。鱼类的鲜度也是需要考虑的重要因素之一，原料鱼以刚捕获的新鲜鱼或冰鲜鱼为好。鲜原料鱼加工前，宜用碎冰覆盖或暂存于0～4℃环境中，鱼体温度宜保持在10℃以下，保鲜时间不宜超过3天。鱼糜的凝胶形成能很容易随鲜度下降而下降。此外，鱼类在死亡之前挣扎少，加工后鱼糜的质量就好，经过剧烈的挣扎，鱼体内能量消耗过多，鲜度就差。

（二）原料鱼前处理

将原料鱼冲洗干净，然后去鳞、去头、去内脏、剖割、切块等，清洗、去除腹腔内残余内脏和黑膜。清洗一般要重复2～3次，水温宜控制在15℃以下。前处理工序必须将原料鱼清洗干净，否则内源性蛋白酶会对鱼肉蛋白质进行分解而影响鱼糜制品的弹性和质量。

（三）采肉

宜使用机械采肉，采肉机的网眼孔径一般为3～5mm。采肉机大致可分为滚筒式、圆盘压碎式和履带式三种。比较理想的采肉机不仅要求采肉率高且无过多碎骨皮屑等杂物混入，而且在采肉时升温要小，以免蛋白质热变性。国内目前使用较多的是滚筒式采肉机，见图9-3。采肉时，靠滚筒转动和与橡胶皮带圈之间的挤压作用，鱼肉穿过滚筒的网状孔眼进入滚筒内部，而骨刺和鱼皮在滚筒表面，从而达到鱼肉与骨刺分离的目的。

冷冻鱼糜的加工质量要求比较高，通常使用第一次采下的鱼肉来进行加工。由于任何形式的采肉机均不能一次把鱼肉采取干净，即在皮骨等废料中残留少量鱼肉，为了充分利用这些蛋白质，应进行第二次采肉，但鱼肉质量较第一次差，色泽较深，有时还带有一些碎骨屑，通常用作油炸鱼糜制品的原料。

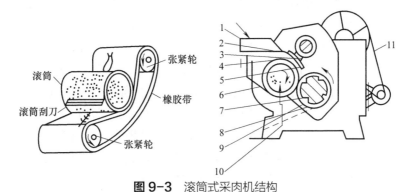

图9-3　滚筒式采肉机结构

1—鱼头；2—压料机；3—多孔滚轮；4—偏心轮；5—压料板；6—多孔滚筒刮刀；7—橡皮滚筒；8—橡皮滚筒刮刀；
9—皮骨出口；10—鱼肉出口；11—驱动机构

（四）漂洗

漂洗是指用水溶液对鱼肉进行洗涤，以除去鱼肉中的水溶性蛋白质、色素、气味和脂肪等成分。将分离出的碎鱼肉送到漂洗槽或自动漂洗机中漂洗，水温宜控制在10℃以下。漂洗是生产冷冻鱼糜及相关鱼糜制品的重要工艺，对红肉鱼类更是必不可少的技术手段，它对提高鱼糜制品的质量及其保藏性能，扩大生产所需原料的品种范围都起到了重要作用。根据原料鱼种类、鲜度和产品要求不同，漂洗次数宜为2～3次，鱼肉与漂洗水的比例宜为1：（5～10）。最后一次漂洗可加入食用盐（浓度不宜超过0.3%）

或其他脱水辅助剂。

现有鱼糜漂洗工艺虽然取得了不错的成果，但也暴露出一些亟待解决的问题，如劳动强度大，用水量大，鱼糜得率较低，同时会产生大量高化学需氧量的有机废水。传统鱼糜工艺需要采用重复漂洗工序以除去水溶性蛋白质和脂肪等，从而浓缩肌原纤维蛋白，而pH调节法通过采用酸性（pH 2~3）或碱性（pH 9~11）条件将肌原纤维蛋白和肌浆蛋白溶解，再调节pH至等电点处（pH 5.0~5.5）沉淀从而提取鱼肉分离蛋白。pH调节法鱼糜加工技术的优点主要有以下几个方面：①鱼糜得率显著高于传统漂洗工艺，传统水洗工艺蛋白质回收率为55%~65%，而pH调节法蛋白质回收率可达90%以上；②原料适用范围更广，可适用于小杂鱼、多脂鱼，甚至直接以加工下脚料为原料；③耗水量降低50%以上；④鱼糜品质优良，pH调节法极端pH环境中内源酶大部分已变性，避免了组织蛋白酶等引起的凝胶劣化，且鱼糜脂肪含量更低，提高了产品贮藏稳定性；⑤pH调节法鱼糜在低盐量（1%）时凝胶特性优于传统水洗鱼糜，可用于加工优质低盐鱼糜制品。

（五）精滤、脱水

鱼肉经漂洗后水量较多，因此必须进行脱水。鱼糜在脱水后要求水分含量一般在80%~82%。脱水的方法主要有三种：过滤式旋转筛脱水、螺旋压榨机压榨脱水和离心机离心脱水。精滤、脱水过程主要有两种工艺：一种采用"预脱水、精滤、再脱水"，此工艺宜先用回转筛进行预脱水，然后用精滤机精滤，最后用脱水设备再脱水；另一种采用"脱水、精滤"，此工艺应先用脱水设备脱水，然后宜用带冷却夹套的精滤机精滤。精滤机网孔直径宜为0.5~2.0mm，脱水机网孔直径宜为0.2~0.6mm。

影响脱水的因素主要有漂洗液pH值、盐水浓度和温度等。pH值在鱼肉的等电点（pH 5.0~6.0）时，脱水性最好，但在生产上不适用，因为在此pH范围内鱼糜的凝胶形成能力差。通常白肉鱼类在pH 6.9~7.3较有利，多脂的红肉鱼类则在pH 6.7较好。而盐水浓度一般采用的方法是在最后一次漂洗时加入食盐（浓度不宜超过0.3%），脱水效果较好。温度对脱水效果的影响表现为温度越高，越容易脱水，且脱水速度也越快，但蛋白质容易变性，所以从实际生产工艺考虑，在精滤、脱水工序中鱼肉温度宜控制在10℃以下。

（六）混合

混合的目的主要是将精滤、脱水后的鱼糜与抗冻剂搅拌均匀，以防止或降低蛋白质冷冻变性的程度。常用的抗冻剂有白砂糖、山梨糖醇、磷酸盐等。混合过程中鱼糜温度宜控制在10℃以下。

（七）充填、称重

将混合均匀的鱼糜充填制成长方体等形状，每块切成10kg或15kg（产品外形、重量可根据需求而定）。内包装宜采用颜色明显区别于鱼糜色泽的塑料袋，并应符合相关标准规定。

（八）冻结、贮藏

充填后鱼糜尽可能在最短时间内冻结。通常使用平板冻结机，产品中心温度宜在 3h 内降至 −18℃ 及以下。经金属探测后，以每箱两块装入硬纸箱，在纸箱外标明原料鱼名称、鱼糜质量等级、生产日期、生产单位等相关应注明的事项，运入冷库冻藏。冻藏时间一般不超过 6 个月。

二、鱼糜制品加工工艺

鱼糜制品是以冷冻鱼糜为原料制得的富有弹性的凝胶类食品，鱼糜制品加工过程实质上是鱼肉肌原纤维蛋白的热变性聚集和凝胶化过程。鱼糜制品加工的工艺流程如下：

冷冻鱼糜→解冻→擂溃或斩拌→成型→凝胶化→加热→冷却→包装→贮藏

（一）解冻

根据鱼糜制品加工工艺要求，为了防止冷冻鱼糜蛋白质热变性和微生物生长繁殖，一般采用 3～5℃ 空气或流水解冻法，待鱼糜品温回升到 −3℃ 易于切割时即可。经解冻和切割处理之后，鱼糜品温大约在 0～1℃，此时即可进行擂溃或斩拌。加盐冷冻鱼糜因冻结点较低，解冻速度较慢。

（二）擂溃或斩拌

擂溃是鱼糜制品生产的重要工艺之一。影响擂溃效果的主要因素包括擂溃时间、温度、食盐浓度和各种辅料的添加方法等。为提高鱼糜制品质量，可使用真空擂溃机或真空斩拌机，以便把鱼糜在擂溃等加工中混入的气泡驱走，使其对质量的影响减少到最低程度。擂溃操作过程可分为空擂、盐擂和调味擂三个阶段。

1. 空擂

将鱼肉放入擂溃机内擂溃，通过搅拌和研磨作用，使鱼肉的肌纤维组织进一步被破坏，为盐溶性蛋白质的充分溶出创造良好条件。时间一般为 5min 左右，以冷冻鱼糜为原料时，时间可以稍长一些，因为鱼糜温度必须上升到 0℃ 以上，否则加盐以后，温度下降会使鱼肉再冻结而影响擂溃的质量。

2. 盐擂

在空擂后的鱼肉中加入鱼肉量 1.0%～3.0% 的食盐继续擂溃的过程。经擂溃使鱼肉中的盐溶性蛋白质充分溶出，鱼肉变成黏性很强的溶胶，时间一般控制在 15～20min。

3. 调味擂

在盐擂后，再加入食糖、淀粉、调味料和防腐剂等辅料并使之与鱼肉充分混合均匀，一般可使上述添加的辅料先溶于水再加入，其中淀粉的加入主要是为了提高制品的弹性。另外，还需加入蔗糖脂肪酸酯，使部分辅料能与鱼肉充分乳化，而能促进盐擂鱼糜凝胶化的氯化钾、蛋清等弹性增强剂应该在最后加入。

（三）成型

经以上处理的鱼糜具有很强的黏性和一定的可塑性，可根据不同要求，加工成各种各样的形状和品

种，再经蒸、烘、煮、烤、炸或熏等多种不同热加工处理，即成为鱼糜制品。成型操作要与擂溃操作连续进行，两者之间不能长时间间隔，否则，擂溃后的鱼糜在室温下放置会因凝胶化现象失去黏性和塑性而无法成型。

（四）凝胶化

鱼糜在成型后加热之前，一般需在较低温度下放置一段时间，以增加鱼糜制品的弹性和保水性，这一过程叫做凝胶化。凝胶化的温度一般有四种：高温凝胶化，在 35～40℃温度放置 30～90min；中温凝胶化，在 15～20℃温度放置 18h 左右；低温凝胶化，在 5～10℃温度放置 18～42h；二段凝胶化，先在 30℃条件下进行 30min 高温凝胶化，然后在 7～10℃温度下再低温凝胶化 18h。

（五）加热

加热也是鱼糜制品生产中的重要工艺之一。加热方式主要包括蒸、烘、煮、烤、炸等或组合处理等操作。加热的设备包括自动蒸煮机、自动烘烤机、鱼丸和鱼糕油炸机、鱼卷加热机、高温高压加热机、远红外线加热机和微波加热设备等。

鱼糜制品加热的目的有两个：一是使蛋白质变性凝固，形成具有弹性的凝胶体；二是杀菌。一般来讲，盐擂鱼糜的加热过程对制品的弹性有很大影响，而最终达到的温度对制品的保存性又有影响。从弹性角度考虑一般采用使鱼糜慢慢地通过凝胶化温度带以促进网状结构的形成，再使其快速通过凝胶劣化温度带以避免构造劣化。二段加热法就是根据这一原理进行的，即将鱼糜选择在一个特定的凝胶化温度带中进行预备加热后，再放入 85～95℃温度中进行高温快速加热 30～40min。这样不仅可快速通过凝胶劣化温度带，而且可使鱼糜制品的中心温度达到 80～85℃，达到加热杀菌的目的，进而延长鱼糜制品的保存期。

传统的热处理主要依靠传热介质进行蒸煮和烤制加热，然而此类方法普遍存在热效率低、污水量大、耗时较长等诸多问题，微波、欧姆加热等电磁场和电场热处理方式，不仅能大幅度缩短加工时间，降低能耗，还能提升鱼糜制品凝胶特性，改善产品品质，具有较好的应用前景。

（六）冷却

加热完后的鱼糜制品大部分都需要在冷水中急速冷却。迅速放入 10～15℃的冷水中急冷，防止发生皱皮和褐变等现象，并能使制品表面柔软和光滑。急速冷却后通常还要放在冷却架上让其自然冷却。另外，也可通过通风冷却或自动控制冷却机进行冷却。

（七）包装与贮藏

一般的鱼糜制品均需要进行包装，鱼丸、鱼糕等一般采用自动包装机或真空包装机。包装后进行速冻处理，装箱，放入冷库贮藏待运。在 -18℃下保质期一般可以达到 12 个月。

概念检查 9-2

○ 描述冷冻鱼糜、鱼糜制品的主要加工工艺。

第三节　鱼糜及鱼糜制品加工实例

一、鱼丸

　　鱼丸是我国最具代表性的传统鱼糜制品（图 9-4），深受人们喜爱，根据不同原料鱼种、有无包馅、有无淀粉、加热形式不同和各个地方生产而分成许多品种，其中福州鱼丸、鳗鱼丸、花枝丸等享誉盛名，目前主要以自动化生产为主。鱼丸的加工工艺流程及工艺要点如下：

　　冷冻鱼糜解冻→擂溃→（备馅→）成丸→加热→冷却→包装→速冻→冻藏→成品

图 9-4　鱼丸

1. 冷冻鱼糜解冻

　　为确保鱼丸的质量，最好选用凝胶形成能较高、含脂量较低和白色鱼肉比例较高的鱼种制作的鱼糜为原料，也可以利用鲜鱼直接从加工鱼糜开始生产制作。由于不同鱼丸产品的不同要求，对冷冻鱼糜的质量要求或在鲜鱼前处理工序上也有区别，如对质量要求（弹性、色泽等）较高的水发鱼丸，选择采肉一次的鱼糜，并在鱼糜加工过程中需漂洗、脱水等操作。而对油炸鱼丸，在鱼糜加工过程中则可多次重复采肉，甚至可以省略漂洗、脱水工艺操作。以冷冻鱼糜为原料进行鱼丸生产时，需先将冻鱼糜块做半解冻处理。

2. 擂溃

　　擂溃是鱼丸生产过程中的关键工序之一，直接影响鱼丸的质量。为保证鱼丸质量，擂溃之前，冷冻

鱼糜温度应控制在3℃以下，擂溃时可添加冷水、冰水或者碎冰代替水来控温，擂溃后的温度应控制在10℃以下。由于擂溃时空气会混入较多，加热时膨胀，从而影响制品的外观和弹性，为此可采用真空擂溃机。此外，还应注意添加配料的次序，首先加入2.0%~3.0%的食盐、0.1%~0.2%的磷酸盐和2.0%左右的糖等品质改良剂，然后再按序加入淀粉和其他调味料，期间分次加入水，以擂溃至所需的黏稠度。油炸鱼丸较水发鱼丸加水量要少一些。一般擂溃过程时间控制在20~30min，在实际生产中，企业通常以高速斩拌机代替擂溃机，只需10min左右，即可达到擂溃的效果。

3. 成丸

现在工业化生产时大多采用鱼丸成型机连续生产，生产数量较少时也用手工成型。大小均匀、表面光滑、无严重拖尾现象的成型鱼丸要随即投入一盛有冷清水的容器中，使其收缩定型。含馅水发鱼丸是以鱼肉、淀粉、精盐、味精等调制的鱼糜为外衣，以剁碎的畜禽肉、植物蛋白等和糖、盐等掺和的糜为馅心，制作而成。

4. 加热

鱼丸的加热有两种方式：水发鱼丸用水煮，油炸鱼丸用油炸。水煮鱼丸常用夹层锅，一般应控制在5~10min，鱼丸中心温度必须达到75℃左右，此时水温保持在85~95℃，其间鱼丸逐渐受热膨胀而上浮，再保持2~4min后待全部漂起，表明煮熟，随即捞起，沥出水分。另外也可采用分段加热法，先将鱼丸加热到40℃保持20min，以形成高强度凝胶化的网状结构，再升高到75℃，这类制品比前者质量好。油炸制品保藏性较好，且油炸时可消除腥臭味并产生金黄色。油炸开始时油温需保持在180~200℃，油炸1~2min，待鱼丸炸至表面坚实、内熟浮起、呈浅黄色时即可捞起。如用自动油炸锅则经两次油炸，第一次油温120~150℃，第二次油温150~180℃。此外，也可先将鱼丸在水中煮熟，沥干水分后油炸而成。这种产品弹性较好，缩短了油炸时间，提高了出品率，且可减少或避免成型后直接油炸所出现的表面褶皱、不光滑现象，但口味略差。

5. 冷却

鱼丸加热后均应快速冷却，可采用水冷或风冷等措施快速降温。

6. 包装

包装前的鱼丸应冷却完全，同时应按有关质量标准检验其质量，挑出不成型、焦枯、油炸不透等不合格品，然后按规格分装于塑料袋中，也可以采用真空包装等形式，可以延长制品的保藏期。

7.速冻、冻藏

内包装好的鱼丸应利用单体速冻设备或平板冻结设备进行速冻处理，使制品中心温度快速降到−18℃以下，然后进行装箱等处理，保存在−18℃及其以下的冷库中。

二、鱼豆腐

鱼豆腐（图9-5）又称油炸鱼糕，以鱼糜为主料，绞成肉泥配以其他辅料并挤压成型块状，经熟化油炸而成，具有金黄色的良好外观，食之香郁，富有弹性，且营养丰富，是火锅、炒菜、麻辣烫的好材料。近年新开发的即食鱼豆腐，由于口味诱人、食用方便等优点，深受广大消费者的青睐。鱼豆腐的加工工艺流程及工艺要点如下：

冷冻鱼糜解冻→制浆→斩拌→蒸煮成型→油炸→卤煮→拌料→真空包装→杀菌→成品

图9-5　鱼豆腐

1.冷冻鱼糜解冻

为确保鱼豆腐质量，选用凝胶形成能高、脂含量低和白色鱼肉比较高的鱼种制作的鱼糜为原料。将冻鱼糜块半解冻后，用鱼糜切削机切成2～3mm厚的薄片。

2.斩拌

与一般鱼糜制品生产基本相同，最好使用真空斩拌机，按工艺配方添加淀粉、植物蛋白、冰水、调味料等其他配料斩拌均匀。

3.蒸煮成型

将配好的浆料及时进行注浆成型，使用刮板打理平整，推至发酵室。发酵室温度一般为40～50℃，湿度一般为70%～90%，发酵时间为120～180min。把发酵好的产品推入蒸箱蒸煮成型，蒸煮温度＞90℃，时间一般为20～40min。把蒸煮熟化的产品放在切片机上，切成固定规格形状。

4.油炸

待产品表面温度低于30℃时方可进行油炸，油温保持在150～170℃，油炸时间40～60s，油炸后的

产品保持在色泽金黄、不黑边、不发白、上色均匀。油炸后产品通过冷风机降温后进行卤煮，隔日生产的原料鱼豆腐需速冻后保持 -18℃储存。

5. 卤煮

通常鱼豆腐卤煮采用老汤熬煮，老汤煮开后，调味料、香料、原料鱼豆腐依次加入夹层锅熬煮，并进行翻转，确保鱼豆腐卤制均匀，卤制时间 20～30min，之后再加盖闷制 20～30min。

6. 拌料

卤制后的鱼豆腐捞出，经过振动筛振动、过滤，通过冷风冷却线冷却至40℃以下，投入拌料桶，拌料时间 40～60s。依据不同风味的鱼豆腐设置拌料桶，防止串味。烧烤味、香辣味、麻辣味是市面上常见的鱼豆腐风味。

7. 真空包装

产品送入真空包装机进行抽真空包装。全自动真空包装机可实现自动化包装过程，包装袋的吹塑、成型、热封自动进行，极大地提升了鱼豆腐生产速度，逐渐成为即食食品包装工艺的首选机械。

8. 杀菌

抽好真空的半成品采用反压热渗透杀菌方式，杀菌温度为 110～121℃，杀菌时间为 10～30min。高温杀菌会破坏鱼豆腐蛋白结构，引起凝胶强度下降，也可采用低温长时杀菌方式。杀菌结束后用冷水快速冷却至 40℃以下，于30～40℃温检 3～7 天后，挑除胀包、漏包产品，合格产品检验后入库常温储存。

三、章鱼丸

章鱼丸的加工工艺流程及工艺要点如下：
鱼糜解冻→斩拌→混合→成型→熟化→冷却→速冻→包装

1. 鱼糜解冻

章鱼丸冷冻鱼糜选择比较广，不受原料鱼肉色泽的影响。加工时所用的冷冻鱼糜需要进行半解冻。

2. 斩拌

在半解冻后的冷冻鱼糜中加入复合磷酸盐斩拌 2～5min，加入食盐斩拌4～6min，从而获得黏稠、无颗粒感的鱼糜浆料，然后再加入淀粉、非肌肉蛋白质、白砂糖、味精以及香辛料进行斩拌，加入冰水调节复合浆料的水分至 60%～75%。

3. 混合

向斩拌均匀的复合浆料中加入生鲜章鱼足颗粒，进行物料混合，得到含章鱼足颗粒的复合浆料。章鱼足颗粒粒径一般为5～15mm。

4. 成型、熟化

将含章鱼足颗粒的复合浆料制成颗粒丸状的章鱼丸，90～100℃水煮加热20～40min使章鱼丸熟化定型。

5. 冷却

于冰水中浸渍8～12min，实现快速冷却。

6. 速冻、包装

快速冷却后的章鱼丸用10～15℃冷风吹干表面水分后进行速冻、金属探测和包装。

四、模拟蟹肉

模拟蟹肉（图9-6）是以鱼糜为主要原料制作的具有新鲜海蟹口味的鱼糜制品。目前国内模拟蟹肉的技术和设备主要从日本引进，或在此基础上进行改良。模拟蟹肉作为高技术、高质量、高附加值的水产方便食品具有很好的竞争力和广阔的发展前途。模拟蟹肉的加工工艺流程及工艺要点如下：

鱼糜解冻→斩拌→肉膜成型→压丝成束→上色切段→装袋→真空封口→杀菌→冷却→速冻→装箱→冻藏→成品

图9-6　模拟蟹肉

1. 鱼糜解冻

模拟蟹肉采用冷冻鱼糜为原料，需要加工的鱼糜提前12～14h从冷库内移到加工车间，在常温空气中或直接在30～50℃的解冻机中升温解冻备用（随季节不同进行调节）。至中心温度在−2～6℃时可投入使用。

2. 斩拌

将鱼糜切割后投入斩拌机内，初搅后加入除盐和淀粉外的配料，当温度达到2℃时加入盐继续斩拌。当温度上升到4～6℃时加入淀粉。温度达到10℃时停止斩拌。

3. 肉膜成型

将调制好的鱼浆用泵经喷嘴涂布到蒸汽滚筒上加热成膜，肉膜出口幅宽根据规格需要设置。

4. 压丝成束

肉膜经压丝杠压丝，后滚卷成棒状。

5. 上色切段

上色工艺分为两种：一种是将色素直接涂于肉膜上；另一种是将制成的丝卷送入包衣机进行上色。色素使用天然色素，模拟蟹肉长度一般为 7～7.5cm，质量为 15.7～16.2g。此长度和质量亦可根据需求而定。

6. 装袋

将切段后的肉棒整齐地装入袋内，上色面均匀一致。每一规格包装条数要一致。

7. 真空封口

产品送入真空机进行抽真空包装。真空度控制在 750mmHg❶。

8. 杀菌

采用巴氏杀菌，先检查蒸煮槽水位，蒸煮槽应预先加热 30min 至水温 85～90℃。杀菌过程水温控制在 85～90℃，杀菌时间为 15～30min。最终产品中心温度应大于 72℃。

9. 冷却

先检查冷却水槽水位，启动冷却水系统，并开动冷却循环水泵，打开喷淋水阀。冷却水槽循环冷水槽内温度应满足冷却后产品中心温度在 15℃以下。

10. 速冻

冷却结束后产品即送入单冻机内，使产品中心温度迅速下降至 -18℃以下。

11. 装箱、冻藏

装箱时平整叠放，发现有不良品要剔除。要保持箱体完好，封口及包装袋平直。所有成品立即送入 -18℃以下的冻藏库中。

---

❶ 1mmHg=133.322Pa。

参考文献

[1] 农业农村部渔业渔政管理局，全国水产技术推广总站，中国水产学会.中国渔业统计年鉴 [M]. 北京: 中国农业出版社, 2019.

[2] Strasburg G M, Xiong Y L.Physiology and chemistry of edible muscle tissues//Damodaran S, Parkin K L, eds.Fennema's Food Chemistry.5th ed.Boca Raton : CRC Press, 2017.

[3] Yu N, Xu Y, Jiang Q, et al.Molecular forces involved in heat-induced freshwater surimi gel : Effects of various bond disrupting agents on the gel properties and protein conformation changes [J].Food Hydrocolloids, 2017, 69:193-201.

[4] 杜翠红，曹敏杰.鱼类肌原纤维结合型丝氨酸蛋白酶研究进展 [J]. 食品科学, 2013, 34（09）:336-339.

[5] 揭珍，徐大伦，胡小超，等.大豆胰蛋白酶抑制剂对带鱼鱼糜蛋白降解及其凝胶特性的影响 [J]. 核农学报, 2016, 30（05）:912-919.

[6] 李学鹏，刘慈坤，王金厢，等.水产品贮藏加工中的蛋白质氧化对其结构性质及水产品品质的影响研究进展 [J]. 食品工业科技, 2019, 40（18）:319-325, 333.

[7] 李艳青，孔保华，夏秀芳，等.羟自由基氧化对鲤鱼肌原纤维蛋白乳化性及凝胶性的影响 [J]. 食品科学, 2012, 33（09）:31-35.

[8] Wang X, Xiong Y L, Sato H, et al.Controlled cross-linking with glucose oxidase for the enhancement of gelling potential of pork myofibrillar protein [J].Journal of Agricultural and Food Chemistry, 2016, 64(50): 9523-9531.

[9] 陈霞霞，杨文鸽，楼乔明，等.氧化对银鲳肌原纤维蛋白功能性质的影响 [J]. 食品科学, 2017, 38（11）:135-141.

[10] 张莉莉.高温（100~120℃）处理对鱼糜及其复合凝胶热稳定性的影响 [D].中国海洋大学, 2013.

[11] 刘芳芳，林婉玲，李来好，等.鱼糜凝胶形成方法及其凝胶特性影响因素的研究进展 [J]. 食品工业科技, 2019, 40（08）:292-296, 303.

[12] Cao H, Fan D, Jiao X, et al.Effects of microwave combined with conduction heating on surimi quality and morphology [J].Journal of Food Engineering, 2018, 228:1-11.

[13] Moon J H, Yoon W B, Park J W.Assessing the textural properties of Pacific whiting and Alaska pollock surimi gels prepared with carrot under various heating rates [J].Food Bioscience, 2017, 20:12-18.

[14] 漆嫚.酸 - 热诱导罗非鱼肌肉蛋白凝胶形成及机理的研究 [D]. 广东海洋大学, 2013.

[15] 杨方.鱼肉内源酶对发酵鱼糜凝胶和抗氧化特性影响的研究 [D]. 江南大学, 2016.

[16] Zhang Y, Zeng Q, Zhu Z.Effect of ultrasonic treatment on the activities of endogenous transglutaminase and proteinases in tilapia (Sarotherodon nilotica) surimi during gel formation [J]. Journal of Food Process Engineering, 2011, 34（5）:1695-1713.

[17] Fan D, Huang L, Li B, et al.Acoustic intensity in ultrasound field and ultrasound-assisted gelling of surimi [J].Food Science and Technology, 2017, 75:497-504.

[18] 周琳，李轶，赵建新，等.物理场新技术在鱼糜制品加工中的应用 [J]. 食品科学, 2013, 34（19）:346-350.

[19] 吕顺，王冠，陆剑锋，等.鲢鱼新鲜度对鱼糜凝胶品质的影响 [J]. 食品科学, 2015, 36（04）:241-246.

[20] Takahashi K, Kurose K, Okazaki E, et al.Effect of various protease inhibitors on heat-induced myofibrillar protein degradation and gel-forming ability of red tilefish (Branchiostegus japonicus) meat [J]. LWT - Food Science and Technology, 2016, 68:717-723.

[21] Zhang L, Li Q, Shi J, et al.Changes in chemical interactions and gel properties of heat-induced surimi gels from silver carp (Hypophthalmichthys molitrix) fillets during setting and heating : Effects of different washing solutions [J].Food Hydrocolloids, 2018, 75:116-124.

[22] Priyadarshini B, Xavier K A M, Nayak B B, et al.Instrumental quality attributes of single washed surimi gels of tilapia : Effect of different washing media [J].Food Science and Technology, 2017, 86:385-392.

[23] 袁凯，张龙，谷东陈，等.基于漂洗工艺探究白鲢鱼糜加工过程中蛋白质氧化规律 [J]. 食品与发酵工业, 2017, 43

第九章

(12):30-36.

[24] 吴晓，孙卫青，杨华，等 . 反复冻融对草鱼和鲤鱼冷冻鱼糜品质变化的影响 [J]. 食品科学，2012, 33（20）:323-327.

[25] 杜鑫，邓思杨，畅鹏，等 . 冷冻鱼糜品质劣化的机制及其控制技术的研究进展 [J]. 食品工业科技，2018, 39（16）:306-312.

[26] Maity T, Saxena A, Raju P S.Use of hydrocolloids as cryoprotectant for frozen foods [J].Critical Reviews in Food Science and Nutrition, 2018, 58（3）:420-435.

[27] 刘富康 . 解冻方式对冷冻鱼糜蛋白特性和凝胶形成能力的影响 [D]. 上海海洋大学，2018.

[28] 徐祖东 . 藜麦对鲷鱼鱼糜凝胶性能及挥发性风味影响的研究 [D]. 浙江工商大学，2018.

[29] 齐祥明，王路，逯慎杰，等 . 壳聚糖絮凝回收分级等电沉淀后鱼糜漂洗水中蛋白质 [J]. 农业工程学报，2015, 31（6）:327-332.

[30] Kristinsson H G, Lanier T C, Halldorsdottir S M, et al.Fish protein isolate by pH shift//Park J W, ed.Surimi and surimi seafood.3rd ed.Boca Raton : CRC Press, 2014.

[31] 徐莉娜，贺海翔，罗煜，等 . 鱼糜 pH-shifting 工艺及其胶凝机制研究综述及展望 [J]. 食品工业科技，2018, 39（11）:301-306.

[32] 范大明，焦熙栋 . 电磁场和电场改善鱼糜制品凝胶特性的机制及应用 [J]. 中国食品学报，2019, 19（01）:1-11.

[33] 徐祖东，戴志远，陈康，等 .3 种即食鱼豆腐营养成分分析及凝胶性能评价 [J]. 食品科学，2017, 38（18）:93-98.

总结

○ 鱼糜制品的凝胶化原理

- 食盐使鱼肉中肌原纤维蛋白溶出。

- 肌动球蛋白相互缠绕形成网状结构。

- 碱性蛋白酶会破坏肌动球蛋白网状结构。

○ 影响鱼糜制品弹性的因素

- 白肉鱼制作的鱼糜制品有更好的弹性。

- 肌原纤维蛋白是影响鱼糜制品弹性的主要因素。

○ 冷冻鱼糜加工工艺

- 漂洗是冷冻鱼糜生产的重要工艺。

- 抗冻剂的主要作用是防止蛋白质冷冻变性。

○ 鱼糜制品加工工艺

- 擂溃是鱼糜制品生产的重要工艺，分为空擂、盐擂和调味擂三个阶段。

- 盐擂过程中的加盐量为鱼肉量的1.0%~3.0%。

- 鱼糜制品在加热成型前需进行凝胶化。

○ 鱼糜制品加工实例

- 鱼糜制品加工过程中都需要进行擂溃或斩拌过程以增加凝胶强度。

- 即食鱼糜制品杀菌温度一般为110~121℃。
- 鱼糜可制成模拟食品，如蟹肉棒是具有蟹风味的模拟鱼糜制品。

✐ 课后练习

一、正误题

1）冷冻鱼糜制作过程中加入食盐是为了肌浆蛋白溶解。（　　　）

2）凝胶化的温度为50℃以下。（　　　）

3）凝胶劣化的原因主要是因为碱性蛋白酶活性增强。（　　　）

4）红肉鱼类比白肉鱼类更适合制作鱼糜制品。（　　　）

5）原料鱼种和新鲜度、盐溶性蛋白质、漂洗和冻结贮藏时间等均影响鱼糜制品弹性。（　　　）

6）漂洗的作用是去除鱼肉中的盐溶性蛋白质。（　　　）

7）漂洗时水温应保持10℃以下。（　　　）

8）脱水时，红肉鱼类的漂洗液在 pH 6.9~7.3 较有利。（　　　）

9）盐擂时，加入鱼肉量2.0%的食盐进行擂溃。（　　　）

10）鱼糜制品可采用在 35～40℃温度放置 30~90min 进行凝胶化。（　　　）

二、选择题

1）鱼糜的凝胶结构是由（　　　）形成的网状结构所致。

　　A. 肌浆蛋白　　　　　　　　B. 肌原纤维蛋白　　　　　　C. 肌基质蛋白

2）一般鱼糜制品生产中加入（　　　）的食盐，无论是食感还是弹性都可满足要求。

　　A. 2.5%~3.5%　　　　　　　B. 1.0%~3.0%　　　　　　　C. 3.0%~4.0%

⚡ 设计问题

设计一种即食章鱼丸的加工方法。

（www.cipedu.com.cn）

第九章

第十章　水产品罐头加工

（a）为茄汁金枪鱼罐头的自动注汁工序。各项指标测定合格的调味汁自动泵送至图片中的注液机。

（b）为茄汁金枪鱼罐头的自动加盖密封工序。该道工序对罐头食品的流通安全起到至关重要的作用。图中为适宜 846 罐型封口的自动封罐机，通过该设备的运行来实现罐头的真空度和自动密封。

（c）为茄汁秋刀鱼软罐头。不仅具有鱼肉的鲜香，更有茄汁的美味。

❁ 为什么要学习水产品罐头加工工艺?

　　1871 年，日本松田雅典作为日本罐头工艺的创始人，研制成功了世界上第一个水产品罐头——油浸沙丁鱼罐头。到现在为止，水产品罐头已经成为罐头产业中非常重要的品类。那么水产品罐头是如何制作的？它里面含有防腐剂吗？灭菌后的水产品罐头中还有细菌吗？瘪了的罐头还能吃吗？本章内容将一一揭晓答案。

◉ 学习目标

○ 了解3种水产品罐头的杀菌技术原理以及影响因素。
○ 掌握杀菌中D值、Z值和F值所代表的含义。
○ 掌握杀菌公式的制定方法。
○ 掌握杀菌过程中F值的计算方法。
○ 了解罐头容器的选择依据。
○ 指出两大类水产品罐头的加工工艺。
○ 指出水产品罐头预热处理的目的、处理方法、加工中的3种工艺。
○ 简要阐明排气的主要作用。
○ 掌握10种水产品罐头常见的质量问题并提出控制方法。
○ 简要描述4种以上水产品罐头的生产工艺并了解关键控制点。

　　食品罐藏是将经过一定处理的食品装入容器中，经密封杀菌，使罐内食品与外界隔绝而不再被微生物污染，同时又杀死罐内绝大部分微生物并使酶失活，从而消除了引起食品变质的主要原因，使之在室温下长期贮存。这种密封在容器并经杀菌而在室温下能够较长时间保存的食品称为罐藏食品，俗称罐头。

　　水产品罐头加工原理是将初加工的水产品装入罐头容器内，然后排气、密封，再经杀菌处埋，使水产品中的大部分微生物杀灭和酶的活性受到破坏；同时，通过排气密封防止外界的再污染和空气氧化，从而使水产品得以长期保藏。水产类罐头主要是采用鱼、虾、蟹、贝等海水产品为主要原料，经过加工制成的罐头。

第一节　水产品罐头杀菌技术原理

一、传统热杀菌技术

（一）传统热杀菌的目的和影响因素

在传统的水产品罐头杀菌方法的选用中，主要以热杀菌为主，原因在于它能够在应用中保证食品在微生物方面的安全。杀菌强度的控制，既要达到灭菌的目的，又要尽可能保持食品的风味与营养价值。根据杀菌温度，有低温杀菌与高温杀菌之分。前者的加热温度在80℃以下，是一种可杀灭病原菌及无芽孢细菌，但对其他无害细菌不完全杀灭的方法。后者是在100℃或以上的温度条件下，对罐内微生物进行杀灭的方法。但是，即使是高温杀菌，有时也难以达到完全无菌。因此，实际上生产的罐头是含菌的，只要罐内残存的细菌无损于罐头的卫生与质量，能长期保持罐头的标准质量即可。这种使细菌降低到"可接受的低水平"的杀菌操作即为商业杀菌。

杀灭微生物是杀菌最主要的目的，但不同微生物抗热能力差异很大，嗜热性细菌的耐热性最强，特别是细菌的芽孢又比营养体更强。食品中细菌数量的多少取决于原料的新鲜程度和杀菌前的污染程度，而污染的细菌数量（尤其是芽孢）越多，同样的致死温度下所需的杀菌时间越长。肉毒梭状芽孢杆菌简称肉毒梭菌（肉毒杆菌），革兰氏阳性厌氧菌。该菌在厌氧环境中可产生外毒素，即肉毒梭菌毒素（简称肉毒毒素）。肉毒毒素对热很不稳定，各型毒素在80℃下经30min、在100℃经10~20min可完全破坏。肉毒杆菌芽孢能耐高温，其中A型和B型的抗热力最强，杀死A型肉毒梭菌芽孢湿热100℃需6h，120℃需4min。肉毒梭菌对酸较为敏感，在pH 4.5以下和pH 9.0以上时，所有菌株都受到抑制。

食品的酸度对微生物耐热性的影响很大，对于绝大多数生物来说，在pH中性范围内耐热性最强，pH升高或降低都会减弱微生物的耐热性。低酸性食品则以肉类罐头、蔬菜肉类混合制品为主，pH > 4.6，采用高温高压杀菌，即杀菌温度高于100℃。鱼罐头等水产罐头产品pH>4.6，A_w>0.85，属于低酸性的肉类食品，腐败菌以嗜热菌较为常见，需要105 ~ 121℃高温杀菌。

（二）传统热杀菌公式的确定

1. 杀菌公式

罐头热杀菌过程中杀菌的工艺条件主要是温度、时间和反压力三项因素。热杀菌工艺条件的确定，应既能杀灭罐内的致病菌和能在罐内环境中生长繁殖引起食品变质的腐败菌，使酶失活，又能最大限度地保持食品原有的品质。在罐头厂通常用"杀菌公式"的形式来表示，即把杀菌的温度、时间及所采用的反压力排列成公式的形式，并非数字计算式。一般的杀菌公式为：

$$\frac{t_1 - t_2 - t_3}{T}$$

$$\frac{t_1 - t_2}{T \quad p}$$

式中　t_1——升温时间（min），表示杀菌釜内的介质由初温升高到规定的杀菌温度所需要的时间，蒸汽

第十章

杀菌时是指从进蒸汽开始至达到杀菌温度时的时间，热水杀菌时是指通入蒸汽使热水达到杀菌温度所需要的时间；

t_2——恒温杀菌时间（min），表示杀菌釜内的介质达到规定的杀菌温度后，在该温度下所维持的时间；

t_3——降温时间（min），表示杀菌釜内的介质由杀菌温度降低到出罐时的温度所需要的时间；

T——规定的杀菌温度（℃），即杀菌过程中杀菌釜所达到的最高温度；

p——反压冷却时杀菌釜内所采用的反压力（Pa、kPa或大气压）。

上式所表示的恒温杀菌温度是指杀菌釜内介质的温度，而不是指罐头中心温度。由于传热速率的关系，罐头中心温度总是比杀菌釜内介质的温度晚些达到规定的杀菌温度。在恒温杀菌阶段，杀菌釜内介质的温度保持不变，而罐头中心温度仍然继续升高，直至达到规定的杀菌温度为止，实际上略低一些。在冷却阶段，杀菌釜内的温度迅速下降，而罐头中心温度下降较为缓慢。罐头杀菌的完成是依靠从容器外部传入的热量，达到附着于食品上的细菌，使细菌细胞内的温度上升到蛋白质的凝固温度，从而杀灭细胞。因此，杀菌效果与传热效果密切相关。罐头容器的传热主要是传导，受容器材料传热系数的影响，一般马口铁的传热要比玻璃好很多；罐头的大小、形状也影响热量传至罐头中心所需的时间，小容器的罐头比大容器的罐头升温时间短，即使同样的体积，扁罐的升温要快于矮罐。此外，罐内食品的状态也影响杀菌效果，包括食品含水量的多少、汁液多少、液汁的浓度、块形大小、装填松紧程度等，都影响罐头的传热速度。大部分鱼罐头，是鱼块浸渍于液汁中，故热量的传入，既有传导也有对流，因而中心点（冷点）的位置并非简单地是容器的几何中心而往往是最厚的鱼块的几何中心，这是由于导热传热要比对流传热慢得多的缘故。为了提高杀菌效果，使罐头在杀菌过程中做回转运动，在罐内形成机械对流，这样可缩短杀菌时间，提高罐头食品的质量。

2.D值、Z值和F值

在传统的湿热灭菌中，所有生物学的测量，无非是将T_{ref}（参照温度）下的等效灭菌时间与该温度下对微生物的杀灭时间相关联。

D值（decimal reduction time）表示在规定的杀菌温度下，微生物的残存数呈现一个对数变化关系所对应的杀菌时间的变化值，或杀死90%细菌数（或芽孢数）所需要的杀菌时间。例如，在100℃下，杀菌90%某一细菌数，需要10min，则该菌在100℃下的耐热性便可用$D_{100}=10$（min）表示。D值表示微生物的耐热性，它与微生物本身的特性有关。

TRT（thermal reduction time）值表示加热指数递减时间，是指某一加热温度下，将细菌数或芽孢数减少到某一个数（10^{-n}）时所需要的时间。鲍尔（Ball）

将 n 指数称为递减指数，并用 TRT$_n$ 表示。

Z 值（温度系数）是指加热致死时间或 D 值按 1/10 或 10 倍变化时，所对应的加热温度的变化。Z 值也表示微生物的抗热能力，微生物耐热性越大，Z 值越大，杀菌效果越小。不同种类微生物的 Z 值不相同。

F 值为杀菌值，表示在一定温度下杀死一定浓度细菌（或芽孢）所需要的杀菌时间。通常是把不同温度下的杀菌时间折算成 121℃的杀菌时间，即相当于 121℃的杀菌时间，用 $F_{实}$ 表示。按标准致死率，即在 121.1℃温度下得到的 F 值（又称 F_0 值），判断杀菌是否合格，是否满足要求，同时也是确定杀菌公式中恒温时间的主要依据。

F 值的计算考虑了所有偏离目标温度的波动情况，以减少单个温度观察值对杀菌值的影响。杀灭时间是灭菌程序中灭菌率的累计值。

$F_{实}$ 值在实际杀菌中和 F_0 配合应用，$F_{实}$ 等于或略大于 F_0，杀菌合理；$F_{实}$ 小于 F_0，杀菌不足，未达到标准，会造成食品腐败，必须延长杀菌时间；$F_{实}$ 远大于 F_0，杀菌过度，超标准杀菌，影响罐藏食品的色香味形和营养价值，要求缩短杀菌时间。通过这种比较和反复调整，就可找到合适的恒温时间。

3. 安全杀菌 F 值和实际杀菌 F 值的计算

① 确定杀菌温度 t　罐头 pH 值大于 4.6，一般采用 121℃杀菌，极少数低于 115℃杀菌；罐头 pH 值小于 4.6，一般 100℃杀菌，极少数低于 85℃杀菌。实际中可用 pH 值计检测，根据经验也可以粗略地估计，水产品罐头一般 pH 为中性，一般都高于 115℃杀菌。

② 选择对象菌　对象菌是腐败的主要微生物，是杀菌的重点对象，其耐热性强，不易杀灭，在罐头中经常出现，危害最大。只要杀灭对象菌，其他腐败菌、致病菌、酶也可被杀灭或失活。腐败菌的选定，取决于所用的灭菌方法和所选择的灭菌程序。在过度杀灭程序的确认过程中，最常采用的微生物指示剂是肉毒梭状芽孢杆菌、嗜热脂肪芽孢杆菌等，其中嗜热脂肪芽孢杆菌 $D_{121}=4\text{min}$，$Z=10$。

③ 安全杀菌 F 值的计算　经过微生物检测，选定了罐头杀菌的对象菌，知道了罐头食品中所污染的对象菌的菌数，以及对象菌的耐热性参数值，就可按下面微生物热力致死速率曲线的公式计算安全杀菌 F 值。

$$F_0=D\,(\lg a-\lg b) \tag{10-1}$$

式中　D——对象菌的耐热性参数；

　　　a——每罐对象菌数 / 单位体积原始活菌数；

　　　b——残存活菌数 / 罐头的允许腐败率。

由微生物实验即可获取 D 值，常见的 D 值可查阅教材或相关手册。

④ 实际杀菌 F 值计算　实际杀菌 F 值必须先测出杀菌过程中罐头中心温度的变化数据，一般用罐头中心温度测定仪测定。根据罐头的中心温度计算 $F_{实}$，把不同温度下的杀菌时间折算成 121℃的杀菌时间，然后相加起来。

F 值是一个灭菌程序杀灭时间的量度。即：

$$F=\mathrm{d}\,(\textstyle\sum L)$$

$$F_{实}=\int_0^t 10^{(T-T_{\mathrm{ref}})/Z}\,\mathrm{d}t \tag{10-2}$$

式中　*t*——罐头杀菌过程中某一时间的中心温度；

　　　L——致死率值，某温度下的实际杀菌时间折算为121℃杀菌时间的折算系数。

L 值可由热力致死时间公式（10-3）计算得到，该计算值已经有列表，也可在相关资料中查阅。

$$L_{(T_{ref},\ Z)}=10^{(T-T_{ref})/Z} \qquad (10\text{-}3)$$

有了对杀菌公式的初步认识，设置合理的杀菌条件，才能够进一步科学地控制罐头食品的品质。热杀菌技术在应用中也会在一定程度上破坏罐头的营养、色泽和味道。因此，目前的热杀菌技术研究主要是针对如何缓解因热杀菌而引起的罐头营养成分、色泽以及味道方面的变化，在科学杀菌的同时保证罐头食品品质。

二、超高压杀菌技术

超高压杀菌技术，是在密闭容器内，用水或其他液体作为传压介质对软包装食品等物料施以 100～1000MPa 的压力，从而杀死其中几乎所有的细菌、霉菌和酵母菌，而且不会像高温杀菌那样造成营养成分破坏和风味变化。超高压杀菌的机理是通过破坏菌体蛋白中的非共价键，使蛋白质高级结构破坏，从而导致蛋白质凝固及酶失活。超高压还可造成菌体细胞膜破裂，使菌体内化学组分产生外流等多种细胞损伤，这些因素综合作用导致了微生物死亡。

由于超高压杀菌技术实现了常温或较低温度下杀菌和灭酶，保证了食品的营养成分和感官特性，因此被认为是一种最有潜力和发展前景的食品加工和保藏新技术，并被誉为"食品工业的一场革命""当今世界十大尖端科技"等。

超高压技术不仅能杀灭微生物，而且能使淀粉成糊状、蛋白质成胶凝状，获得与加热处理不一样的食品风味。超高压技术采用液态介质进行处理，易实现杀菌均匀、瞬时、高效。但是，超高压杀菌技术对杀灭芽孢效果似乎不太理想，不能杀灭芽孢。另外，由于糖和盐对微生物的保护作用，在黏度非常大的高浓度糖溶液中，超高压杀菌效果并不明显。由于处理过程压力很高，食品中压敏性成分会受到不同程度的破坏。其过高的压力使得能耗增加，对设备要求过高。而且，超高压装置需要较高的投入，尚须解决其高成本的问题，不利于工业化推广。

超高压杀菌技术虽然在水产品贮藏及加工中显示出广泛的应用前景，但要真正实现规模化应用，还有很多问题值得深入探讨，对这些问题的研究可能是将来要重点考虑的。首先，超高压装置需要较高的投入，必须解决成本高的问题，这一点严重制约着工业化推广；其次，超高压设备的工作容器较小，批处理量少，且多属于间歇式操作，很难满足生产需要；第三，影响超高压处理效果的因素复杂多样，包括压力、时间、温度、施压方式及原料的特性

（如化学组成、水分活度、pH、污染的微生物种类和数量、添加物）等，而这些因素对水产品超高压处理效果的影响目前研究不多，需要进行长期的大量研究。

三、其他杀菌新技术

在人们生活水平不断提高的情况下，人们对于可食用品的要求也越来越高，在保证食品自身微生物安全数值的过程中，还必须使得食物能够保持自身新鲜的味道、营养以及色泽等。而冷杀菌技术就是食品杀菌技术发展过程中所衍生出的一种环保杀菌技术，该技术在针对食品进行杀菌的过程中，并不会对食物造成太大的加热。这不但能够有效地保存食物自身新鲜性，还能够保持其中的味道、成分等，也正是由于冷杀菌技术所存在的巨大优势，所以冷杀菌技术在食品罐头生产行业中的应用范围极为广泛。冷杀菌技术在不断进行深度的研究，衍生出来辐射杀菌、脉冲强光杀菌、紫外线杀菌、高压杀菌等多个不同的技术，这类技术未来将被广泛地应用到多个不同的食品行业。但目前，仅仅只有超高压杀菌技术逐步成熟，被广大生产企业所应用，而其余一些冷杀菌技术还仅仅只是处在实验室研究阶段。因此，加强冷杀菌技术的研究工作，对于食品行业来说有着极其重要的作用，能够为人类的健康生活起到良好的促进作用，促使整个食品生产行业更加环保、卫生。

第二节　水产品罐头加工工艺

一、水产品罐头的基本加工工艺

水产品罐头的基本加工工艺包括原料的预处理、装罐、排气、密封、杀菌、冷却、保温、检验、包装和贮藏等。

（一）原料的预处理

1.冷冻原料的解冻

水产原料的品种很多，采用合格的原料是保证水产罐头产品质量的前提条件。由于罐头生产是工业化的规模生产，需要大量原料。目前，大多数罐头厂都使用冷冻品作为原料，在加工前需要先进行解冻。罐头厂一般采用空气解冻和水解冻两种方法。空气解冻法是在室温低于15℃的条件下进行自然解冻，此法适宜于春秋季节，并适于体形较大的原料。水解冻一般分为流动水解冻和淋水解冻，水解冻法适宜于体形较小的水产原料。水产原料的解冻程度需要根据原料特性、工艺要求、解冻方法、气温高低等来掌握。例如，在炎热季节只要求基本上解冻即可；对鲐鱼等容易产生骨肉分离、肉质散碎的原料，只需达到半解冻即可。

2.原料处理

鲜活原料或经过解冻的原料需经过一系列的前处理过程，包括去内脏、去头、去壳、去皮、清洗、剖开、切片、分档、盐渍和浸泡等。一般先将原料进行流水洗涤，去除表面附着的黏液及污物，并剔除

不合格的原料。用手工或机械去除鳞、鳍、头、尾、鳃，并剖开去内脏，再经流动水洗净腹腔内的淤血等残留物，以保持原料固有的色泽。大中型鱼还需要切段或切片，再按照原料的薄厚、鱼体和块形大小进行分档，以利于盐渍、预热处理和装罐工序。

3. 盐渍

盐渍的主要目的是进行调味并增进最终产品的风味。鱼肉在盐渍过程中，由于盐水的渗透脱水作用，鱼肉组织会变得较为坚实，有利于预热处理和装罐工序。盐水中也可加入其他辅料，例如色素、烟熏风味料、醋酸等。盐渍的方法有盐水渍法和拌盐法，其中盐水渍法比较常用，盐水浓度一般为5%～15%，原料盐水比例为1∶（1～2），使原料完全浸没为宜，盐渍时间一般为10～20min。罐头成品中的食盐含量一般都控制在1%～2.5%。

4. 预热处理

原料经盐渍后的预煮、油炸或烟熏等，在罐头生产上统称为预热处理，其主要目的是脱去原料中的部分水分；使蛋白质加热凝固，而使组织紧密，具有一定的硬度便于装罐；同时，水分的脱除可使调味液能充分深入组织，使产品具有合乎要求的质地和风味；此外，还能杀死部分微生物，对杀菌起到一定的辅助作用。

① 预煮　预煮的方法因产品的调味方法不同而不同。对于油浸、茄汁类鱼罐头，多采用蒸煮法。温度约为100℃，蒸煮时间因鱼种、块形大小及设备条件等的不同而不同，一般需20～40min。采用蒸煮法进行预煮，原料的脱水率与原料的种类、加工过程中鱼肉浸润情况等因素有关，大致为15%～25%。

② 油炸　采用油炸进行预处理，在鱼罐头生产中较为普遍。油炸时先将植物油或猪油加热至沸腾，将分档后沥干的鱼块投入锅中进行油炸，每次投入量约为锅内油量的1/15～1/10，炸至鱼肉有些坚实感、呈金黄色或黄褐色时，即可捞起来沥油。对于小型鱼类，如凤尾鱼、银鱼等，油温一般控制在180～200℃；当原料块形较大时，可增至200～220℃。油炸过程中产生的鱼屑较多，应及时除去并经常补充新油，定时去除油脚，以免油炸老化，产生苦味，影响产品质量。

③ 烟熏　烟熏是能使鱼品具有独特风味和色泽的重要的预热方法。烟熏方法有冷熏与热熏之分。烟熏温度在40℃以下为冷熏，40℃以上为热熏，一般将熏温在40～70℃之间的熏制称为温熏。由于温熏的熏制时间较冷熏短，制品的色、香、味亦较冷熏为好，故一般采用温熏。原料鱼的温熏包括烘干与烟熏两个过程。一般在烘房中用热风烘干，开始时烘温控制得低些，为50～60℃，干燥后阶段烘温可增至65～70℃。一般烘至原料鱼表面干结不粘手、脱水率约为15%时即告完成。

（二）装罐

1. 罐藏容器

罐藏容器对罐头食品的长期保存起着重要的作用，而容器材料又是关键。罐藏容器按其材料性质分，大体可分为金属容器和非金属容器两大类。常用的容器材料包括金属（马口铁、铝合金）、玻璃和软包装等。作为合适的罐头容器，在加工过程中和加工完成后，它应具备下面两个特点：①密封性，能经受内外的压力差，无泄漏的危险；②耐高温性，在加热过程中能耐高温，不会熔化或与内容物相互作用。

2. 空罐处理

在装罐之前要进行空罐处理，由于罐中含有许多微生物、灰尘以及油脂等杂质和污染物，因此，罐体在应用之前必须进行严格清洗、消毒等处理后才能使用，处理的好坏将直接影响最终罐头食品的质量、卫生等指标，也能影响杀菌的负荷。

3. 装罐的工艺要求

装罐是鱼类罐头加工过程中的重要工序，可采用人工装罐和机械装罐两种。一般包括称量、装入鱼块和灌注液汁三部分。称量按产品标准准确地进行，一般允许稍有超出，而不应低于标准，以确保产品净重。把称重的鱼块装入容器时，排列整齐紧密、块形完整、色泽一致、罐口清洁，且鱼块不得伸出罐外，以免影响密封。装罐后注入液汁，目的在于调味。液汁在注入前要手工加热，以提高罐内食品温度，从而增强排气及杀菌效果，并增加高温杀菌时的效果。液汁的存在，可填满鱼块间的孔隙，高温杀菌时液汁的对流，可加强传热作用。装罐时必须保持一定的顶隙。顶隙是指内容物表面与罐盖之间的距离，一般控制在6～8mm。顶隙的大小一般会影响罐内真空度、卷边的密封性、是否发生假胖听或瘪罐、金属罐内壁的腐蚀，以及食品的变色、变质等。

（三）排气

排气是食品装罐后，排除罐内空气的技术措施，是罐头生产中必不可少的重要工序。排气的作用主要表现在：防止罐头在高温杀菌时内容物的膨胀而使容器变形或损坏，影响金属罐的卷边和缝线的密封性，防止玻璃罐跳盖等现象；防止或减轻罐藏食品在贮藏过程中金属罐内壁常出现的腐蚀现象；防止氧化，保持食品原有的色香味和维生素等营养成分；可抑制罐内需氧菌和霉菌的生长繁殖，使罐头食品不易腐败变质而得以较长时间贮藏；有助于"打检"，检查识别罐头质量的好坏。

罐头在排气之前有些产品要先进行预封，预封是使罐盖与罐身桶翻边稍稍弯曲勾连，其松紧程度以能使罐盖沿罐身旋转而不脱落为度。罐头的排气方式主要有抽空排气、加热排气和蒸汽喷射式排气。操作时真空室中的真空度一般不应低于53.29kPa，可使罐内真空度达到33.3～45kPa，甚至更高。

（四）密封

罐头密封使罐内食品保持完全隔绝的状态。封罐是借助封罐机完成的，封罐机的种类很多，包括半自动真空封口机、真空自动封口机等。对应于不同的排气方式，密封可分为热充填热封、蒸汽压力下密

封以及真空密封等形式。不同种类的容器采用的密封方法也不同。马口铁罐的密封，主要靠封罐机两道滚轮，将罐盖与罐身边缘卷成双重卷边，由于罐盖外缘沿槽内填有橡胶，因此卷成的双重卷边内充填着被压紧的橡胶，从而使罐头内隔绝空气得到密封。玻璃罐的密封，借助封罐机一道滚轮的滚压作用，使罐盖封口槽内的橡胶圈紧压在瓶口的封口线上，从而得到密封。

（五）杀菌

杀菌处理是食品罐藏加工中的关键工序，各类水产罐头食品中均含有丰富的蛋白质、脂肪、糖类等营养成分，在加工中极易污染微生物，水产罐头密封后，虽已隔绝外界微生物的污染，但罐内仍存在不少微生物。为了使水产罐头有较长的货架期，一定要进行严格的杀菌，杀灭罐内的微生物，以保证一定时间内的食用安全。

罐头杀菌的方法很多，应根据原料品种的不同、包装容器的不同，采用不同的杀菌方法。但是最常用的杀菌方法还是传统的热杀菌，新兴的超高压杀菌技术应用的范围还不算广泛。水产罐头食品的杀菌工艺以肉毒芽孢杆菌为对象菌，这种芽孢杆菌的耐热性较强，在100℃时需要330min杀灭，在115℃时需要10min杀灭，在120℃时需要4min杀灭。为了使水产罐头接近原有的风味，最小限度地减少营养成分的损失，研究者们对 F 值开展了深入的研究。

同一微生物在不同环境中的耐热程度不同，F 值有可能有变化，因而在实际生产中要严格掌握求得 F 值的工艺条件。实际操作中还可知道，微生物的密度越大，其耐热性越强。因此，杀菌前的工艺中要尽量保持原辅料的清洁卫生，尽量减少细菌污染，从而又产生了基于传统热杀菌的温和式杀菌技术，把 F 值尽量减小，从而保证产品优秀的品质。

（六）冷却

罐头加热杀菌后应迅速进行冷却，因为杀菌结束后的罐内食品仍处于高温状态，会使罐内食品因长时间的热作用而造成色泽、风味、质地及形态等变化，使食品品质下降。同时，较长时间处于高温下，还会加速罐内壁的腐蚀作用，特别是对含酸高的食品。对于海产罐头食品来说，快速冷却能有效地防止磷酸铵镁（$MgNH_4PO_4 \cdot 6H_2O$）结晶的产生。

罐头冷却的方法根据所需压力的大小可分为常压冷却和加压冷却两种。冷却的速度越快，对食品品质的保持越有利。罐头冷却所需要的时间因食品的种类、罐头大小、杀菌温度、冷却水温等因素而异。一般认为罐头冷却的终点即罐头的平均温度降到38℃左右，罐内压力降至常压为宜。用水冷却罐头时，要特别注意冷却用水的卫生。特别注意的是，玻璃瓶罐头应采用分段冷却，并严格控制每段的温差，防止玻璃罐炸裂。

（七）保温、检验

罐头食品经过杀菌、冷却后，还要进行保温检验才能出厂。水产品罐头采用（37±2）℃保温 7 昼夜的检验法，再取样进行检验。如果罐头冷却至 40℃ 左右即进入保温室，保温时间可缩短至 5 昼夜。检查程序是经过外观、敲音、再开罐检查，根据国家标准（GB 4789.26—2013）进行商业无菌检验。检验步骤包括审查生产记录、取样、称量、保温、开罐、留样、pH 测定、感官检验、图片染色镜检、接种培养、微生物培养检验程序及判定、罐头密封检验程序等。

二、水产品软罐头的加工工艺

软罐头的加工原理和工艺方法类似于刚性罐头，由于这类罐头是用塑料薄膜、铝箔或其他多层复合薄膜制成的软包装容器装入经加工调制过的食品，所以被称为软罐头食品。由于各种材料的性能不同，应根据具体情况选择相应的蒸煮袋。若采用 105℃ 杀菌，贮存期要求 3 个月，可选择 Ny/PE 袋，既经济又实惠；若采用 120℃ 杀菌，贮存期要求达到 6 个月，则应选用 PET/CPP 或 Ny/CPP 袋；若要采用 120℃ 以上的高温杀菌或贮存期要求在 1 年以上，要保持内容物的固有香气并防止油脂氧化，应选择 PET/Al/CPP 袋。

（一）软罐头主要特点

软罐头可采用高温杀菌，且时间短，内容物营养素很少受到破坏；可在常温长久贮藏或流通，且保存性稳定；携带方便，开启简单，安全省时，不会像马口铁或碎玻璃那样锋利容易发生伤人的危险性；软罐头食品加热食用，只需放在开水中烫煮 3～5min，可节约大量能源，降低成本；软罐头容易受损、泄气，使内容物腐败变质。

（二）软罐头一般工艺

软罐头的一般工艺包括原料处理、装袋、封口、杀菌、冷却、干燥、检查、包装等，其中主要生产工序是封口、加压杀菌与加压冷却。

1. 装袋

装袋的要点包括成品限位、装袋量及装袋时的真空度。一般软罐头成品的总厚度最大不得超过 15mm，装袋量太多，封口时容易造成污染。不要装大块形或带棱角、带骨的内容物，能刺透复合薄膜，造成渗漏而导致内容物败坏。袋口污染严重影响袋子的密封性，可采用多种方法防止袋口污染，包括控制装袋量，内容物离袋口至少 3～4cm；使用活塞式定量灌装器或用螺旋推进齿轮泵灌装器，保持袋口整洁。软罐头食品的杀菌公式与装袋量及袋内容物的总厚度有关，装袋量增加，内容物的总厚度增加，杀菌时间也要相应增加。在软罐头加工中应排除袋内空气，使袋内保持一定的真空度。

2. 封口

封口是软罐头生产的关键性操作。软罐头食品的封口方法是热熔密封的原理，密封的温度、压力和

时间是根据蒸煮袋的构成材料、层数、薄膜的熔融温度、封边的厚度等条件决定的。带铝箔三层复合薄膜蒸煮袋热熔封口时最适热封口温度为180～220℃，压力为0.3MPa，时间为1s，在此条件下封口强度不小于7kgf❶/20mm²。目前国内外广泛采用电热加热密封法和脉冲密封法。

热熔封口时，封口部分容易产生皱纹，防止产生皱纹的措施有：保持袋口平整，两面没有长短差别；封口机压模两面平整，并保持平行；内容物块形不能太大，装袋量不能太多，成品要严格按照总厚度的限位要求。良好的封口要经过表观、熔合、破裂及拉力等指标的检验和试验。

3. 杀菌与冷却

水产品软罐头在100℃以上加热杀菌，由于封入袋内的空气及内容物的膨胀产生内压力，导致体积增大。为了防止袋的破裂，除了在封口时尽可能减少袋内空气外，还可在蒸汽杀菌过程中采用空气加压杀菌和加压冷却。高温杀菌时，如果内压大于外压，即使压力差只有9.8kPa，袋也会破裂。在100℃以上杀菌时，若控制温度波动在±1℃，压力就要变化，所以必须用空气加压。一般在锅温达到70～95℃时开始进行空气加压，加压开始过早，则升温时间延长；加压太迟，则袋容易发生破裂。

冷却阶段，特别是在冷却的开始阶段（即内压过大时），最容易产生引起包装袋破裂的压力差，所以要导入加压的冷却水进行加压冷却，使这种加压随着温度的逐渐降低而慢慢减少，直至平衡。

第三节　水产品罐头常见质量问题及质量控制

一、水产品罐头常见质量问题及防止措施

（一）腐败变质

罐头的腐败变质主要是由微生物引起，包括杀菌前腐败、杀菌不足、嗜热菌腐败、杀菌后腐败等几种类型。

杀菌前腐败可能因微生物或酶作用而引起，这些微生物是能产生耐热性毒素的病原菌，并可能引起食物中毒。因此加工前原料的检验非常重要，品质差的原料必须剔除，加工中各步骤均在卫生良好且较低温度下进行。

杀菌不足可能因热处理设计错误或操作不当而引起，因此一定要保持热处理中的一些重要因素，例如产品初温、处理时间和产品中含菌量为最佳状况，杀灭微生物及其孢子。

---

❶ 1kgf=9.80665N。

嗜热菌腐败一般是储存在高温（40℃以上）时，因各种嗜热性、耐热产孢子非病原菌的生长而导致腐败，此类罐头在热处理后必须在杀菌处理后迅速冷却至35～40℃。

杀菌后腐败占腐败鱼罐头的60%～80%。主要原因为：罐头二重卷封有瑕疵；冷却水中或混罐的滑道上有微生物污染；罐装填充处理设备的操作或调整不良；杀菌处理后对热罐的处理不当。为减少杀菌后腐败，必须确保空罐检验与处理系统控制良好，冷却用水要经氯化处理，并减少在厂内作业、运输、销售期间对罐头的损伤。

（二）硫化物污染

虾、蟹、贝及清蒸鱼类等含硫蛋白较高，在加热和高温杀菌过程中会产生挥发性硫（若罐内残存细菌分解蛋白质，也能生成硫化氢），这些硫化物与罐内壁锡反应生成紫色硫化斑（硫化锡），与铁反应则生成黑色硫化铁而污染内容物变黑。其挥发性硫生成量的多少，与鱼、贝类的pH值、新鲜度等有关。一般新鲜度差、碱性情况下多易发生。在一般情况下，加热杀菌时会黑变，若罐头冷却不充分，在贮藏期间也会黑变。防止方法如下：①加工过程严禁物料与铁、铜等工器具接触，并控制用水及配料中这些金属离子的含量。②采用抗硫涂料铁制罐。③空罐加工过程，应防止涂料划伤，罐盖代号打字后补涂。④选用活的或新鲜原料加工，并最大限度地缩短工艺流程。⑤煮沸水中加入少量的有机酸、稀盐水或以0.1%的柠檬酸、酒石酸溶液将半成品浸泡1～2min。另外，装罐后加入有机酸，使内容物维持pH值6左右也有明显效果。

（三）血蛋白的凝结

清蒸、茄汁、油浸类罐头，常发生内容物表面及空隙间有豆腐状物质，一般称为血蛋白。血蛋白是由于热凝性可溶蛋白受热凝固而成的，它有损于成品外观。其形成与鱼的种类、新鲜度和洗涤、盐渍、脱水等条件有关。为了防止和减少血蛋白的形成，应采用新鲜原料，充分洗涤，去净血污，并用盐渍方法除去部分盐溶性热凝性蛋白，一般采用10°Bé的盐水浸泡25～35min，能有效地防止血蛋白形成。同时，还应在脱水前洗净血水，并做到升温迅速，使热凝性蛋白在渗出鱼表面前在内部就凝固。

（四）清蒸水产罐头变色

清蒸虾、蟹、贝肉容易出现变色的问题。

蟹罐头久存后发生青斑的原因：蟹血中含有血蓝蛋白质，其中0.17%～0.28%的成分是铜，与硫化氢化合形成青色的硫化铜；血蓝蛋白质氧化后成为带色的氧化血蓝蛋白质。总之，蟹不新鲜或除血不净，尤其是蟹腿、爪的关节部位容易发生青斑。

为防止色变，在加工中要做到严禁与铁、铜等金属接触；必须采用抗硫涂料罐；硫酸纸使用前应先用0.5%柠檬酸液煮沸30min；加工过程中进行必要的护色处理；密封后必须迅速杀菌冷却。

（五）茄汁鱼类罐头色泽变暗

茄汁鱼类罐头生产过程中常出现茄汁变褐、变暗现象，从而降低了产品质量。影响茄汁鱼色泽的因素，一般与番茄酱的色泽、鱼的种类及新鲜度、茄汁配料过程的工艺条件以及产品的储藏条件有关，其

中与番茄的品质和受热时间有密切的关系。

影响番茄汁色泽的主要因素是番茄红素在高温长时间受热和接触铜时易氧化成褐色，与铁接触生成鞣酸铁。因此配制茄汁最好使用不锈钢容器。茄汁应按生产需用量随时配用，防止因积压使茄汁变色。茄汁鱼类罐头贮藏温度过高（一般在30℃以上），褐变加速，贮藏温度以不高于20℃左右为宜。

（六）水产罐头的结晶

清蒸鱼类、虾、蟹类、酱油墨鱼、油浸烟熏带鱼和鳗鱼等罐头，在贮藏过程中，常产生无色透明的玻璃状结晶——磷酸铵镁，从而显著降低商品价值。防止结晶的产生，主要办法有：采用新鲜原料，原料越新鲜，蛋白质因微生物作用及肉质自溶作用而分解产生的氨量也越少；控制在 pH 值 6.3 以下时，因磷酸铵镁溶解度大，难以析出，因此在生产虾、蟹罐头时，都采用浸酸处理，但对酸液浓度、浸泡时间等条件应严格控制；避免使用粗盐或用海水处理原料，粗盐和海水含镁量较高，能促进结晶析出；杀菌后迅速冷却，使内容物温度尽快通过大型结晶生成带；添加明胶、琼脂等增稠剂，提高罐内液汁黏度，使结晶析出变慢；添加 0.05% 乙二胺四乙酸二钠、六偏磷酸钠或 0.05% 植酸等螯合剂，可使镁离子生成稳定的螯合物，从而防止结晶的析出。

（七）肉质的软化（液化）

所谓肉质的软化或液化是指虾、蟹类等水产罐头经一段时间贮藏后，肉质往往软化而失去弹性，用指端按压有软散甚至糊状感的现象，使产品失去食用价值。软化出现的原因，主要是原料不新鲜，杀菌不充分，受微生物（耐热性枯草杆菌等）作用而引起。为此，必须采用新鲜的原料，减少土壤微生物等对食品的污染；加工过程要迅速、保证卫生，严防微生物污染；确保罐头的杀菌温度和时间符合操作规程；在加工过程中可用加冰的方法来降低虾肉温度，防止半成品变质；装罐前宜将虾肉在 1% 柠檬酸与 1% 食盐混合液中浸渍 1～2min，对防止软化有效果。

（八）黏罐

鱼皮或鱼肉黏于罐内壁，影响形态完整，这是因为鱼肉和鱼皮本身具有黏性，加热时首先凝固，同时鱼皮中的生胶质受热水解变成明胶，极易黏附于罐壁，产生黏罐现象。防止方法：选用新鲜度较高的原料；采用脱膜涂料膜或在罐内涂植物油；鱼块装罐前烘干表面水分或浸 5% 醋酸液（只适用于茄汁鱼类），也能防止或减轻黏罐发生。

（九）瘪听

一些鲜炸、五香鱼罐头（如凤尾鱼、荷包鲫鱼等），由于装罐时不加或少加汁，在杀菌后冷却过程中往往因真空度极大易引起瘪听现象。为此，宜选用厚度适当的镀锡薄板，并选用强度高的膨胀圈罐盖；罐头在杀菌终了降温降压要平稳，宜用温水先冷却罐头，然后再分段冷却至40℃左右；控制罐内真空度不宜过高，并应防止生产过程中罐头的碰撞。

（十）罐内涂料脱落

油浸及油炸调味鱼类罐头，由于涂料固化不完全或涂料划伤，经一定时间贮藏后，罐内涂料膜发生脱落现象。此外，有些涂料铁的涂料中氧化锌含量较高，油脂中的油酸与氧化锌结合而生成锌皂，使油浸入涂料膜内层，致使涂料膜起皱而脱落。

因此，应采用固化完全的涂料铁，涂料中氧化锌含量适当减少，采用酸价低的精炼植物油。

（十一）罐内油的红变

油浸鱼类罐头经过一段时间贮藏后，罐内油会变成显著的红褐色。罐内油变红的主要原因是由于植物油中含有色素或呈色物质。含呈色物质的油对各种刺激（如紫外线）很不稳定，生产过程中受到热和光的作用而变色。当植物油中混有胶体物质及氧化三甲胺还原而成的三甲胺时，油脂更容易变红。为防止红变，应尽可能采用新鲜的原料，充分去除内脏；避免光线特别是紫外线的影响；加注的油要适量；工艺过程要迅速，尽量减少受热时间。

二、水产品罐头的质量控制指标

（一）感官指标

感官指标通常包括罐头食品的色泽、滋味、气味、组织形态以及有无杂质和异物。不同类型的水产品罐头食品，由于原料特性、加工工艺和调味方法的不同，因此具有不同的感官品质指标要求。

（二）理化指标

水产品罐头食品的理化指标，包括净重、固形物含量、氯化钠含量、pH、营养成分（蛋白质、脂肪、微生物、矿物质等）含量、酸价、过氧化物值、重金属（汞、砷、铅、镉）含量、挥发性盐基态氮（TVB-N）含量、组胺含量、食品添加剂使用量、农药和兽药残留量等。

按对营养和安全性的关系可分为一般理化指标（如净重、固形物含量、氯化钠含量、pH、蛋白质含量、脂肪含量、矿物质等）和卫生指标（酸价、过氧化物值、重金属含量、TVB-N、微生物、食品添加剂使用量、农药和兽药残留量等）。

（三）微生物指标

微生物指标通常包括总菌数、大肠菌群和致病菌（沙门氏菌、志贺氏菌、金黄色葡萄球菌、溶血性链球菌）等指标。水产品罐头食品属低酸性罐头食品，因此需要达到商业无菌要求。

第四节　水产品罐头加工实例

水产品罐头根据加工方法不同可分为清蒸、调味、油浸罐头等。

一、清蒸罐头

清蒸罐头，一般又称原汁罐头。处理后的水产原料不经烹调直接装入罐中，配以食盐水、味精或食盐和糖配成的溶液，再加入适量香料，经过排气、密封、杀菌等过程做成罐头。凡原料质量好、新鲜度高、风味鲜美的水产品都可以做成清蒸罐头。这类罐头的特点是成品保持原料固有的天然风味，或者天然风味损失极少。

1. 清蒸鱼类罐头

对于清蒸鱼类罐头的原料要求，凡脂肪多、水分少、组织紧密、气味正常、尚在僵硬期内、鳃色鲜红、眼球透明有光、鳞片坚实不脱落的鲜鱼或冷冻鱼均符合要求，淡水鱼宜用活鱼。清蒸鱼罐头原料主要有鲭、鲷、鲑、鲐、鲅、鳕、鰤、海鳗、鲳、青、鲤鱼、带鱼等。

以清蒸带鱼罐头为例，其工艺流程及工艺要点如下：

原料验收→原料挑选→原料处理→洗净盐渍→装罐→加汤→排气→封口→杀菌、冷却→保温→包装

①　原料验收、挑选和处理　新鲜的带鱼鱼鳞不脱落或少量脱落，呈银灰白色，略有光泽，无黄斑，无异味，肌肉有坚实感。

②　盐渍　把鱼段放在 3～5°Bé 的盐水中盐渍 15min，其间轻轻搅拌 2 次。鱼和盐水的比例为 1∶2 左右。

③　装罐　将鱼段捞起，用清水冲洗一遍即可称量装罐。用 500mL 玻璃瓶装罐时，装入生鱼段为 400～450g。装罐时应沿玻璃瓶四周竖装，要求排列整齐。装罐后加入 50～100g 的汤汁。汤汁配方：食盐 1500g、白糖 500g、黄酒 2500g、花椒适量、清水 50kg、增稠剂适量、琼脂适量。

④　排气和封口　将罐头送入排气箱中，时间 20min，温度（98±2）℃，中心温度 95℃以上。排气结束后立即封口。

⑤　杀菌和冷却　清蒸带鱼罐头由于带汤汁，易传热。杀菌条件为：10min—80min—10min/115℃。杀菌后用水冷却至 40℃左右。

⑥保温和包装　将检查合格的罐头送入 37℃的保温库中保温 7 昼夜。保温期满时包装，应逐罐检查，剔除胖听罐、渗漏罐。用木棒敲打罐盖，去除真空度差的罐头。对于粘贴商标后不影响外观的轻度瘪罐可予以包装。在包装过程中应轻拿轻放，尽量避免碰撞。

2.清蒸贝类罐头

对于清蒸贝类罐头的原料要求，应采用新鲜肥满、气味正常的贝类，不得使用变质原料。清蒸贝类罐头原料主要有蛏、牡蛎（蚝）、蛤、鲍鱼、赤贝、贻贝等。

以清蒸牡蛎罐头为例，其工艺流程及工艺要点如下：

洗刷→蒸煮→取肉→清洗→称重→装罐→排气、密封→杀菌→检验→包装

① 蒸煮　将洗刷干净的牡蛎放在锅中，不加水，盖上锅盖，猛火蒸煮（也称干蒸），待锅边冒汽时，即可停火，去壳，取肉。

② 装罐　根据罐的大小和要求，将牡蛎肉定量称重装罐，加入适当的料液，一般以浸过牡蛎肉为宜。

③ 排气、密封　在100℃的温度下排气15min，然后立即密封。

④ 杀菌　杀菌条件为：15min—40min—15min/100℃。杀菌后迅速冷却，可用冷水降温或用压缩空气降温。

3.清蒸虾类罐头

清蒸虾类罐头的原料应采用新鲜、肥壮、未经产卵、完整无缺的虾。清蒸虾类罐头原料主要有对虾，虾体大肉多、纤维柔软，外壳为淡青色，桡足上方为浅黄色。其工艺流程及工艺要点如下：

原料选择→原料处理→预煮→冷却修整→装罐加汤→排气→密封→杀菌→冷却

① 原料处理　原料用清水洗净后，加入14%的盐水，去掉头、甲壳、内脏，处理完毕后在清水（最好用冰水）中漂洗，洗去血液、杂质等。

② 预煮　虾与液的比例为1∶4，时间约为12min。预煮液的配比为：盐水浓度为14%，即每50kg盐水中含7kg盐、43kg清水，再加入柠檬酸0.1kg。预煮液经常更换。煮好的虾，立即取出放在冷水中漂洗，至冷却后立即进行修整，并除去不合格的虾仁，另行处理。

③ 装罐加汤　用已衬垫硫酸纸的142g抗硫涂料空罐，每罐装虾仁120g，汤汁22g。汤汁配制：清水100kg，盐4kg，糖2kg，菱粉1.4kg，柠檬酸0.2kg，混合加热至沸腾，过滤，保持85℃。

④ 排气、密封　排气温度95℃以上，时间12min，中心温度达到80℃以上，排气后立即将罐盖密封。

⑤ 杀菌　杀菌条件为：15min—25min—15min/121℃。杀菌后迅速冷却，冷却到40℃左右，然后擦罐入库。

二、调味罐头

调味类罐头在生产过程中注重配料特色，其特点为形态完整、色泽一致、风味独特。调味罐头是将处理好的原料经盐渍脱水或油炸、装罐、加入调味料汁、排气密封、杀菌、冷却等工序制成的罐头产品。根据加工调味料方法和配料的不同，又将调味罐头分为五香、茄汁、豆豉、红烧等品种。

1.五香鱼罐头

原料鱼采用油炸后，用五香调味液调味，具有汤汁少、香味浓郁、味美可口的特色。常见的品种有五香凤尾鱼、五香带鱼、五香鳗鱼、五香马面鱼等。下面以五香凤尾鱼罐头为例，说明五香鱼罐头的加工工艺，其工艺流程及工艺要点如下：

原料处理→油炸→调味→装罐→排气及密封→杀菌→冷却

① 原料处理　选用鱼体完整、新鲜、体长在12cm以上的冰鲜或冷冻凤尾鱼，用水冲洗后摘除头部并拉出内脏（不得弄破鱼腹，以免鱼子流失），再洗净后按大、中、小三档分开装盘。

② 油炸　按档分别放入温度约为200℃的油中炸2～3min，至鱼体呈金黄色，鱼肉有坚实感为止。操作过程中严格控制油温，油温过高易使鱼尾变暗红色，而过低则使鱼体弯曲变暗。

③ 调味、装罐　将油炸后的凤尾鱼趁热放入调味液中浸渍约1min，捞出沥干放置回软。用抗硫涂料罐装凤尾鱼，鱼腹向上，头尾交叉，均匀排列于罐内。

④ 排气及密封　真空抽气，真空度为53kPa，冲拔罐为35～37kPa，装罐后即送封罐机抽气密封。

⑤ 杀菌及冷却　杀菌条件为：10min—55min—反压冷却/118℃。反压冷却后出锅擦罐入库。

2. 茄汁鱼罐头

茄汁鱼罐头，一般将经过原料处理、盐渍的鱼块，生装后加注茄汁；或生装经蒸煮脱水后加注茄汁；或先预煮再装罐加注茄汁；或经油炸后装罐加注茄汁等。然后经排气、密封、杀菌等过程制成罐头。这类罐头鱼肉及茄汁二者的风味都兼而有之。不少海水鱼和淡水鱼，如鲭鱼、鲅鱼、鳗鱼、沙丁鱼、鱿鱼、鲳鱼、青鱼、草鱼、鲢鱼、鳙鱼等，都可制成茄汁鱼罐头。以茄汁鲭鱼罐头为例，其工艺流程及工艺要点如下：

原料验收→原料处理→盐渍→装罐→排气→控水→加茄汁→真空封口→洗罐→杀菌→保温→包装

① 原料验收、处理　将合格的鲭鱼去头，切开鱼肚，除去内脏（注意不要弄破鱼胆），在流水中清洗，并刮去贴骨血，剪去鱼鳍，切成4～5cm长的鱼块，洗净控水待用。

② 盐渍和装罐　将鱼块放在10～15°Bé的盐水中盐渍20min，期间搅拌2次，盐水与鱼的比例为1:1，盐渍结束后捞出鱼块用清水冲洗干净，沥干水分后即可装罐。大小部位均匀搭配，重叠装两层，要求装罐整齐，上层要留有间隔，再加满1°Bé清洁盐水。

③ 排气、控水和加茄汁　将罐头送入排气箱中，温度控制在98℃以上，时间可根据季节控制在35～40min，中心温度要达到95℃以上。出排气箱的罐头即控去盐水，加入配制好的茄汁，实际加入量要根据排气脱水情况作适当调整。

④ 真空封口及洗罐　加入茄汁后的罐头应立即送入真空封口机中封口，真空泵指示应在360mmHg左右。封口过程中应经常检查双层卷边的实际情况。封口后应逐罐清洗，洗净罐身的油污和茄汁再装入笼中杀菌。

⑤ 杀菌　杀菌公式为：15min—70min—反压水冷却/118℃。

3. 豆豉鱼罐头

以豆豉鲮鱼罐头为例，说明豆豉鱼罐头的加工工艺，其工艺流程及工艺要点如下：

原料处理→盐腌→油炸→调味→装罐→排气、密封→杀菌、冷却

① 原料处理　一般使用活鲜鱼，每尾质量约 110g，去头、鳞、鳍，剖腹去内脏，并用刀在鱼体两侧肉厚处划 2mm 左右深的线，按大中小分为三级。

② 盐腌　在 100kg 鲮鱼中加入食盐 4.5～5.5kg，盐腌时间 4～10 月份 5～6h，11 月～翌年 3 月份 10～12h，盐渍后将鱼取出，用清水洗净，刮净腹腔黑膜，沥干备用。

③ 油炸、调味　将鲮鱼放入 170～175℃的油中炸至鱼体呈浅褐色，以炸透而不过干为度。捞出沥油后放入 65～75℃调味汁中浸泡 40s，沥干装罐。

④ 装罐　将抗硫涂料罐清洗消毒后，按净含量为 15%的标准将豆豉装入罐底，上面均匀排放炸鲮鱼，然后在罐中加入适量精制植物油，同一罐内鱼体大小应均匀一致，排列整齐。

⑤ 排气、密封　加热排气要求中心温度在 80℃以上，如使用真空封罐机密封，要求真空度 53kPa。

⑥ 杀菌、冷却　杀菌公式为：10min—60min—15min/115℃，将杀菌后的罐头冷却至 40℃左右，取出擦罐入库。

4. 红烧鱼罐头

红烧鱼罐头通常采用将鱼块经腌制、油炸后，再装罐注入调味液的生产工艺，具有红烧鱼的特有风味，一般汤汁较多，色泽深红。常见的品种有红烧鲐鱼、红烧鲅鱼、香酥黄鱼等。下面以红烧鲅鱼罐头为例介绍红烧鱼罐头的生产工艺流程和操作要点。

原料处理→解冻→处理→腌制→油炸→装罐→排气、密封→杀菌、冷却

① 原料处理　选用鱼体完整、气味正常、肌肉有弹性、骨肉紧密连接、鲜度良好的冰鲜鱼或冷冻鱼，每条质量在 0.5kg 以上。不得使用变质的鲅鱼。

② 腌制　每 100kg 处理好的鱼块加精盐 1kg、白糖 0.5kg 后腌制 10～30min。

③ 油炸　先将植物油加热至 180～190℃，然后投入腌制好的鱼块炸 5～8min，至鱼表面呈黄色时即捞出沥油。油炸时，鱼油比 1∶10。鱼块在油炸过程中产生的碎屑要及时去除。

④ 装罐　采用 860 型抗硫涂料罐或玻璃罐。

汤汁配制：大料粉 300g、桂皮粉 200g、花椒粉 100g、姜粉 300g、胡椒粉 300g、大葱 10kg、精盐 14kg、酱油 20kg、砂糖 20kg、味精 0.5kg。先将大料粉、桂皮粉、花椒粉、姜粉、胡椒粉、大葱加清水熬煮 3h 后补足水至 20kg，然后加精盐、酱油、砂糖、味精和水，加热使上述配料全部溶解后用清水补足 180kg，煮沸后用三层纱布过滤即可供装罐用。

⑤ 排气、密封　采用加热排气时，罐中心温度应在 80℃以上。真空封罐时真空度应达 40kPa。

⑥ 杀菌、冷却　杀菌公式为：860 型罐，15min—90min—15min/116℃；玻璃罐，20min—80min/121℃。逐渐冷却。

三、油浸罐头

采用油浸调味是鱼类罐头所特有的加工方法。其加工工艺与茄汁类罐头大致相似，但注入罐内的调

味液不是茄汁而是精制植物油及其他调味料（如糖、盐等）。一般宜于加工成茄汁类罐头的各种鱼都可加工成油浸鱼罐头。凡预热处理采用烘干、烟熏方法的油浸鱼罐头，又被称为油浸烟熏鱼罐头。常用的原料有鳗鱼、黄鱼、带鱼等。

1. 油浸烟熏鳗鱼罐头

油浸烟熏鳗鱼罐头的加工工艺流程及工艺要点如下：

原料验收→原料处理→盐渍→烘干和烟熏→装罐→加油→预封→真空密封→杀菌→冷却

① 原料处理　冰鲜或已解冻的鳗鱼用清水洗净后，去鳍，剖腹、挖去内脏，在流动水中洗净腹腔内的黑膜及血污，沿脊骨剖取两条带皮鱼片，若鱼体过大或过长，则可将鱼片再纵剖或横切为两条带皮鱼片，然后修除腹肉（凡被鱼胆污染之黄绿色腹肉必须修除干净），按鱼片大小厚薄分档装盘。档次多少，视工艺条件的不同，有分 2～3 档，也有分 8～10 档，以便使鱼片盐渍均匀，成品咸淡适中为度。

② 盐渍　采用盐水渍法。根据烘车大小，每次盐渍一定数量的鱼片，配制 8% 的盐水使鱼与盐水之比为 2∶1。盐渍时间根据鱼片分档、气温高低、原料冻结与否等，分别盐渍 1～40min 不等。盐渍完毕后取出，用清水冲洗一遍，装盘沥去水分。

③ 烘干和烟熏　将大小一致、厚薄均匀的一定数量鱼片吊挂或平铺于同一烘车上，在烘道进口温度为 60℃ 左右、出口温度近 70℃ 的条件下，烘 2h 左右后，送入熏室中烟熏上色。熏室温度应不高于 70℃，熏制 30～40min，待鱼片表面呈黄色时，即烟熏完毕，再送入烘道中，在烘温为 70℃ 左右的条件下烘至制品得率为 58%～62%，然后取出放置在通风的室内冷却至常温。

④ 装罐　采用抗硫全涂料马口铁罐。经烟熏、烘干并冷却至常温的鱼片，擦去灰尘、油污，然后切成段长为 8.5cm 左右的鱼块，尾部宽度小于 2cm 的鱼块作他用。鱼块平铺于罐内，排列整齐，除靠罐底的两块肉面向下外，其余肉面均向上。色泽较淡的鱼块装在表面，然后每罐加入适量精制植物油。

⑤ 密封　宜先加盖预封，随即真空密封，真空度为 53kPa。

⑥ 杀菌、冷却　采用高压蒸汽杀菌。杀菌公式为：15min—70min—15min/118℃。杀菌后的罐头冷却至 40℃ 左右，取出擦罐入库。

2. 油浸金枪鱼罐头

油浸金枪鱼罐头的加工工艺流程及工艺要点如下：

原料验收→原料处理→蒸煮→整理→装罐→真空密封→杀菌→冷却→入库

① 原料处理　鲜鱼以清水洗净。冻鱼应用流水解冻，解冻后鱼体完整，满足新鲜度的要求。解冻水温宜控制在 10～15℃。去除鱼头、鱼尾及内脏，并

用流动清水冲洗黏液及杂质，水温不得超过20℃。

② 蒸煮　将上述经处理后的鱼体用蒸汽煮，蒸煮温度为102～104℃，蒸煮25～30min。

③ 整理　煮熟的鱼体应充分冷却，使组织紧密，以免鱼体在后续处理中被破坏。将冷却后的鱼除去鱼皮、鱼鳞，然后沿脊骨部位将鱼分成两片，去掉污物及杂质。然后将鱼片切成段长为5.0～5.3cm的鱼块。

④ 装罐　采用合适的金属罐定量装罐，同时加入食盐和植物油适量。

⑤ 真空密封　封罐的真空度应控制在50～55kPa。装罐后，应随即进行封罐。封好罐后将罐体表面冲洗干净，然后进入杀菌环节。

⑥ 杀菌、冷却　装罐封口后，应尽快杀菌。杀菌条件为121℃、15～65min，反压冷却至40℃以下。然后入库。

四、鱼虾类软罐头

1. 醋沏鱼软罐头

醋沏鱼软罐头是以体长5cm左右的鲫鱼、鲢鱼等小淡水鱼为原料，采用盐渍、油炸、浸醋汁、真空包装等工艺加工而成。该产品具有香酥可口、刺软、营养丰富、食用方便等特点。其加工工艺流程及工艺要点如下：

原料选择与处理→腌制→油炸→醋沏→沥水→灌装→真空包装→杀菌、冷却→保温检验→成品入库

① 原料处理　选用体长3～5cm鲜活淡水鱼，洗净鱼体表面泥沙、黏液和杂质，除去鱼鳃及内脏，洗净、沥干。

② 腌制　将沥干水的原料鱼放入25℃以下的腌制液中腌制3～3.5h，捞出沥水。腌制时，料液温度应控制在25℃以下，防止鱼肉在腌制过程中因温度过高腐败变质。腌制液可以反复使用，下一次使用时，向老卤汁中加原配方用料1/4～1/2量，并补充减少的水量，熬煮过滤后即可重新使用。用老卤汁加工的醋沏鱼，风味更好。

③ 油炸　将起酥油加热至190℃，一次投入油重10%左右的原料鱼，炸至表面黄褐色、鱼肉有坚实感为宜。油炸时，油温和油炸时间一定要控制好，否则易出现外部焦化而使鱼肉内部不熟或鱼肉松散易碎、鱼体色淡等不良现象。

④ 醋沏　将炸好的鱼趁热浸入醋汁（由食醋、酱油、白糖、葱丝、姜末调制）中，浸泡2min，捞出沥干余汁。

⑤ 真空包装　采用三层复合袋（PET/AL/CPP），装袋时鱼头尾交替整齐平排，同时注意封口处不要被汁液或油污染。装袋后立即进行真空密封热合，真空度控制在0.093MPa。

⑥ 杀菌、冷却　将包装好的袋迅速放入高压灭菌锅中。杀菌条件为：15min—40min—15min/121℃。负压0.088MPa，冷却至室温。

⑦ 保温检验　出锅后，立即擦净袋表面水分入库，在（37±2）℃下保温7昼夜进行检查，剔除胀袋，质检合格的套上外包装袋热合封口，贴上标签即为成品。

2. 腌鱼软罐头

腌鱼是黔东一带苗族、侗族的传统名贵食品，历史悠久，风味独特。苗族腌鱼和侗族腌鱼的制作大

同小异。其制法是将鱼剖开除去内脏及鳃，晾半干或用盐腌 1～2 天后，用盐、辣椒、花椒、米面、醪糟等拌匀放入腌坛内密封 1～2 个月即可。腌鱼味香、甜、酸、辣、麻、咸、软、嫩，可以生食或煎炸烤蒸后食用。长期以来，腌鱼是民间自产自用的特色食品，缺乏包装等商品化处理手段，难以形成商品，阻碍了腌鱼制品的产业化。改进腌鱼加工工艺，使其科学化，并制成软罐头食品，可以长期贮藏，食用方便，并增加商业价值。腌鱼软罐头的加工工艺流程及工艺要点如下：

原料选择→原料处理→干燥→腌制→分切→装袋→排气、密封→杀菌、冷却→保温检验→成品入库

① 原料选择　以体重 200g 以上的鲤鱼为佳。不同季节的鲤鱼制得的腌鱼品质有差异。八九月间腌制的鱼成品色泽好，光亮油润，品质较佳。农历二三月间鲤鱼较瘦，腌制后色泽较暗，但香气好。夏季气温高，不宜腌制。

② 原料处理　体重 250g 以下活鲤鱼，可不去鳞；250g 以上鲤鱼去鳞，用刀从鱼背部剖开，取出内脏、鱼鳃，清水冲洗后沥干，平摊经热风干燥至含水率 55%～66%。冷却后备用。

③ 腌制　将鱼体平摊，均匀撒上一层细盐，用腌制料涂敷于内侧，合拢，外侧涂敷一层腌制料，然后一层层摆放于坛中，装满坛后压紧加盖密封，于室内阴凉处腌制 2 个月后成熟。腌制时间越长，风味越好。腌制料由花椒粉、辣椒、生姜、食盐、砂糖、新酿醪糟、桂皮、山奈、白芷、丁香、香果构成，以上辅料打碎混匀即为腌制料。

④ 分切　腌制好的腌鱼，全身可食。加工成软罐头，需去头、尾、鳍后，将鱼身切成 1.5cm 宽、6cm 长的鱼条，油炸或不油炸直接装袋。

⑤ 装袋　将鱼条装入蒸煮袋内，加入罐液，装袋时注意鱼体各部位合理搭配。罐液的制备过程为：将切下的鱼头、鱼尾、鱼鳍及腌制料按 1∶1 加入沸水煮沸滤汁，取汁加入 2% 食盐、2% 白砂糖、0.1% 维生素 C，即是装袋用罐液。

⑥ 杀菌、冷却　杀菌公式为 15min—40min—15min/121℃。负压 0.088MPa，冷却至室温。

⑦ 保温检验　将袋置于（37±2）℃库中保温贮藏 7 天，剔除胀袋产品，合格成品入库贮藏。

3. 剁椒蛇鲻软罐头

剁椒蛇鲻软罐头的加工工艺流程及工艺要点如下：

原料→解冻、清洗→去头、去尾、去鳍→去内脏→切段→再清洗→腌渍→沥水→油炸→调味→装袋→密封→杀菌冷却→保温检验→入库贮存

① 原料处理　将原料解冻、清洗、去头、去尾、去鳍、去内脏、切段（5cm 左右小段）。

② 腌渍　再清洗后，用 5% 食盐腌渍 2h 或采用 8% 盐水腌渍 1h。腌渍后用清水冲洗干净，沥干备用。

③ 油炸　将植物油加热至 190～200℃，然后将沥干后的鱼块放入锅中油炸，投入量为锅内油的 1/10～1/5。当鱼块炸至呈金黄色或黄褐色即可，以炸透而不过干为准，油温一般控制在 170～180℃，炸制时间在 7min 左右。

④ 调味　香料水配制：丁香、八角、茴香各 24g，桂皮、甘草、姜各 16g，水 2000mL，微沸熬煮 2h，去渣后得香料水备用。用香料水调味。

⑤ 装袋、密封　注意要排列整齐，每袋 80～90g，控制袋形的厚度不超过 1.5cm。用真空封口机封口，封口时真空度应控制在 0.06～0.1MPa 的范围内，以便于产品的质检和保藏。装袋时不要污染袋口。

⑥ 杀菌　采用 121℃杀菌，杀菌公式为 15min—25min—10min/121℃。剔除破袋及封口不良袋，并擦干外表水分，以利于封口。

4. 虾子肉软罐头

虾子肉软罐头的加工工艺流程及工艺要点如下：

猪肉处理→拌肉→过油→虾子处理→拌料→制调味汁→称量→装袋封口→杀菌、冷却→擦袋入库

① 原料、辅料　猪瘦肉：用通脊肉或精瘦肉，其他要求与肉类罐头一致。

虾子：颗粒干燥、松散，无虫蛀，颜色深褐，具有干制虾子应有的海鲜味，无异味。

干红辣椒：全部红色，为成熟辣椒干燥而成，不得有萎缩现象，水分含量不超过 15%，具有明显的辣味，洁净、不碎、无杂质、无虫蛀。

花生油、味精、食盐、料酒（黄酒）、白砂糖、酱油等均应符合卫生标准。

② 猪肉处理　将分割冻肉置于 25℃室温下，在流水中进行解冻（不得超过 16h，以解冻完全、肉质不变为准）。将解冻肉清洗干净，整理后切成 1.5～2cm 见方的小块。

③ 拌肉　先将食盐拌入肉丁，再加入淀粉，逐渐加入水混合均匀，使稀稠适度的淀粉附着于肉丁表面。

④ 过油　将拌均匀的瘦肉在 60～180℃油温下油炸，油炸 3～5min，当肉色由红色变为白色时捞出。注意一定要将油中肉丁充分打散，不得有过油不透的红色肉和油炸过度的焦黄色肉。过油后的肉丁必须充分沥干油和水分方可排料。从解冻肉的处理至过油，其间隔时间不得超过 2h。

⑤ 虾子处理　将虾子用清水漂洗干净，待油热后，下锅煸炒片刻，出锅备用。

⑥ 拌料　先将干红辣椒去柄、去籽、洗净，切成 0.5cm 的小段，再将处理好的红辣椒段放入油中煸炒片刻，最后，与肉丁、虾子充分拌匀。猪肉、虾子、红辣椒比例可根据口味自行设计。

⑦ 制调味汁　将水烧开，加入食盐、酱油、白砂糖、料酒（黄酒）、味精等调料，称重、过滤、冷却备用（配方可自行设计）。

⑧ 装袋封口　采用三层复合袋，固形物 135g，汤汁 50g。封口不良者，拆开重装。装填封口时，物料温度不得超过 40℃。自肉丁过油至装填封口，间隔时间不得超过 1h。

⑨ 杀菌、冷却　杀菌公式为 22min/121℃，反压 176.5kPa。装袋封口后应尽快杀菌，间隔时间不得超过 0.5h。冷却至 37℃以下。

⑩ 擦袋入库　擦干袋外水分，入库。

五、贝类和甲鱼软罐头

1. 原汁蛤肉软罐头

原汁蛤肉软罐头的加工工艺流程及工艺要点如下：

原料验收与保鲜→冲洗→分级→剥壳取肉→清洗→预煮→冷却→装袋→封袋→杀菌、冷却→擦干→保温检查→成品包装入库

① 原料验收　原料按标准严格验收。不得冻结贮存，在 0～4℃的冷库内，新鲜活蛤的储存时间不宜超过 4 天。蛤肉必须肉色正常、清洁、无异味，不得使用破损变质的蛤肉。

② 剥壳取肉　剥壳取肉时，要使用特制的不锈钢小刀，尽量保持蛤肉的完整。蛤肉盛于不锈钢容器内，不要使用铁质、铜质器具。

③ 预煮　将洗净的蛤肉分装于盘中，盘内添加适量黄酒及用姜、葱熬制的汁液。将盘置于蒸煮箱内，在 100℃下加热预煮 1～2min。预煮时控制蛤肉脱水率在 30%～40%。

④ 冷却、装袋　预煮后的蛤肉立即用冷水进行冲冷和漂洗，时间不宜过久。冷却后沥干水分，装袋，必要时添加适量的食用磷酸盐。

⑤ 杀菌、冷却　封袋后即送入软罐头杀菌锅进行高压杀菌，10min—30min—急速冷却 /118℃，反压 14.7kPa，并采用锅内加压冷却至 40℃左右。

2. 甲鱼软罐头

包括清淡型和药膳型两种风味，其加工工艺流程及工艺要点如下：

鲜活甲鱼→清洗剖杀→称重→预煮→称重→装袋→封口→杀菌、冷却→保温检验→入库

① 原料处理　选用体重 500g 左右的养殖中华鳖，剖杀，留肝、心，去其余内脏，挖去四只腿附着的油膘，留待制油。

② 预煮　100kg 沸水中放入 50kg 甲鱼、0.3kg 老姜，微沸即捞出，清水冲洗，去净浮膜。目的是去血水、去腥。

③ 装袋　按固形物 70%、调味汁 30% 装袋。擦净袋口，进行封口。

清淡型：甲鱼肚内装入香菇、冬笋、火腿片。

药膳型：甲鱼肚内装入枸杞子、桂圆肉、怀山药。

④ 杀菌、冷却　封袋后尽快杀菌。杀菌公式：30min/120℃。反压大于17.7kPa。杀菌后冷却至 40℃以下。

 概念检查 10-1

○ 杀菌是罐头生产中最重要的一环，请结合所学的知识确定杀菌公式的重要性。

○ 罐头生产中的 D 值、Z 值和 F 值都是关键参数，请描述三者之间的关系及应用。

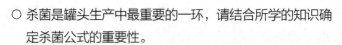

参考文献

[1] 朱蓓薇，曾名湧 . 水产品加工工艺学 [M]. 北京：中国农业出版社，2010.

[2] 陈祥奎 . 食品中嗜热性细菌的测定 [J]. 食品与发酵工业，1978，(3):82.

[3] 王涛 . 食品组分与抑菌剂对嗜热脂肪芽孢杆菌芽孢耐热性的影响 [D]. 江苏：江南大学，2011.

[4] 赵君哲 . 食品的 pH 值与微生物控制 [J]. 肉类工业，2015，(2) .

[5] 侯红漫 . 食品微生物检验技术 [M]. 北京：中国农业出版社，2010:150-152.

[6] 汪秋宽 . 食品罐藏工艺学 [M]. 北京：科学出版社，2016:91.

[7] Evans K D .Validation of moist heat sterilization processes : cycle design, development, qualification and ongoing control [J].PDA Journal of Pharmaceutical Science and Technology, 2007, 61:2-51.

[8] 刘达玉，刘清斌 . 罐藏食品杀菌 F 值的探讨 [J]. 农产品加工，2006，(1):43-45.

[9] 李学鹏，励建荣，李婷婷，等 . 冷杀菌技术在水产品贮藏与加工中的应用 [J]. 食品研究与开发，2011，32 (6):173-179.

[10] 韩丽娜 . 罐头食品主要加工工艺进展 [J]. 科学技术创新，2013，(23):107.

[11] 郑志强，刘嘉喜，王越鹏 . 软包装主食罐头杀菌工艺研究 [J]. 食品科学，2012，33 (20):56-60.

[12] 张大为，张洁 . 海洋食品加工应用技术 [M]. 青岛：中国海洋大学出版社，2018:45-47.

总结

○ 水产罐头的杀菌

- 最常用的杀菌技术为传统的热杀菌技术。
- 超高压杀菌技术在水产品罐头中有部分应用。
- 辐射杀菌、脉冲强光杀菌、紫外线杀菌等杀菌技术应用不广泛。

○ 水产品罐头杀菌的影响条件

- 原料的新鲜度：原料愈新鲜，微生物数愈少，愈容易杀菌。
- 内容物的pH值：水产罐头食品大多pH＞4.6，采用高温高压杀菌，即杀菌温度高于100℃。
- 内容物的物理组成：黏稠性高则散热慢，需杀菌时间长。
- 内容物温度与杀菌釜的温度：两者温度愈高，则杀菌效果愈好。
- 容器种类与大小：铁罐比玻璃瓶热传导强，小型罐热传导到罐中心之速度较快。
- 杀菌操作动/静：杀菌时动摇回转则传热快，杀菌效果好。

○ 杀菌公式是否合理的判定

- $F_实$等于或略大于F_0，杀菌合理。
- $F_实$小于F_0，杀菌不足，未达到标准，会造成食品腐败，必须延长杀菌时间。
- $F_实$远大于F_0，杀菌过度，超标准杀菌，影响罐藏食品的色香味形和营养价值，要求缩短杀菌时间。

○ 水产品罐头的加工工序

- 原料预处理：冷冻原料的解冻，还有去内脏、去头、去壳、去皮、清洗、剖开、切片、分档、盐渍和浸泡，以及盐渍、油炸、烟熏等预热处理。
- 装罐：选择合适的罐藏容器，一般包括称量、装入鱼块和灌注液汁三部分。称量按产品标准准确进行，

一般允许稍有超出，而不应低于标准，以确保产品净重。注意罐口的清洁性。

- 排气：主要有抽空排气与加热排气两种。

- 密封：为了防止外界空气和微生物与罐内食品的接触，使罐内食品保持完全隔绝的状态。

- 杀菌：根据原料品种的不同、包装容器的不同，采用不同的杀菌方法。

- 冷却：应迅速进行冷却，因为杀菌结束后的罐内食品仍处于高温状态，会使罐内食品因长时间的热作用而造成色泽、风味、质地及形态等变化，使食品品质下降。

- 保温：保温检验的温度和时间，应根据罐头食品的种类和性质而定，水产品罐头采用（37±2）℃保温7昼夜的检验法，要求保温室上下四周的温度均匀一致。如果罐头冷却至40℃左右即进入保温室，保温时间可缩短至5昼夜。

- 检验：经过外观、敲音、真空度、开罐检查等，衡量其各项指标是否符合标准，是否符合商品的要求。

- 包装与贮藏：罐头在销售或出厂前，需要专用仓库贮藏，库温以20℃左右为宜，仓库内保持通风良好，相对湿度一般不超过75%。

○ 水产品罐头排气的主要作用

- 防止罐头在高温杀菌时内容物的膨胀而使容器变形或损坏，影响金属罐的卷边和缝线的密封性，防止玻璃罐跳盖等现象。

- 防止或减轻罐藏食品在贮藏过程中金属罐内壁常出现的腐蚀现象。

- 防止氧化，保持食品原有的色香味和维生素等营养成分；可抑制罐内需氧菌和霉菌的生长繁殖，使罐头食品不易腐败变质而得以较长时间贮藏。

- 有助于"打检"，检查识别罐头质量的好坏。

○ 水产品罐头的常见质量问题

- 腐败变质、硫化物污染、血蛋白凝结、清蒸水产品罐头变色、茄汁鱼类罐头变色变暗、水产品罐头的结晶、肉质的软化（液化）、黏罐、瘪听、罐内涂料脱落、罐内发生红变。

 课后练习

一、问答题

1）要做到商业无菌，如何选择杀菌技术？如何确定杀菌工艺？

2）水产品原料不太新鲜了，能用它做清蒸罐头吗？

3）茄汁青鱼罐头变色了，应该怎么控制？

4）水产品罐头执行的国家标准中需要做哪些检测？

二、选择题

1）杀菌公式的确定主要看（　　　）。

　　A. F 值　　　　　　　　B. Z 值　　　　　　C. D 值　　　　　　D. TRT 值

2）水产品罐头腐败变质最常见的原因是（　　　）。

　　A. 杀菌前腐败　　　B. 杀菌不足　　　C. 嗜热菌腐败　　D. 杀菌后腐败

3）常见的水产品罐头加工方式是（　　　）。

　　A. 清蒸　　　　　　　B. 调味　　　　　　C. 油浸　　　　　　D. 软罐头

三、计算题

　　某厂生产 425g/ 罐的水产品罐头，根据工厂的卫生条件及原料的污染情况，通过微生物的检测，选择以嗜热脂肪芽孢杆菌为对象菌，并设内容物在杀菌前含嗜热脂肪芽孢杆菌菌数不超过 2 个 /g。经 121℃杀菌、保温、贮藏后，允许变败率为 0.05% 以下，计算此条件下水产品罐头的安全杀菌 F_0 值。已知 D_{121}=10.00min。

第十一章　水产品调味料加工

图（a）显示的是鱼露发酵木桶，生产上将鱼和盐混合后加入木桶中，初步发酵完成后将鱼露原汁从桶底部导流管中放出，再放入图（b）所示的大瓮中进行曝晒发酵，数月后方可完成。有时为了获得更佳的风味，在瓮中的陈酿生产周期甚至长达几年。

（a）鱼露木桶发酵

（b）鱼露瓮中曝晒

 为什么要学习水产品调味料加工？

　　随着人们生活水平的提高和向健康型饮食迈进的步伐加快，食品调味料也由过去的酿造调味料和化学调味料转向天然调味料和功能性调味料。水产品调味料符合食品调味料营养化、功能性、天然源的发展趋势，具有广阔市场前景。通过本章学习可以较系统掌握水产品调味料的加工原料特性、主要呈味物质及呈味原理、加工工艺及现代新技术在其中的应用，同时能够从水产品调味料开发角度提出低值水产品加工综合利用的新途径。

👁 学习目标

○ 能按照生产工艺的不同对水产品调味料进行区分。
○ 能阐释水产品调味料中的主要呈味物质及呈味原理。
○ 能阐述水产品调味料的几种主要加工原料及其特点。
○ 能清楚讲述鱼露、蚝油、虾酱等几种主要水产品调味料的加工工艺。
○ 掌握鱼露、蚝油、虾酱等几种主要水产品调味料的感官及理化标准。
○ 能通过文献查阅，对鱼露、虾酱等传统发酵型水产品调味料的加工工艺提出改进方案。
○ 能从水产品调味料开发角度，对蛤仔汤汁、扇贝裙边两种贝类加工副产物提出可行的利用途径。

第一节　水产品调味料种类及呈味原理

一、水产品调味料的种类

　　调味料是指在饮食、烹饪和食品加工中广泛应用于调和滋味和气味并具有去腥、除膻、解腻、增香、增鲜等作用的产品。水产品调味料是以鱼、虾、蟹和贝类等为主要原料，经相应工艺加工制成的调味品，如鱼露、虾酱、虾油和蚝油等。按生产工艺可分为两大类（图 11-1）：第一类为分解型，包括利用原料本身的酶或自然界微生物作用以及外加酶作用的酶法水解型和酸法水解型；第二类为抽出型，利用鱼、贝类等加工产生的煮汁或直接提取的一类水产品调味料。

二、水产品调味料呈味原理

　　人的味觉是通过味蕾中的味觉感受细胞产生的，味蕾主要分布在舌面、上腭表面和咽喉部黏膜的乳头上，每个乳头有一个到上百个味蕾，成人大概有3000个味蕾，味蕾顶端是味孔。每个味蕾中有50～150个味受体细胞，每一种味受体细胞只对一种味道起反应，并由单独神经纤维向大脑皮层传递味觉刺激信号，形成味觉感觉。人的味觉感受器官能够识别五种基本味道，即酸味、甜味、苦味、鲜味和咸味。也有学者指出"脂肪味（油味）"，但学术界尚未达成共识。水产品调味料的呈味主体是由咸味和鲜味构成，其中咸味以氯化钠为主，鲜味主要是氨基酸和核苷酸类，琥珀酸和寡肽也是重要的鲜味物质。

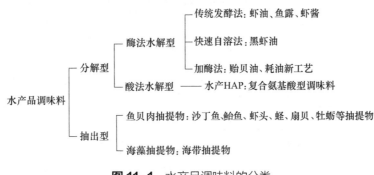

图 11-1　水产品调味料的分类

（一）氨基酸类

水产品调味料中游离氨基酸的含量和种类影响鲜味，是衡量其营养价值和感官的重要指标。早在1908年，日本化学家池田菊苗发现海带汤的鲜味来自谷氨酸钠。氨基酸的呈味与它侧链R基团的疏水性有密切关系，当氨基酸疏水性小时，主要呈甜味，如甘氨酸、丙氨酸、丝氨酸、脯氨酸、谷氨酰胺、苏氨酸等；当氨基酸疏水性大时，主要呈苦味，如亮氨酸、异亮氨酸、缬氨酸、苯丙氨酸、色氨酸、组氨酸、赖氨酸、精氨酸及甲硫氨酸。当其侧链R基团为酸性基团时，以酸味或鲜味为主，如天冬氨酸、谷氨酸呈酸味，其钠盐则是鲜味物质。游离氨基酸对水产品调味料鲜味的贡献不仅与其含量相关，而且与每种游离氨基酸的呈味阈值及相互之间的比例平衡相关，几种游离氨基酸共存是水产品调味料特殊味感所必需的。表11-1列举了几种鱼露的游离氨基酸组成，鱼露中谷氨酸、天冬氨酸、丙氨酸、甘氨酸、苏氨酸等呈味氨基酸含量较高，缬氨酸、异亮氨酸、亮氨酸、苯丙氨酸、赖氨酸等必需氨基酸的含量也较丰富，表明鱼露不仅鲜味突出，且营养价值较高。

（二）核苷酸类

核苷酸是一类重要的鲜味物质，呈鲜味的核苷酸及其衍生物已发现30多种，水产品中鲜味核苷酸类物质主要以肌苷酸（IMP）二钠和鸟苷酸（GMP）二钠为代表，如鱼露中IMP和GMP含量分别为471μg/g和874μg/g。核苷酸的呈味作用是与谷氨酸钠的协同作用效果，IMP与谷氨酸钠按1∶1混合，鲜味强度是单独谷氨酸钠鲜味的15.6倍。鲜味相乘效果可能是鲜味的受体与核苷酸结合后构象发生变化，从而更容易与谷氨酸钠结合。

（三）有机酸类

发酵型水产品调味料中含有乳酸、琥珀酸、甲酸、乙酸及焦谷氨酸等有机酸，其中，琥珀酸在贝类中含量较多，如蛤蜊为0.14%，牡蛎为0.05%。琥珀酸及其钠盐均有鲜味，琥珀酸、琥珀酸一钠和二钠的

鲜味阈值分别为 0.39mg/mL、0.15mg/mL 和 0.10mg/mL，可见，琥珀酸二钠鲜味最强，其在干贝丁中含量也较高，被称为干贝素。鱼露中琥珀酸的含量随原料和产地而变化，含量为 519～1151μg/mL。副产物鱼露中琥珀酸含量较低，约为 394μg/mL。

表11-1　几种鱼露的游离氨基酸组成（占总氮量）　　　mg/g

氨基酸种类	中国鱼露	日本鱼露	泰国鱼露	越南鱼露	缅甸虾油	马来西亚虾酱
天冬氨酸	298	114	212	86	44	212
苏氨酸	200	208	127	0	41	99
丝氨酸	53	71	26	0	0	63
谷氨酸	781	581	785	165	1770	356
脯氨酸	0	81	0	0	0	72
甘氨酸	219	233	177	0	61	160
丙氨酸	483	542	394	453	317	276
胱氨酸	0	93	51	0	66	0
缬氨酸	417	267	311	374	216	186
蛋氨酸	192	110	128	58	65	83
异亮氨酸	291	157	181	273	121	156
亮氨酸	437	169	207	475	129	285
酪氨酸	113	25	0	79	0	126
苯丙氨酸	205	127	120	108	69	119
赖氨酸	556	356	506	209	157	277
组氨酸	106	76	167	0	0	30
精氨酸	0	13	0	0	0	24
鸟氨酸	245	157	86	165	78	53
瓜氨酸	0	0	285	0	0	176
牛磺酸	139	449	95	165	104	124
精氨酸	298	114	212	86	44	212
总　量	5033	3943	3689	2696	3282	3089

（四）呈味肽类

呈味肽对鲜度也有贡献，一般小于 10 个氨基酸的寡肽是主要呈味肽，已报道鲜味肽以二肽和三肽为主，如 Glu-Glu、Glu-Asp、Glu-Ser、Glu-Glu-Glu、Gly-Glu Gly。牛肉消化液中是鲜味八肽 Lys-Gly-Asp-Glu-Glu-Ser-Leu-Ala，它是类似谷氨酸钠的天然风味强化剂。但由于鲜味物质的复杂性，缺乏客观评价方法，对鲜味肽存在争议，如研究发现 Glu-Asp 本身没有鲜味，但与其他鲜味组分共存时风味增强。

此外，研究发现谷胱甘肽加入含有鲜味组分的溶液中能显著增强滋味的厚重感和持久感，称为浓厚感肽。浓厚感（kokumi）也是除了五种基本味外描述食品滋味的一个新词汇。食品中引起浓厚感的肽类大部分是含有谷氨酸的二肽或三肽，如从鱼酱及扇贝加工产品中分离得到的 γ-Glu-Val-Gly，其浓厚感是滋味标准品谷胱甘肽的 12.8 倍。研究发现糖原也具有调和贝类抽提物的滋味、增强浓厚感的作用。

三、水产品调味料原料及特性

（一）鳀鱼

鳀鱼是世界上单一渔业品种产量最高的鱼种，个体小，肌肉组织脆弱，内源蛋白酶活性高，极易受损腐烂，主要作为动物饲料的蛋白源。鳀鱼的粗蛋白含量为 17.0%，脂肪为 3.98%，含有 16 种氨基酸，包括 7 种必需氨基酸，富含呈味氨基酸，谷氨酸和天冬氨酸含量最高，分别占氨基酸总量 14.8% 和 10.1%。还含有钙、磷、镁、钾、钠、铁和锌等矿物质，钙和磷含量高达 31416mg/kg 和 1930mg/kg，铁和锌含量分别为 124mg/kg 和 68mg/kg。鳀鱼是发酵水解型水产品调味料的优质原料，如用于鱼露的生产。

（二）毛虾

毛虾是毛虾属的总称，以中国毛虾产量最大，分布我国沿海浅海区。毛虾体小、皮薄、肉少，易腐败不能长期保存，渔获量大，大多是直接晒干或煮熟后晒干成虾皮。也可捣碎、加盐，在阳光下曝晒、发酵，制成虾酱。

中国毛虾蛋白质含量高达 14.8%（干基计为 72.9%），脂肪仅为 1.2%，非蛋白氮含量为 532mg/100g，显著高于斑节对虾（111mg/100g）和亨氏仿对虾（132mg/100g）。中国毛虾含 18 种氨基酸，富含呈鲜味和甘味的氨基酸，其中，谷氨酸含量高达 133mg/g，天冬氨酸、甘氨酸和丙氨酸的含量也较高，分别为 90.5mg/g、56.8mg/g 和 60.8mg/g。此外，中国毛虾含有钙、镁、磷、硒、铁等 12 种常量及微量元素和 5 种维生素，其中，钙含量高达 5694mg/kg，磷含量达 2660mg/kg；维生素 B_5 和维生素 E 含量较高，分别为 4.3mg/100g 和 1.2mg/100g。因此，中国毛虾营养价值较高，以毛虾为原料可生产高附加值的虾类海鲜调味料，如虾酱、虾油等。

（三）牡蛎

牡蛎肉肥爽滑，味道鲜美，含有丰富的优质蛋白质（6.41%～11.29%）、糖原和微量元素，以富含 Zn、Se 和牛磺酸而著称，牛磺酸含量达 1.74～11.19mg/g，Zn、Se 含量分别为 61.33～616.98mg/kg、0.36～1.30mg/kg。核苷酸类是牡蛎鲜味的一类重要物质，包括腺苷三磷酸（ATP）、腺苷二磷酸（ADP）、腺苷酸（AMP）、肌苷酸（IMP）、次黄嘌呤核苷（HxR），牡蛎主要以 IMP、AMP 和 HxR 等为主，牡蛎中 IMP、AMP 和 HxR 含量分别为 45.6～539.5μg/g，26.1～114.2μg/g 和 46.0～340.3μg/g。牡蛎肉中游离氨基酸含量较高的有谷氨酸、甘氨酸、丙氨酸、脯氨酸、精氨酸、赖氨酸和苏氨酸等（表 11-2），呈味游离氨基酸总量和游离氨基酸总量比值为 0.50～0.74。由此可见，牡蛎是蚝油生产最优质的原料。

（四）罗非鱼下脚料

罗非鱼营养价值高、适应性广而被全球多国养殖，主要加工成鱼片出口，产生 50% 的下脚料，蛋白质含量为 18.4%，占下脚料干重的 46.6%，脂肪含量为 10.6%，以不饱和脂肪酸为主。下脚料中谷氨酸（Glu）含量高达 4.25%，其次为天冬氨酸（Asp）、丙氨酸（Ala），呈味氨基酸（FAA）丰富，占氨基酸总量 45%；此外，还含有钾、钙、钠、镁、铁、锌、锰、硒等矿物质元素，钾、钠、镁含量是鱼片的 8.0 倍、17.2 倍和 11.2 倍，是补充人体钙、钾、钠、镁等的好原料，因此，通过酶解罗非鱼下脚料可以制备水产品调味料。

表11-2　不同海域牡蛎中游离氨基酸含量　　mg/kg

成分	呈味特征	钦州	程村	湛江	汕头	厦门	海门	荣成	乳山	长海	庄河
亮氨酸 *	苦（−）	0.10	0.05	0.05	0.05	0.28	0.13	0.23	0.16	0.1	0.16
赖氨酸 *	甜／苦（−）	0.31	0.49	0.23	0.38	1.17	0.65	0.54	0.37	0.4	0.36
苯丙氨酸 *	苦（−）	0.11	0.06	0.07	0.08	0.19	0.14	0.20	0.16	0.1	0.15
异亮氨酸 *	苦（−）	0.07	0.03	0.03	0.03	0.15	0.08	0.13	0.09	0.1	0.08
缬氨酸 *	甜／苦（−）	0.13	0.06	0.06	0.06	0.28	0.14	0.22	0.16	0.2	0.17
苏氨酸 *	甜（＋）	0.61	0.23	0.23	0.28	0.62	0.24	0.48	0.50	0.3	0.40
精氨酸 **	甜／苦（＋）	0.29	0.17	0.20	0.22	1.11	0.53	1.06	0.75	0.9	0.89
组氨酸 **	苦（−）	0.17	0.04	0.06	0.05	0.26	0.10	0.16	0.23	0.1	0.16
蛋氨酸 *	苦／甜	0.07	0.04	0.03	0.02	0.21	0.07	0.12	0.10	0.1	0.13
天冬氨酸 △	鲜（＋）	0.38	0.09	0.25	0.26	0.53	0.31	0.22	0.45	0.7	0.43
丝氨酸	甜（＋）	0.34	0.16	0.13	0.24	0.59	0.33	0.39	0.37	0.6	0.42
谷氨酸 △	鲜（＋）	1.39	0.79	1.05	1.27	1.70	1.75	2.07	1.99	1.5	1.23
甘氨酸 △	甜（＋）	1.09	0.88	1.65	2.04	1.82	1.38	1.40	1.20	1.9	1.85
胱氨酸		0.06	0.02	0.04	0.03	0.06	0.04	0.05	0.05	0.0	0.07
酪氨酸		0.13	0.06	0.08	0.07	0.20	0.14	0.19	0.15	0.1	0.13
丙氨酸 △	甜（＋）	1.67	0.49	1.09	1.22	2.05	1.74	1.54	1.46	1.4	1.26
脯氨酸	甜／苦（＋）	0.91	0.19	0.31	0.17	1.03	1.68	1.55	0.94	0.9	0.86
游离氨基酸总量（TFAA）		7.84	3.86	5.56	6.46	12.2	9.43	10.55	9.13	10.0	8.75
呈味游离氨基酸总量（DFAA）		4.53	2.25	4.04	4.79	6.10	5.18	5.23	5.10	5.5	4.77
DFAA/TFAA		0.58	0.58	0.73	0.74	0.50	0.55	0.50	0.56	0.55	0.55

注：*必需氨基酸；**半必需氨基酸；△必需鲜味氨基酸；＋呈味强度；−无呈味。

（五）菲律宾蛤仔

菲律宾蛤仔为广温广盐性贝类，占我国贝类养殖总量的 30%，是典型的高蛋白质、低脂肪贝类，蛋白质占湿重的 16.40%，占干重的 61.3%～72.0%，高于文蛤（58.36%）、青蛤（41.02%）和美洲帘蛤（60.69%）；粗脂肪含量占湿重的 1.46%。含有 18 种氨基酸，8 种必需氨基酸，占总氨基酸总量的 44.4%；呈味氨基酸总含量为 239mg/g（以干重计），占氨基酸总量的 41.3%，以谷氨酸含量最高，达 110mg/g。钙、镁、铁和锌元素含量较高，分别达到 400mg/100g、459mg/100g、35mg/100g 和 8mg/100g。由此可见，菲律宾蛤仔是加工海鲜调味料的理想原料。

（六）扇贝

扇贝是我国重要的经济贝类养殖品种，具有很高的营养价值，蛋白质含量高达 55.6%，氨基酸种类丰富且均衡，谷氨酸、甘氨酸、赖氨酸、亮氨酸、精氨酸等含量较高，多不饱和脂肪酸占总脂肪酸含量 9%～45%。钙、磷、铁、钾、锰、锌、硒等含量丰富，锌的含量较高。

第二节　水产品调味料加工实例

一、鱼露

鱼露是传统的水产调味料，又称鱼酱油，味道鲜美、营养丰富、风味独特，深受广大消费者喜爱。越南、柬埔寨是盛产鱼露的国家，我国主要产地在广东、福建和江浙，当地居民以鱼露替代大豆酱油作为烹饪调味料。传统的鱼露是以鳀鱼、蓝圆鲹、三角鱼、七星鱼、青鳞鱼等食用价值较低的小杂鱼和水产品加工副产物为原料，通过鱼体自身酶或微生物的作用，将蛋白质主要水解成氨基酸。生产上为缩短时间，利用外加蛋白酶加速发酵。

（一）生产工艺

鱼露生产是盐渍和发酵二者相结合的过程，即利用盐渍来抑制腐败微生物的作用，通过蛋白酶对鱼蛋白质进行水解的过程（即发酵过程），达到生产鱼露的目的。鱼露的生产工艺流程（图 11-2）及工艺要点如下：

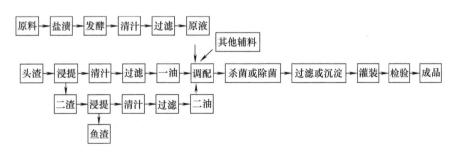

图 11-2　鱼露的生产工艺流程

1. 原料

原料要求新鲜、无污染，以鳀鱼为原料加工的鱼露质量较好。

2. 盐渍

新鲜原料采捕后立即拌入 10%～20% 的食用盐来保持原料的品质。原料运回工厂后，和食用盐按工艺比例进行混合，搅拌均匀。食用盐的总用量根据鱼的种类、新鲜度、环境温度进行调整，一般用量 25%～30%。

3. 发酵

拌盐后的原料入发酵缸、池或罐中发酵，采取自然或人工发酵方法。目前，国内以自然发酵为主，发酵过程中，鱼体上部可用盐封顶，使盐渍发酵后鱼体能浸没在液体中，根据工艺需要选择翻拌，一般每月翻拌 1～2 次，整个过程倒池 1～2 次。鱼体溶解完全后，可根据工艺选择日晒，时间一般为 2个月，每天翻拌 1～2 次。鱼露的工艺不同，发酵周期不同，一般为 3 个月到 3 年。发酵过程中，按一定的时间间隔，定期检测氨基酸态氮和盐分等指标，以控制鱼露的品质，温度高于 25℃ 时，每月检测一次；低于 25℃ 时，适当延长检测时间间隔。人工发酵是利用发酵桶或夹层保温池发酵，温度控制在 50～60℃，发酵周期半个月到 1 个月，期间用压缩空气搅拌，使原料受热均匀。为了加速发酵进程，可外加菠萝蛋白酶、木瓜蛋白酶、胰蛋白酶、复合蛋白酶等，发酵周期可缩短一半。

4. 浸提、清汁

鱼露第一次发酵完全后，提取鱼露原液，在提取原液后的头渣中放入低氨基酸态氮的鱼露或饱和盐水进行浸提，提取完一油后，对二渣再次进行浸提，得到二油和废弃鱼渣。每批原料一般进行三次发酵。一油、二油的浸提发酵时间为 3～7 个月，鱼露原液、一油、二油在不同的清汁池内进行清汁、过滤，去掉悬浮物和杂质。

5. 调配

按照不同的配方要求对鱼露原液、一油、二油及其他辅料进行调配，辅料和食品添加剂应符合相应标准的要求。

6. 杀菌或除菌

根据生产需要可选择杀菌或除菌，也可不采用此工艺。

7. 过滤或沉淀

杀菌后会产生沉淀，可通过过滤或自然沉淀的方法，使产品澄清。

8. 灌装

灌装所用材料应洁净、无毒、无异味、坚固，符合国家食品包装材料相应的标准要求。产品包装应有合格证，包装过程中产品不能受到二次污染。

9. 检验

按产品执行的感官和理化标准进行检验，并作出合格判定。

（二）感官及理化指标

鱼露产品的感官标准见表 11-3，理化指标见表 11-4。

表11-3　鱼露产品的感官标准

项目	指标
气味	应具有鱼露特有的香气，不得有腐败臭味
色泽	橙黄色或棕红色
滋味	应具有鱼露特有的鲜美滋味，不得有其他不良异味
透明度	澄清透明，无悬浮物和沉淀物

表11-4　鱼露产品的理化指标

项目	一级品	二级品	三级品
食盐（以氯化钠计）/（g/100g）	≤ 25		
总氮/（g/100mL）	≥ 1.20	≥ 0.87	≥ 0.54
氨基酸态氮/（g/100mL）	≥ 0.90	≥ 0.65	≥ 0.40

二、虾酱

虾酱是以毛虾、糠虾、磷虾等小型虾及虾加工下脚料如虾头为原料，经加盐腌制、捣碎、发酵等工序制成的一种黏稠状酱，具有虾特有鲜香味。虾酱一般灌装，亦可干燥成块状，称为虾膏。广义上说，虾酱、虾油也属于鱼露的一种，传统的虾酱生产原理与鱼露相同。我国虾酱主要产于沿海地区，以广东台山虾酱、江苏麻虾酱、天津的北塘虾酱和山东蟹子虾酱为代表性产品。

（一）生产工艺

1. 原料处理

选用肉质紧实、新鲜的小虾为原料，洗净沥水后待用。

2. 拌盐

将新鲜虾放入缸中，加入 10%～25% 的食盐，拌匀腌渍。

3. 曝晒发酵

将加盐后的虾置于缸内，缸口加盖，避免日光直接照射导致过热变黑。发酵酱缸置于室外，借助日光加温促进成熟。每天早晚搅拌并捣碎 2 次，每次约30min。捣碎后压紧抹平，以促进分解。经 1～2 个月日晒夜露，蛋白质转化为氨基酸和肽，虾青素部分转化为虾红素，颜色呈微红至深褐色，有鲜虾的独有风味，表明发酵基本完成，可随时出售。

4. 装坛密封

将曝晒发酵后的虾酱装入坛子或缸内密封，陈酿保存。

（二）感官及理化指标

参照农业部颁布的水产行业标准 SC/T 3602—2016 对虾酱的感官及理化指标进行评价（表 11-5、表 11-6）。

表11-5   虾酱产品的感官指标

项目	要　　求
色泽	呈虾酱固有的灰褐色、粉红色、灰白色、紫灰色等色泽
滋味、气味	具有虾酱发酵固有的气味、无异味
组织形态	黏稠适中、质地较均匀，允许上层稍有液体析出
杂质	无肉眼可见外来杂质

表11-6   虾酱产品的理化指标

项　　目	指标
氨基酸态氮 /（g/100g）	≥ 0.6
盐分（以 NaCl 计）/%	≤ 25
蛋白质 /%	≥ 10
水分 /%	≤ 60
灰分 /%	≤ 35

三、蚝油

蚝油又称牡蛎油，是利用牡蛎蒸、煮后的汁液进行浓缩或直接用牡蛎肉酶解，再加入食糖、食盐、淀粉等原料，辅以其他配料和食品添加剂制成的调味品。蚝油是我国的特产，最早产于广东，是广东、福建等地的传统调味料，因广东称牡蛎为蚝而得名。蚝油具有味道鲜美、营养丰富、色泽红亮鲜艳等特点，可广泛应用于各类食品。蚝油在烹调中可作鲜味调料和着色料来使用，尤其是在制作某些高档菜肴时，更突显出，具有提鲜、增香、赋咸、补色等理想效果，是一种高级营养调味品。现在蚝油受到全国各地及外国消费者的青睐。

蚝油蛋白质含量45%～47%，含有18种氨基酸，8种必需氨基酸。还含有有机酸（其中氨基乙磺酸是蚝油的特有成分）、醇、酯等；人体必需的微量元素丰富，如 Cu、Zn、Se 等。蚝油在我国历史悠久，加工方法很多，传统方法有肉汁混合法、浓缩法、复加工法等。民间多将加工蚝干所得的汤汁煮沸浓缩得到蚝油，即传统浓缩法，但生产蚝油的得率和产量都很低，为了提高产量和质量，利用酶技术，可克服传统方法的缺点，大幅度提高了氮的利用率，使不溶性氮大部分转化为可溶性氮，提高了蚝油的产量和质量。

（一）生产工艺

1. 传统法

传统法加工蚝油的工艺流程及工艺要点如下：

浓缩蚝汁→加辅料搅拌→加热→调色→增味增香→过滤→装瓶→巴氏杀菌→成品

（1）原料处理

鲜蚝去壳，在水中煮熟，汁液随水分渗出，将煮熟蚝肉与汤汁分离后静置沉淀，取上清液过滤，过120目筛，再经减压浓缩至水分低于65%、氨基酸高于1.0%浓缩液，即可转入配制工序。此浓缩液常加盐和防腐剂储运。熟蚝肉可制成商品蚝干或经调味灭菌后制成蚝肉罐头。

（2）蚝油配制

以浓缩蚝汁为原料，先在夹层加热锅中加入所需的水，在搅拌情况下依次序加入食糖、食盐、淀粉等，搅拌均匀后，加热至沸腾，并保持20min。配料可根据产品要求和生产实际适当调整，一般遵循以下原则：

① 加水量以使蚝汁稀释至氨基酸大于0.4%、总固形物大于28%、总酸小于1.4%为宜。

② 加食盐量以使蚝汁含氯化钠含量达到7.0%～14.0%为宜。

③ 淀粉作为增黏剂，以支链淀粉含量高者为佳，用量以使蚝油呈稀糊状为度。

④ 蚝油呈鲜、甜、咸、酸调和的复合味感，主味为鲜味，甜味为次味。含糖量不可过多，否则会掩盖蚝油鲜味。

⑤ 增香主要决定于蚝汁新鲜程度及配料量，一般可以少量优质酒作为增香剂，用之得当可使酯香明显，并可去腥味，使蚝香纯正。

配料完毕，以120目筛过滤，趁热灌入已洗净灭菌的加热瓶中，已装瓶蚝油再经巴氏灭菌或在热水流水线上灭菌。

传统工艺存在生产效率低，工耗和能耗大，质量不稳定，尤其是原料利用率低的问题突出，因为只利用了可溶性煮汁，蚝肉中丰富的蛋白质未得到利用。

2. 酶解法

为克服传统工艺的不足，采用酶解技术，蚝油酶解工艺流程及工艺要点如下：

牡蛎→去壳洗涤→磨碎→调 pH 值→加酶水解→酶失活→过滤酶解液→浓缩→配料＋过滤→装瓶→灭菌→成品

（1）蛋白酶的选择

蛋白酶品种的选择是酶解的关键。酸性蛋白酶、碱性蛋白酶、中性蛋白酶、复合酶、风味酶是生产

上常用的商业酶。碱性蛋白酶水解得到的蚝汁，在 pH 值为 10、11、12 时，分别带有不同程度的碱味，破坏了蚝油特有的风味，使水解液略带涩味，不宜采用。当酶用量和酶解时间相同时，酸性蛋白酶水解得到的氨基酸生成率最高，风味亦无劣变。研究表明，用中性蛋白酶 8931 进行生产，酶解效果适中，蚝油色泽、香气、味道都比较好。为提高酶解效率和改善风味，多种酶制备的复合酶、风味酶也越来越得到生产上的重视和应用。

（2）酶解温度和 pH 值

酶解温度和 pH 值是影响牡蛎酶解的重要因素，与生产效率、产品味道和色泽有着密切的关系，不同酶要采用各自最适温度和 pH 值，不宜过高过低。

（3）酶解时间

为了提高生产效率，调控水解度，适宜的酶解时间非常重要，当蛋白酶、酶解温度和 pH 值都确定之后，酶解时间太短，牡蛎酶解不够，时间太长，会造成人力物力的浪费，一般以 50～60min 为宜。

（二）感官及理化指标

感官要求和理化指标分别见表 11-7 和表 11-8。

表11-7　感官要求

项目	要求
色泽	红棕色至棕褐色，鲜亮有光泽
气味	有熟蚝香
滋味	味鲜美，咸淡适口或鲜甜，无异味
体态	黏稠适中，均匀，不分层，不结块，无异物

表11-8　理化指标

项目	指标
氨基酸态氮 /（g/100g）	0.3
总酸（以乳酸计）/（g/100g）	1.2
食盐（以氯化钠计）/（g/100g）	14.0
总固形物 /（g/100g）	21.0
挥发性盐基态氮 /（mg/100g）	50

四、水产品蛋白水解物

以鱼、贝类等为原料，采用酶解技术使蛋白质水解为呈味氨基酸和短肽，根据产品类型的需要，通过浓缩或干燥等工艺制成浓缩液或粉状调味产品。该类天然调味产品具有很好的呈味特征，可根据不同的原料制备出不同的风味，如鱼味、虾味等，同时，也具有很好的抗氧化功效，因而，可广泛应用于各种营养调味料。

（一）生产工艺

1. 低值鱼生产调味料

低值鱼富含蛋白质，如面条鱼、沙丁鱼、黄姑鱼、金线鱼等，蛋白质含量约 16%，出肉率只有 35%，废弃物占 65%，是制造水产调味品的最经济原料。利用低值水产品及加工中废弃物生产天然调味料，能提高资源利用率，降低费用，减少废弃物排放。

利用低值鱼生产调味基料加工工艺流程及工艺要点如下：

原料鱼清洗→绞碎→酶解→过滤、离心→取上清液→灭酶→调配→浓缩→喷雾干燥→包装

（1）原料鱼清洗

挑选新鲜或冷冻杂鱼，用流水冲洗，除去鱼体表面的脏物、杂质等。

（2）绞碎

用搅打器将杂鱼打碎成 30～40 目的鱼浆，加入 20～30mg/kg 的 TBHQ+BHT 进行抗氧化处理。

（3）酶解

选用风味酶、中性酶和碱性酶，按照 2∶1∶1 的比例，添加量 0.18%，在 55℃下酶解 4h，酶解结束前 0.5h 停止搅拌，以利于浆液分离。

（4）过滤、离心

过滤除去酶解液中的鱼骨、鱼鳞等粗渣，进一步离心取上清液。

（5）灭酶

升温至 95℃，保温 10min 使蛋白酶失活。

（6）调配

根据产品需要加入糊精、食盐等辅料。

（7）浓缩、喷雾干燥

将酶解液真空浓缩至固形物含量为 40%，然后喷雾干燥。

2. 罗非鱼加工下脚料生产调味料

利用罗非鱼加工下脚料生产调味料的加工工艺及工艺要点如下：

罗非鱼加工下脚料→清洗、斩碎→捣碎→保温酶解→过滤浓缩→调配、均质→灌装→灭菌→检验→成品

（1）原料预处理

将冷冻罗非鱼加工下脚料用流水解冻，清洗，沥干水分后，将鱼头、鱼排斩碎成小块，在组织捣碎机上捣碎成均匀料浆。

（2）保湿酶解

在温度 50℃下，加入菠萝蛋白酶 2250U/g，水解 3h，再加风味蛋白酶 750U/g，继续水解 2h，升温至 85℃，加热 15min，灭酶。

（3）过滤浓缩

将水解液用 120 目双层滤布过滤后，浓缩至原体积的一半。

（4）调配、均质

按照浓缩液 30%、淀粉 6.5%、黄原胶 0.2%、老抽酱油 8% 比例进行调配，在温度 70～80℃、压力 35MPa 条件下均质 2 次，可制得具有鱼香味、稠度适中、不易分层的美味调味料。

（5）灌装、灭菌

采用玻璃瓶装，灌装温度 80～90℃，80℃下进行巴氏杀菌 30min。

3. 利用蛋白酶解物进行美拉德反应生产调味料

美拉德反应是氨基化合物（氨基酸、肽、蛋白质等）和羰基化合物（还原糖、醛、酮等）之间发生的非酶褐变反应，可赋予食品独特的色泽和风味。一般在蛋白水解物的基础上，利用美拉德反应增香的原理，通过添加不同比例的氨基酸、还原糖及辅助增香增鲜物质，在控制温度和 pH 等反应条件下进行反应，可提升海鲜调味料的品质。

水产蛋白水解物美拉德反应生产调味料的加工工艺及工艺要点如下：

水产蛋白水解物→配料→美拉德热反应→喷雾干燥→检验→成品

（1）水解程度对产品风味的影响

美拉德反应的氨基酸主要来源于水产蛋白水解物，水解程度决定了反应时氨基酸的含量，对美拉德反应的效果有一定影响。美拉德反应并不要求水解物的水解度很高，过度水解可能导致脂肪降解，使游离脂肪酸溶入水解液，从而给美拉德反应产物带来风味上的负面影响。

（2）还原糖的选择

在美拉德反应中，不同还原糖的反应活性不同，对反应产物的风味也会产生不同的效果。常见糖的反应活性顺序为 D- 木糖 >L- 阿拉伯糖 > 己糖（D- 半乳糖、D- 甘露糖、D- 葡萄糖、D- 果糖）> 二糖（麦芽糖、乳糖、蔗糖）。

（3）pH 对产品风味的影响

pH 值影响到原料的离解状态和生成物种类，还会直接影响美拉德反应进程。pH 过低会带来一定的酸味，这是因为在低 pH 条件下，氨基呈质子化，不能很好地与还原糖的羰基反应，阻碍了美拉德反应的进行，得不到大量的芳香类物质；pH 过高，因反应速度过快，产品会产生明显的焦煳味。

（4）反应温度对产品风味的影响

反应温度是影响美拉德反应非常重要的因素，随着温度的升高，反应速度加快，同时也会促成许多香味物质的生成。但温度过高时，产物中杂味物质增多，带有明显的焦苦味和橡胶臭。温度过低，反应程度不够，产生的香气不够浓郁，使产品原有的腥味突显出来。

（5）反应时间对产品风味的影响

反应时间也是影响美拉德反应的重要因素之一。反应时间过短时，由于反应不够充分，产生的风味不够浓郁，但是超过一定时间后，则产生明显的焦煳味和其他杂味。

（6）反应物浓度对产品风味的影响

美拉德反应需要在一定的水分活度下进行，当反应物浓度处于较高水平即水分活度较低时，美拉德反应产物香味不够浓郁，并且褐变现象不明显，产品原有的腥味比较突显，这是因为在较低水分活度的反应底物中，反应物流动转移受限制，美拉德反应不易进行。反之当反应物浓度过低时，风味同样不够理想，这是因为在高水分活度的反应物中，反应物稀释后分散于高水分活度的介质中，同样不易发生美拉德反应。

（二）水产蛋白水解物感官及理化指标

感官要求及理化指标分别见表11-9和表11-10。

表11-9　感官要求

项目	要求
色泽	均匀一致的白色或淡黄色
气味	有动物蛋白特有的风味
滋味	口感醇和且鲜味好，无异味
体态	干燥粉末，流动性好

表11-10　理化指标

项目	指标
水分 /（g/100g）	≤ 5
氯化钠 /（g/100g）	≤ 20.0
氨基酸态氮 /（g/100g）	≥ 4
水解动物蛋白 /（g/100g）	≥ 50

五、新型海鲜调味料

随着人们生活水平的提高和社会经济的不断发展，对海鲜调味料的要求也越来越高，更加注重味道鲜美、有营养、不添加味精，天然海鲜调味料成为中高收入人群的追求，因为水产品含有丰富的氨基酸、多肽、糖、有机酸、核苷酸等呈味成分和牛磺酸、多糖等保健成分，更加受到人们的青睐，天然海鲜调味料也成为企业转型升级和资本投资的首选产品。天然海鲜调味料是以蛤仔、牡蛎、扇贝、贻贝等贝类为原料，主要工艺为：加热提取或蒸煮、浓缩、干燥、复配、造粒、包装。实际生产中，可以采用贝类加工副产物，如煮汁和蒸煮液，含有大量的水溶性成分（如呈味物质、蛋白质、多糖、无机盐和其他小分子等）不仅味道鲜美，而且营养丰富，也含有保健成分，是天然海鲜调味料的重要配料，即节省资源，又减少污染物的排放，符合当代倡导的清洁化生产、环境友好和高质量发展的方向，发展前景看好。

（一）贝类海鲜调味料

贝类富含多种呈味成分，味道鲜美，是海鲜调味料的主要原料来源，包括菲律宾蛤仔、扇贝、文蛤、牡蛎、贻贝等，尤以蛤仔和扇贝为主。这些贝类是我国养殖的主要经济品种，产量位居世界首位。目前产品主要以冻煮蛤、冻贝柱、半壳贝、真空蛤和干贝为主，并出口到日本、韩国、欧洲等国家和地区。蛤仔对日本和韩国人来说，是离不开的调味原料之一。蛤仔蒸煮汁固形物含量较低，通常采取加热或真空浓缩的工艺提高固形物的含量，再复配、干燥、造粒制成海鲜调味料。研究表明，蛤仔营养成分含量高，蒸煮汁经低温真空浓缩后，固形物含量可达到48.1%～53.0%，蛋白质7.2%～17.2%，灰分17.2%～28.8%，碳水化合物11.5%～17.0%，含量随着季节有所变化。以浓缩蛤仔汁为主料，添加食盐、淀粉、酵母提取物、糖、呈味核苷酸二钠等，经造粒可以制成不含味精的美味海鲜调味料，蛋白质含量可达19%、脂肪0.2%、钠21%，这一款产品与欧美以蛤仔提取物为主原料开发的天然海鲜调味料相似，其蛋白质含量为14%～27%、盐分9%～23%、脂肪0.1%～1.0%。国内类似的海鲜调味料鲜贝素，也是以浓缩蛤汁为主原料，复配食盐、谷氨酸钠、淀粉、糖、呈味核苷酸二钠等，经造粒而成。

目前，国内市场的海鲜调味料主要是由食品添加剂复配而成，如一款海鲜调味粉主要配料是食盐、谷氨酸钠、白砂糖、淀粉、香辛料、海鲜粉、植物油、植物水解蛋白、呈味核苷酸二钠，产品中蛋白质含量1.6%、脂肪3.5%、钠20.3%。味之素开发了添加扇贝及扇贝汁的干贝素，但主要配料是以食品添加剂为主，如谷氨酸钠、食用香精、琥珀酸二钠、呈味核苷酸二钠，再添加食用盐、白糖、淀粉、水解植物蛋白、酵母提取物，而干贝和扇贝汁添加量很少。国内市场文蛤精主要配料也是谷氨酸钠，再添加呈味核苷酸二钠、食用盐、白糖、文蛤和扇贝提取物、水解植物蛋白等造粒制成，其中，文蛤含量不低于5%，占配料比例较低。

（二）海参肠海鲜调味料

海参肠是海参加工的副产物，含有大量的鲜味氨基酸，研究表明海参肠与海参体壁含有相同的活性成分，海参肠的多糖和钒等含量更高。海参肠调味料制备工艺是先酶解，后经过美拉德反应，可达到脱腥和增香效果。酶解条件为料水比1∶8，pH为7，风味酶添加量0.5%，温度50℃，时间4h。酶解液添加8%葡萄糖和木糖，比例为1∶1，添加3%赖氨酸和精氨酸，比例为2∶1，反应pH为8.5，温度120℃，时间32min，得到的反应物有明显的焦香味，无异味。再经干燥可制成海参肠海鲜调味料。

（三）海肠海鲜调味料

海肠学名单环刺螠，营养价值高，有裸体海参的美誉，味道鲜美，蛋白质含量高，鲜味氨基酸含量丰富，其水解液中含有 18 种氨基酸，谷氨酸含量最高，为 218mg/100mL，其次为甘氨酸、丙氨酸、天冬氨酸，具有浓郁的鲜味。海肠中还含有丰富无机盐及微量元素，是良好的海鲜调味料基料。海肠调味料制备是酶解后喷雾干燥，酶解条件为料水比 1∶15，风味酶添加量 0.5%，pH 值为 7.0，温度 50℃，酶解 2h。酶解液添加糊精进行喷雾干燥，得到海肠粉，味道鲜，而且具有较强的抗氧化性。

概念检查 11-1

○ 水产品调味料有哪些？与传统的味精相比，水产品调味料具有哪些特点？

○ 请简述传统的鱼露和蚝油生产工艺？结合所学知识，谈谈如何对传统鱼露和蚝油生产工艺进行改进？

 参考文献

[1] 吕学姣, 王思婷, 宋志远, 等. 菲律宾蛤仔蒸煮液多糖回收工艺及微胶囊化 [J]. 食品安全质量检测学报, 2018, 9 (22): 5936-5942.

[2] 张胜男, 崔琦, 喻佩, 等. 海参肠酶解液美拉德反应增香工艺研究 [J]. 食品安全质量检测学报, 2019, 10 (15): 4944-4952.

[3] 赵晓玥. 海参肠、卵酶解物的制备工艺及性质研究 [D]. 大连: 大连海洋大学, 2016.

[4] 吴靖娜, 靳艳芬, 陈晓婷. 鲍鱼蒸煮液美拉德反应制备海鲜调味基料工艺优化 [J]. 食品科学, 2016, 37 (22): 69-76.

[5] 于江红. 紫贻贝高鲜调味料制备技术研究 [D]. 青岛: 中国海洋大学, 2015.

[6] Jaeger H, Janositz A, Knorr D.The Maillard reaction and its control during food processing.The potential of emerging technologies [J].Pathol Biol, 2010, 58 (3): 207-213.

[7] 陈美龄, 封玲, 李钰琪, 等. 复合酶解及美拉德反应制备鱿鱼调味品 [J]. 食品安全质量检测学报, 2018, 9 (8): 1918-1925.

[8] 王思婷, 薛蕊, 宋晨, 等. 单环刺螠功能性调味料的研制 [J]. 农产品加工, 2019.9.

[9] 刘海梅, 王苗苗, 左为民, 等. 单环刺螠体壁肌酶解工艺参数的研究——动物蛋白水解酶 [J]. 中国调味品, 2013, 38 (9): 69-72.

[10] 章超桦, 解万翠. 水产风味化学 [M]. 北京: 中国轻工业出版社, 2012.

[11] 曹文红, 章超桦, 湛素华, 等. 中国毛虾营养成分分析与评价 [J]. 福建水产, 2001, (1): 1-5.

[12] 廖兰, 赵谋明, 崔春. 肽与氨基酸对食品滋味贡献的研究进展 [J]. 食品与发酵工业, 2009, 35 (12): 107-113.

[13] 刘海珍, 罗琳, 蔡德陵, 等. 不同生长阶段鲲鱼肌肉营养成分分析与评价 [J]. 核农学报, 2015, 29 (11): 2150-2157.

[14] 杨金兰, 李刘冬, 黄珂, 等. 菲律宾蛤仔全脏器的营养成分分析与评价 [J]. 中国渔业质量与标准, 2014, 4 (2): 26-31.

[15] 林海生, 秦小明, 章超桦, 等. 中国沿海主要牡蛎养殖品种的营养品质和风味特征比较分析 [J]. 南方水产科学, 2019, 15 (2): 110-120.

[16] 苏永昌, 刘淑集, 刘智禹, 等. 罗非鱼下脚料营养成分的分析及评价 [J]. 食品工业科技, 2017, 38 (14): 285-

293.

[17] 赵鸿霞, 朱蓓薇, 周大勇, 等. 响应面法优化牡蛎酶解工艺 [J]. 大连工业大学学报, 2010, 29 (6): 421-425.

[18] 陈军, 熊彬. 罗非鱼下脚料酶解液美拉德反应制备肉类风味物工艺研究 [J]. 广西轻工业, 2011, 149 (4): 38-40.

[19] GB/T 21999—2008 蚝油 [S].

[20] 袁永俊, 王志民, 吉方英, 等. 水解动物蛋白 (HAP) 的制备及应用 [J]. 四川工业学院学报, 2000, 19 (1): 40-42.

[21] 雷前仁, 宋涛, 陈秋长. 水解动物蛋白及其在食品工业中的应用 [J]. 食品工业, 2000, (3): 6-7.

[22] 鱼露加工技术规范 [S]. 中华人民共和国国家标准征求意见稿.

 总结

○ 水产品调味料的分类

- 分解型调味料包括利用原料本身的酶或自然界微生物作用以及外加酶作用的酶法水解型调味料和酸法水解型调味料, 如鱼露、虾酱。

- 抽出型调味料是指利用加工鱼、贝类等产生的蒸煮汁或直接提取的一类水产品调味料, 如蚝油。

○ 水产品调味料中的呈味物质

- 水产品调味料的呈味主体一般由咸味和鲜味构成, 其中咸味以氯化钠为主, 而鲜味物质主要是氨基酸和核苷酸类, 另外, 琥珀酸和寡肽也是重要的鲜味物质。

- 氨基酸的呈味与它侧链R基团的疏水性有密切关系, 呈鲜味氨基酸主要包括天冬氨酸、谷氨酸及其钠盐。

- 核苷酸和谷氨酸钠之间存在呈味协同效果。

- 琥珀酸及其钠盐均有鲜味, 并以琥珀酸二钠的鲜味最强。

- 一般小于10个氨基酸的寡肽是主要呈味肽, 并以二肽和三肽为主。

- 含有谷氨酸的二肽或三肽能增加食品的浓厚感。

○ 水产品调味料的加工工艺

- 鱼露是以鳀鱼等食用价值较低的小杂鱼或水产品加工副产物为原料, 通过鱼体自身的酶或微生物的作用, 将蛋白质水解而成, 主要成分为氨基酸。

- 虾酱是以毛虾、糠虾、磷虾或虾头等小型虾及虾加工下脚料为主要原料, 经加盐腌制、捣碎、发酵等工序制成的酱, 具有虾特有的鲜香味。

- 蚝油是利用牡蛎蒸、煮后的汁液进行浓缩或直接用牡蛎肉酶解, 再加入食糖、食盐、淀粉等原料, 辅以其他配料和食品添加剂制成的调味品。

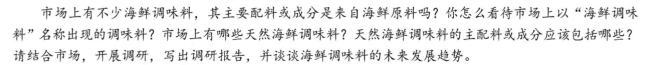

课后练习

一、简答题

1）天然海鲜调味料的主要原料有哪些？

2）水产品中有哪些天然的呈鲜味成分？

3）请简要概述我国传统的鱼露和蚝油生产工艺。

二、市场调研

　　市场上有不少海鲜调味料，其主要配料或成分是来自海鲜原料吗？你怎么看待市场上以"海鲜调味料"名称出现的调味料？市场上有哪些天然海鲜调味料？天然海鲜调味料的主配料或成分应该包括哪些？请结合市场，开展调研，写出调研报告，并谈谈海鲜调味料的未来发展趋势。

第十二章　海藻加工

裙带菜采摘后去除根、生殖器（孢子叶）以及破损叶片，经盐渍后获得裙带菜盐渍原料

（a）工厂中待加工的裙带菜原料

经过清洗、拉丝、脱盐、护色（或调色）、保脆、调味、调汁、灭菌处理后获得调味裙带菜丝开袋即食产品

（b）调味裙带菜丝产品

✿ **为什么学习海藻的加工?**

海藻富含蛋白质、海藻多糖、膳食纤维、海藻多酚、碘、甘露醇等成分，营养非常丰富，是可贵的海洋生物资源。海藻的加工能够提升海藻资源的经济价值，为人类提供优质、独特的食品、医药产品、化工制品等。随着科学技术的不断发展，对海藻的加工已经日渐成熟，如今海藻加工已经成为一个巨大的产业。通过本章的学习，将了解海藻加工技术和相关原理，储备海藻产品生产和工艺研发的知识，有助于未来在海藻相关产业的工程应用实践。

👁 **学习目标**

○ 掌握海藻食品的加工工艺。
○ 掌握海藻食品加工的基本分类与加工过程。
○ 能分别列举出不同海藻制品的具体分类及操作要点。
○ 能掌握海藻食品加工工艺的共性关键技术，并能应用到实际。
○ 能比较不同海藻加工工艺过程的区别。
○ 掌握海带食品加工、裙带菜食品加工、紫菜食品加工。
○ 掌握琼胶加工工艺的原理。
○ 熟悉琼胶加工的工艺流程及工艺要点。
○ 熟悉卡拉胶加工的工艺流程及工艺要点。
○ 掌握褐藻胶加工工艺的原理。
○ 熟悉褐藻胶加工的工艺流程及工艺要点。

第一节　海藻食品的加工

目前，海藻加工食品可大致可分为初加工产品和精深加工产品。海藻初加工产品是海藻采收后经过简单的加工整理，成为直接食用的食品或作为后来加工的原料。加工处理的措施主要包括清洗、水煮、盐渍、晒干等。海藻精深加工产品是海藻原料经过较为严格细致的加工处理工艺，制作成具有各种不同特色的海藻食品，产品加工形式主要包括脱水加工、冷冻加工、膨化加工、调味加工、酱类、切片加工等。

一、海藻干制品

（一）淡干海带

淡干海带的加工工艺如下：

1. 海带收割

根据海带成熟和天气情况决定收割期，海带收割时，必须在海区荡洗一次，除去杂质，杂质附着严重的分开存放，在岸边洗净。收割洗净后的海带运至晒场。

2. 晾晒

从海里收获的新鲜海带，应该选择晴天随收随晒，以当天晒干最佳。晒场要选择石地、水泥或砂地，晒场条件差的地区可以进行搭架挂晒或铺晒。现多采用海面悬挂晾晒的方式，能减少海带表面附着的杂质。海带表面特别黏滑，两片海带粘连在一起会影响干燥的时间和海带的外观，所以晾晒时叶体避免重叠，注意及时翻动，使干燥均匀。天然的晾晒方式除受到天气的约束外，还需要大面积的晾晒场地和大量的人力，故使用干燥设备能解决这些难题。隧道式海带烘干机，主要方式是人工将海带悬挂在料车上，从进料端进入隧道，干燥后的海带从出料端出来，由此循环干燥。在整个烘干过程中，温度设定为从低到高，调整海带的悬挂方向和出风方向，可使海带平整，不粘连，烘干快，效率高于自然晾干。

3. 清除杂质

海带晒干后暂时密封于仓库，待叶体吸潮回软后清除杂质，可以避免叶体折断破碎。除杂方式是将海带平铺在木板上，用刷子把叶体刷干净，制成淡干海带。

4. 分等级

按照国家等级规格质量标准分出一至三级品，同级每 10～12 棵在海带基部扎成一小捆，便于复晒。

5. 复晒

包装好的海带，如果干度不够，可进行复晒，达到干度一致，然后进行称重、包装。

（二）盐干海带

1. 海带收割

同淡干海带。

2. 腌制

在洁净的腌制场进行腌制，用盐量控制在 25% 以下，撒盐要均匀。天晴应立即出晒，以保证产品质量。

3. 晾晒

晒前抖去海带上附着的盐，出晒时，注意不附泥沙。晒场选择、晾晒方法等同淡干海带。

4. 理菜、分等级、复晒

同淡干海带。

（三）淡干裙带菜

淡干裙带菜加工工艺是中国沿海流传下来的最古老的加工和保存方法。其加工工艺流程如下：

$$鲜裙带菜 \rightarrow 水洗 \rightarrow 切片 \rightarrow 干制 \rightarrow 包装$$

操作要点：

1. 裙带菜收割和水洗

根据裙带菜成熟和天气情况决定收割期，收割后的裙带菜先用海水荡洗一次，除去杂质，在岸边用淡水洗去盐分。收割洗净后的裙带菜运至晒场。

2. 切片

根据产品需要进行切片。目前，常见的出口裙带菜要求是：干燥前形状为 2cm×4cm 切片，干燥后形状呈球形或螺旋形。

3. 干制

传统方法是自然晾晒法，洗净的新鲜裙带菜直接摆放在太阳下晒干。目前裙带菜的干制多使用各种干燥设备进行，如流化床干燥机、翻板干燥机及茶叶干燥机等。随着出口量的增加，对裙带菜干燥品质要求提高，已经有裙带菜专用干燥机。

（四）淡干紫菜饼

淡干紫菜饼的加工工艺流程如下：

鲜紫菜 → 清洗 → 切碎 → 洗净 → 调和配液 → 制饼 → 脱水 → 干燥 → 剥离 → 挑选 → 包装

操作要点：

1. 原料保鲜处理

紫菜越新鲜，加工出来的菜饼质量越好。由于机械加工量大，后加工的紫菜需要存放一段时间，为防止或尽量减少紫菜的鲜度下降，必须将收回的紫菜在阴凉通风处摊晒，并且最好将收回的紫菜在5℃温库中保存。

2. 切碎

① 保持刀口锋利，防止紫菜的氨基酸和核苷酸等鲜味物质的流失。

② 根据不同生长期的紫菜选择适当的切菜孔板，对制作菜饼来说，孔眼大小和密度会影响到菜饼的柔软性与光泽度，通常"三水"以前的紫菜选用3mm 左右的孔眼，密度 $4 \sim 5$ 孔 $/cm^2$，"四水"以后可选择大些的孔眼。

③ 注意避免切菜螺杆堵塞引起发热。中期采收的紫菜，由于叶体尺寸增加，经常出现长紫菜缠绕输送螺杆和切菜杆的情况，导致堵塞，所以一般采用人工粗切或配备粗切机械，将紫菜切成 3～5cm 长的短条。

3. 制饼

① 随时调整紫菜浆的浓度，使紫菜饼薄厚适宜无孔洞。
② 制饼用水应符合饮用水标准，对水必须软化处理，以保证成品光泽良好。
③ 注意调整制饼机参数的稳定性。

4. 脱水及烘干

① 脱水时应注意调整机组的运行速度。
② 烘干时应控制好烘箱的温度、湿度和烘干速度，避免菜饼的破碎和皱缩。
③ 干燥温度在 40～50℃，烘干时间 2.5～3h。

5. 挑选分级

对剥下的菜饼按标准分级，若水分不能满足出口要求，则需进行 2 次干燥。

（五）烤紫菜

烤紫菜的加工工艺流程如下：

干紫菜→烘烤→包装→成品

将干燥紫菜放入烤紫菜机中烘烤。烤紫菜机内有金属传送带，用电或远红外线作热源，装在金属网传送带上方。烤制时将紫菜放在一端的金属架上，利用空气吸力，把紫菜逐张送上金属网传送带，按一定速度进入机内，烘烤后的紫菜从另一端传出。烘干机中紫菜烘烤温度为 130～150℃，紫菜在机内传送时间为 7～10s。每台烘干机每分钟能烤紫菜 220 张。烤紫菜通常有整张袋装、金属罐装和玻璃瓶装三种方法。所有包装在密封前均按比例装入干燥剂，常用干燥剂有硅胶、氯化钙、生石灰等，其中生石灰效果较好。

（六）调味烤紫菜

生产工艺流程：

一次加工紫菜片→烤酥→沾调味液→干燥→切片→包装→成品

影响紫菜烘烤质量的主要因素有温度、时间及原料紫菜的含水率，而决定调味质量好坏的关键是沾液量和均匀度。当然调味液的配方成分也很重要。

操作要点：

1. 温度

正常呈浓黑色、有光泽的坛紫菜在高温下烘烤后，其颜色会转换成新鲜的叶绿素的绿色，且色泽光亮。试验表明，当烘烤温度低于 150℃时，烤紫菜的颜色及光泽改善不明显；而将温度升至 180℃时，颜色便呈现均匀的绿色，且表面光亮如上油；当温度超过 190℃时，紫菜会变得过酥而有焦味。因此，为保证紫菜烤酥而不焦，必须把烘烤温度控制在 180℃左右。

2.时间

在一定的烤温下，紫菜的香味和烤制时间密切相关。试验证明，一定含水率的紫菜在180℃温度下烘烤30～40s，紫菜本身所含的鲜味氨基酸便分解产生特殊的香味，如果时间过长，同样会产生焦味，因此，紫菜在180℃左右的温度下，烘烤时间不应超过1min。

3.原料紫菜含水率

供烘烤的原料紫菜片含水率直接影响烘烤质量和生产率。一次加工后的原料紫菜片一般含水率在10%～12%，如果保存不好，其回潮现象是很严重的。所以，为了长期保存，往往需进行二次干燥后密封保存，二次干燥后的紫菜片含水率一般在4%～8%。为了保证在烤酥后的紫菜片沾上调味液时能均匀吸收，且干燥后不变形、不皱缩，当含水率降至4%左右时，应对原料紫菜的含水率严加控制。试验表明，只有原料紫菜片的含水率在8%左右时，才能达到满意的烤制质量。

4.调味沾液量

烤紫菜片的调味是靠吸有调味液的海绵辊滚沾在紫菜片上实现的。因此，若沾液量太大，紫菜片吸水过多，将产生皱缩、变形甚至破损，烘干后也不能保证菜片平整；沾液量太少，则达不到调味目的。通过试验，一般每片4g重的坛紫菜片以沾液后增重1g为宜，通过调节烘干温度和输送速度，来保证紫菜片干后质量。

5.调味均匀度

影响紫菜片调味均匀度的因素有原料紫菜片的厚薄均匀度和调味辊的调整状况。应保证同批加工的菜片厚薄均匀，调味液盘及调味辊应呈水平状态，才能使调味辊沾液均匀，从而保证菜片调味均匀。

（七）裙带菜烤制品

工艺流程：

　　　　干品裙带菜→杀菌→糖化→烘烤→冷却

操作要点：

1.糖化

将杀过菌的干品裙带菜及糖液加到容器内，加热，使容器内的物料温度在30～60℃，在搅拌条件下干品裙带菜可与糖液充分接触进行糖化。当干品裙带菜由黑色变成墨绿透明亮泽的程度时，糖化过程结束。

2.烘烤

将从糖液中取出的固体物料进行烘烤，烘烤温度控制在60～100℃，待固体物料变脆为止。冷却后便可得到具干品裙带菜自然形状的透明亮泽的干品裙带菜的糖化制品。为增加产品的色香味及装饰效果，在取出固体物料前撒上小颗粒干果辅料，如芝麻、碎葵花子仁、碎松子仁及碎花生仁等，并拌匀使之均匀分散黏附。然后再进行烘烤，于是小颗粒干果辅料便附着在干品裙带菜上。上述小颗粒干果辅料与干品裙带菜质量比例关系是干品裙带菜：小颗粒干果辅料 =1：（0.1～0.3）。另外，在糖化的同时，还可向糖液中加入调味品如鸡精、味精、辣椒等，以便做出不同口味的产品，上述调味品与干品裙带菜质量比例关系是，干品裙带菜：调味品 =1：（0.006～0.05）。

二、海藻盐渍品

（一）盐渍海带

1. 盐渍海带加工工艺

将鲜海带用盐脱水，置于池或其他容器贮存或出售的为盐藏品、盐渍品。盐渍海带是我国海带食品加工的重要产品，每年产量达 42 万吨，年产值超过 12 亿元，主要集中在山东、福建、辽宁等地。将收获好的新鲜海带经短暂的热水漂烫，其后，经拌盐脱水可获得盐渍海带粗品。盐渍海带产品颜色深绿、外形美观、口感良好、易于烹调，保持了新鲜海带的营养成分。盐渍海带加工工艺流程如下：

鲜海带采集→水洗→漂烫→冷却→沥水→拌盐→盐渍→再次沥水→剪切整形→检验包装

操作要点：

（1）鲜海带采集

2～5 月均可采集加工，选择海水畅通海区脆嫩期的海带，运输时要防污染、防日晒。

（2）水洗

采取流动的自来水浸洗，去除海带中的杂藻、杂草等杂质。为了保留海带中的碘及甘露醇，清洗时间不宜过长，操作过程不能产生外源杂质。

通过滚筒清洗、气沸清洗、水槽漂洗的工序对海带原料进行再次清洗。通过滚筒清洗机将原料进行淡水清洗，按每小时 300kg 原料投入量进行清洗，可根据现场水温、生产量等具体情况增减投入量，清洗水温在 10～20℃，注意观察水槽内水的混浊度，随时换水，保证清洗干净。通过气沸清洗机将原料进行淡水清洗，原料投入量按每分钟投 50kg 为准，并根据现场水温、生产量等具体情况增减投入量。注意观察水槽内水的混浊度，随时换水，保证清洗干净，清洗水温在 10～20℃。气沸清洗机清洗后的原料，在水槽中用淡水进行漂洗，由水槽两侧人工手洗配合，并分拣出厚叶、老叶、黄红叶、斑点叶及其他异物、砂石。进一步洗掉海带表面黏液及其他附着物，清洗水温在 10～20℃。通过 3 种清洗方式的联用，可将海带清洗干净并用于后续的分选。

（3）漂烫

采用海水或淡水加盐，漂烫后的海带叶体鲜亮翠绿，水与海带的比例为 5：1，控制好漂烫的时间与温度是漂烫技术的关键，需根据藻体的鲜嫩程度灵活掌握。漂烫过度会导致叶质软化，贮藏中易褪色和变质；漂烫过轻则海带中肋有褐心，色泽不均匀。水温太低，海带由褐变绿困难；水温太高，时间不易掌握，所以要严格控制水温，及时补充热水。鲜嫩海带漂烫一般采用 80～85℃的水温，漂烫 15～30s；稍微老一点的海带则采用 85～90℃的水温，漂烫 30s 左右；老一点的海带则采用 90～95℃的水温，漂烫 30s 左右。漂烫温度要稳定，漂烫用水要经常换。如果海带边缘烫软了，可加氯化钙或氢氧化钙处理。海带漂烫机的原料投入量可以根据海带的鲜嫩程度、现场水温等灵活调控。

（4）冷却

将漂烫好的海带，立即放入 5 倍量流动的 20℃以下的冷海水中冷却，直到叶片中间温度接近冷海水温度为止，这样操作易于固定好藻体的颜色，保持翠嫩鲜绿的色泽。所用海水应进行灭菌处理。

（5）沥水

冷却的海带装入编织袋中，堆叠起来，靠自身重力作用进行沥水，4h 后海带表面附着的水分基本去除。也可采用滚筒式离心机进行沥水。

（6）拌盐

在海带中加入相当于海带重 30%～35% 的精盐，再加入 0.05% 的防腐剂（山梨酸、山梨酸钾、苯甲酸、苯甲酸钠中的一种），搅拌均匀，可使海带产品保质期达到 3～4 个月。

（7）盐渍

将拌好盐的海带倒入大缸或水泥池中，加压重物盖顶，进行盐渍，再盖上白布避光和防止杂质进入池中。盐渍过程中定时用比重计测定浸出液的卤度，如果低于饱和卤度则需加盐，加盐量根据卤水的浓度和水量粗略计算。在饱和盐水中盐渍 24h 即可。

（8）再次沥水

将盐渍完毕的海带捞出，堆叠高 1m 左右，上面加压重物，自压脱水 4 昼夜，到含水量降至 65% 以下时为止。盐渍海带变柔后，方可进行剪切。

（9）剪切整形

将带有黄梢、虫蛀、碎裂的海带剔除，把海带按基部、中部、梢部分别加工，切成海带片、海带丝，手工打成海带结或折叠之后用竹签串起。

（10）检验包装

将藻体深绿色、有弹性、不发黏、不乏盐、无杂质、无异味的海带，按产品规格包装。运输包装：内包装用食品用塑料袋，外包装用钙塑箱或瓦楞纸箱。销售包装：聚酯复合袋，聚乙烯、聚丙烯等食品用包装袋。运输包装用瓦楞纸箱等定量包装，箱内装数准确，纸箱容量适当，箱面平整；箱内应有"产品合格证"（需标明：产品名称、规格、数量、批号、生产日期、检验合格记录、生产班组和质检者代号、企业名称等信息）。

（11）运输

运输过程中用保温车（船）为宜，如无保温车（船）应做到快装、快运，使产品温度保持在 0℃左右；运输工具应清洁、防晒、防潮，不得与有毒有味的物品混装。

（12）贮存

产品应贮存在 -10℃冷库中，包装件完好无污损，不得与有异味的物品混放，保质期为一年。

2.盐渍海带加工综合利用

盐渍海带加工过程中的漂烫环节会产生大量的废水，如不经处理直接排放至海中不仅造成环境污染，也对加工废水中的回收物质造成浪费。漂烫废水中主要含有碘（400mg/kg）、岩藻多糖（280mg/kg）、甘露醇、岩藻黄素等。从海带漂烫水中提取碘和褐藻糖胶的方法为：①冷却海带漂烫废水；②利用海带漂烫废水中固有微生物将硝酸盐态氮和亚硝酸盐态氮降解；③向脱氮海带漂烫废水中加入烧碱，调节 pH 至 12，温度为 30℃，使褐藻糖胶碱化絮凝并漂浮分层，采用板框压滤机将漂浮渣过滤，干燥，得到褐藻糖胶粗品；④将除去褐藻糖胶的海带漂烫废水泵入酸化罐，调节 pH 1.5～2，然后加入次氯酸钠溶液，搅拌均匀，使含碘溶液呈棕红色，再补充加入亚硝酸钠溶液，使溶液中的碘离子完全氧化成碘，然后用离子交换树脂富集碘，用亚硫酸钠溶液吸附树脂中吸附的碘；⑤用氯酸钾氧化剂将解析液中碘离子氧化成碘，结晶析出，离心过滤得粗碘。

（二）盐渍裙带菜

盐渍裙带菜加工工艺如下：

将收获的新鲜裙带菜去掉茎和孢子叶，拌上足够的食盐，装入编织袋中叠垛起来，上面稍加重力，在低温状态下脱水一夜，再去掉中肋和梢部的枯叶，加盐搅拌保存。这种方法实现了盐渍裙带菜在生鲜条件下的保存。

煮沸盐渍裙带菜加工工艺如下：

新鲜裙带菜经过煮沸后再进行盐渍加工，加工后的裙带菜色泽鲜艳。这种加工方法自 1970 年诞生以来，是目前为止采用最广泛的一种方法，但保存的时间没有灰干裙带菜长。煮沸盐渍裙带菜的加工方法是：先将新鲜裙带菜的孢子叶去掉，在 85～100℃ 海水中或盐水中煮沸 30～50s，然后进行冷却，脱水后，添加 20%～40% 的食盐，搅拌后盐渍 15h，然后去掉茎，再进行加重力脱水。

三、调味海藻制品

（一）调味海带丝

调味海带丝的加工工艺流程如下：

原料选择→整理→水洗→切丝→蒸煮→调味料浸渍→烘干→包装

操作要点：

1. 原料选择

选用符合国家标准的淡干一、二级海带，水分含量在 20% 以下，无霉烂变质。

2. 整理

去除附着于海带表面的泥沙等杂物，并剪去根部、黄白边梢和菜体较薄的梢部。

3. 水洗

将整理好的海带用水洗净，该工艺应严格控制水分含量，避免海带吸附太多的水分和营养成分的流失。

4. 切丝

将海带切成宽 2～3cm、长约 10cm 的丝，一般采用横切法。

5. 蒸煮

将海带丝放入蒸锅内,蒸汽压力保持196kPa,干煮30min,取出备用。

6. 调味料浸渍

按配方调好调味料,并加热煮沸30min,再将煮过的海带丝倒入调味液中浸泡,时间为2～3h,浸泡过程中应保持调味液的温度在90℃以上。

调味液配方(干海带1kg):精盐20g,酱油40g,白糖100g,白醋40g,味精40g,辣椒粉15g,生姜、芝麻适量。

7. 烘干

将调味液浸泡过的海带取出晒干,80℃烘干,烘干过程中应避免杂物混入。

8. 包装

杀菌计量包装,然后高压杀菌,杀菌终了时,立即用冷水冷却至室温,用聚乙烯或者聚丙烯定量真空包装。

(二)调味裙带菜

生产工艺流程:

盐渍裙带菜→清洗→切丝→脱盐→护色→保脆→调味、调汁、防腐→装袋、封口→灭菌→成品

操作要点:

1. 脱盐

大连产盐渍裙带菜的盐度大约是25%,不宜直接食用,需要脱盐。以二倍(体积)于裙带菜的清水浸泡,每隔1h更换一次水,浸泡约3～4h即可使裙带菜盐度达到5%左右。

 概念检查 12-1

○ 调味裙带菜的变色原理是什么?

2. 护色

在酸性环境中,裙带菜叶绿素分子中的镁离子常被氢离子置换掉,变成脱镁叶绿素,使原来的绿色变成褐色或绿褐色。为了保持裙带菜的绿色,可以加入适量的护绿剂,如硫酸铜、硫酸锌、醋酸锌、叶绿素铜钠等。用硫酸铜护色产生的颜色比较深,缺乏真实感;用醋酸锌护色可产生翠绿色,容易被人们接

受。将脱盐后裙带菜的水分沥干，置入 80～90℃、pH 6.5、300mg/L 醋酸锌溶液中浸泡 5min，即可达到比较好的护色效果。

3. 保脆

盐渍裙带菜在储存、运输、加工等过程中，其脆度变化不大。但是在杀菌等高温操作中，菜体组织中的 Ca^{2+} 与果胶形成的长链"盐桥"被部分破坏，使菜体略微变软。将护绿后的裙带菜置于 0.2% 的氯化钙溶液中浸泡 10min，即可达到菜体外观坚挺、口感脆嫩的效果。

4. 调味、调汁、防腐

经过以上加工环节后，裙带菜的盐度已降到 3% 左右。此时无论调配何种滋味，一般不必再加盐。以辣椒油、味精等调味料制成辣味、鲜味两种裙带菜，也可根据需要制成其他风味的产品。为了延长保质期，在高温杀菌之前加入菜、汁总质量 0.1% 的山梨酸钾，菜与汁之比为 2∶1。

5. 封口、灭菌

将裙带菜装袋后，用真空封口机封口，真空度为 0.1MPa，时间为 16s。将抽真空封口后的菜袋用辊压机整形，使袋表面呈扁平状，以便灭菌与装箱运输。同时，检验出漏气袋和封口不符合要求的次袋。然后，将菜袋投入 85～90℃ 的水中（水与菜袋体积之比为 4∶1，勿使菜袋浮出水面），灭菌 10～15min，立即捞出，放入冷水中冷却至室温。

（三）调味紫菜片

调味紫菜片的加工工艺流程如下：

干紫菜→烘烤→调味→第二次烘烤→包装

操作要点：

1. 烘烤

同烤紫菜。

2. 调味

将调味液装入储液箱，开启控制阀门，调味液经输液管流至滴嘴，由滴嘴将调味液滴至海绵滚筒。均匀吸附在滚筒上的调味液压入紫菜片，每片约吸收 1g 调味料，由传送带输至远红外烤柜中。调味液配方：食盐 4%、白糖 4%、味精 1%、鱼汁 75%、虾头汁 10%、海带汁 4%。

3. 第二次烘烤

温度 80～90℃，烘烤约 8s 出柜，每张调味紫菜质量为 4g。

（四）即食调味海带结

即食调味海带结的加工工艺流程如下：

选干海带→整理→切丝→打结→晒干→复水→脆化→护绿→脱腥、脱酸、脱水→
混合调味→称量→软袋真空封口→杀菌→冷却→晾干→保温检验→成品
　　　　↑
熟芝麻、姜丝等

操作要点：

1. 干海带结加工要点

选用的干海带要求叶体清洁平展、叶片厚，平直部分为褐色至黄褐色，无
霉变、无海带根，海带间无粘贴，无黄白梢，水分含量15%～25%，盐分低。
干海带经整理后用切菜机切成6cm×1.5cm的海带丝，再经人工打结成"人"
字形海带结。为了防止海带结在后道工序松节，一般将海带丝晒干或烘干至水
分含量为10%～15%。

2. 复水、脆化

将干海带结泡于水中复水约20min，复水倍数控制在5.5～6.5倍。复水时
间过长，易导致海带结过度膨胀甚至松节；时间过短会影响海带结的利用率与
催化。复水后用浓度为0.08%的$CaCl_2$溶液浸泡海带结15min进行催化处理。

3. 护绿

该工艺用Cu^{2+}取代叶绿素中的Mg^{2+}，处理过的海带结经调味杀菌后可贮
存1年，且绿色稳定，未发生褪色现象。若用Zn^{2+}对复水后的海带进行护绿，
效果差，其浓度较高（在500mg/kg以上），色泽暗绿不稳定，经调味杀菌后色
泽退变且成本高。因此Zn^{2+}不适合对干海带特别是陈年干海带的护绿。

4. 脱腥、脱酸、脱水

先将海带结经醋酸与柠檬酸混合液（0.2%醋酸与0.6%柠檬酸）处理
15min进行脱腥，再于脱酸槽中脱酸30min，然后置于脱水机中脱水至含水量
约20%，即可备用。

5. 色拉油与芝麻前处理

将色拉油加热至180～200℃，保持15min，除去油生味，冷却调香备用；
选用色泽好的黑芝麻，将其置于不锈钢锅中炒至芝麻香味浓郁即可。

6. 混合调味

① 熬香与调配：取1kg水加当归40g、姜20g、肉桂30g、花椒5g，煮沸
40min，过滤冷却后加入白醋、白酒、糖、盐、味精等辅料，充分溶化过滤后备用。
② 混合调味：按海带结重∶调味液重=1∶2混合调味，并混入姜丝、芝
麻、辣椒粉等辅料，放置1.5～2h，待调味液平衡后即可装袋。

7. 封口

本品可采用拉丝尼龙/聚乙烯复合袋或聚丙烯/铝箔/聚乙烯复合蒸煮袋，净含量150g，及时抽气封口，真空度86.7kPa。

8. 杀菌、保温检验

经封口的海带结应及时杀菌，经100℃ 30min 杀菌冷却后的产品于（36±1）℃下保温检验7天，剔除胀袋、漏袋等不合格产品，即可包装入库。

成品质量标准：

1. 感官指标

① 色泽：海带结呈翠绿或鲜绿色，汤汁呈乳黄色。
② 组织形态：海带结形态完整，无松结，汤汁中悬浮植物油。
③ 气味与滋味：具有海带结特有鲜香味，咸辣适宜，脆嫩可口，无菜腥味。

2. 理化指标

净含量（150±5）g，海带含量≥80%，NaCl含量为4.5%～6.0%，I_2≥20mg/kg，pH值5.2±0.1，铅（以Pb计）≤1mg/kg，铜（以Cu计）≤10mg/kg，砷（以As计）≤0.5mg/kg，锡（以Sn计）≤100mg/kg。

3. 微生物指标

细菌总数≤100CFU/mL，大肠菌群≤30CFU/100g，致病菌未检出，保质期12个月。

（五）快餐调味海带

将海带原料经过清洗、切丝等处理，以酱油作为主调料，并加入砂糖和其他调味料一起蒸煮，使之具有浓厚的味道，减少水分，增加保存效果，作为一种副食品食用。

调味海带的水分含量在70%左右，盐分含量在5%～8%，常温保存达60～90天。在调味海带中，还可以加入各种蔬菜或者鱼、贝类，生产出各种风味的调味食品。

产品一般用聚乙烯、聚酯或铝箔等复合材料包装，所以又称为软罐头快餐食品。

快餐调味海带的加工工艺流程如下：

原料选择→整理→醋酸处理→切丝→除沙→水洗→调味料液浸渍→加热蒸煮→计量包装→杀菌→冷却→装箱

操作要点：

1. 原料选择

选用含水量20%以下的淡干一、二级海带作为原料。

2. 整理

去除附着于海带表面的草棍、泥沙等。

第十二章

3. 醋酸处理

将整捆的海带浸入 2% 浓度的醋酸水中浸泡 15～20min，然后捞出放置 6～8h。让醋酸慢慢渗入海带体内，使海带软化，同时可以除掉海带固有的腥味。

4. 切丝

将海带切成 2～3mm 宽、8～10cm 长的丝。一般采用横切法。

5. 除沙

将海带丝用除沙机除去黏附的泥沙等杂物。

6. 水洗

将除完沙的海带丝用 3%～4% 的盐水洗 1min，以除去海带表面附着的污泥。此项操作应严格控制水量和水洗时间，使海带不吸收太多水分。水洗后的海带质量为洗前的 2.5 倍，含水量大约在 70%。

7. 调味料液浸渍

水洗后的海带丝用配制好的调味料液浸渍，冬季应保持调味料液的温度在 30℃ 以上。浸泡时间为 2～4h。

调味料液配方（海带 10kg）：酱油 13.75kg、食用醋精 0.06kg、肌苷酸 0.005kg、白糖 13.0kg、山梨酸钾 0.03kg、鸟苷酸 0.005kg、精盐 0.8kg、海藻酸钠 0.05kg、温水 30.0kg、味素 0.5kg。其中酱油的糖度为 26°Bé 以上，盐分含量为 16%，味素含谷氨酸钠 90% 以上，食用醋精为醋酸含量 30%。

8. 加热蒸煮

将浸泡好的海带丝和调味料液一起倒入加热锅内加热。如用蒸汽加热的双层釜时，先用 196kPa 压力的蒸汽加热 20min，再用 19.6kPa 压力的蒸汽加热 60min。当料液的糖度达到 38°Bé 时，出锅。

9. 计量包装

按规定质量趁热包装，其中汤汁占 10%～15%。包装材料可用复合蒸煮袋或铝箔包装，采用真空或热排气包装。

10. 杀菌

采用 100℃ 热水杀菌 40min，杀菌终了时，水温不得低于 90℃。

11. 冷却

杀菌终了，立即用冷水冷却至室温。

12. 装箱

按规定质量及袋数，装防潮纸箱入库。注明生产日期。

按上述工艺路线生产的调味海带，只要杀菌工序严格操作，排气密封，并在生产过程中注意卫生操作，常温下保存有效日期不低于 3 个月。

成品质量标准：

1. 感官指标

具有海带固有香味，味道浓厚，易于保存。

2. 理化指标

水分 ≤ 70%，盐分 5%，糖度 ≥ 38°Bé，铅（以 Pb 计）≤ 3mg/kg，砷（以 As 计）≤ 2mg/kg，汞（以 Hg 计）≤ 0.3mg/kg。

3. 微生物指标

细菌总数 ≤ 1000CFU/g，大肠杆菌 ≤ 20CFU/100g，致病菌不得检出。

（六）酱海带（佃煮海带）

酱海带（佃煮海带）的加工工艺流程如下：

干海带→切割→水洗→沥干→浸泡→蒸煮→成品

操作要点：

1. 海带预处理

干燥海带原料按要求切成方形、长条形或丝状，用清水洗涤，在水洗时若用稀醋酸液（2%～3%）处理则品质和香气提高。此外也可将干燥海带放在等量的水中和酱油液中使其胀润。然后再经清水洗净，将水沥干。

2. 蒸煮

将该净料放入容器中，投入酱油、焦糖酱色，静置一夜，次日早上移入釜中，再加入砂糖，先用强火煮，使海带软化并充分熟化，然后经温火继续蒸煮 2h，注意不可烧焦。在蒸煮终了前的 30min 时再加入砂糖，搅拌，使之充分混合，则为制品。

调味液配方（15kg 海带）：酱油 13.5kg、焦糖酱色 50g、砂糖 1.89kg。

3. 再加工

若要制香蘑酱海带或松蘑酱海带，则在含上述相对内容物的蒸煮釜内，再加入有关品种的干品蘑菇原料 600～700g/kg 海带，按上述方法进行蒸煮加工，最终获成品。若在加工完成前再在其中添加适量味精等调味料，则口感更佳。

成品质量标准：

1. 感官指标

香味浓厚，甜咸适中，无外来异味。

2. 理化指标

碘 21mg/kg，铅（以 Pb 计）≤ 3mg/kg，砷（以 As 计）≤ 2mg/kg，汞（以 Hg 计）≤ 0.3mg/kg。

3. 微生物指标

细菌总数≤ 10000CFU/g，大肠杆菌≤ 20CFU/100g，致病菌不得检出。

四、海藻调味料

（一）海带营养辣酱

海带营养辣酱可作为佐餐调料、食品工业辅料等，在我国北方及四川、湖南一带销量较大，对增进食欲、促进消化具有重要作用。

操作要点：

1. 辣椒预处理

将干辣椒用粉碎机粉碎，作为原料辣椒，用冰醋酸浸泡 48h，备用。

2. 海带的预处理

选择深褐色、叶片厚、无霉烂的海带，用流水快速洗净泥沙、杂质，放入一定量水中浸泡至海带充分吸水膨胀，浸泡时间为 3h，然后放入高压锅中 0.15MPa 蒸煮 25min，使海带充分软化后切成 1cm 左右的小段。

3. 大蒜预处理

选取饱满洁白、无病虫害、无机械损伤的蒜瓣，将蒜剥皮后，捣碎，迅速置于 1%β- 环糊精的盐水溶液中，60℃护色除臭 1.5h，备用。

4. 稳定剂的溶解

不易溶解的稳定剂（黄原胶）加入一定的水充分吸胀后，置于 60℃水浴锅中搅拌溶解。

5. 煮制

将辣椒、水、海带、蒜酱、变性淀粉和稳定剂加入夹层锅中，95℃煮制，不断搅拌以免粘锅，待海带快熟时，加入食盐、白糖，再煮 2min 左右，待出锅时加入适量味精混合均匀即可。参考生产配方：食盐 10%，黄原胶 0.7%，变性淀粉 1%，蒜酱 6%，海带 5%，辣椒 30%，白糖 2%。

6. 调配

煮制后的酱体加入适量香辛料，制成混合酱体。

7. 装袋、封口、杀菌

将所得的混合酱体装袋，排气封口后于 95℃ 水浴锅中杀菌 15min，迅速冷却至室温。

（二）紫菜酱

紫菜酱的加工工艺流程如下：

紫菜→粉碎→调味→装瓶→排气→灭菌→速冷→贴标→塑封→装箱

紫菜酱原料主要是来自紫菜烘烤车间切片后的碎屑和等外品（发黄、发绿或有孔洞的紫菜饼），也可用鲜紫菜。紫菜酱对切碎要求不高，一般切成 1cm² 大小。将切碎后紫菜置于夹层锅内调味，调味后紫菜酱装瓶上盖，在排气箱中 100℃ 排气 15min 后取出旋紧盖，然后进杀菌锅在 105℃ 杀菌 10min，取出后在水温 70℃、40℃ 下分段冷却至室温。

（三）羊栖菜调味料酱

生产工艺流程：

甜味剂、海鲜料、香菇、增稠剂
↓
羊栖菜预处理→浸泡→磨碎→混合→加热→灌装→灭菌→成品

操作要点：

1. 羊栖菜预处理

新鲜的羊栖菜采集后需经预处理工序，主要工序为新鲜羊栖菜挑选→晒干（或人工干燥）→再挑选→去沙石→去铁质→干燥羊栖菜。

2. 浸泡、磨碎

将上述经过预处理的羊栖菜加水进行浸泡，由于羊栖菜具有气囊结构，因此干燥后的羊栖菜具有很强的吸水性，将干燥的羊栖菜浸入水中 30min 即开始大量吸水，浸泡至 10h 时，吸水量可达到 10 倍，此时羊栖菜呈软胶状，略有硬性。如果用温水浸泡，吸水速度可加快。将浸泡好的羊栖菜用砂轮磨对其进行磨碎。磨碎时不宜过细，以免影响成品的外观。

3. 辅料的处理

甜味剂中的白砂糖应先熬成糖浆后再投入使用。增稠剂也应预先调成浆状后再慢慢加入，注意不要结块或结成小粒状。海鲜料应选用干粉料。香菇选用干品，用水浸泡 5h 后沥干水分，再磨成糊状，或带

一些微小粒状。

4. 混合、加热

将上述经过处理的各种原辅料进行充分混合，然后在常压下进行加热，使口感均匀和顺，并使诸味呈相乘作用。加热时间为 0.5～1h。

5. 灌装、灭菌

选用灌装机进行热灌装，采用玻璃瓶作为包装容器，灌装后利用真空封盖机进行封盖。在常压水浴中进行灭菌处理，水的温度为 100℃，时间为 8min。灭菌结束后经过冷却即为成品。

（四）发酵型裙带菜调味酱

生产工艺流程：
盐渍裙带菜叶→清洗脱盐→破碎匀浆→脱腥→调配和发酵→包装杀菌→成品
操作要点：

1. 清洗脱盐

取一定量盐渍裙带菜叶（500g），浸没在清水中进行清洗脱盐，每 30min 换一次清水，重复 3 次。清洗脱盐后沥干备用。

2. 破碎匀浆

将沥干后的裙带菜叶放入匀浆机中打浆 3min，使裙带菜叶呈均匀糊状，备用。

3. 脱腥

裙带菜匀浆采用掩蔽液掩蔽法和 β- 环糊精包埋法 2 种不同的脱腥方法进行处理。

4. 调配和发酵

取脱腥后的裙带菜浆液进行调配，加入白菜，再依次分别加入辣椒粉、食盐和白糖，最后加入 1% 鲜姜、2% 蒜、4% 葱进行调配。裙带菜调味酱的发酵采用鱼露作为发酵剂，在调配后的裙带菜酱中加入鱼露，添加后在常温下发酵。

五、海藻饮品

（一）海带饮料

海带饮料的加工工艺流程：

干海带→挑选剔除霉变者→剪成 5～10cm 段→高温预处理→温控浸提→粗滤→浊汁→再滤→与辅料汁、糖等勾兑→澄清过滤→脱气→灌装→封口→杀菌→包装成品

操作要点：

高温预处理时，将海带置于立式灭菌锅中，120℃高温处理 0.5h。将原料投入 15～20 倍的净化水中，50～60℃条件下浸提 10～15h，每间隔 1～2h 搅动一次。将白砂糖热溶过滤，得澄清糖液。将八角、桂皮及甘草用水加热浸提，并过滤取得掩蔽剂汁。海带汁与辅料汁混合的配方：澄清海带汁 170kg、掩蔽剂汁 1.7kg、白砂糖 13.6kg、酒石酸 362g、食盐 537g、麦芽酚 51g 及奶油香精 49mL。以除菌过滤纸板为介质，将饮料液过滤，得澄清透明、色如琥珀、酸甜适口、风味独特宜人的海带饮料。将澄清后饮料液泵入真空脱气罐中，在 65℃、0.065～0.07MPa 下，真空脱气 10min，灌装封口。封口后饮料在 110℃条件下杀菌 20min。

（二）紫菜汁

紫菜汁的加工工艺流程：

原料清洗→紫菜切碎→胶体磨→均质机→装瓶脱气→灭菌→贴标塑封→装箱待运

操作要点：

清洗原料紫菜时，拣出黄、绿色紫菜和杂藻，沥干后以切菜机切碎。将切碎的紫菜加 10% 臭氧灭菌水，混匀后泵入胶体磨研磨，在研磨液中加 0.1% 果胶酶，混匀后通过高压均质机。均质后的紫菜汁置于缸中加 5% 糖，用柠檬酸调 pH 5.5，加入天然胶质悬浮稳定剂 PNS 混匀后装瓶脱气。在真空罐内 90.7～93.3kPa 条件下脱气，封口后在 60℃灭菌。

（三）羊栖菜澄清汁饮料

生产工艺流程：

羊栖菜→冰乙酸溶液中浸泡→清水浸泡、漂洗→脱腥→高温高压处理→打浆→胶体磨→酶解→灭酶→固液分离→羊栖菜原汁→调配→加热→灌装→杀菌→包装

操作要点：

1. 清水浸泡、漂洗

时间为 3h，中间换水 2～3 次，漂洗过程中除去混杂在羊栖菜中的异物、杂质。

2. 脱腥

将羊栖菜干品直接浸入 1.5% 冰乙酸溶液中，处理 10min，可以除去大部分海腥味。

3. 高温高压处理

121℃，0.2MPa，30min，水：羊栖菜 =2：1。

4. 酶解

试验证明，以羊栖菜干品计，添加 2% 纤维素酶、0.9% 果胶酶，在 pH 5.5、温度 50～55℃条件下，

酶解 3h，效果最佳。

5. 灭酶

酶解液升温至 100℃维持 5min。

6. 固液分离

采用 4000r/min 离心机分离，取上清液（羊栖菜汁）。也可压滤机压滤取清汁。

7. 调配

按水 74.5kg、羊栖菜汁 2kg、白糖 5.5kg、乙基麦芽酚 0.625g 的比例进行调配。

8. 杀菌

121℃，15min，反压 0.18MPa 冷却。

9. 包装

羊栖菜澄清汁饮料选用 250mL 易拉罐或玻璃瓶作为包装。
成品质量标准：

1. 感官指标

① 色泽：棕色，均匀一致。
② 滋味与气味：滋味、气味醇正，无异味，具有羊栖菜的气味。
③ 组织状态：清晰透明，无杂质，无明显沉淀物。

2. 理化指标

铅（以 Pb 计）≤ 1.0mg/L，砷（以 As 计）≤ 0.5mg/L，汞（以 Hg 计）≤ 0.02g/L，铜（以 Cu 计）≤ 10.0mg/L；食品添加剂符合 GB 2760—2011 规定，不含色素、食用香精、人工合成甜味剂及防腐剂。

3. 微生物指标

细菌总数≤ 10CFU/mL，大肠菌群≤ 3CFU/100mL，致病菌不得检出。

4. 产品保质期

常温下保质期 12 个月。

（四）裙带菜发酵饮料

生产工艺流程：

　　　　　　　　　　　　　　　　　　葡萄糖　　酵母菌液
　　　　　　　　　　　　　　　　　　　↓　　　　　↓
裙带菜清洗、浸泡→打浆→均质→脱腥→配制发酵基质→发酵→过滤→调配→二次均质→灌装→杀菌→成品
　　　　　　　　　　　　　　　　　　　　　　　　　　　　　　↑
　　　　　　　　　　　　　　　　　　蔗糖、甜蜜素、苯甲酸钠

操作要点：

1. 裙带菜清洗、浸泡、打浆、均质

　　选择色绿、肥厚的盐渍半干裙带菜。反复冲洗后浸泡复水至总重达半干裙带菜的 3～4 倍，浸泡期间每隔 1～2h 换水，这不仅可脱盐，而且可充分除去砷。复水后经组织捣碎机捣细，经均质机均质后得到裙带菜浆液。

2. 脱腥

　　将 4.5% 的柠檬酸溶液煮沸后加入裙带菜浆液中，再沸后改用小火保持微沸状态并不断搅拌让腥味充分挥发，约 1.5h，冷却后用 NaOH 溶液将其 pH 值调整至 5.0，得到色泽为浅黄绿色的裙带菜汁液。

3. 配制发酵基质

　　在裙带菜原汁中加入其质量 5% 的葡萄糖，pH 值调至 5.0。将配制好的发酵基质灭菌，冷却到室温。

4. 发酵

　　将活化后的酵母菌液接入发酵基质中发酵。菌种接入量 8%，发酵温度 30℃，发酵时间 24h。

5. 过滤

　　将发酵结束后的发酵液进行抽滤，得到裙带菜发酵后的原汁。

6. 调配

　　具体配比为：50% 裙带菜发酵原汁，6% 蔗糖，0.05% 甜蜜素，0.05% 苯甲酸钠，其余为饮用水。

7. 二次均质

　　在温度 60℃、压力 25MPa 的条件下，将调配好的饮料均质。

8. 灌装

　　将饮料加热到温度 80℃以上，趁热注入已经消毒的玻璃瓶中。灌装时温度不低于 70℃，灌装后立即封口。

9. 杀菌

在 90℃杀菌 15min。杀菌结束后，经过冷却即为成品。
成品质量标准：

1. 感官指标

① 颜色：具有裙带菜本身的黄绿色，有光泽。
② 香味：具有裙带菜的香气，略带发酵香气，香气柔和，无异味。
③ 状态：无明显沉淀，质地均匀。
④ 味道：味道柔和，爽口宜人，无异味。

2. 理化指标

裙带菜汁添加量 50%，总糖≥10%，总酸 0.65%～0.70%。

3. 微生物指标

细菌总数≤100CFU/mL，大肠杆菌≤3CFU/100mL，致病菌不得检出。

（五）紫菜饮料

生产工艺流程：

$$加酸、各配料煮溶过滤$$
$$\downarrow$$

鲜紫菜清洗→捣碎→浸提→粗滤→煮沸→精滤→调配→装罐杀菌→澄清饮料
操作要点：

1. 清洗、捣碎

鲜紫菜经过拣选，去除杂藻，清水漂洗后捣碎。

2. 浸提

用 10 倍质量的水浸泡，干紫菜用 60 倍质量的水浸泡，浸提温度控制在 70～75℃，pH 值 6～6.5，总浸提时间 12h，每隔 2h 左右搅拌一次以保证浸提效果。

3. 粗滤

粗滤得到紫菜浸提浊汁及紫菜渣。由于紫菜渣用作紫菜酱原料，因此粗滤不必用压滤机，过滤得率一般为浸提加水量的 70%。

4. 煮沸和精滤

粗滤得到的紫菜汁为褐红色黏稠混浊液，内含大量蛋白质及藻胶类物质，且腥味较重，汁液很不稳定，遇酸产生大量絮状沉淀，影响饮料质量，加热煮沸 5～10min，精滤除去沉淀，得到色泽清亮、澄清透明、无腥味的紫菜汁。

5. 澄清饮料的制作

白砂糖煮溶过滤，甜蜜素、乙基麦芽酚、品质改良剂等添加剂分别溶解后，加入紫菜汁中调配，趁热装罐杀菌，杀菌条件 100℃ 10～20min。

紫菜汁浓度 80%，加糖量 8%，加酸量 0.10%，增稠剂 0.10% 时，紫菜饮料呈深琥珀色，透明清亮，紫菜风味浓郁，口感绵厚，酸甜适度。

6. 悬浮饮料的制作

紫菜经高速捣碎机绞成约 2mm×2mm 的紫菜碎片，按下列配方制作胶粒：纯净水 75%、白砂糖 10%、卡拉胶 1%、琼脂 1.5%、紫菜碎片 12%，其他增稠剂、稳定剂、改良剂适量。

先将白糖煮溶过滤，琼脂和卡拉胶加水溶解与其他添加剂适量煮溶，加入绞碎的紫菜片，边加热边搅拌约 5min，低温凝冻后用造粒机挤成直径约 3mm 的紫菜胶粒，或用不锈钢刀将紫菜胶冻切成所需大小，将胶粒加入调配好未装罐的澄清紫菜饮料中，后续工序与澄清饮料制作相同。

采用琼脂 70% 加卡拉胶 30% 制取的紫菜胶粒具有较好的透明性、弹性，且口感柔和滑润。放置 3 个月，紫菜胶粒悬浮稳定，未溶解。

成品质量标准：

1. 感官指标

具有紫菜特有的香味，口感绵厚，无腥味。

2. 理化指标

① 澄清饮料：铅（以 Pb 计）0.3mg/kg，砷（以 As 计）0.59mg/kg，铜（以 Cu 计）5.0mg/kg。
② 悬浮饮料：铅（以 Pb 计）0.3mg/kg，砷（以 As 计）0.65mg/kg，铜（以 Cu 计）5.0mg/kg。

3. 微生物指标

澄清饮料：细菌总数 <9CFU/mL，大肠杆菌 <39CFU/100mL，致病菌不得检出。

第二节　海藻多糖的加工

一、琼胶

琼胶又称琼脂、冻粉、凉粉、寒天、洋菜、大菜、燕菜等，是提取自红藻纲海藻的一种水溶性多糖。琼胶是由 1,3 连接的 β-D- 吡喃半乳糖与 1,4 连接的 3,6- 内醚 -α-L- 吡喃半乳糖交替连接而成。

（一）加工工艺

1. 琼胶的加工工艺原理

琼胶的加工工艺原理是基于琼胶不溶于冷水，而在85℃以上的热水中可以以胶体形式分散于水中，成为溶胶。琼胶原藻先经热水提取，趁热过滤，过滤液冷却后生成凝胶，然后经过脱水，干燥即得琼胶。

 概念检查 12-2

○ 加工琼胶的基本原理是什么？

2. 琼胶的加工工艺

用于生产琼胶的原料主要是石花菜和江蓠。以石花菜为原料制备琼胶，其加工工艺流程及工艺要点如下：

石花菜→漂白→碾拣洗涤→蒸煮→过滤→凝胶→冻胶的切割→脱水→成品

（1）原料的天然漂白

石花菜含有红色素及杂藻附着物等，利用日光直接分解的方法，将其漂白，在进行过程中，先将石花菜漂洗一次，铺置海岸沙滩上，厚度为2cm，利用淡水泼匀，每日泼水2～3次，经7～8日后，表层呈黄白色，将藻体翻转铺置，每日泼水2～3次，经5～6日使其红色叶绿素全部脱去即可。

（2）碾拣洗涤

原料附着的杂物很多，需经碾拣，即将藻放置于电碾上，将藻体上的砂砾、贝壳等全部碾碎，注入水池洗涤2～3次，捞出铺置于水泥地上，晒干后即成为纯原料。

（3）蒸煮

成品的制造一般都利用冬季自然条件，每年12月中旬至翌年2月上旬为制造琼脂的时间，气温经常在-5～5℃最为适宜。用开口式加热锅或用密闭式的蒸汽加压锅，按原料质量与水之比为1∶33，注水于锅中，加热至水沸后，将原料投入锅中，待再沸后加入硫酸与保险粉（$Na_2S_2O_4$）搅匀，每100kg石花菜加硫酸180～240mL（日光漂白过的原料用酸量少，未经日光漂白的用酸量多），加保险粉的量为石花菜重的0.25%～0.625%，经40～60min，原料已溶化脱胶，形成粥状，即可停止加热，将锅盖好，再持续40min，使溶化后余下的残渣沉降，1～2h后开始过滤。如果用封闭式的蒸汽加热锅，效果更好，不仅能缩短煮制时间，而且温度高胶液黏性降低便于过滤，可提高出粉率。

（4）过滤

用板框式压滤机或以滤袋进行挤压过滤，在过滤过程中要趁热进行，一般胶液应在70℃以下进行过滤，每过滤一次滤袋应用热水冲洗，滤渣进行第二次煮制用。第二次煮时，渣与水的比例为1∶10，沸腾时间为30min左右，勿需加硫酸与保险粉。

（5）凝胶

将滤净的胶液，分别注入小木槽内并除去泡沫，经3~4h放冷后即凝固成冻胶。

（6）冻胶的切割

木槽内胶液上下完全凝结成具有弹性的胶体后，即可切割，用割粉刀切成每块长38cm、宽7.5cm的长方条，运到晒粉场地，装入漏粉器，推挤漏出成为细条，晒干后切成薄片、短条均可。

（7）脱水

可用自然冻干法或人工冻干法。自然冻干法：利用冬季寒冷天气，一般在-10~-2℃时，夜间冻结，胶体内水分结成冰块，日出融化排除水分，这样冻结融化相间进行，冻结快者2~3天即可完成，慢则7~8天，融化需缓慢进行，以便将胶体内盐分、色素等杂质排泄出来。通常都是边融化边干燥，经两周后即成干琼胶，平均出成率达30%。人工冻干法：将短条状凝胶注入冰筒内，放入-10℃盐水冷却槽中经36h后可冻结完成，或将凝胶装入冻鱼的盘中，放进速冻间内，以-28℃以下的温度经15h即可冻结完成。人工冷冻只需一次冻结即可。从冰筒或冰盘中冻结成块的冻胶打碎成小块，注入融化槽内，加水融化，并不时地换水搅拌，融化时也可加些温水加速融化，但融化温度以不超过5℃为宜，直至冰块完全融化为止。从融化盘内取出冻胶注入篮式离心机或装入线袋内挤压脱水，使冻胶体含水量越低越好。以热风干燥或日光干燥至琼脂含水量为20%~22%即可。

以江蓠作原料时，则原料在加热提取前必须加碱处理，以提高琼胶凝胶强度。主要方法为：将处理过的原料首先投入预先配制好的稀硫酸溶液中，浸泡3min左右，使胶质容易溶出，浸泡后用清水冲洗至中性。然后将浸酸后的江蓠放入密闭耐酸碱搪瓷反应锅内，加入20倍的硫酸钾和氢氧化钠溶液，在一定压力下提取2h。碱可使琼胶分子中的半乳糖-6-硫酸酯脱去硫酸基，转变为3,6-内醚-半乳糖，改善其性质，提高凝胶强度。

以石花菜琼胶为原料制备琼脂糖，其加工工艺为：先将琼胶投入5%氢氧化钠溶液中，于60~65℃保温浸泡4h。用去离子水洗涤碱处理后的琼胶至中性，压榨除去水分。加入75倍的去离子水于经过压榨除去水分的琼胶中，加热使琼胶溶化，然后将琼胶液冷却。当温度为75℃时，加入为胶液量0.2%~1%的DEAE纤维素，保温搅拌1.5h，直至胶液上层变清，下层有凝聚物时为止。趁热过滤，除去下层的沉积物。凝胶、切条、冻结、脱水、干燥、粉碎、包装等工序与生产琼脂的方法相同。

（二）应用

琼胶由于其独特的胶凝性和稳定性，长期以来广泛用在食品工业中。在我国和日本等亚洲国家，琼胶作为一种食品已有很久的历史，现在仍然为人们所喜爱。琼胶可作增稠剂、凝固剂、悬浮剂、乳化剂、稳定剂和保鲜剂，用于制造各种饮料、果冻、果糕、冰激凌、糕点、软糖、罐头及肉制品，并添加至乳制品和发酵品中用于改进口感。琼胶在食品工业中的用量一般在0.3%~1.5%之间。

琼胶作为一种近透明的凝胶基质，在生物和医学上也有着广泛的应用。琼胶由于是纯天然来源，浓度1%~2%琼胶冻胶在37℃时为固体，稳定性高，不能被微生物利用，因此被广泛用作微生物培养基的凝胶剂。另外，琼胶还可作为凝胶电泳、凝胶色谱、凝胶扩散、散射免疫扩散、免疫电泳和对流电泳等的介质。

二、卡拉胶

卡拉胶，也叫角叉菜胶、鹿角藻胶、爱尔兰苔菜胶，是一种硫酸半乳聚糖，骨架结构由1,3-β-D-半

乳糖和 1, 4-α-D 半乳糖交替连接形成。

（一）加工工艺

1. 卡拉胶的一般加工工艺

卡拉胶的生产主要以麒麟菜、角叉菜和沙菜为主要原料，一般工艺流程及工艺要点如下：

原料预处理→碱处理→水洗→煮胶→过滤→凝冻→切条→冻结→脱水→干燥→成品

（1）原料预处理

将原藻麒麟菜用水洗后，除去附在藻体上的沙粒等杂质。

（2）碱处理

将洗净的麒麟菜放入浓度为 5% 的氢氧化钠溶液中，加热至 90℃，保温 1h，将碱液滤出，用水冲洗藻体，直至其为中性。碱处理可以破坏海藻中的色素和蛋白质，同时可以降低硫酸基的含量以提高凝胶强度。碱处理是卡拉胶生产的关键工艺步骤。处理时碱的浓度、温度和时间对产品的质量影响较大，处理的程度轻则产品的黏度高，凝胶强度低；处理的程度重则产品的黏度低，凝胶强度高，应根据产品性能的不同要求加以控制。

（3）煮胶

将经碱处理过的麒麟菜投入密闭的不锈钢夹层锅内，加入干藻量 50 倍的水，加热至 90℃，保温 1～2h，胶液的 pH 值应为 6.5～7.0。

（4）过滤

将胶液趁热泵入压滤机中进行过滤分离，澄清的滤液可进行凝冻，滤渣进行第二次提取。

（5）凝冻

将过滤后得到的胶液泵入凝胶槽中，加入适当的凝固剂，充分搅拌后静置冷却，使胶液完全凝结成胶冻，再将胶冻切成细条。

（6）冻结

将胶冻细条放入盘内，置于 -10～-17℃ 的冷库中冻结 48～56h，使之冻透为止。

（7）脱水、干燥

将冻结成块的胶冻细条放在日光下或用自来水冲洗解冻。再将解冻后的胶冻条压榨脱水，再通过日光或人工烘干（<70℃）的方法，除去其中多余的水分。

（8）成品

按不同规格进行包装得卡拉胶成品。

2. 不同类型卡拉胶的制备工艺

根据硫酸基的取代位置和含量不同，卡拉胶可分为不同类型，如 κ- 卡拉胶、τ- 卡拉胶、λ- 卡拉胶、μ- 卡拉胶、ν- 卡拉胶、θ- 卡拉胶、ξ- 卡拉胶。从卡帕藻和麒麟菜中制备各种类型的卡拉胶，工艺流程如下：

（1）半精制 κ- 卡拉胶

原藻→漂白→水洗→切细→加 8.5%NaOH 溶液，100℃处理→水洗→晒干→磨粉→半精制 κ- 卡拉胶

（2）精制 κ- 卡拉胶

冻结法：原藻→漂白→水洗→切细→加 5%～10%NaOH 溶液，70℃提取 1h →水洗呈中性→ 90℃热水提取→过滤→冷却凝固→切条→冻结→脱水→干燥→磨粉→精制 κ- 卡拉胶

氯化钾沉淀法：上述过滤后得到的胶提取液→蒸发浓缩→加 1%～1.5%KCl 沉淀→洗涤→压榨→脱水→干燥磨粉→精制 κ- 卡拉胶

（3）τ- 卡拉胶和 λ- 卡拉胶

原藻→漂白→水洗→切细→ 80℃热水提取→过滤蒸发（至约 3%）→加乙醇（或异丙醇）沉淀→离心分离→压榨→减压干燥→磨粉→ τ- 卡拉胶和 λ- 卡拉胶

（二）应用

卡拉胶由于其价格便宜，可替代其他食品胶，被广泛应用于食品工业中。卡拉胶作为食品添加剂能赋予食品良好的保水性、有效的增稠性和稳定性，还可增进食品的风味和外观。卡拉胶的应用与其在冷水、热水、盐水以及在不同 pH 值溶液中的溶解性和凝固性密切相关。

卡拉胶在乳制品中主要作增稠、稳定、赋形、悬浮和凝胶等应用。卡拉胶可作为冰激凌的稳定剂，使脂肪和其他固体成分分布均匀，防止乳浆分离以及冰晶在制造与存放时增大，也可使冰激凌组织细腻，结构良好，润滑可口。制作婴儿牛奶食品中加入卡拉胶可使脂肪和蛋白质稳定。在水果酸奶中添加卡拉胶，能使产品均匀而又稳定地悬浮和减少泌水性。

卡拉胶添加至果汁中，能作水果汁的悬浮稳定剂，使果肉均匀悬浮在果汁中，而且可改善口感。在水果饮品中添加 0.1% 卡拉胶时，可提供良好的质感和令人愉快的口感。另外，卡拉胶在一定程度上提高植物蛋白饮料在受热时的稳定性。

卡拉胶添加至水果果冻中，可作为凝固剂，在室温下即可凝固，成型后的凝胶呈半固体状，透明度好，而且不易变形。用琼胶做成的果冻缺乏弹性；明胶的凝固和熔化点低，制备和贮藏需要低温；而果胶需要合适的 pH 和较高浓度的糖。卡拉胶是一种很好的凝固剂，可取代琼胶、明胶及果胶。

卡拉胶在促进糖果的凝固性中也发挥重要作用。水果软糖制作中添加卡拉胶，可使软糖的透明度好，甜度适口，水果香味浓，爽口不粘牙。在一般硬糖中，加入卡拉胶能使产品均匀、光滑，稳定性提高。

卡拉胶也是啤酒的良好澄清剂，它可以除去使啤酒发浑的蛋白质，是获得清亮透明麦汁的有效手段。利用卡拉胶麦汁澄清剂可以加快麦汁澄清速度，改善啤酒的非生物稳定性，而且有利于热麦汁中热凝固物的沉淀，显著改善麦汁的外观质量。另外，卡拉胶还能提高啤酒的挂杯能力和啤酒泡沫的稳定性。

卡拉胶在罐头食品中作凝固剂效果非常好，用卡拉胶作凝固剂不受产品所含可溶性固形物的多少与 pH 的限制，无论加糖与否，都能形成凝胶。卡拉胶用于禽肉制品可起到保水、凝胶、乳化、增强弹性等作用，是火腿及火腿肠制作中必需的食品添加剂，使产品具有细腻、切片良好、韧脆适中、润滑爽口等性能。另外，卡拉胶在冷冻鱼表面可形成被膜，保护鱼肉不被破坏，在加工中保持完整不被机械损坏。

此外，卡拉胶是目前低脂肪肉制品工业中使用最普遍的一种脂肪替代品，它具有改善肉质、赋予产品多汁多肉的口感、有助于释放肉香、减少蒸煮损耗、提高产品质量的功能。特别是利用 τ- 卡拉胶来生产低脂牛肉末，因为 τ- 卡拉胶形成的凝胶不脱水，具有良好的保湿性、冻融稳定性和机械加工性能。

三、褐藻胶

褐藻胶包括水溶性褐藻酸钠、钾等碱金属盐类和水不溶性褐藻酸及其与二价以上金属离子结合的褐藻酸盐类。褐藻酸是由两种单体 β-D- 吡喃甘露糖醛酸和 α-L- 吡喃古洛糖醛酸单位组成。

（一）加工工艺

1. 褐藻胶加工工艺原理

第一步，褐藻在碱和加热的作用下，使藻体中的水不溶性褐藻酸盐转化为水溶性的碱金属盐。

$$M(Alg)_n + Na_2CO_3 \xrightarrow[\text{加热}]{\text{碱}} NaAlg + MO + CO_2$$

M：钙、亚铁、铝等金属离子；Alg：褐藻酸

第二步，在无机酸或钙盐作用下，与水溶液分离，形成水不溶性的褐藻酸或褐藻酸钙沉淀。实现水不溶性的褐藻酸与水的分离，同时又将水中大量的可溶性杂质（色素、盐等）随水排出。

$$NaAlg + HCl \longrightarrow HAlg \downarrow + NaCl$$

$$2NaAlg + CaCl_2 \longrightarrow Ca(Alg)_2 \downarrow + 2NaCl$$

第三步，将粗制褐藻酸钙沉淀用盐酸脱钙，可使其转化为褐藻酸。

$$Ca(Alg)_2 + 2HCl \longrightarrow 2HAlg + CaCl_2$$

第四步，褐藻酸与钠、钾及铵盐混合，可制得不同类型的褐藻胶。

$$HAlg + Na_2CO_3 \longrightarrow NaAlg + H_2O + CO_2 \uparrow$$

$$HAlg + NH_4Cl \longrightarrow NH_4Alg + HCl$$

$$HAlg + KCl \longrightarrow KAlg + HCl$$

 概念检查 12-3

○ 褐藻胶加工工艺的原理是什么？

---

2. 褐藻胶加工工艺

世界各国生产褐藻胶的原藻一般都是大型褐藻，如巨藻、海带，一般的加工工艺流程如下：

海带→浸泡→水洗，甲醛、酸、碱处理→消化提取→过滤→凝析→漂白→脱水→中和→干燥→粉碎→包装

（1）浸泡

用水浸泡海带，其中的碘、甘露醇、氯化钾等大部分成分被浸出。但海带中还残存有褐藻糖胶、褐藻淀粉、色素等杂质，如不除去将给褐藻胶生产带来许多困难，甚至影响产品质量。因此，需进一步采取水洗，甲醛、酸、碱处理工序。

（2）水洗，甲醛、酸、碱处理

将已浸出碘等成分的湿海带切成大小约为 10cm 的小块，用清水逆流充分反复洗涤，直至洗去附在海带表面上的黏性物质。甲醛有固定蛋白质和色素的作用。同时，甲醛对海带体内的有机物质有溶胀作用并能破坏和软化细胞壁纤维组织，从而在碱提取过程中有利于褐藻酸盐的置换与溶出。甲醛处理方法为：将新鲜海藻用浓度为 8% 的甲醛溶液浸泡或喷淋后，贮藏于样仓中备用。干海带则先用清水浸泡水洗后，再以 0.5%～1.0% 的甲醛溶液浸泡。稀酸处理的目的是为了进一步除去藻体中的水溶性杂质，如褐藻糖胶、褐藻淀粉、无机盐等，可提高褐藻胶的提取纯度。但经过稀酸处理的海带，褐藻胶有不同程度的降解。稀酸处理方法为：干海带先用清水浸泡水洗后，再以 0.1mol/L 的 HCl 溶液浸泡 1h。稀碱处理的目的是为了除去海带中的一些碱溶性成分和部分色素，可改善褐藻胶的色泽和透明度。稀碱处理方法为：干海带先用清水浸泡水洗后，再以 0.03mol/L 的 NaOH 溶液浸泡 4h。

（3）消化提取

海藻加碱、加热，使藻体中水不溶性的褐藻酸盐转变为水溶性的褐藻酸盐，此过程称为"消化提取"。一般选用碳酸钠作消化剂，其用量为干海带重的 0.8%～1.0%。消化温度控制在 60℃左右，消化时间一般为 3～4h。在消化过程中，为了不将海带皮搅打过细，影响过滤速度，可采用慢速间断搅拌的方法。另外，消化藻体时消化剂的用量、消化时间和温度，还应根据原料的种类和新鲜程度作适当调整。例如若原料为当年收的新鲜海带，由于其纤维组织结构紧密，则应适当提高消化温度或用碱量；若原料为隔年的陈旧海带，可降低用碱量或消化温度。若需要高黏度的产品，可采取低温消化的方法；反之，则采取高温消化的方法。

（4）过滤

海带经消化后，消化液呈糊状黏稠液，其中含有大量不溶性纤维素及其他杂质，使过滤非常困难。通常采用稀释粗滤、沉降、漂浮、精滤等手段将其中的杂质分离除去。

① 稀释粗滤　由于海带消化液是原海带量的 20～40 倍，是一种高黏度的溶液。采用普通的过滤方法和设备很难将其分离。因此，必须将其稀释，降低黏度，然后再进行过滤。一般消化液稀释黏度为 200～1000Pa·s，加水量大约相当于干海带量的 100～150 倍。

② 沉降和漂浮　稀释后的消化液中含有大量的泥沙、纤维素、色素等杂质，根据杂质的相对密度和浮力可采用沉降和漂浮的方法将其除去。具体方法为：将稀释液通过爪式粉碎机或鼠笼式粉碎机，将空气混入稀释液中，产生大量的微细气泡，流入漂浮池内。静置后，稀释液中的悬浮小颗粒附着在小气泡上，随着气泡而上浮，悬浮的颗粒漂浮在稀释液的表层，相对密度较大的泥沙沉于池底，从而达到初步分离的目的。经过 4h 的沉降与漂浮后，可以得到 80%～90% 的清胶液。

③ 精滤　经过沉降和漂浮的清胶液，仍含有少量微细的悬浮物，必须将其除去。目前国内普遍采用分级增加筛网目数的过滤方法，即先将清胶液经过 100～150 目筛网过滤，再经过 250～300 目筛网过滤，即可将清胶液中的微细悬浮物除去。此外，为获得更高质量的产品，可在清胶液中添加助滤剂，采用真空过滤或板框压滤的方法进行精滤。常用的助滤剂有硅藻土、膨润珍珠岩等。

（5）凝析

此过程即为酸析或钙析的过程，海带经过消化、稀释和过滤后，所得到的清胶液中褐藻胶的含量仅有 0.2% 左右，此时加入适量的无机酸或氯化钙，可使水溶性的褐藻胶转化为水不溶性的褐藻酸或褐藻酸钙凝胶而析出。该过程起到浓缩及精制的目的，低浓度的水溶性褐藻酸盐因凝聚而析出，与大量水分离。

同时，大量无机盐、色素等水溶性杂质随水分排出。

酸析过程是用盐酸做凝析剂，先将清胶液通过打泡机与空气充分混合，再缓缓加入流动的浓度为 10% 左右的盐酸中，当溶液的 pH<2 时，褐藻酸即析出，流入酸化槽内，并漂浮在表面上。为了使褐藻酸的凝胶结构紧密，凝胶块在酸化槽内应停留 0.5h 以上，这在生产上称为"老化"过程。酸析后得到的凝胶块再用水洗涤，可除去其中的盐酸和杂质。

钙析过程是用氯化钙作凝析剂，钙析过程与酸析一样，先将清胶液通过打泡机与空气充分混合后，放入钙化罐内，于搅拌之下缓缓加入一定量的酸性氯化钙溶液。凝析后的褐藻酸钙随母液从钙化罐溢出口排出，流经钙化槽，逐渐形成纤维状的褐藻酸钙，再经分离水洗等过程，完成全部钙析过程。与酸析法相比，钙析法得率要高 10% 左右。

褐藻酸钙凝胶的纤维组织坚韧，弹性强，脱水容易。褐藻酸钙凝胶可用于生产其他褐藻酸盐，此时必须进行脱钙处理。脱钙的方法有间歇式和连续式两种。间歇式是用带有搅拌器的耐酸罐将褐藻酸钙凝胶放入罐内，加入二次脱钙的废酸水，搅拌 40min；放掉废酸水，再加 3% 的 HCl 搅拌 20min；放掉废酸水（回收后用作第一次脱钙用），最后加清水搅拌 10min，可获得大量的褐藻酸。

（6）漂白

精制后的褐藻胶产品的色泽仍然较深，需要进行漂白处理。漂白的方法有两种：一种是在褐藻酸凝析前漂白，另一种是在凝析后漂白。前者作用缓慢，漂白剂耗量大，褐藻胶的黏度降低较小；后者则相反。使用的漂白剂有次氯酸钠、次氯酸钙、氯气、过氧化氢、二氧化硫等。漂白剂对褐藻胶有降解作用，使用时要适量，同时还要控制漂白时间，否则将严重破坏产品的黏度。

（7）脱水

经酸析后得到的褐藻酸凝胶，水洗后含有大量水分，可采用机械方法将其去除。将水洗后的褐藻酸凝胶先经过螺旋压榨机，使凝胶含水量降至 75%～80%，再经二级螺旋压榨或将凝胶装入涤纶布袋中，放入油压机中压出水分，可使凝胶的含水量降至 70% 以下。

（8）中和

褐藻酸是一种性质很不稳定的天然高聚物，在常温下容易降解；而褐藻酸盐则比较稳定，在中性和室温下降解速度比较缓慢，能较长时间保持稳定的黏度，因此，必须将褐藻酸转化为褐藻酸盐。

褐藻酸转化的方法有两种：一是液相转化，二是固相转化。液相转化指在碱性酒精溶液中进行，将含水量 75%～80% 的褐藻酸凝胶粉碎后，与 90% 以上的酒精以 1∶1（质量比）的比例投入反应罐中，加入少量 4% 的氢氧化钠，使其 pH 在 6.5～7.0 之间，再加入适量 NaClO 漂白液，充分搅拌，缓缓加入碱液，使其 pH 保持在 8 左右，并不断搅拌，直至 pH 不变。此时褐藻胶在酒精中脱水，形成纤维絮状。该法生产的褐藻胶色泽淡，纯度高，适用于食品、医药等方面。但需耗用大量酒精，每吨成品约耗用工业酒精 0.6～1.0t，使产品成本提高。

固相转化指将含水量 65%～70% 的褐藻酸凝胶与一定比例的纯碱一起，经捏合机充分搅拌均匀。胶样表现出的 pH 应在 6.0～7.5，显黄绿色。

（9）干燥

中和后的褐藻胶的含水量约为70%，呈不规则的块状和絮状，不能将其直接进行干燥，需要造粒，使其成为大小均匀的颗粒。造粒后将其干燥，使其含水量在15%以下即可长期保存。干燥可采用沸腾床干燥器。被干燥的颗粒在热气流的吹动下，成沸腾状态，水分不断地被热空气带走，物料很快被干燥。进风温度为90℃，物料最终温度不超过60℃，烘干时间约20min。烘干后的褐藻胶应立刻被摊开放冷，以免长时间堆放受热，造成胶体热降解。

（10）粉碎、包装

褐藻胶产品可采用液压、撞击、研磨等方法，根据不同要求进行粉碎。褐藻胶产品应包装于清洁、牢固的铁桶中或包装于内衬聚乙烯塑料袋的两层牛皮纸袋中，严密封口。

3. 产品的理化指标和规格

（1）理化指标

产品为白色或淡黄色粉末，无臭、无味；不溶于乙醇、乙醚等有机溶剂，易溶于水等，形成黏稠状的液体，能与蛋白质、明胶、淀粉、蔗糖、甘油等共溶，具有成膜特性。

（2）品种与规格

褐藻胶系列产品有食用级、药用级和工业级；从黏度上分有超低黏度胶、低黏度胶、中黏度胶、高黏度胶、超高黏度胶等。

（二）应用

褐藻胶可作为浆料、稳定剂、增稠剂、乳化剂、发泡剂、上浆剂等，广泛地应用于纺织、食品、医药、造纸、铸造、鱼虾饵料、化妆品等方面，表12-1为褐藻胶在食品工业中的主要应用。

表12-1 褐藻胶在食品工业中的应用

食品	褐藻胶种类	主要利用性能	使用量 /%
婴儿食品	精制褐藻酸钠	增稠性	0.1～0.05
奶油蛋糕	精制褐藻酸钠	增稠性	0.3～0.6
西红柿沙司	精制褐藻酸钠	稳定性	0.1～0.5
罐头食品	褐藻酸钠	胶凝性	0.1～0.6
蜜饯胶	精制褐藻酸钠	胶凝性	0.2～0.5
橘子酱和果酱	精制褐藻酸钠	增稠性	0.3～0.5
蛋黄酱	精制褐藻酸钠	增稠性	0.3～0.5
调味汁	精制褐藻酸钠	增稠性	0.05～0.5
奶油布丁	褐藻酸钠，褐藻酸钙	胶凝性	0.3～0.6
肉冻果子冻	以褐藻酸钠为主的混合物	胶凝性	0.3～0.5
奶酪	精制褐藻酸钠	黏结性	0.3～0.6
冰食	精制褐藻酸钠	增稠性、稳定性	0.1～0.3
通心粉	精制褐藻酸钠	黏结性	0.1～0.3
面包酪	褐藻酸钠，褐藻酸钙	增稠性	0.3～0.6
饴糖	精制褐藻酸钠	黏结性	0.3～0.6
胶母糖	精制褐藻酸钠	黏结性	0.3～0.6
甜食品	以褐藻酸钠为主的混合物	胶凝性、稳定性	0.3～0.6
肉鱼	以褐藻酸钠为主的混合物	黏结性、稳定性	0.2～1.5

　　此外，褐藻胶在医药中也有广泛的应用。褐藻胶具有多种生理活性，具有较好的降血脂、抗肿瘤、促生长等作用。在褐藻胶分子的羟基上分别引入磺酰基及丙二醇基形成双酯钠（PSS），PSS 对缺血性心脑血管疾病及高血黏度综合征有显著疗效，具有明显的抗凝、解痉、解聚降压、降脂、降低血液黏度及扩张血管、改善微循环的作用，已用于临床。褐藻胶还是一种具有控释功能的辅料，在口服药物中加入褐藻胶，由于黏度增大，延长了药物的释放，可减慢吸收、延长疗效、减轻副反应。应用褐藻胶制备的三维多孔海绵体可替代受损的组织和器官，用来作细胞或组织移植的基体。另外，褐藻胶还是一种天然植物性创伤修复材料，用其制作的凝胶膜片或海绵材料，可用来保护创面和治疗烧、烫伤。

📁 参考文献

[1] 杜连启, 杨艳. 海藻食品加工技术 [M]. 北京: 化学工业出版社, 2013.
[2] 孔珮雯, 任丹丹, 张临松, 等. 发酵型裙带菜调味酱脱腥和制作工艺研究 [J]. 食品安全质量检测学报, 2019, 10（08）: 2139-2145.
[3] 马勇, 马春颖, 宋立, 等. 袋装调味裙带菜的研制 [J]. 食品科技, 2003,（10）: 39-40.
[4] 刘平菊. 裙带菜烤制品及其制备方法 [P]: 中国, CN1368018.2002-09-11.
[5] 朱蓓薇, 曾名湧. 水产品加工工艺学 [M]. 北京: 中国农业出版社, 2010.
[6] 段德麟, 付晓婷, 张全斌, 等. 现代海藻资源综合利用 [M]. 北京: 科学出版社, 2016.
[7] 朱蓓薇, 薛长湖. 海洋水产品加工与食品安全 [M]. 北京: 科学出版社, 2016.
[8] 于广利, 赵侠. 糖药物学 [M]. 青岛: 中国海洋大学出版社, 2012.

总结

- ○ 隧道式海带烘干机的晾晒方式
  - 人工将海带悬挂在料车上，从进料端进入隧道，干燥后的海带从出料端出来，由此循环干燥。
  - 在整个烘干过程中，温度设定为从低到高，调整海带的悬挂方向和出风方向，可使海带平整，不粘连，烘干快，效率高于自然晾干。
- ○ 淡干紫菜饼的制饼过程
  - 随时调整紫菜浆的浓度，使紫菜饼薄厚适宜无孔洞。
  - 制饼用水应符合饮用水标准，对水必须软化处理，以保证成品光泽良好。
  - 注意调整制饼机参数的稳定性。
- ○ 调味烤紫菜温度保持在180℃左右的原因
  - 当烘烤温度低于150℃时，烤紫菜的颜色及光泽改善不明显。
  - 当温度超过190℃时，紫菜会变得过酥而有焦味。
  - 将温度升至180℃时，颜色便呈现均匀的绿色，且表面光亮如上油，因此，为保证紫菜烤酥而不焦，必须把烘烤温度控制在180℃左右。
- ○ 盐渍海带结漂烫的要求
  - 采用海水或淡水加盐，漂烫后的海带叶体鲜亮翠绿，水与海带的比例为

5:1。

- 控制好漂烫的时间与温度是漂烫技术的关键，需根据藻体的鲜嫩程度灵活掌握。漂烫过度会导致叶质软化，贮藏中易褪色和变质；漂烫过轻则海带中肋有褐心，色泽不均匀。水温太低，海带由褐变绿困难；水温太高，时间不宜掌握，所以要严格控制水温，及时补充热水。
- 鲜嫩海带漂烫一般采用80～85℃的水温，漂烫15～30s；稍微老一点的海带则采用85～90℃的水温，漂烫30s左右；老一点的海带则采用90～95℃的水温，漂烫30s左右。
- 漂烫温度要稳定，漂烫用水要经常换。如果海带边缘烫软了，可加氯化钙或氢氧化钙处理。海带漂烫机的原料投入量可以根据海带的鲜嫩程度、现场水温等灵活调控。
- 漂烫水的酸碱度、水温及海带滞水时间直接关系到色素的存留，经试验以pH 7.0～7.2之间为宜；水温要达到100℃，最低不低于94℃；滞水时间控制在2min之内。
- 海带漂烫量为水体的1/10～1/5最佳，注意翻动。

○ 盐渍裙带菜加工工艺要点
- 将收获的新鲜裙带菜去掉茎和孢子叶，拌上足够的食盐，装入编织袋中叠垛起来。
- 上面稍加重力，在低温状态下脱水一夜，再去掉中肋和梢部的枯叶，加盐搅拌保存。
- 这种方法实现了盐渍裙带菜在生鲜条件下的保存。

○ 调味裙带菜的脱盐过程注意事项
- 盐渍裙带菜的盐度大约是25%。
- 以二倍（体积）于裙带菜的清水浸泡。
- 每隔1h更换一次水。
- 浸泡3～4h即可使裙带菜盐度达到5%左右。

○ 发酵型裙带菜调味酱中裙带菜脱腥工艺
- 掩蔽液掩蔽法。
- β-环糊精包埋法。

○ 即食调味海带结的复水
- 将干海带结泡于水中复水约20min，复水倍数控制在5.5～6.5倍。
- 复水时间过长，易导致海带结过度膨胀甚至松节。
- 时间过短会影响海带结的利用率与催化。

○ 即食调味海带结为什么不能用Zn^{2+}护绿
- 用Zn^{2+}对复水后的海带进行护绿，效果差，其浓度较高（在500mg/kg以上），色泽暗绿不稳定，经调味杀菌后色泽退变且成本高。因此Zn^{2+}不适合对干海带特别是陈年干海带的护绿。

○ 酱海带（佃煮海带）的制备过程中海带预处理注意事项
- 干燥海带原料按要求切成方形、长条形或丝状，用清水洗涤。
- 在水洗时若用稀醋酸液（2%～3%）处理则品质和香气提高。
- 也可将干燥海带放在等量的水中和酱油液中使其胀润。然后再经清水洗净，将水沥干。

○ 琼胶的加工工艺原理
琼胶的加工工艺原理是基于琼胶不溶于冷水，而在85℃以上的热水中可以以胶体形式分散于水中，成为溶胶。琼胶原藻先经热水提取，趁热过滤，过滤液冷却后生成凝胶，然后经过脱水，干燥即得琼胶。

○ 以石花菜为原料加工琼胶的工艺流程

石花菜→漂白→碾拣洗涤→蒸煮→过滤→凝胶→冻胶的切割→脱水→成品

○ 卡拉胶的一般加工工艺流程

原料预处理→碱处理→水洗→煮胶→过滤→凝冻→切条→冻结→脱水→干燥→成品

○ 卡拉胶加工中碱处理的作用及其对卡拉胶凝胶强度的影响

碱处理可以破坏海藻中的色素和蛋白质，同时可以降低硫酸基的含量以提高凝胶强度。碱处理是卡拉胶生产的关键工艺步骤。处理时碱的浓度、温度和时间对产品的质量影响较大，处理的程度轻则产品的黏度高，凝胶强度低；处理的程度重则产品的黏度低，凝胶强度高，应根据产品性能的不同要求加以控制。

○ 褐藻胶加工工艺的原理

褐藻胶的加工工艺是一个典型的离子交换过程。首先，褐藻在碱和加热的作用下，使藻体中的水不溶性褐藻酸盐转化为水溶性的碱金属盐。然后，在无机酸或钙盐作用下，与水溶液分离，形成水不溶性的褐藻酸或褐藻酸钙沉淀。实现水不溶性的褐藻酸与水的分离，同时又将水中大量的可溶性杂质（色素、盐等）随水排出。最后，将粗制褐藻酸钙沉淀用盐酸脱钙，可使其转化为褐藻酸，而褐藻酸与钠、钾及铵盐混合，可制得不同类型的褐藻胶。

○ 褐藻胶的一般加工工艺流程

褐藻→浸泡→水洗，甲醛、酸、碱处理→消化提取→过滤→凝析→漂白→脱水→中和→干燥→粉碎→包装

○ 褐藻胶加工中的凝析操作的原理和目的

凝析过程即为酸析或钙析的过程，海带经过消化、稀释和过滤后，所得到的清胶液中褐藻胶的含量仅有0.2%左右，此时加入适量的无机酸或氯化钙，可使水溶性的褐藻胶转化为水不溶性的褐藻酸或褐藻酸钙凝胶而析出。该过程起到浓缩及精制的目的，低浓度的水溶性褐藻酸盐因凝聚而析出，与大量水分离。同时，大量无机盐、色素等水溶性杂质随水分排出。

 课后练习

一、正误题

1）在海中采收海带时，必须边采边在海水中将海带上的浮泥刷净。（   ）

2）盐干海带的腌制过程中撒盐时要均匀，其用盐量控制在25%以下。（   ）

3）淡干裙带菜切片出口要求是干燥后形状呈球形或螺旋形。（   ）

4）烤紫菜通常有整张袋装、金属罐装和玻璃瓶装三种方法。（   ）

5）在调味裙带菜制作过程中，为达到护色效果，应将脱盐后裙带菜置入70℃、pH 6.5、300mg/L醋酸锌溶液中浸泡5min（   ）。

6）决定紫菜烘烤质量的主要因素有温度、时间及原料紫菜的含水率。（　　）

7）调味烤紫菜供烘烤的原料紫菜片的含水率在10%左右时，就能达到满意的烤制质量。（　　）

8）盐渍海带在漂烫后应立即放入5倍量流动的20℃以下的冷海水中冷却。（　　）

9）发酵型裙带菜调味酱中将裙带菜采用掩蔽液掩蔽法和β-环糊精包埋法进行脱腥。（　　）

10）将收获的新鲜裙带菜去掉茎和孢子叶，拌上足够的食盐，装入编织袋中叠垛起来，上面稍加重力，在常温状态下脱水一夜。（　　）

11）调味海带丝的制作过程中包括将调味液浸泡过的海带取出晒干，80℃烘干。（　　）

12）制备酱海带时，在海带预处理过程中水洗时醋酸液浓度在5%～8%。（　　）

13）即食调味海带结护绿过程中可用Cu^{2+}取代叶绿素中的Mg^{2+}，处理过的海带结经调味杀菌后可贮存1年，且绿色稳定，不发生褪色现象。（　　）

14）调味裙带菜在经过脱盐、护色、保脆等加工环节后，裙带菜的盐度已降到3%左右。（　　）

15）以江蓠作原料生产琼胶时，原料在加热提取前必须加碱处理，以提高琼胶凝胶强度。（　　）

16）在琼胶加工过程中，冻胶切割后，直接进行热风干燥或日光干燥，即得琼胶成品。（　　）

17）加入适量的无机酸或氯化钙，可使水溶性的褐藻胶转化为水不溶性的褐藻酸或褐藻酸钙凝胶而析出。（　　）

18）在加工过程中，经过稀酸处理，褐藻胶会有不同程度的降解。（　　）

19）在加工过程中，碱处理的程度轻，卡拉胶产品的黏度低，凝胶强度高。（　　）

二、选择题

1）淡干紫菜饼合适的脱水及烘干干燥温度在（　　），烘干时间（　　）。

　　A. 45℃，2.5h　　　　　　　　B. 50℃，3.5h　　　　　　C. 50℃，3h

2）为达到防腐的目的，经调汁的调味裙带菜应加入汁总质量0.1%的（　　）。

　　A. 山梨酸钾　　　　　　　　B. 脱氢乙酸钠　　　　　　C. 盐

3）淡干紫菜饼制作过程中切菜时通常"三水"以前的紫菜选用（　　）左右的孔眼，密度（　　）为孔/cm²。

　　A. 3mm；4～5　　　　　　　B. 3mm；3～4　　　　　　C. 4mm；4～5

4）调味裙带菜的加工工艺过程包括（　　）。

　　A. 脱盐　　　　　　　　　　B. 护色　　　　　　　　　C. 保脆

5）可用于提取卡拉胶的海藻有（　　）。

　　A. 麒麟菜　　　　　　　　　B. 角叉菜　　　　　　　　C. 沙菜

6）以海带为原料加工褐藻胶的过程中，甲醛处理的作用是（　　）。

　　A. 固定蛋白质和色素　　　　B. 溶胀海带体内的有机物质

　　C. 破坏和软化细胞壁纤维组织

7）海藻加入消化剂，加热，使藻体中水不溶性的褐藻酸盐转变为水溶性的褐藻酸盐，常用的消化剂是（　　）。

　　A. 碳酸钠　　　　　　　　　B. 碳酸钙　　　　　　　　C. 盐酸

第十三章 海珍品加工

图（a）是捕获的新鲜海参，如不及时处理，数小时后就会变成一滩黑水。这是因为海参具有极强的自溶能力，一旦正常的生命活动发生紊乱，很容易激活自身酶系而将本身组织结构破坏、降解发生自溶。通过加热、脱水等步骤加工而成的干海参 [图(b)]，其自溶酶活性受到破坏，在适宜条件下保质期可长达数年。

（a）捕获的新鲜海参

（b）加工后可长期贮存的干海参

✿ 为什么要学习海珍品加工工艺?

海珍品季节性较明显，收获期捕捞量剧增，活体运输成本高，如不及时加工，难以长期贮存。因此，先进的加工工艺技术显得尤为重要。目前，我国在海珍品精深加工与副产物综合利用方面取得了重大突破，制约海珍品加工产业健康良性发展的基础理论研究缺乏和产业化关键技术落后的问题得到了有效解决。传统工艺结合现代加工技术成为海珍品加工主要方法，既能保持海珍品在加工过程中的口感、营养特性，又能实现长期贮藏，满足消费者食用方便等多元化需求。学习海珍品的形态特征、加工过程中的品质变化和常见的加工技术及产品，是未来指导新产品开发和工程应用的必备知识。

👁 学习目标

○ 能识别并区分海参、鲍鱼、扇贝、海胆等海珍品的主要形态特征。
○ 能了解海参自溶的本质及海参在自溶过程中的形态变化。
○ 掌握海参、鲍鱼、扇贝在热加工过程中的品质变化规律。
○ 能通过调研总结海珍品加工中存在的主要问题及其解决措施。

海珍品是指海产品中的珍贵品种，其营养和经济价值都很高，而且味道鲜美，历来被誉为"珍稀佳肴"。关于海珍品的具体品种众说纷纭，主要包括海参、鲍鱼、扇贝、海胆、鱼肚等。近年来，随着人们健康意识的不断增加，营养美味的海珍品需求量快速上升，养殖技术的发展与提高也极大地促进了其产量的提升。2018年，我国海参、鲍鱼、扇贝的海水养殖产量分别达到17.4万吨、16.3万吨和191.8万吨。

第一节　海参加工

海参是一种海洋无脊椎动物，属于棘皮动物门（Echinodermata）海参纲（Holothuroidea 或 Holothurioidea），其富含多种活性成分，不含胆固醇，营养价值高，在我国一向被人们视为佐膳佳品和强身健体的理想滋补品。随着海参养殖产量的不断增加，如何充分、高效地利用海参资源，开发品质优良的海参产品，越来越受到人们的关注。

与一般水产品及肉制品相比，海参具有许多特殊的加工特性。首先，海参由于体内自溶酶的存在，具有极强的自溶能力，在一定的外界条件刺激下，经过表皮破坏、吐肠、溶解等过程，很容易自行化为液体，这给海参的保鲜、贮藏、运输和加工等环节带来诸多技术难题。其次，海参"复原"能力极强，鲜海参受热后，体壁明显收缩，盐渍海参、干海参、淡干海参等在水中浸泡均可涨发至原海参大小，此过程可反复数次。此外，对于即食海参产品，虽已经进行了高温杀菌处理，但多数只能在低温冷藏条件下销售，温度一旦升高，即食海参会变软、失去弹性，最终失去原有形态，进而完全丧失商品价值。这些现象在食品加工中极为少见，也是海参所特有的。随着对海参研究的日益深入，逐渐发现了海参及其加工中的一些物理化学变化规律，并在此基础上，建立了一些针对海参的加工技术，开发了系列海参精深加工产品。

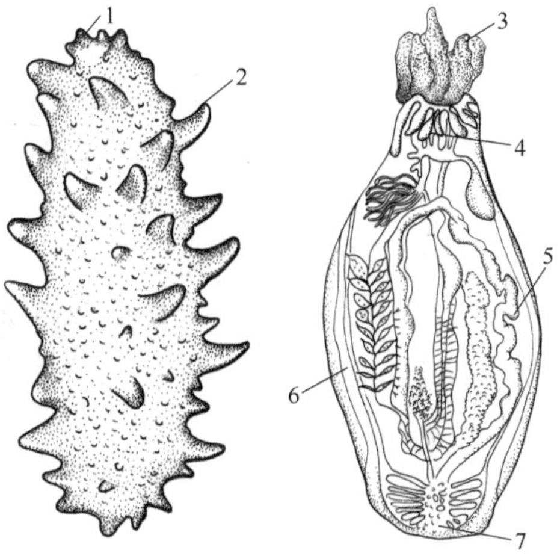

图13-1　海参外部形态与内部构造
1—口；2—疣足；3—触手；4—石灰环（喉壁）；
5—肠道；6—收缩肌；7—肛门

一、海参的形态特征

　　海参典型的体形为短到长的圆筒状，长 10～20cm，特大的可达 30cm。具体结构如图 13-1 所示，身体分背、腹两面，具有一定的对称结构，多数海参的体壁黏滑呈革状，背部有许多瘤状或疣状凸出物，称为疣足，排列成 4～6 个不规则纵行。身体柔软，伸缩性较大，口在前端，多偏于腹面。肛门在后端，多偏于背面，周围有形状不同的触角。

 概念检查 13-1

　　○ 海参的主要可食用部位有哪些？

二、海参的自溶

　　自溶是指当机体受到物理因素、化学因素或生理因素等刺激后，激活自身酶系而将本身组织结构破坏、降解的过程。海参具有极强的自溶能力，一旦正常的生命活动发生紊乱，很容易发生自溶，其本质也就是海参通过自身水解酶类发生消解，同时伴随胞内物质释放，有研究发现，紫外线（UV）照射可以显著加速海参自溶的过程。

（一）海参自溶与自溶酶

　　海参自溶，主要是由于对体壁胶原蛋白有特异降解作用的金属蛋白酶以及存在于内脏的丝氨酸蛋白酶、半胱氨酸蛋白酶的作用引起的。预防海参自溶，一方面可以通过调节 pH 等因素，控制海参自溶酶，缓解或抑制海参体壁蛋白质的降解作用，以减少新鲜海参在运输贮藏及加工中的品质下降和质量损失；另一方面，激活海参自溶酶，促进海参体壁蛋白质的降解作用，为海参活性多肽等生理活性物质的制备和开发提供新的方法。因此，通过激活或者抑制海参本体存在的多种内源酶的方法，实现对海参自溶降解的有效控制。

（二）宏观形态变化

　　利用紫外线刺激海参自溶的过程中，其发生的宏观形态变化如图 13-2 所示。比较海参经过 UV 照射

前后的形态特征发现，海参经紫外线照射后，外部形态发生明显收缩，化皮严重，而且背部的自溶程度强于腹部。在这一过程中，海参出现吐肠现象，体壁组织出现许多黏液，海参周围液体逐渐变得黏稠。UV 照射后的第一个小时内，海参自溶进行得比较迅速，随后速度有所减缓，但是自溶的程度一直处于逐渐加深的过程。

图 13-2　海参经 UV（30W）照射后的宏观形态变化

A，B 分别为海参腹部经 UV 照射前后的外观变化；C，D 分别为
海参背部经 UV 照射前后的外观变化

（三）组织形态变化

海参自溶过程中，其体壁部位组织形态均发生明显的变化（图 13-3）。结果显示其表皮层内侧的结缔组织层变得疏松，出现许多孔洞，表皮部位细胞出现细胞核浓缩、染色质聚集以及边缘化的现象。海参体壁主要是由胶原纤维构成的结缔组织，在紫外线诱导海参自溶过程中可能发生断裂，导致蛋白质的降解，以及组织的疏松和空洞的形成。

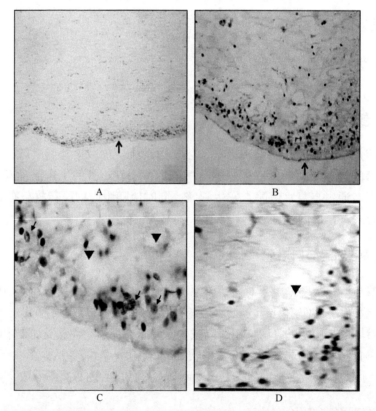

图 13-3　UV 诱导自溶前后海参体壁组织的微观形态（苏木精 - 伊红染色）

A.自溶前海参体壁，箭头示表皮部位（×10）；B.UV照射30min诱导自溶后海参体壁，箭头示表皮部位
（×40）；C.细胞核浓缩，染色质聚集、边缘化（↓）（×100）；D.UV照射后组织出现空洞（▼）（×100）

（四）超微结构变化

　　海参自溶过程中胶原纤维的超微结构遭到严重破坏。体壁自溶前胶原纤维呈规则的、有序的束状排列，而自溶后则结构混乱、排列无规则，且断裂、溶解现象严重（图13-4）。

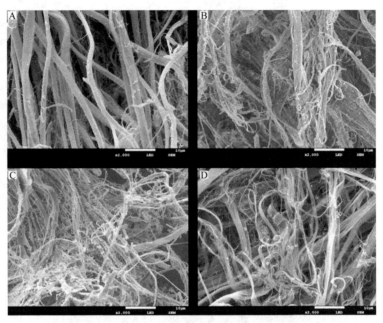

图13-4　海参体壁自溶过程中胶原纤维结构的变化
A.新鲜海参；B.自溶6h；C.自溶24h；D.自溶48h

　　图13-5是海参体壁经 UV 照射诱导自溶前后表皮细胞的超微结构变化，表现出了细胞自溶的证据。自溶前，溶酶体等大小均匀，排列规则。自溶后高尔基体与内质网膨胀、弯曲，自吞噬囊泡明显增多，细胞吞噬细胞质或细胞器后形成或初步形成自吞噬体；粗面内质网腔膨胀严重，附近有完整的自吞噬体囊泡，可能来自滑面内质网；出现单层膜溶酶体包被高尔基体的结构，并呈现多层膜的自吞噬泡；高尔基体在 UV 照射后，其扁平囊形成近乎平行的状态。

 概念检查 13-2

○ 海参自溶的原因及其控制手段有哪些？

三、海参在热加工过程中的品质变化

（一）海参质量和组织结构变化

　　海参热加工的质量损失主要是海参收缩失水引起的。对新鲜海参进行热加工，海参质量损失随着加工的延长或加热温度的升高，逐渐加剧。水分含量的多少、存在的状态不仅与加工方法、工艺有关，还直接影响产品的组织状态、口感和外观质量。

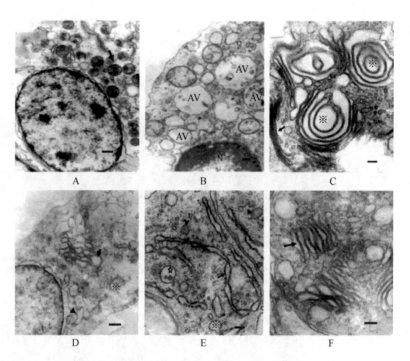

图13-5 UV诱导海参体壁自溶后表皮细胞超微结构变化

A.对照组（未经UV照射组），溶酶体（↓）大小均匀，排布规则；B～F.UV照射后细胞超微结构；B.出现大量自吞噬细胞（autolytic vesicles，AV），N为细胞核；C.自吞噬（※）正在形成，主要为高尔基体和内质网包被其他细胞器或细胞质，↓为高尔基体；D.▲表示肿胀异常的细胞膜，↓表示肿胀异常的高尔基体，※表示形成的消化泡，也是来自内质网或高尔基体包被其他待消化的细胞器或细胞质；E.↓表示内质网膨胀异常，☆表示包含未消化残体的自吞噬体，※表示形成的消化泡，▼表示肿胀异常的细胞膜；F.高尔基囊出现异常，呈现平行状（↓）

A，D标尺=0.5μm；B，C，E，F标尺=0.2μm

加热温度为50℃、60℃、70℃、80℃、90℃、100℃时，海参体壁质量损失率结果如图13-6所示。50℃时海参质量均匀减少，外观形态也逐渐变化，加热1h内海参组织仍然饱满，较新鲜海参变化不大；随着时间的延长，海参组织开始软烂、变黏，这可能与海参的自溶作用相关，因为50℃接近海参组织蛋白酶的最适反应温度。因此海参不宜在50℃下长时间加工。

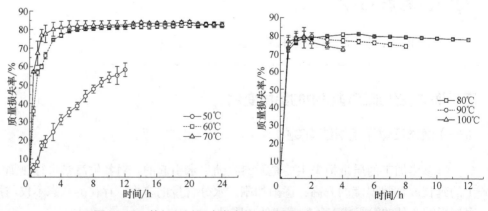

图13-6 热加工过程中海参体壁质量损失率随时间的变化

热加工温度为60℃、70℃、80℃、90℃、100℃时，加热处理初期，大部分水分随之流出；随着加工时间延长，分别在5h、3h、1.5h、1h和0.5h后海参质量损失逐渐趋于平缓，此时海参体壁胶原蛋白基本变性，水分含量基本达到平衡。当加热温度大于70℃时，随着加热时间的进一步延长，海参体壁会出现吸水现象，温度越高吸水出现的时间就越早，如70℃-24h、80℃-6h、90℃-3h、100℃-2h，这是由于海参体壁胶原蛋白受热至一定程度后，变性加剧逐渐变成明胶且呈现吸水现象。

热加工对海参的形态也有很大的影响，表现为海参体积的缩小。随着加热温度的升高，海参收缩到一定程度所需要的时间变短。整个热加工过程中，海参质量与体积变化趋势基本保持一致。此外，可利用高温处理来改善传统海参加工工艺。传统海参食用方式以水发为主，需要反复多次煮制和水发，处理时间长且较难控制。在采用100℃以上温度对海参进行加工时，不但缩短了热处理的时间，而且显著提高了海参制品的吸水能力。在相同的发制时间（36h）下，以获得2倍左右质量的水发海参为基准，温度越高，所需时间越短。

热加工对海参的组织结构影响也很大。将不同加工处理条件下处理的海参体壁切成大小1cm×1cm×1cm的组织块，放入2.5%的戊二醛溶液（0.1mol/L磷酸缓冲剂）中固定24h后，用乙醇（浓度50%、70%、90%和100%）梯度脱水，二氧化碳临界点干燥，液氮冷冻，并于液氮冷冻下脆断，采用离子溅射镀膜法对样品喷金，并在扫描电镜下观察其表面形态。由图13-7可见新鲜海参体壁中纤维较细、较长，纤维的分布有一定的方向性，结构较为均匀、有序。

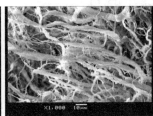

图13-7　扫描电镜下新鲜海参体壁的组织结构

当海参采用不同热加工温度处理30min后，海参体壁组织结构发生了明显的变化。50℃时，海参体壁纤维变粗，纤维开始相互交织，纤维间空隙变小；80℃时，纤维间交织进一步加剧；100℃时，组织结构更为紧密，纤维易脆断，因而纤维面出现片状单元，整体出现比较均匀的疏孔结构（图13-8）。

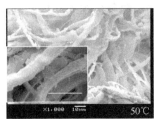

图13-8　扫描电镜下不同处理温度处理30min后海参体壁微观结构

在一定温度下，不同加热时间对组织结构影响也很大。对海参采用60℃分别加热0.5h、2.0h、8.0h和24.0h的扫描电镜结果如图13-9所示。热加工0.5h时，海参体壁纤维较细、无序，相互交织成较为杂乱的网状结构；2.0h时，纤维溶胀变粗，组织结构变得紧密；8.0h时，纤维出现破损，且局部聚集；24.0h时，纤维的破坏和聚集现象更加明显。

图 13-9 扫描电镜下 60℃不同处理时间下海参体壁结构

通过感官评价也可以明显观察到海参热加工过程中的变化。在 60℃可加工时间内，海参形态较好，随着加热时间的增加，弹性有所增加，硬度呈现脆硬、韧硬、硬及较硬的变化趋势，然而一直没有明显的香味，加热时间超过 24h 后会出现明显的腥臭味而无法继续加工。温度超过 70℃时，随着加热时间的延长，海参体壁由于胶原蛋白变性形成明胶，其硬度逐渐降低，组织逐渐变软；加热超过一定的时间和温度后海参体壁变得软烂、发黏，且随着温度的升高，出现上述现象的时间逐渐缩短。这是由于在该加热条件下海参体壁胶原蛋白变性、降解后形成明胶开始崩解、流失，导致组织变得极易破损，难以继续加工。

（二）海参的质构控制

热加工过程中海参体壁的质构分析主要包括以下几个方面：

1. 嫩度

研究表明，加热温度为 60～70℃时，海参体壁剪切力随加热时间延长呈现先升高后降低的趋势，而且温度越高出现峰值时间越早，如 60℃ -4h 和 70℃ -1h。加热温度超过 70℃，剪切力升高趋势出现的阶段逐渐提前，升高过程持续的时间越来越短，如 80℃ -1h、90℃ -0.5h、100℃ -0.5h、110℃ -10min 和 120℃ -10min，而后随着时间的延长逐渐降低。高温长时间加热海参体壁时，其剪切力会降至很低，且随着温度的升高，发生上述现象的时间逐渐缩短，如 70℃ -34h、80℃ -20h、90℃ -8h、100℃ -4h、105℃ -2.5h、110℃ -1.5h 和 120℃ -1h 时海参体壁的剪切力均低于 1000g，这是由于上述加热条件下海参体壁胶原蛋白形成的明胶开始崩解、流失，因而组织变得柔嫩、易损坏，无法继续加工。

2. 硬度

60℃时，海参体壁随加热时间的延长，硬度逐渐增加，至 6h 后呈下降的趋势。加热温度超过 70℃时，随着时间的延长，海参体壁胶原蛋白逐渐变性、降解，海参体壁硬度呈现降低的趋势；加热温度越高，硬度降低所需时间就越短，如 70℃ -4h、80℃ -2h、90℃ -1h 以及 90℃以上 0.5h 时海参体壁硬度均低于 12000g；继续加热，海参硬度降至更低，如 70℃ -34h、80℃ -20h、90℃ -8h、100℃ -4h、105℃ -1.5h、110℃ -1.5h 和 120℃ -1h 时海参体壁硬度均低于 2000g，组织变得极软，此后无法继续加工。

3. 弹性

加热温度为 60～70℃时，随着加热时间的延长海参体壁弹性变化幅度不大，加热至 24h，仍具有一定的弹性。加热温度在 80～105℃时，随着加热时间的延长海参体壁的弹性会出现峰值，温度越高出现峰值时间越早，如 80℃ -6h、90℃ -3h、100℃ -1.5h 和 105℃ -1.5h，这是由于胶原蛋白变性、降解后形成的明胶使海参体壁呈吸水性。加热温度超过 105℃时，海参体壁弹性变化不大。

4. 咀嚼性

咀嚼性变化情况同硬度的变化趋势相似，60℃时，海参体壁随加热时间的延长咀嚼性逐渐增加，达到 6h 后呈现下降趋势。加热温度达到 70℃以后，随着加热时间的延长，海参体壁的咀嚼性同硬度一样呈现下降趋势。加热温度越高，咀嚼性降低至一定程度所需时间越短。

5. 回复性

加热温度在 60℃时，海参体壁回复性随加热时间的延长先升高后趋于平缓，加热至 24h，仍然有很好的回复性。加热温度达到 70℃以后，加热初期回复性变化不明显，加热到一定阶段回复性均出现明显的下降趋势，温度越高回复性降低至 0.5 或 0.5 以下时间越早，如 70℃ -34h、80℃ -20h、90℃ -8h、100℃ -4h、105℃ -1.5h、110℃ -1.5h 和 120℃ -1h。海参体壁在加热时，其组织回复性迅速下降，这可能是温度越高海参体壁胶原蛋白变性、降解后形成的明胶崩解所需要的时间越短，导致组织软烂，无法继续加工。

通过对海参体壁加热过程中胶原蛋白的性质、组织结构以及质构参数测定，结合感官评定结果，获得了海参体壁热加工控制曲线（图 13-10）。曲线 A 为海参体壁失水平衡曲线，达到该曲线后海参体壁质量减少基本趋于平缓；曲线 B 为海参吸水起始线，达到该曲线后海参体壁吸水。在热处理的同时也能出现质量增加的趋势。曲线 B′ 为海参体壁热加工控制曲线；曲线 C（C′）为海参体壁热加工临界曲线，达到该曲线时海参组织开始变得软烂，失去原有形态。海参体壁在加热过程中呈现出的这种宏观变化与内部胶原蛋白的变化息息相关。

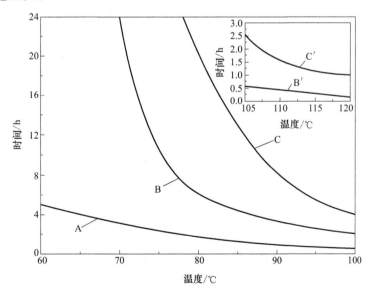

图 13-10 海参体壁热加工控制曲线

A—海参体壁失水平衡曲线；B—海参吸水起始线；B′—海参体壁热加工控制曲线；
C（C′）—海参体壁热加工临界曲线

海参体壁热加工控制曲线反映了热加工过程中海参体壁品质的变化规律，也是海参体壁的胶原蛋白性质及其质构在加热过程中内在规律的体现。利用该曲线，可以通过调整不同海参制品加工的适宜预处理条件和加工工艺参数，实现对海参品质的控制。

在热加工过程中，海参体壁胶原会变性、降解，并形成明胶。随时间延长至曲线 A 时胶原蛋白已经变性，此后质构仪检测到的剪切力呈现下降的趋势。继续加热，海参体壁胶原蛋白会降解，逐渐形成明胶，当达到曲线 B 时，海参体壁在热处理过程中呈现出吸水特性，此时质构仪测到的海参弹性较好。加热超过 80℃，时间超过 4h 至曲线 C 时，剪切力和硬度均降至很低，回复性明显下降。这是由于海参体壁胶原蛋白变形后交联形成明胶结构崩解，导致海参品质急剧下降，失去商品价值。因此加工水发类海参产品，可以选择介于曲线 B、C 间区域的合适参数。

对于需要发制的海参产品，当处理条件达到曲线 B 时，胶原蛋白形成的明胶吸水特性会使其组织在发制过程中明显吸水胀大，因此可以根据海参发制大小来调整工艺参数。加工参数越靠近曲线 C 海参发制得越大，但发制过大的海参剪切力会明显下降，品质变差。其他不需要发制的海参制品，处理条件则尽量控制在曲线 B 以下的区域。如调味即食海参，预处理条件可以控制在曲线 A 和曲线 B 之间的区域，所采用的温度越高则应尽量接近曲线 A，从而减少营养成分损失。

当温度超过 105℃，海参体壁的硬度和咀嚼性会随着加热温度的升高或加热时间的延长明显降低，至一定时间后，其组织变软，但吸水能力明显增强。处理条件达到曲线 B′ 时，海参体壁水发效果好，适宜进行水发海参的加工。越靠近 C′ 曲线，海参体壁发制越大，越容易导致剪切力急剧降低，组织易碎。若进行调味海参制品加工，则应尽量控制在 B′ 以下的区域，从而防止海参体壁组织过于软烂。需要注意的是，在采用高温条件（105～120℃）对海参进行加工时，为避免原料堆积或处理不及时导致制品品质下降，通常在高温处理前采用曲线 A 以内的区域对原料进行预处理。

海参热加工控制曲线是通过大量的实验数据获得，但是由于海参捕捞季节、产地、个体大小、预处理及加工条件等因素差异会在实际加工中有所变化。

四、加工实例

海参捕捞后在外界环境的刺激下极易发生自溶现象，给海参的贮藏和流通带来了诸多不便，因此，北方海参的加工主要集中在采捕季节，采捕时间一般集中在春季 4～5 月份，秋季 10～12 月份；南方（福建）海参的加工主要集中在 3 月份。传统方法中，利用水煮、日晒、阴干等简单的加工手段，借助盐吸潮、草木灰吸水的特性，加工出草木灰干海参。这种海参需要泡软后去灰、脱盐，发制后方可食用，不仅程序繁琐，还会造成营养成分的流失和破坏，目前已经被市场所淘汰。随着科学技术的发展，科学加工海参，提高食用方便性和消化吸收率成为发展趋势。近年来，逐渐形成了种类繁多、形态各异的海参产品，从最早的草木灰干海参、盐干海参、盐渍海参，到如今的淡干海参、真空冷冻干燥海参、水发即食海参、调味即食海参，还有海参胶囊、海参口服液、海参酒、海参奶等新产品。

（一）干海参

干海参是最传统的海参加工方式，也是从早期延续至今的海参储存形式，然而随着现代食品加工技术的不断发展，其加工工艺和产品形态也在不断地变化和提升。

1. 草木灰干海参

草木灰干海参的工艺流程：

鲜活海参→预处理→煮制→盐渍→烤参→拌灰→晾晒→成品

加工工艺要点：

（1）原料选择

制作干海参的刺参原料应达到商品规格，鲜重达到 150～200g 以上，无病害，体表光泽且无污染。

（2）预处理

鲜活海参用刀在腹部靠近肛门处插入，向头端纵割，刀口要端正，长约参体的 1/3，不能从海参头端开刀，以免影响其美观和质量。去内脏清洗后的海参，俗称皮参。

（3）煮制

处理好的皮参要迅速放入开水中煮制，不能及时处理的原料用冰或冰水混合物降温，控制自溶。水量为皮参重的 3～4 倍，使参在锅内能够翻动。加热过程需要不断搅拌，使参体受热均匀，从而既能快速钝化酶，又能防止贴锅受热过度影响品质。水面上的浮沫要及时除去。一般煮沸 30～40min，参体达到皮紧、刺硬为尺度。煮好的海参应及时捞出。

（4）盐渍

将煮好的参捞入洁净容器中，趁热加入参重 40% 的盐搅拌均匀，并使其降温。待冷却后把海参连同渗出的汤汁一并倒入容器中，并加盐封顶。盐渍时间为 10 天左右，期间应注意观察，如发现海参升温，汤色变红，应立即倒料加盐，或重新回锅煮。

（5）烤参

在锅中加入七分满的饱和盐水，煮沸后，倒入盐渍好的海参，并加入相当于参重 10% 的盐，防止参体排出的水分降低卤汤浓度。煮制过程中注意搅动并撇出浮沫，时间为 30min 左右。取出时参体表皮有盐粒结晶出现即可。

（6）拌灰

烤好后的海参捞出、沥干，趁热用柞木灰、松木灰或草木灰拌和，用灰量为烤好海参的 10% 左右，一层参撒一层灰，并搅拌均匀使炭灰均匀附着在表面。

（7）晾晒

海参拌灰 30min 后可以晾晒，过程中注意早晚翻动一次，晒至六七成干时收回库中或阴凉处回潮，使其水分扩散均匀，然后再摊开晾晒至八九成干，再收起来回潮，然后晾晒，反复进行 3 或 4 次，直至充分干燥。晒好的海参刺硬、色黑且个体完整。

2. 盐干海参

盐干海参的工艺流程：

鲜活海参→预处理→煮制→盐渍→干燥→成品

加工工艺要求与草木灰干海参加工要求基本相同，但省略了拌草木灰的过程。目前，为了更好地达到干制脱水的效果，采用热风或冷风干燥的方式代替传统晾晒。

盐干海参采用 SC/T 3206—2009《干海参》中一级品的标准，其蛋白质含量≥55%，盐分≤20.0%，水分含量≤15.0%，复水后干重率≥60%。级别越低蛋白质含量越低，盐分越高，复水后干重率越小。

3. 淡干海参

淡干海参的工艺流程：

鲜活海参→预处理→煮制→烘焙或日晒→干燥→成品

有的工艺流程省却了烘焙或日晒过程，把海参直接用淡水煮制后干燥，即为纯淡干海参。

工艺要求：淡干海参的传统制备方法是用淡盐水煮 1～2h 后冷却，置炭炉上烘焙 2h，保持温度在 20～25℃，待表面水分蒸干后再进行日晒，烘焙和日晒交替干燥 3～4 天，至五成干为止。将半干的海参放置于木箱中，用洁净的稻草或麻布包围，加盖密封，罨蒸 3～4 天，再晒至全干为止。

目前，淡干海参的加工已经工业化，煮制后直接用设备干燥或在热风房中干燥。淡干海参可采用 SC/T 3206—2009《干海参》中特级品的标准，其蛋白质含量≥60%，盐分≤12.0%，水分≤15.0%，复水后干重率≥65%。

上述草木灰干海参、盐干海参、淡干海参的加工工艺，具有加工设备简单、成本低、保质期长、运输方便等优点。但食用前均需发制，过程繁琐，存在营养物质流失或破坏的问题。

干海参不能直接食用，所以了解干海参的水发工艺显得尤为重要。干海参经预浸泡 24h 后，清洗泥沙，除去嘴部的石灰质，剥离纵肌，大火煮沸，小火保持沸腾 30min，冷却后，在 0～5℃冷藏 20h。盐干海参重复煮沸、冷藏步骤 1 次，发制 2 天感官效果最佳。淡干海参重复煮沸、发制步骤 2 次，发制 3 天感官效果最佳。海参经此法发制后弹性适中，口感较好。值得注意的是，干海参并不是发制时间越长越好，海参的嫩度会随着发制时间的延长而降低，与淡干海参相比，盐干海参嫩度下降更快。

4. 真空冷冻干燥海参

真空冷冻干燥海参工艺流程：
（1）鲜活海参→去内脏→洗净→冷冻→真空冷冻干燥→包装
（2）鲜活海参→去内脏→洗净→发制→冷冻→真空冷冻干燥→包装
食用时直接浸泡复水即可。
工艺要点：
（1）发制
制作真空冷冻干燥海参时，为了缩短海参复水时间，冷冻前进行发制处理。海参水发时间长短对形态大小有很大的影响，而形态大小又与海参真空冷冻干燥后的组织结构有关。如果发制时间过短，海参没有达到最佳的弹性和嫩度，复水后口感不佳；如果水发时间过长，则会导致真空干燥过程中海参表面粗糙，组织中间呈现较大较多的空隙，影响复水效果。如果选择高温前处理的方式，发制时间控制在 48～60h 为宜。

（2）冷冻

在真空干燥之前，海参首先需要经过冷冻处理，冷冻温度一般控制在 -35～-30℃，冷冻过程需要注意保持合适的冷冻速率，避免海参组织内形成大的冰晶而影响其质量。

（3）真空冷冻干燥

海参个体较大，真空冷冻干燥耗时较长，因此需要注意设定适宜的干燥板温度，既能有效供给冰晶升华所需要的能量，又不会引起海参中冰晶的融解。

（二）盐渍海参

盐渍海参又称"拉缸盐"海参，是北方沿海居民常用的加工方法。该方法是将鲜海参加盐煮熟后，直接放在盐水中储存，是一种用于海参短期保鲜运输的加工方法。

盐渍海参工艺流程：

鲜活海参→去内脏，洗净→煮制→盐渍→冷藏保存

优质盐渍海参呈黑色或褐灰色，组织紧密，富有弹性，体形完整，肉质肥满，刺挺直，切口较整齐。盐分不超过 22.0%，水分不超过 65.0%。

由于盐渍海参盐含量较高，因此脱盐是盐渍海参在食用前或深加工制备即食海参、淡干海参等过程中必要的一个步骤。温度、时间、料液比、换水次数都会对海参脱盐效果产生影响。

（三）即食海参

即食海参是将传统海参食用方式进行商品化，由新鲜海参或盐渍海参直接加工而成，完好地保存了海参外观、形状、颜色和风味，既可作为功能性食品又可制成在家食用的海参菜肴。即食海参加工需要面临的最大问题是其在贮藏过程中会出现软化分解，逐渐失去原有口感和风味，以致产品品质降低。

1. 水发即食海参

工艺流程：

（1）新鲜海参→去内脏→清洗→预煮→高温处理→水发→装袋（瓶）→注纯净水→封口→杀菌→冷藏保存

（2）盐渍海参→脱盐→清洗→预煮→煮参→水发→装袋（瓶）→注纯净水→封口→杀菌→冷藏保存

工艺要点：为减少海参在煮制过程中的营养损失，水发即食海参的加工尽量采用高温水发海参的制备方法，先按等级将原料进行分选，后设定不同的温度参数，控制海参体壁的热处理程度，从而获得较好的产品。同时，由于海参组织结构的特殊性，加工中应避免温度过高破坏海参的结构，从而导致生物活性物质及部分营养成分的流失，甚至组织崩解，丧失商品价值。另外，水发即食海参在保存过程中需要冷冻保藏，以延长保质期。

2. 调味即食海参

工艺流程：

（1）鲜活海参→原料验收→去内脏→清洗→料煮→真空或充氮包装→杀菌

（2）盐渍海参→脱盐→清洗→料煮→真空或充氮包装→杀菌

工艺要点：

（1）原料验收

新鲜原料个体质量最好在150g以上，无自溶现象，盐渍原料需先进行脱盐处理。

（2）去内脏、清洗

将海参沙嘴、内脏去除干净，清洗时水温一般控制在0～4℃为宜，避免清洗温度过高或过低。

（3）料汤的配制

按照产品风味需求制定汤料配方，然后进行配料，在整个配料过程中，要避免其他杂质的混入。熬料过程中也要注意控制熬料时间及料液剩余量。

（4）料煮

调整好海参皮重和料液的比例，注意控制煮制时的温度和时间，在获得最佳煮制效果的同时，注意对海参营养的保护。

（5）包装

料煮入味后的海参经过拣选，可以进行抽真空包装或拉伸膜充氮气包装。

（6）杀菌

杀菌为调味即食海参加工过程中的关键控制点，为提高产品的品质应采用阶段式杀菌方法，提高产品杀菌初温，减少初温与杀菌温度的温差，通过延长产品在低温阶段的停留时间，缩短其在高温阶段的停留时间。阶段式杀菌技术的应用，不仅可以满足产品的货架期，同时改善了传统高温高压灭菌因一次性升温及高温高压时间过长造成热损伤及出现蒸馏异味和煳味的弊端。

（四）单冻海参

单冻海参是在水发海参基础上经过速冻处理后得到的冻藏海参产品。也可以采用单支冷冻技术，将经过一次熟化的海参低温速冻而成单冻即食海参。

工艺流程：

水发海参→沥水→速冻→修整→分级→称重→镀冰衣→包装→冷冻贮藏

工艺要点：

（1）沥水

水发海参捞出后要立即沥水5～10min，防止冻结时影响形态。

（2）速冻

将海参摆在单冻盘上放平，摆好盘后迅速入平板冷冻。当冻品中心温度达-15℃时，方可入库。

（3）分级/称重

将修整后的单冻海参按照不同规格分级、称重。

（4）镀冰衣

包装前的单冻海参必须加镀冰衣，该过程要在低温库内进行。加镀冰衣时，以过水法为佳，水温控制在0～4℃，浸水时间为3～5s。镀冰衣后的冰块，中心温度回升不超过 3℃。用水要清洁卫生，以提高冰衣的透明度。

（5）包装

袋装或箱装前检查所有内外包装材料是否合乎要求。

单冻海参形态晶莹饱满，具备即食海参优点的同时，产品的保质期得到了延长。但保存和销售过程中需要一直冷冻储存。

（五）其他海参制品

1. 盐渍海参肠

盐渍海参肠是由海参加工副产物海参肠制成的盐渍品，提高了海参的综合开发利用。盐渍海参肠工艺流程：

海参→暂养→采肠→清洗→沥水→称重→盐渍脱水→包装→贮藏→成品

工艺要点：

（1）暂养

捕捞海参后放入暂养箱中，待回港立即将活海参移入蓄养网箱中，该网箱应置于 40～100cm 水层中，蓄养一夜，让其吐尽泥沙。如无网箱可将海参放入槽中蓄养一夜，换水 3 或 4 次。

（2）采肠

把海参放在操作盘内，用刀在距离肛门 1/3 处腹部开口。首先摘出肛门端的白色肠，然后取出上端的黄色肠和白色的呼吸树，一并放入操作盘内。割采时要保证肠的完整。

（3）清洗

用手捞出肠后挤出肠内的泥沙污物，可重复操作，直至挤干净为止。将处理后的肠管和呼吸树放到带网容器中，用干净海水冲洗数次，并用手按一个方向搅动，直至肠内没有污物。

（4）沥水、称重、盐渍脱水

将洗净的肠管和呼吸树捞出，放到网板上沥水，直至不滴水时称重。加入其质量 15% 的精盐，按照一定方向搅拌均匀后，在网板上沥水数小时。

（5）包装

内层包装用双层聚乙烯塑料薄膜，包装时先排除袋内气体，内层袋需与内容物紧贴，扎紧袋口。外包装用木箱或者纸箱，在 -15℃ 以下冷库存放。

2. 海参肽制品

海参肽制品是利用海参自溶的特点，结合外源蛋白酶酶解技术制备的海参多肽产品。根据海参自溶过程可依据具体情况设计自溶工序，通过调节影响海参自溶的各个因素，如采取紫外线诱导、调节温度、pH 等因素加快海参自溶，外源酶的选择可以是胰蛋白酶、木瓜蛋白酶等。海参肽制品既可以保留海参原有的营养物质，又可以促进人体对一些高分子物质的有效吸收，具有较高的经济价值和营养价值。

海参肽制品工艺流程：

海参→预处理→自溶→外源酶酶解→灭酶→过滤（离心）→超滤→浓缩→干燥→成品

工艺要点：

（1）原料预处理

将新鲜海参用剪刀从肛门处沿腹部剥开，尽量将完整的海参肠取出，将腔内残留物挤出，用清水将

海参肠泥沙洗净，洗净后用洁净的不锈钢搅碎机搅碎，再用胶体磨将其进一步磨细成浆，以利于组织自溶。

（2）自溶

主要是利用海参自身内源酶系将其自身大物质降解。根据理论研究结果，采用紫外线诱导自溶 30min 后，在 37～60℃，pH 4～7，自溶 2～4h。

（3）外源酶酶解

将得到的海参自溶液用外源酶做进一步的处理，可以选用的蛋白酶主要有木瓜蛋白酶、胰蛋白酶、中性蛋白酶等，根据自溶程度选择酶的用量和作用时间。

（4）灭酶

将酶解液加热到 95～100℃，保持 0.5～10min，过滤或离心除去杂质。

（5）超滤

选择不同分子质量截留范围的超滤膜，对酶解液进行超滤，实现对不同分子质量肽的富集。如果在过滤的过程中，酶解液黏度较大，则需要控制过滤压力和流速。

（6）干燥

制备的海参肽可以选择喷雾干燥，也可以使用真空冷冻干燥。

此外，多肽和蛋白质的纯化分离通常采用超滤和凝胶色谱分离的方法。

3.海参黏多糖制品

海参黏多糖是从海参中提取的一种高分子量硫酸软骨素，可采用碱法、酶法，利用海参自溶和外源酶技术制备海参黏多糖。所得海参黏多糖可作为营养剂原料应用于食品加工中，也可以开发成系列产品。如将海参黏多糖添加到酒中，可以生产海参酒；将海参黏多糖与中药提取液混合，经过浓缩、制粒、烘干可制备冲剂；将海参黏多糖与中药提取液混合，经过澄清、调味、灭菌制备口服液；将海参黏多糖与中药提取液混合，加入辅料压片制备片剂；将海参黏多糖与 β- 环糊精混合煮制，经真空干燥后可制成胶囊。

第二节　鲍鱼加工

鲍鱼古称鳆，又名镜面鱼、九孔螺、明目鱼、将军帽等。它是属于腹足纲、鲍科的单壳海生贝类，属海洋软体动物。鲍鱼呈椭圆形，肉紫红色，鲍鱼肉质柔嫩细滑，滋味极其鲜美，历来有海味珍品之冠的美称。

为保证鲍鱼的食用安全，延长货架期，传统的热加工方式现已得到广泛应用。然而，热加工处理会加速鲍鱼蛋白质变性与脂肪氧化，从而对鲍鱼品质产生较大影响。随着现代食品加工与保鲜技术的不断发展，冷冻保藏、物理冷杀菌等创新技术被应用于鲍鱼加工领域，鲍鱼深加工制品也由传统的干制向速冻、罐头、调味品、营养保健品等精深加工方向转变，极大地满足了消费者营养、健康、美味、方便等多元化需求。

一、鲍鱼的形态特征

（一）外部形态

鲍鱼的贝壳俗称"石决明"，为珍贵的中药材，内含碳酸钙、壳角质、氨基酸以及多种微量成分。其主要形态如图 13-11 所示，外表面生长纹较明显，覆有一层薄薄的褐色或暗红色角质层，几乎占据贝壳全部的为体螺层，壳顶偏于壳的右后方。靠近体螺层边缘有几个开口，称壳孔或呼水孔。壳内表面覆有一层光艳亮洁的珍珠层，内面左前侧有一狭小的左侧壳肌痕，中央有一卵圆形的右侧壳肌痕。

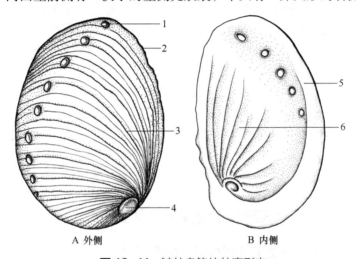

A 外侧　　　　　　　　B 内侧

图 13-11　皱纹盘鲍的外壳形态

1—壳孔；2—体螺层；3—生长线；4—壳顶；5—左侧壳肌痕；6—右侧壳肌痕

（二）内部构造

鲍鱼的软体部分如图 13-12 所示，可分为头部、足部、外套膜、内脏，其中，内脏部分包括鳃、消化腺、胃、生殖腺等器官。鲍鱼的足部特别发达，质量可占体重的 40%～50%、占软体部质量的 60%～70%，是主要的可食部分。

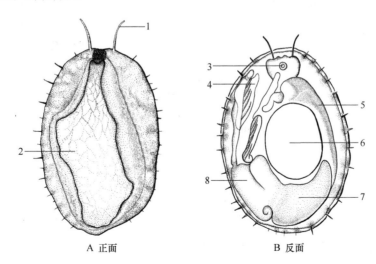

A 正面　　　　　　　　B 反面

图 13-12　鲍鱼主要的内部构造

1—头触角；2—足；3—口；4—鳃；5—外套膜；6—右壳肌；7—生殖腺；8—胃

鲍鱼的头部位于软体部的前端，其背面有一对深色细长的触角，称头触角或大触角。两条头触角的中间生有一扁平突出的头叶，在其腹面有发达可活动的吻，吻前端的中央有一纵裂的开口，即为口。

足部位于软体部的腹面，椭圆形盘状，底面平坦宽大，几乎与壳口相等。足的背面中央为较大的肌肉柱，称右壳肌。足的上侧呈薄片状，边缘较厚，生有许多形状不一的突起和鞭状的触角，具有感觉功能。外套膜是包围鲍鱼身体背面的一层薄膜组织，其内缘与右壳肌相连，外缘游离于贝壳边缘附近。

内脏的主要部分位于右壳肌的两侧及其后方，在鲍鱼的加工过程中，多作为副产物被丢弃，既浪费又造成环境污染。目前，鲍鱼加工副产物的高值化利用备受关注，其含有的大分子生物活性物质（多糖、多肽等）的结构及其活性研究也逐渐成为热点。

 概念检查 13-3

○ 鲍鱼的主要可食用部位有哪些？

二、鲍鱼在热加工过程中的品质变化

（一）鲍鱼的质量和组织结构变化

热加工过程中，鲍鱼腹足内的水分、蛋白质、糖和矿物质等成分会随着加热时间的延长逐渐损失，从而导致鲍鱼腹足的质量整体呈现逐渐减少的趋势。将经冰水预处理的鲍鱼腹足进行加热，其质量随温度和时间的变化情况如图 13-13 所示。在不同温度下，鲍鱼腹足质量变化差异较大，在 60℃ 或 70℃ 的低温条件下加热，鲍鱼腹足质量变化较为平缓；在 80℃ 或 90℃ 下加热，鲍鱼腹足质量出现小幅度上升后下降，且温度越高出现时间点越早；100℃加热时，鲍鱼腹足质量明显降低。

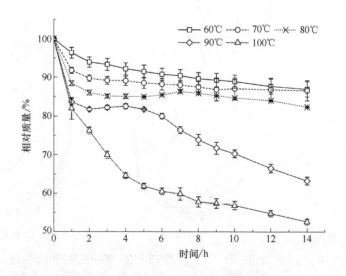

图 13-13 热加工过程中鲍鱼腹足质量的变化

　　鲍鱼在热加工过程中除腹足质量发生变化外，其重要的结构蛋白肌原纤维蛋白的结构也会发生明显变化。采用透射电镜分别对鲜活鲍鱼、80℃加热1h和100℃加热1h的鲍鱼腹足中间部位纵切面的组织结构进行观察，结果如图13-14所示：鲜活鲍鱼的肌原纤维和胶原纤维排列有序、紧密，纤维间的空隙小，但肌节和Z线不明显，这可能是肌原纤维和胶原纤维交织在一起造成的；80℃加热1h时，鲍鱼组织的微观结构发生了明显变化，肌原纤维受热变粗，纤维间的空隙变大；100℃加热1h时，鲍鱼腹足的肌原纤维结构破坏更为严重。

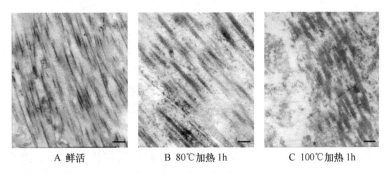

A　鲜活　　　　　　　　　B　80℃加热1h　　　　　　　　C　100℃加热1h

图13-14　加热过程中鲍鱼腹足中间部位纵切面在透射电镜下的组织结构

（二）鲍鱼的熟化

　　蛋白质的变性程度是评价肉类食品熟化的重要指标。鲍鱼腹足在热加工过程中，随着加热温度的升高或时间的延长，其蛋白质会逐渐发生变性，表现为肌原纤维蛋白提取率逐渐降低。加热温度为60℃时，鲍鱼肌原纤维蛋白提取率随时间的延长变化缓慢，加热至1h时，提取率为32.4%，加热时间延至5h时，提取率降至10%以下，说明90%以上的鲍鱼腹足肌原纤维蛋白已变性。加热温度超过60℃时，鲍鱼腹足肌原纤维蛋白的变性速度不断加快，且温度越高，完全变性所需时间越短，如70℃-70min、80℃-40min、90℃-30min和100℃-10min时，鲍鱼腹足肌原纤维蛋白的变性率均超过90%，此时鲍鱼腹足已经熟化（图13-15）。随着加热时间的继续延长，鲍鱼腹足纤维发生明显断裂，鲍鱼处于过熟化状态，感官品质明显变差。

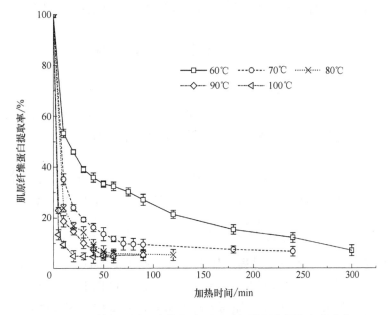

图13-15　热加工过程中鲍鱼腹足肌原纤维蛋白提取率的变化

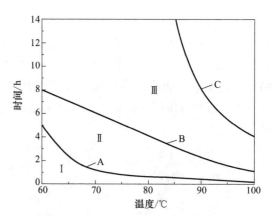

图13-16 鲍鱼腹足热加工控制曲线

A—鲍鱼腹足熟化曲线；B—鲍鱼腹足过熟化曲线；C—鲍鱼腹足热加工临界曲线
Ⅰ—鲍鱼腹足加工未熟化区域；Ⅱ—鲍鱼腹足适宜加工控制区域；Ⅲ—鲍鱼腹足加工过熟化区域

　　通过对鲍鱼腹足在热加工过程中蛋白质的性质、组织结构变化以及质构分析，结合感官评定整理得到了鲍鱼腹足热加工控制曲线（图13-16），确定了获得鲍鱼腹足热加工食品良好品质的适宜加工控制区域。鲍鱼腹足热加工控制曲线反映了鲍鱼腹足在热加工过程中鲍鱼腹足品质的变化规律，也是鲍鱼腹足的蛋白质性质与质构在渐变过程中内在规律的体现。

三、加工实例

（一）干鲍鱼

　　传统干鲍鱼是将鲜鲍鱼自然晾晒加工而成，虽操作简单，制得的干鲍溏心好、风味佳，但自然晾晒的过程受天气影响较大，不易控制，劳动强度高，加工过程中易混入杂质，无法满足现代工业化生产的需求。

　　干鲍鱼工艺流程：

$$鲍鱼→预处理→腌渍→清洗→煮制→干燥→成品$$

　　工艺要点：

　　（1）预处理

　　用海水洗净鲍壳表面的泥沙杂质，再用圆头刀贴鲍鱼右侧闭壳肌与贝壳相连处将整个足部取出，去除外套膜、内脏团。

　　（2）腌渍

　　按鲍肉质量加入5%～8%的精盐，搅拌均匀后腌渍8～10h，或在50～70℃饱和盐水中浸泡15～30min，然后用清水漂洗，去除腹足表面的黏液和边缘部位的黑色素。

　　（3）煮制

　　干鲍煮制过程中加水量选择鲍肉质量的3～4倍比较适宜。煮制的温度和时间根据鲍鱼的大小规格在实际操作过程中有所不同，可以采用阶段式升温的方式，即60℃保持60～90min，80℃加热30min左右。煮制后的鲍肉沥水干燥。

（4）干燥

干鲍鱼的干燥多采用晾晒的方法。晾晒时可以采用穿线吊挂或平摊的方式。吊挂晾晒是将煮制后的鲍肉稍晾后用细线穿过鲍体使之成串后晾晒。采用这种方式时，要注意鲍肉之间保持一定空隙，防止靠得太紧影响干燥效果。平摊晾晒是将煮制后的鲍肉放在清洁的席上摊匀晾晒，每日翻晒 3 或 4 次，直至晒干。贮藏半个月后再出风晾晒一次即为成品。晾晒时最好选择阳光充足、干燥、风速大的场地，从而加快制品干燥过程，保证制品品质。

规格品质：干鲍的品质主要根据其规格大小、颜色、形状和色泽等方面进行评判。干鲍的品质以形态完整、肉质厚实，色泽淡黄、呈半透明状，有光泽，气味香鲜，润而不潮，稍有白霜者为佳。

自然干燥效率低，难以控制产品品质，不适用于工业化生产。近年来，热风干燥、冷冻干燥、真空过热蒸汽干燥等现代化干燥工艺技术逐渐被研制开发出来，极大地促进了干鲍鱼制品工业化生产。热风干燥制备的干鲍样品，与自然晾晒干燥相比，具有干燥效率高、过程易于控制、卫生条件好等优点。并且复水涨发后，两种干燥条件下制备的干鲍样品在主要成分、组织构造及流变学特性参数变化方面无显著差异，热风干燥方法可替代传统的自然干制鲍鱼的方法。冷风干燥与自然干燥相比，复水涨发后两种干鲍基本成分含量与鲜活鲍鱼相比均呈显著降低趋势，但冷风干鲍中各基本成分含量均高于自然晾干干鲍，更接近鲜活鲍鱼的含量。复水涨发后，冷风干鲍肌纤维粗细均匀，没有弯曲或断裂现象，纤维间空隙较小，肌肉组织中含有更加丰富的胶原蛋白，质地更加均匀。流变学特性上，冷风干鲍复水后具有弹性大、硬度小及黏结性好的特点。这说明冷风干鲍复水涨发后其营养性及质构更佳。有研究表明，经渗透脱水和高压预处理的鲍鱼可降低干燥时间，提高干燥速率。

（二）冷冻鲍鱼

冷冻鲍鱼是指将新鲜鲍鱼急速冷冻，或者经热处理再冷冻加工而成的一类鲍鱼产品。可分为冻鲍鱼肉、冻全鲍鱼和冻煮鲍鱼 3 种。工艺流程如下：

1. 冻鲍鱼肉

鲍鱼→去壳洗涤→称重装盘→速冻→脱盘镀冰衣→包装入库→成品

2. 冻全鲍鱼

鲍鱼→刷洗→称重装盘→速冻→脱盘镀冰衣→包装入库→成品

3. 冻煮鲍鱼

鲍鱼→验收→预处理→分级→预煮→称重装盘→速冻→脱盘镀冰衣→包装入库→成品

冷冻过程中，由冰晶形成引起的组织损伤会影响最终冷冻产品的质量。过冷和水相转变的持续时间对于最大限度地减少冷冻食品的质量损失至关重要。通过降低冷冻温度，可以缩短相变时间，从而减少冷冻食品的质量损失。压力变换冷冻（pressure-shift freezing）的冷冻方式可以有效降低对食品质量的损害，首先增加压力，然后将样品冷却（在压力下）至 0℃以下，同时水保持未冻结状态。一旦达到目标温度，压力就会迅速释放，导致样品具有高度均匀的过冷度。这种过冷现象会导致整个样品（无论其形状和大小）形成均匀的冰核。成核后，释放潜热，样品温度上升到相应的冰点，然后在大气压力下完成冻结。这种方法形成的冰晶是颗粒状的，没有特定的方向，分散在整个样品中，在鲍鱼冷冻中可以有效降

低冷冻造成的鲍鱼质量损害。

（三）鲍鱼罐头及软包装即食鲍鱼

1. 鲍鱼罐头

鲍鱼罐头，又称汤鲍，食用简单、省时方便，是目前常用的鲍鱼加工方式之一。

鲍鱼罐头的生产工艺流程：

鲍鱼→验收→预处理→分级→预煮→装罐→注汤→预封→排气及密封→杀菌→冷却→检验→包装→成品

工艺要点：

（1）预处理

按干鲍鱼加工中的步骤（1）进行，也可通过控制热处理条件达到快速取肉并清洗边缘部分黑色素的目的。

（2）预煮

预煮时，加水量为鲍鱼肉的1.5～2倍。煮制过程中，可以添加柠檬酸防止鲍鱼颜色变暗。预煮温度和时间可参照图13-16鲍鱼腹足热加工控制曲线中的工艺参数进行设定。

（3）装罐

将鲍肉称重后规则地装入罐内，然后加入一定量的料液，进行预封。清蒸鲍鱼的料液配方：精盐1.8%～2.2%，味精0.3%～0.5%。

（4）排气及密封

热排气时，使罐头中心温度达到80℃以上，排气后立即密封。

（5）杀菌及冷却

根据不同罐型设定杀菌公式。杀菌后冷却至40℃左右，取出擦罐入库。

2. 软包装即食鲍鱼

为满足消费者携带方便、食用快捷等需求，软包装即食鲍鱼产品应运而生。这类产品因杀菌时间短，可较好地保持鲍鱼的良好品质。目前，市场上开发了多种质构、风味、色泽俱佳的即食鲍鱼产品。

即食鲍鱼工艺流程：

鲜活鲍鱼→原料挑选→预处理→预煮及调味→干燥→包装→杀菌→检验→成品

工艺要点：

（1）预处理

将鲜活鲍鱼于-30～-10℃微冻20～40min后取肉，也可以通过控制热处理条件实现快速取肉并清洗边缘部分黑色素。需要注意的是，取肉过程中不仅要去除外套膜、内脏团，还要去除齿舌。

（2）预煮及调味

　　调味可以采用冷调味或热调味。其中冷调味是将鲍鱼肉预煮后，经沥水冷却按质量拌入调味料，于低温渗透入味一定时间。在调味过程中翻料2或3次，使调味料渗透均匀。热调味是将调味料直接加入水中，预煮的同时实现入味。预煮选用梯度升温的方式。

（3）干燥

　　调味后的鲍鱼均匀摆放在网筛上，于烘房或烘道内风吹15~20min，至鲍鱼肉表面干爽即可。

（4）包装

　　将烘后的鲍鱼肉直接装入蒸煮袋中，或将鲍鱼肉置于打磨、高温杀菌后的鲍鱼壳内，一同装入蒸煮袋中，真空封口。还可以采用一次性塑膜包装或充氮包装。

（5）杀菌

　　采用阶段式杀菌方式。软包装即食产品有常温贮藏、低温贮藏、冷冻贮藏等多种形式，根据需要，可以参照图13-16鲍鱼腹足热加工控制曲线制定工艺参数，并调整阶段式杀菌条件，以保证产品品质最佳。

（四）鲍鱼高值化产品

1. 鲍鱼的多糖制品

　　以鲍鱼性腺为原料，采用生物酶解和连续制备的生产技术即能得到鲍鱼多糖产品。鲍鱼多糖也可作为营养基料添加到食品中，开发营养功能食品。

　　工艺流程：

　　鲍鱼内脏→匀浆→酶解→离心→上清液→浓缩→醇沉→真空干燥→多糖粗品→溶解→柱色谱→醇沉→离心分离→真空干燥→检验→成品

　　工艺要点：

（1）原料

　　鲍鱼内脏要新鲜，无异味。如冷冻原料先进行缓化处理，其环境温度保持在4℃左右。

（2）匀浆

　　选用破碎机对鲍鱼内脏原料进行破碎匀浆，匀浆过程中原料粉碎粒度越小越有利于多糖的提取，但如果太细，则不利于后续的分离操作。

（3）酶解

　　利用外源酶进行酶解，一般进行一次提取就能达到比较理想的效果。酶解后，灭酶要充分，可采取升温到90~95℃保持30min左右后自然冷却至室温，再进行离心。

（4）浓缩

　　酶解后的液体进行浓缩，以便减少后续加工的时间。通常多糖的浓缩比例为（8~6）:1，但也要根据料液的情况而定。

（5）柱色谱

　　由于贝类是滤食性动物，常常富集金属离子，因此采用柱色谱的方法可以很好地脱除重金属，从而保证多糖食用的安全性。可根据重金属的含量选择不同级数的柱色谱，根据金属离子的不同，有针对性地选择填料。

（6）醇沉

　　添加95%的乙醇进行醇沉，乙醇与多糖溶液的比例一般为3:1。醇沉过程中应注意边添加乙醇边搅

拌，且料液温度不宜过高。

（7）离心分离

多糖和乙醇的混合液可以经离心机分离得到多糖沉淀和乙醇混合物。其中，乙醇混合物通过蒸馏，回收的乙醇可重复使用。

（8）真空干燥

多糖沉淀干燥温度应低于60℃，有利于保证多糖性状。

2.鲍鱼多肽制品

鲍鱼腹足富含蛋白质，以新鲜或冷冻鲍鱼为原料经生物酶解技术制备鲍鱼多肽原液，干燥获得鲍鱼多肽。也可用鲍鱼食品原液为原料通过添加辅料，制备营养液、鲍鱼多肽调味品、胶囊等多种营养食品。

Ⅰ.鲍鱼多肽原液

多肽原液制备工艺流程：

鲍鱼→预处理→酶解→灭酶→鲍鱼多肽原液

工艺要点：

（1）原料选择

鲍鱼新鲜，无异味。如冷冻原料先进行缓化处理。

（2）预处理

按鲍鱼肉质量加入1～5倍的水进行组织破碎，水温低于20℃。

（3）酶解

鲍鱼浆液中加入0.1%～2%的AS1.398中性蛋白酶，pH 6.5～8.0，温度40～50℃，酶解30～120min；再加入0.1%～2.0%的复合风味蛋白酶，酶解液温度为40～60℃，pH为7.0～8.0，酶解30～120min。

（4）灭酶

灭酶采用90～100℃保温3～10min，离心后，得到鲍鱼多肽原液。

Ⅱ.鲍鱼多肽胶囊

将获得的鲍鱼多肽原液经一系列工序加工，最终制得鲍鱼多肽胶囊。

工艺流程：

鲍鱼多肽原液→浓缩→干燥→制粒→胶囊充填→铝塑包装或装瓶→外包装→成品→检验

工艺要点：

（1）浓缩

将鲍鱼多肽原液中加入0.5%～3%的β-环糊精煮沸2～10min后，进行真空浓缩，浓缩至固形物含量为12%～15%。

（2）干燥

可采用真空冷冻干燥或喷雾干燥制备鲍鱼多肽粉，干燥后物料水分含量≤4%。

（3）制粒

将鲍鱼多肽粉和辅料采用一定配比，混合均匀后制粒，可采用沸腾制粒或湿法制粒，干燥至水分含量≤5%。

（4）胶囊充填

将检验合格后的鲍鱼多肽粉，用全自动胶囊填充机进行灌装，每粒0.4g（净含量0.3g），所用的空心胶囊应符合该产品的规格标准。包装好的胶囊抛光后经QA检查员检查合格进入铝塑包装室或装瓶室。

（5）铝塑包装或装瓶

将灌装好的胶囊，用铝塑包装机压板或用瓶装线装瓶，经QA检查员检查合格后将包装好的成品胶囊转移出洁净区。

以上步骤（3）～（5）操作均需在洁净车间进行，洁净级别10万级，人员、物料、设备、环境均需按各自的清洁规程达到标准要求。

第三节　扇贝加工

扇贝是一种双壳类软体动物，属于软体动物门（Mollusca）、双壳纲（Bivalvia）、异柱目（Anisomyaria）、扇贝科（Pectenidae）。世界上扇贝的近缘种约400余种，广泛分布于世界各海域，以热带海的种类最为丰富，该科的60余种是世界各地重要的海洋渔业资源，在中国已发现约有40余种。其中较重要的经济品种为栉孔扇贝、华贵栉孔扇贝、海湾扇贝、虾夷扇贝、墨西湾扇贝以及长肋日月贝等。

扇贝自古就被认为是一种佳肴及营养保健品，具有滋阴补肾调中的功效，其闭壳肌加工的扇贝柱鲜嫩味美，由其加工制成的干品"干贝"为名贵海味，为海产"八珍"之一，是国际市场上高档畅销的海产品。扇贝裙边是扇贝除去闭壳肌的剩余软体部分，包括扇贝外套膜、生殖腺、消化腺等，约占扇贝总质量的20%。扇贝裙边中含有丰富的蛋白质、脂肪、维生素、微量元素等营养成分，其中甘氨酸、谷氨酸及天冬氨酸、精氨酸等氨基酸的含量较高，且氨基酸种类超过18种，必需氨基酸的含量约占总氨基酸的30%，已成为扇贝加工副产物综合利用、研发新产品的重要原材料。目前市场上的扇贝裙边制品有扇贝裙边风味食品、扇贝裙边罐头、扇贝裙边酱油及调味品、扇贝火锅调料、扇贝珍珠调料、扇贝仔脆片和扇贝鱼油等。扇贝裙边也是氨基酸营养粉和提取牛磺酸的优良原料，同时以扇贝裙边为主要原料研发出的降血脂保健食品也已面向市场。

一、扇贝的形态特征

扇贝壳内面为白色，泛珍珠光泽，其内部主要构造如图13-17所示，包括中肠腺、闭壳肌、生殖腺、鳃和外套膜等。其中，闭壳肌是扇贝的主要可食部位，由横纹肌和平滑肌组成，前者主要功能为快速闭壳，后者功能为持久闭壳，扇贝前闭壳肌退化，后闭壳肌肥大即为贝柱。外套膜紧贴于两壳的内面，为包被内脏团的两叶薄膜，其背缘相连，包被着鳃和生殖腺。

 概念检查13-4

○ 扇贝的主要可食用部位有哪些？

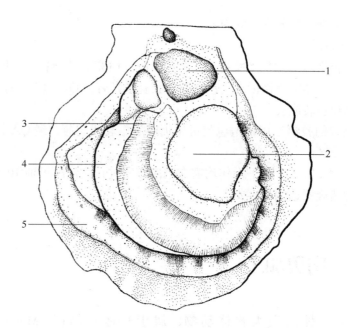

图13-17 扇贝主要内部构造
1—中肠腺；2—闭壳肌；3—鳃；4—生殖腺；5—外套膜

二、扇贝在热加工过程中的品质变化

（一）热加工过程中扇贝柱的质量变化

首先将待处理的扇贝柱放置于冰水中前处理，然后进行热处理，观察其质量随温度和时间的变化情况，发现扇贝柱质量损失伴随加工温度的提高而增加，伴随加热时间的延长而增大。

在热处理温度为50℃时，扇贝柱在加热初期出现了短暂的吸水过程，质量增加，但随时间延长其转为失水状态，但其质量与未处理情况下相比变化不明显。推测可能是由于蛋白质在变性初期，其内部肽键和极性侧链（基团）暴露在结构表面使极性侧链（基团）亲水性增加。但伴随加工时间的延长或温度的提高，蛋白质变性程度提高，结构变化使蛋白质亲水能力大大减弱，扇贝柱开始失水，质量下降。在高温条件下处理扇贝柱，由于温度的提高，组织收缩更加迅速，蛋白质变性剧烈，使扇贝柱处于脱水状态，且水溶性的组分随之渗出，导致其质量不断损失。

（二）热加工过程中扇贝柱的组织结构变化

采用普通光显微镜分别对新鲜扇贝和在不同温度下热处理的扇贝柱的组织结构进行对比观察，实验结果如图13-18所示。研究表明，不同加工温度处理下的扇贝柱，其微观结构有着明显区别，新鲜扇贝柱与低温短时热处理扇贝柱的纤维束略细并呈现均匀分布，局部呈弯曲状（新鲜、30℃-20min、50℃-50min、80℃-5min）；在适宜加热条件下，扇贝柱肌纤维逐渐伸展变直（60℃-45min）；随着加热温度升高或时间延长，扇贝柱肌纤维间空隙逐渐变大，纤维局部变得细而薄弱，呈现断裂的趋势（80℃-50min、100℃-5min）；在剧烈的加热条件下，扇贝柱肌纤维断裂明显（90℃-50min）。

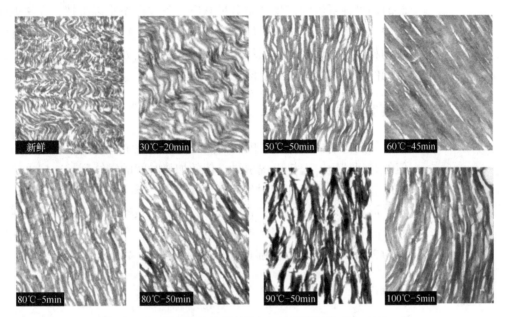

图13-18 显微镜下扇贝柱热加工中组织结构变化（20×）

（三）扇贝柱的熟化和过熟化

蛋白质变性程度是评价肉类食品熟化的重要指标。扇贝柱在热加工过程中随着加热温度的升高，或加热时间的延长，其肌纤维会由弯曲变得逐渐伸展变直而有序，肌原纤维蛋白也会逐渐变性，表现为提取率的降低。扇贝柱的主要成分肌原纤维蛋白在热加工中其提取率的变化，当加热温度达到60℃时，肌原纤维蛋白的提取率随时间的变化缓慢，加热时间至4h时，提取率小于10%，此时扇贝柱肌原纤维变形率超过90%。当加热温度超过60℃时，扇贝柱肌原纤维蛋白的变性速度不断加快，且温度越高，基本完全变性（变性率≥90%）所需时间越短，如70℃-30min、80℃-20min、90℃-7min、100℃-3min时，扇贝柱肌原纤维蛋白的提取率均低于10%，此时扇贝柱已经熟化，且整体形态饱满，富有弹性。

从扇贝柱组织结构变化来看，未完全熟化时其肌纤维仍处于弯曲状；熟化向过熟化过渡表现为肌纤维逐渐伸展，直至断裂，且其断裂程度随之提高。加热超过一定温度和时间后，扇贝柱肌纤维完全断裂；温度越高，肌纤维完全断裂所需时间越短，如60℃-360min、70℃-150min、80℃-90min、90℃-50min和100℃-20min。纤维开始处于无序状态导致扇贝柱品质下降，此时达到扇贝的过熟化状态。若继续加热，扇贝柱的组织将变得粗糙，导致口感变差。

（四）扇贝柱热加工过程的质构变化

1. 嫩度

在60～100℃加热过程中，扇贝柱剪切力随时间延长较加热5min均呈现升高的趋势，其中60～80℃

加热初期会出现明显的剪切力峰值。温度越高，剪切力峰值出现越迅速，例如 60℃ -90min、70℃ -30min 和 80℃ -20min；持续加热至一定时间后，变化为 60℃ -390min、70℃ -360min、80℃ -270min、90℃ -90min 以及 100℃ -60min。此时扇贝柱纤维间产生严重分散状况，整体形态难以维持，无法取样分析。此现象与鲍鱼腹足的情况有所差异，主要原因是鲍鱼腹足内其肌原纤维与胶原纤维的相互缠结而扇贝柱组织内缺乏，因此在热处理达到一定程度时，柱内肌纤维间的结合程度变差导致该现象的发生。

2. 硬度

加热初期，扇贝柱硬度随时间延长均呈现上升趋势，温度越高硬度出现峰值的时间越短，趋势出现越早。伴随加热时间的继续延长，扇贝柱硬度呈现下降的趋势。同嫩度测定时发生的现象类似，扇贝柱在持续加热至一定时间后，整体形态难以维持，无法取样分析。且由于质构测定时需要修整样品两端，因而部分温度较嫩度测定时可取样的时间缩短，例如 80℃加热时间由 270min 缩短为 240min，100℃加热时间由 60min 缩短为 40min。

3. 弹性

60～70℃时，加热初期扇贝柱弹性有所提高，之后伴随加热时间的延长弹性变化幅度不大。加热温度超过 80℃时，加热初期弹性变化不显著，伴随加热时间延长至一定时间后，弹性开始迅速降低，加热温度越高下降趋势出现的时间点越早，例如 80℃ -90min、90℃ -40min 和 100℃ -15min。

4. 咀嚼性

加热初期，扇贝柱咀嚼性随时间的延长均呈现升高趋势，加热温度越高，咀嚼性的峰值出现的时间越短；随着加热时间的继续延长，扇贝柱咀嚼性开始缓慢降低，至一定时间后迅速降低，并且伴随温度的升高，此现象会逐步提前，例如 70℃ -150min、80℃ -60min、90℃ -40min 和 100℃ -20min。

5. 回复性

扇贝柱回复性伴随加热时间的延长大致呈现先升高后下降的趋势，且在不同温度条件下其变化幅度有所区别。60～80℃下处于加热初期，回复性升高和下降的趋势较为显著；当温度超过 80℃时，其变化幅度有所减弱。

在进行扇贝柱质构剖面分析的过程中，当采用不同温度加热扇贝柱至一定时间后均会出现组织极易松散无法取样的状况，如 60℃ -390min、70℃ -360min、80℃ -240min、90℃ -90min 和 100℃ -40min，这种情况与热加工过程中扇贝柱组织结构的变化有关。通过感官评定也可以发现明显区别，扇贝柱在加热过程中组织由软逐渐变硬，色泽由略透明白色逐渐变为乳白色，外观形态逐渐饱满，并开始出现香味。例如，60℃ -240min、70℃ -

30min、80℃-20min、90℃-7min 和 100℃-3min 时扇贝柱肌原纤维蛋白变性率均超过 90%，此时扇贝柱整体形态饱满，富有弹性，已达到熟化状态。伴随加热时间的延长，可观察列扇贝柱局部临近组织纤维间出现紧贴现象，品质开始下降，加热温度越高，品质下降现象越明显，熟化后的良好状态维持时间越短，如 60℃-360min、70℃-150min、80℃-90min、90℃-50min 和 100℃-20min；当进一步加热时，平行排列的纤维束间的结合程度不断降低，一定时间后轻触即会出现组织松散现象而无法继续加工。

三、加工实例

（一）干贝柱

干贝柱别名江珧柱，是以鲜活扇贝的闭壳肌经过干制加工而成。闭壳肌鲜品色白，质地柔脆，干制后收缩，呈淡黄至老黄色，其根据加工方法的不同，可以分为煮干品、蒸干品和生干品。干贝柱的加工工艺流程：

煮干品：鲜活扇贝→清洗→脱壳取贝柱→清洗、沥水→水煮→干燥→成品

蒸干品：鲜活扇贝→清洗→蒸煮→取肉柱→干燥→成品

生干品：鲜活扇贝→清洗→脱壳取贝柱→盐水浸洗→沥水→干燥→成品

工艺要点：

（1）脱壳取贝柱

将鲜活扇贝表面的泥沙等污物洗刷干净后，用圆头刀插入壳缝，贴壳壁将贝柱的一端切下，去掉一侧的壳摘除内脏和裙边，再用刀沿另一侧壳的内壁将贝柱完整地切下来。加工生干贝柱时，将生贝柱用 2%～5% 的盐水浸洗 8～12min，并除掉肌肉上的黑斑和其他杂物，沥干。

（2）水煮

一般用 3～4 倍 3% 左右的盐水煮制。将洗净的贝柱放入带孔的容器中，在沸水中浸泡 2～3min，煮制过程中要转动容器使贝柱受热均匀，并除去浮沫。煮好的贝柱用 3% 的盐水沉去污沫，沥干。

（3）蒸煮

将洗净的鲜活贝蒸煮至贝壳张开，注意控制蒸煮的时间，以闭壳肌刚脱落的程度为最好。如蒸煮时间过长，闭壳肌会自动脱离贝壳，制成的干贝容易开裂，影响外观及味道，出成率低；蒸煮时间过短，闭壳肌不熟，容易造成贝柱破损，并且，加工出的成品味道欠佳，影响产品品质。蒸好后取出贝柱，摘除周围的内脏和裙边，用盐水清洗，沥干。

（4）干燥

将煮好洗净的原料进行干燥，成品水分控制在 11% 以下，可采用自然干燥或机械干燥的方式进行。应该注意控制干燥条件，以免开裂。

与自然干燥相比，热风干燥和真空冷冻干燥的干燥速率更快，干燥时间更短。热风干燥和真空冷冻干燥更利于扇贝的储藏。热风干燥中提高热风风速和降低相对湿度都有助于显著提高干燥速率，同时干贝收缩率会降低，复水率会提高，但硬度、咀嚼性将变大，致密程度和坚实度将明显降低，导致产品品质下降。不同热风风速和相对湿度对干贝的质构特性、收缩率和复水率也有显著影响，但是对干贝色泽影响并不显著。真空冷冻干燥的扇贝其干燥后和复水后组织形态更接近未干燥的扇贝，而自然晾晒干燥下的扇贝其紧实度最好，肉质紧密。

干贝柱质量分级标准如下：

（1）一级品

每粒重 1g 以上，色淡黄，微带白霜，粒坚实，整齐，味道鲜美，破碎率在 5% 以下。

（2）二级品

每粒重 1g 以上，色暗黄，微带白霜，粒坚实，味道鲜美，破碎率在 10% 以下。

（3）三级品

个头不够均匀，色暗红或紫红，鲜度较差，但无异味，破碎率不超过 20%。

（二）冷冻扇贝

冷冻扇贝柱是以扇贝的闭壳肌为原料，经水洗、速冻制成的产品。

1.冷冻扇贝柱

冷冻扇贝柱的工艺流程：

选料→水洗→开壳取肉→去杂→清洗→分级→清洗→摆盘→速冻→脱盘→称重→镀冰衣→包装→成品→冷冻贮藏

工艺要点：

（1）选料

选用就地采收的鲜活扇贝为原料。

（2）去杂

原料验收合格后，用海水清洗，按产品要求去壳、内脏及裙边，注意将肠腺及贝柱表层的其他杂质清洗干净。

（3）分级

将贝柱按要求分级（SC/T3111—2006《冻扇贝》中按每 500g 的粒数将冻扇贝柱分为如下几种规格：40～60；60～80；80～100；100～120；120～150；150～200；200～300）。

（4）速冻

分级后的扇贝原料摆盘速冻，速冻仓温度一般为 -42～-35℃。

（5）包装

将冻结的扇贝原料称重，然后镀冰衣、装袋、封口、装箱，成品一般在 -18℃冷冻贮存。

2.冻煮扇贝

冻煮扇贝的工艺流程：

扇贝→选级→清洗→蒸煮→去壳取肉→清洗→速冻→包装→成品→冷冻贮藏

工艺要点：

（1）蒸煮

冻煮扇贝蒸煮工艺同干贝柱加工工艺要求。

（2）速冻

扇贝蒸煮后，去除贝壳和内脏团，经消毒漂洗、沥水后，按照冷冻扇贝工艺要点操作。

冻煮扇贝加工过程中，从去壳开始，加工场所需配有空调设施，以降低环境温度，确保产品在低温条件下生产。在生产线上各工序中制品不可积压，并进行冰水冷却，抑制加工过程的细菌繁殖。

（三）即食扇贝

即食扇贝，包括即食全贝、即食贝柱、即食裙边等，是近年来兴起的产品形式，特点是味道鲜美，食用方便。由于扇贝闭壳肌组织的特殊性，烤制的即食扇贝产品为了有相应的货架寿命，一般含水量较低，口感接近干品。目前，针对虾夷扇贝、海湾扇贝、栉孔扇贝、江瑶贝等以肌原纤维蛋白为主的贝类加工已经进行了深入的研究，建立了质构控制技术。根据扇贝热加工过程中品质变化规律设定工艺参数。集成真空渗透调味技术、阶段式杀菌技术加工而成的即食扇贝产品，含水量明显提高，产品具有良好的嫩度、弹性、风味和货架期。

1. 即食全贝（贝柱）

即食全贝（贝柱）的工艺流程：

新鲜扇贝→取肉（冻扇贝肉→解冻）→清洗→预煮→调味→干燥（烤制）→包装→阶段式杀菌→冷却→成品

工艺要点：

（1）解冻

使用冷冻原料时，用流水解冻，保持环境温度在10℃以下。

（2）预煮

可以采用水煮或蒸煮的方式。水煮处理可以将调味料直接加入水中，预煮同时实现入味；蒸煮则是将全贝或贝柱通过蒸汽处理达到脱水熟化的目的。两种处理方法均要注意控制适宜的时间和温度。工艺参数可参照扇贝柱热加工控制曲线制定，以保证原料的形态和质地。

（3）调味

产品风味可以根据需要调成原味、孜然和麻辣等多种口味。蒸煮原料调味时可以在低温渗透入味，为了加快入味时间还可以采用滚揉技术或真空渗透调味技术。

（4）干燥

包装前通过热风干燥去除表面水分或采用烤制的方法，注意控制温度和时间，防止表面干裂。

（5）包装

根据产品需要，可采用真空包装、充氮气包装或拉伸膜真空包装等。

（6）杀菌

根据产品的预煮情况和外包装，采用阶段式杀菌方式，既可保证产品货架寿命，又可减轻对产品的风味和营养成分的影响。

2. 即食裙边

即食裙边的工艺流程：

新鲜扇贝裙边（冻扇贝裙边→解冻）→漂洗→沥水→油炸→调味→包装→杀菌→冷却→成品

工艺要点：

（1）原料

冷冻原料要保证具有良好的新鲜度，可用清水浸泡解冻，解冻水温应控制在18℃以下。

（2）漂洗

漂洗要彻底，注意去除泥沙、贝壳、细绳等杂质。为了提高效率可以采用人工和机洗相结合的方式。

（3）沥水

洗净的裙边可以采用离心机甩干的方式去除多余水分，离心时间10～15min。

（4）油炸

油炸的裙边产品可采用油炸将扇贝裙边炸至微黄，然后拌料。

（5）调味

煮制调味的裙边产品根据需要熬制料液，然后炒制入味，控制炒制温度和时间，防止成品品质劣化。

（6）包装

油炸的裙边产品可采用充氮气包装，煮制调味的产品则采用真空包装。

（7）杀菌

根据产品情况选择杀菌方式，真空包装产品可采用阶段式杀菌。

（四）其他高值化产品

1. 清蒸扇贝罐头

清蒸扇贝罐头工艺流程：

扇贝→开壳取肉→清洗→预煮→称重→装罐→排气、密封→杀菌→检验→包装

工艺要点：

（1）开壳取肉

参照干贝柱工艺要点操作。

（2）清洗

用2%～3%的盐水将扇贝柱清洗干净。

（3）预煮

将洗净的贝柱放进80℃的水中，加热至水沸腾后，立即捞出，放进流动的冷水中冷却。冷却后沥水10min，待称重。

（4）装罐

固形物（贝柱）与料液的比例为6∶5。料液配方为：食盐4%，味精0.5%，并加入微量乙酸，使其显酸性。

（5）排气、密封

在排气箱中用蒸汽加热排气，排气温度 105℃，排气时间 30min，排气后立即将罐盖密封。

（6）杀菌

杀菌条件为：15min—50min—15min/115℃。杀菌后迅速冷却，罐头温度降至 45℃左右时，从高压杀菌釜中取出擦罐。

2.扇贝多糖

扇贝多糖是以扇贝柱及加工的副产物裙边、内脏为原料加工制得的具有抗氧化、抗肿瘤等多种生物活性的多糖。扇贝多糖的工艺流程及工艺要点与鲍鱼多糖制品相类似。因扇贝蛋白质含量较高，多糖制备过程中脱蛋白质处理成为关键技术点。

3.扇贝肽

扇贝肽是以扇贝蛋白质为底物，采用蛋白酶水解技术制备的小分子水溶性肽。扇贝肽是扇贝副产物高值化利用的重要途径。同鲍鱼多肽制品的制备流程相同，最终可制成粉状、片状、胶囊状作为功能性保健食品原料。

目前，我国扇贝主力制品主要是简单单一、附加值低的干贝和冻贝，难以满足市场需求，精深加工产品向产业化方向转化稍微落后，而国外还有油渍品、熏制品、糖渍品等各色形式扇贝制品，因此，我国扇贝仍然需要加大力度开发新产品。

第四节　海胆加工

海胆（sea urchin）属棘皮动物门海胆纲（Echinoidea），是一种无脊椎动物，兼有食用和药用价值。根据海胆外形可分为正形海胆和歪形海胆。海胆表面是由许多石灰质小板紧密结合形成的壳板，壳内是其内部器官，壳外布满许多的棘。

海胆分布于世界各地海域，以印度洋、西太平洋海域种类最多。海胆一般生活在十几米深的岩礁、砂砾石型海底。全世界现存的海胆类有 850 余种，中国沿海有 100 余种，目前已被开发利用并形成一定规模的仅 30 种左右，全部为正形海胆。我国以辽宁东、南海沿海、山东青岛沿海及福建沿海产量较多。比如：北方种属光棘球海胆，主要分布于山东半岛、辽东半岛；南方种属紫海胆，主要分布于浙江、福建、广东、台湾和海南等省；马粪海胆分布北至黄海、渤海沿岸，南至浙江、福建等地。近几年引进的虾夷马粪海胆则是原产于日本北海道等地沿海的品种。

海胆多以生殖腺为食，其生殖腺具有多种不饱和脂肪酸，丰富的蛋白质、脂肪、维生素和微量元素等，早在我国明代就有利用海胆生殖腺制酱的记载，日本人称之为"云丹"，是高级的鱼子酱。另外海胆性腺提取物具有药用价值，如"波乃利宁"（bonellinin）具有抑制癌细胞生长的作用，因此可以作为研究抗癌药物的材料。其实，绝大多数海胆都不能食用，其中仅有少数几种具有较高经济价值，如拱齿目球海胆科的马粪海胆、虾夷马粪海胆和光棘球海胆及长海胆科的紫海胆等，绝大多数种类尚未开发利用。

一、海胆的形态特征

海胆呈半球形或近似于半球形，呈两侧对称及五辐射对称结构，形如刺猬，如图 13-19 所示。

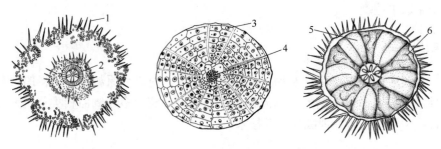

图 13-19 海胆的外部形态和内部构造
1—大棘刺；2—口；3—管足；4—肛门；5—性腺；6—肠

（一）外部形态

海胆的外壳直径通常为 3～10cm（1.2～3.9in），壳上生有许多可动的棘。多数壳板上都剩有若干个称为疣的圆丘状小突起，棘着生在疣上。海胆的嘴在壳的底部，肛门在壳的顶部。与其他棘皮动物相似，海胆都是五辐射对称的，但并不易见，要在其空壳上才易看出。海胆颜色一般都是较暗淡的，如绿色、橄榄色、啡色、紫色及黑色。

（二）内部构造

海胆的外壳内有一个很大的空腔，称为体腔。各主要器官系统大部分都生于体腔内。体腔内充满体腔液，体腔液中含有具有输送营养、协助排泄等功能的无色细胞。海胆的大部分组织器官，如消化系统、神经系统、循环系统及生殖系统都包含在体腔内部。海胆里面还有五个空心齿，在这些牙齿的中间为舌头。

海胆为雌雄异体，从外观上很难区分。海胆的生殖腺呈纺锤状，紧贴壳内侧。生殖腺通常为黄色或白色，雄性个体的生殖腺偏白。正形海胆有 5 对生殖腺，成熟的海胆生殖腺可膨大到几乎充满整个体腔。

 概念检查 13-5

○ 海胆的主要可食用部位有哪些？

二、加工实例

海胆制品营养丰富、味道鲜美，含有人体必需的氨基酸和微量元素，并具有降低血压的功能，是一种高级营养品。本节主要对传统冰鲜海胆、盐渍海胆和酒渍海胆加工技术进行总结，并介绍当前食用方便的海胆罐头和冻干海胆的加工技术。

（一）冰鲜海胆

冰鲜海胆的工艺流程：

原料→开壳→去杂质、内脏→取生殖腺→盐水漂洗→盐矾水浸泡→控水→摆盒→包装→成品

工艺要点：

（1）原料

我国目前常用的加工品种有虾夷马粪海胆、马粪海胆、光棘球海胆（又称大连紫海胆）、紫海胆等。选用生殖腺肥大丰满、接近成熟期、鲜活的可食用海胆。采捕的规格：紫海胆外壳直径大于5cm（去棘计算），马粪海胆外壳直径大于3cm（去棘计算）。原料勿日晒、雨淋，否则易变质。当日加工不完的原料要在0～5℃冷藏，贮存时间不能超过24h。长时间贮存的原料不能用于冰鲜加工，新鲜度稍差的可用于其他加工。

（2）开壳、去内脏

加工冰鲜海胆时，在海胆的口面用开壳器将壳破开，然后将海胆内容物倒出，粘连的生殖腺可用小勺取出。注意：a.开壳时应注意生殖腺完整；b.工器具不得采用一般的铁制品、铜制品、铝制品、竹及木制品，以免铁锈及铜、铝等金属离子混入及细菌滋生，应采用不锈钢及无毒塑料制品的工器具。

（3）盐水漂洗

用浓度3%～5%的洁净盐水，将海胆生殖腺和带孔容器一同放入盐水中，轻轻漂洗1～2min，拣选出内脏及杂质，再用干净的盐水漂洗一次，然后连容器一同取出，摆在沥水架上控出水分。

（4）盐矾水浸泡

将前步骤处理后的海胆生殖腺，放入盐矾混合溶液内浸泡25～30min，使海胆生殖腺紧缩，外形美观，并具有一定的杀菌作用。

（5）控水

将前步骤处理过的海胆生殖腺置于控水盘内控水，直至无水滴为止。可在控水室内安装吹风机加速脱水，室内温度不超过20℃。

（6）摆盒

将海胆生殖腺整齐摆放在盒内，溶化、破碎或褐色、褐黄色的海胆生殖腺不能放入。

（7）包装

将盛放海胆的盒子放在聚苯乙烯泡沫箱内。为防止碰撞可在箱内添加柔软物，箱内加化学冰或冰块降温，如果加入的是冰块，应用双层聚乙烯袋包住，防止冰块融化污染海胆。

（8）储存和发运

包装后的海胆要在24h内运到销售地。在发运前的一段时间内，要放在0～5℃冷藏库内保存，保存时间不宜超过24h。

（二）盐渍海胆

盐渍海胆的工艺流程：

原料→开壳→去内脏、杂质→取生殖腺→盐水漂洗→盐矾水浸泡→控水→盐渍→称重→包装和贮藏→成品

工艺要点：

（1）原料预处理

原料预处理同冰鲜海胆加工中的步骤（1）～步骤（4）。

（2）盐渍

将沥水至无水滴的海胆生殖腺称重后放入聚乙烯盘内，加入其质量25%～40%的盐，最好分两次加入。盐渍后控水至无明显水滴为止。为了加速脱水，可用吹风机。

（3）包装和贮藏

包装时箱内衬清洁、牢固的塑料薄膜袋，薄膜紧贴内容物，袋口扎紧，箱盖盖好钉牢，外捆腰带加固，或用食品用塑料桶装封牢。盐渍海胆成品，具有鲜活海胆生殖腺固有的淡黄、金黄或黄褐色，允许因加工造成的色泽加深，但同一包装内色泽应一致；组织形态呈较明显的块粒状，软硬适度；鲜度良好，具有海胆生殖腺应有的鲜香味，无异味；质地均匀洁净，不能混有海胆内脏膜。成品盐渍海胆水分≤54%，盐分（以 NaCl 计）6%～9%，应放在 -18℃的冷库内储存。产品的存放时间不宜超过半年；尽量不与鱼肉等产品混放，以免产生异味。

（三）酒渍海胆

酒渍海胆的工艺流程：

原料→开壳→去内脏、杂质→取生殖腺→盐水漂洗→盐矾水浸泡→控水→盐渍→称重→加盐脱水→加酒精→称重→包装和贮藏→成品

工艺要点：

（1）原料预处理

同盐渍海胆。

（2）盐渍

加盐量为海胆生殖腺质量的 12%～20%，工序同盐渍海胆。

（3）加酒精

酒精有固定蛋白质、调味和防腐的作用。按盐渍脱水后的生殖腺质量加入6%～10% 的食用酒精（含量在 95% 以上），并搅拌均匀。

（4）包装和贮藏

同盐渍海胆。

（四）海胆罐头

海胆罐头的工艺流程：

原料→开壳→去内脏、杂质→取生殖腺→盐水漂洗→盐矾水浸泡→控水→称重→装罐→注汤汁→封口→杀菌→冷却→擦罐→成品

工艺要点：

（1）原料预处理

同盐渍海胆。

（2）装罐

将处理后的海胆生殖腺装入容器中，注入配好的淡盐水，根据罐型制定杀菌温度。

（3）注汤汁

注入汤汁时要根据漂洗后原料的含盐量控制适当的盐度。

（4）封口和杀菌

真空抽气密封，真空度 0.04～0.06MPa；热排气罐头中心温度 75～80℃，趁热密封。杀菌流程：10min—30min—15min/116℃。杀菌后冷却至 40℃左右，擦罐入库。需要注意的是如果采用玻璃罐，冷却速度过快容易造成碎罐。

（五）冻干海胆

海胆处理后极易变质，加工过程中易破损，为了解决这些问题，可采用真空冷冻干燥技术制备冻干海胆。

冻干海胆的工艺流程：

原料→开壳→去内脏、杂质→取生殖腺（或带壳生殖腺）→漂洗→控水→冷冻→真空冷冻干燥→包装

工艺要点：

（1）原料预处理

同盐渍海胆。加工整只真空冷冻干燥海胆时，取出除海胆生殖腺之外的海胆内脏，操作过程中不仅要保护生殖腺完整，还要注意使其不要脱离海胆壳。

（2）冷冻

海胆生殖腺或带棘壳生殖腺经漂洗、控水后摆盘速冻，速冻仓的温度 −45～−35℃。

（3）真空冷冻干燥

采用真空冷冻干燥设备，使海胆生殖腺中的水分由固态冰直接升华，至含水量低于 5%。冷冻干燥过程中注意控制水分含量，防止海胆生殖腺因水分过大或过小而导致破碎。

（4）包装

真空冷冻干燥海胆易碎，其包装材料除了密封性好之外，最好采用能防止产品发生机械性损伤的包装材料，从而延长海胆制品的保质期。

第五节　其他海珍品的加工

一、鱼肚

鱼肚，即鱼鳔、鱼胶、白鳔、花胶，是鱼的沉浮器官，经剖制晒干而成。可分为海鱼肚和河鱼肚两大类，为高蛋白、低脂肪滋补品。在我国，食用鱼肚有着悠久的历史，是我国传统的高档海味珍品，鱼肚中以富含胶质而著称，所以被列为"八大海珍"之一。

（1）加工方法

鱼肚的加工方法比较简单，鲜鱼在解剖后，将鳔摘出，规则地纵行剖开，用水洗净，去掉血筋，晒至全干即可。其成品的造型板平正规，色呈半透明的乳白或淡黄并有光泽者为上品。

（2）泡发及食用方法

鱼肚均为干制品，烹制之前，需经涨发，方法有油发、水发、盆发、沙发等几种。涨发鱼肚，技艺要求较高，是涨发工艺中难度较大的一个品种。一般当补品吃的以水发为好，做菜肴者宜油发或盐发、沙发。因水发易致软烂，下锅后容易糊化。

发制成功的鱼肚，密布着大小不等的细气泡，成海绵状体，烹制成菜后可饱吸鲜美汤汁，滋味醇美浓郁，口感膨松舒适。鱼肚发制好后即可入烹。烹制时宜用扒、烧、炖、烩等烹调法，宜多带汤汁以白扒、白烩为多见。

二、鱼唇

鱼唇，是海味八珍之一，是用鲨鱼或其他大型鱼的唇和皮加工成的一种海味。以鲟鱼、鳇鱼、大黄鱼以及一些鲨鱼的上唇部的皮或连带鼻、眼、鳃部的皮干制而成，鱼头部的皮也可用作加工鱼唇的原料。营养丰富，食用以红烧、黄焖为主。主要产于舟山群岛、渤海、青岛、福建等地。

鱼唇的加工工艺流程及工艺要点：

鲜鱼→清洗预处理→割剥→水浸→干燥→成品

（1）割剥

将鲨鱼或犁头鳐的吻部（即口的上唇）用刀割剥下来，也可把犁头鳐的头皮剥下作加工鱼唇的原料。

（2）水浸

放在清水中浸泡 15h 左右，将血污和黏液洗净沥水。

（3）干燥

洗净沥水后的鱼唇摆在干净席子上晾晒，先晒皮的内面，再翻转晒皮的外面。为防虫蛀，当晒至四五成干时，用硫黄熏 5h 左右，再出晒至全干即为成品鱼唇。

三、鱼翅

鱼翅又称鲛鱼翅、鲛鲨翅、鲨鱼翅、金丝菜等，具体指鲨鱼鳍中的细丝状软骨，由鲨鱼的胸、腹、尾等处的鳍翅干燥制成。因为暴利驱使，为了得到珍贵的鱼翅，大量野生鲨鱼被非法捕杀。根据我国现行相关规定，不得在公务接待中提供鱼翅等保护动物制作的菜肴。

鱼翅的加工工艺流程及工艺要点：

原料处理→水煮加热→脱皮去骨→熏晒→包装

（1）原料处理

以含翅筋较多而骨少的双鳍鲨、乌翅真鲨（即阔口真鲨）等鳍为原料。割鳍时，刀要紧贴鳍根切割，不得切断横生于鳍基部的软鳍，但也不得带肉；切尾鳍时，不能把整个尾鳍完全切下，而应贴尾椎骨下面的一边斜刀切下。鱼鳍按大小分别加工，以免因鳍大小不一，受热快慢不同而影响脱皮（沙）及制品美观。将鱼鳍投入清水中充分浸泡、清洗，去除血污、黏液、杂质，捞起沥水。浸泡时应经常翻动，使其血污迅速自鳍内流出，应注意常换水。

（2）水煮加热

锅中放淡水，其量以淹没鱼鳍表面即可。先将锅中水加热至50℃左右，投入原料，并经常自下而上翻动，使原料受热均匀，加热至70~80℃时，从锅底取出一翅，用小刀或指甲试刮，如沙皮容易脱落，则表示加热适当，此时应迅速捞起。如刮不掉沙皮，应继续加热，但要严格控制温度，不宜过高，所以要备桶清水，以调节温度。加热时间与翅体大小有关系，可根据脱皮难易而灵活掌握。时间不足，脱皮、去骨都比较困难；时间太长，翅体卷曲，影响成品质量。原料加热出锅后，投入温水桶浸泡10~15min，使原料内部充分软化。温水可利用煮锅的热水，适当加冷水，调节水温在40~50℃。

（3）脱皮去骨

自保温桶中取出鱼鳍用小刀刮去硬骨鳞和表皮，刮时自鳍基部开始至末端止，脱皮后投入具有少量明矾的冷水中浸洗，使翅体增加硬度，以利于除骨。经4h后，取出放入筛中，让其沥干水分。用削翅刀把翅体剖成两片相连，除去中骨。剖翅时，由鳍基部开始下刀，向鳍末端剖下去，刀口要平行于中骨。剖完一面，翻过来再剖另一面。至此中骨即被分开，用手拔除。当全部剖完后，两页翅片的末端仍有一部分相连，合起来，仍呈一体。

（4）熏晒

翅体剖开去骨后，浸入清水用软刷清洗。排列筛中进行初晒，晒时应注意翻动，促其干燥速率一致。至三四成干时，即可烟熏。将三四成干的鱼翅连同竹筛送入硫黄橱烟熏，橱内部放一瓷盆（碗），盆里加硫黄粉末，为鱼翅重2.5%~3.5%，要根据鱼鳍大小决定用量多寡。燃烧硫黄，密闭橱门，经4~6h后，硫黄燃毕，翅体脱色变白，即可取出充分日晒干燥，即得洁白而略带淡黄透明的明翅。用硫黄熏干的目的，一是漂白，二是防虫蛀。

（5）包装

明翅由于干燥收缩，显卷曲不平状，为求制品美观及容易包装，在七八成干时，把它整齐叠放于长方形的木上，注意叠平，然后放置木板，压以石块，予以压平，立即进行包装。上等翅最好采用木箱包装，内衬防潮油纸或硫黄纸，装明翅，压紧、密封、钉牢。如为次品，经压平后，用麻绳扎紧，然后装入麻袋内。明翅虽不易变质，但如不注意包装保管，随意长期放置潮湿房屋内，则色泽转暗，质量下降，规格降低。

参考文献

[1] 朱蓓薇.海珍品加工理论与技术的研究.北京:北京科学出版社,2010.

[2] 白利霞,方婷,陈锦权.鲍鱼深加工技术研究进展[J].食品工业科技,2011,12:528-531.

[3] 常亚青,丁君,宋坚,等.海参、海胆生物学研究与养殖.北京:海洋出版社,2004.

[4] 董秀萍.海参、扇贝和牡蛎的加工特性及其抗氧化活性肽的研究.江苏大学,2010.

[5] 董秀萍,姜丹,江慧敏,等.海参体壁组织电镜样品的制备方法[J].食品与发酵工业,2009,(8):45-48.

[6] 高绪生,王琦,王仁波,等.鲍鱼.沈阳:辽宁科学技术出版社,2000.

[7] 郝涤非.水产品加工技术.北京:中国农业科学技术出版社,2008.

[8] 李薇薇.扇贝的综合利用[J].农产品加工·综合刊,2011,(6):20-21.

[9] 廖承义.马粪海胆人工育苗的初步研究[J].中国海洋大学学报:自然科学版,1985,(4):71-81.

[10]　廖玉麟. 海胆生物学概况 [J]. 水产科学, 1982, (3): 1-8.

[11]　刘红英. 水产品加工与贮藏. 北京: 化学工业出版社, 2006.

[12]　刘世禄, 杨爱国. 中国主要海产贝类健康养殖技术. 北京: 海洋出版社, 2005.

[13]　刘玉成. 海胆的加工技术 [J]. 食品科学, 1986, (3): 28-30.

[14]　王彩理, 王秀华, 王东升, 等. 扇贝的产业化及可持续发展概述 [J]. 天津农业科学, 2016, 02: 48-52.

[15]　谢忠明, 隋锡林, 高绪生. 海水经济动物养殖实用技术丛书——海参海胆样养殖技术. 北京: 金盾出版社, 2004.

[16]　于东祥. 海参养殖的过去、现在与未来. 中国水产学会海参学术研究与产业发展论坛. 2009.

[17]　于东祥. 海参健康养殖技术. 北京: 海洋出版社, 2010.

[18]　袁超, 赵峰, 周德庆, 等. 超高压处理对冷藏鲍鱼保鲜效果与品质变化的影响 [J]. 食品工业科技, 2015, (17): 312-316.

[19]　张万萍. 水产品加工新技术. 北京: 中国农业出版社, 1995.

[20]　赵爱东. 海胆的加工方法. 中国水产, 1988, (7): 32.

[21]　赵杨, 王生, 陶丽, 等. 海参粘多糖对肿瘤细胞介导的凝血过程的影响 [J]. 中国药理学通报, 2012, 06: 797-802.

[22]　朱蓓薇, 杜明. 鲍鱼食品及其制备方法: 中国, ZL 02132844.7.2002.

[23]　朱蓓薇, 李冬梅, 殷红玲, 等. 鲍鱼多糖的提取方法: 中国, ZL 200510047409. X.2005.

[24]　朱蓓薇, 李冬梅, 殷红玲, 等. 鲍鱼多糖的提取方法: 日本, JP2008-533850. 2008.

[25]　朱蓓薇, 李兆明. 一种海参酶解液系列产品及其加工方法: 中国, ZL 02132777. 7.1999.

[26]　朱蓓薇, 王庆玉, 段君. 海参粘多糖的制备方法: 中国, ZL 02132846.3.2002.

[27]　朱蓓薇, 吴厚刚, 董秀萍, 等. 鲍鱼软包装即食产品的制备方法: 中国, ZL 2007100 90935.3.2007.

[28]　朱蓓薇. 富含海参粘多糖食品及其制备方法: 中国, ZL 200410054772.X.2004.

[29]　朱蓓薇. 富含海参粘多糖食品及其制备方法: 中国, ZL 200410069576.X.2004.

[30]　朱蓓薇. 海参粘多糖的制备方法: 中国, ZL 200410054773.4.2004.

[31]　朱蓓薇. 海珍品加工理论与技术的研究. 北京: 北京科学出版社, 2010.

[32]　邹礼根, 赵芸, 姜慧燕, 等. 农产品加工副产物综合利用技术. 浙江: 浙江大学出版社, 2013.

[33]　左然涛, 侯受权, 常亚青, 等. 海胆营养生理研究进展 [J]. 大连海洋大学学报, 2016, 31(4): 463-468.

[34]　Bougatef A, Nedjar-Arroume N, Manni L, et al. Purification and identification of novel antioxidant peptides from enzymatic hydrolysates of sardinelle (*Sardinella aurita*) by-products proteins [J]. Food Chemistry, 2010, 118(3): 559-565.

[35]　Carranza Y E, Anderson D, Doctor V. Effect of oversulfated chondroitin-6-sulfate or oversulfated fucoidan in the activation of glutamic plasminogen

by tissue plasminogen activator: role of lysine and cyanogen bromide-fibrinogen [J].Blood Coagulation and Fibrinolysis, 2008, 19 (1): 60-65.

[36] Dong S Y, Zeng M Y, Wang D F, et al.Antioxidant and biochemical properties of protein hydrolysates prepared from Silver carp (*Hypophthalmichthys molitrix*) [J].Food Chemistry, 2008, 107 (4): 1485-1493.

[37] Dong X P, Zhu B W, Sun L M.Changes of collagen in sea cucumber (*Stichopus japonicas*) during cooking [J].Food Sci Biotechnol, 2011, 20 (4): 1137-1141.

[38] Guo H, Kouzuma Y, Yonekura M.Structures and properties of antioxidative peptides derived from royal jelly protein [J].Food Chemistry, 2009, 113 (1): 238-245.

[39] Kuwahara R, Hatate H, Yuki T, et al.Antioxidant property of polyhydroxylated naphthoquinone pigments from shells of purple sea urchin *Anthocidaris crassispina* [J].Food Science and Technology, 2009, 42 (7): 1296-1300.

[40] Liu Y X, Zhou D Y, Ma D D, et al.Changes in collagenous tissue microstructures and distributions of cathepsin L in body wall of autolytic sea cucumber (*Stichopus japonicus*) [J].Food Chemistry, 2016, 212: 341-348.

[41] Liyana-Pathirana C, Shahidi F, Whittick A.Comparison of nutrient composition of gonads and coelomic fluid of green sea urchin *Strongylocentrotus droebachiensis* [J].Journal of Shellfish Research, 2002, 21 (2): 861-870.

[42] Qi H, Dong X P, Cong L N, et al.Purification and characterization of a cysteine-like protease from the body wall of the sea cucumber *Stichopus japonicus* [J]. Fish Physiology and Biochemistry, 2007, 33 (2): 181-188.

[43] Silina A V, Zhukova N V.Growth variability and feeding of scallop *Patinopecten yessoensis* on different bottom sediments: Evidence from fatty acid analysis [J]. Journal of Experimental Marine Biology and Ecology, 2007, 348 (1-2): 46-59.

[44] Sun L M, Zhu B W, Li D M, et al.Purification and Purification and bioactivity of a sulphated polysaccharide conjugate from viscera of abalone Haliotis discus hannai Ino [J].Food and Agricultural Immunology, 2010, 21 (1): 15-26.

[45] Wang H, Pato M, Pietrasik Z, et al.Biochemical and physicochemical properties of thermally treated natural actomyosin extracted from normal and PSE pork Longissimus muscle [J].Food Chemistry, 2009, 113 (1): 21-27.

[46] Wu J, Yi Y H, Tang H F, et al.Structure and cytotoxicity of a new lanostane-type triterpene glycoside from the sea cucumber *Holothuria hilla* [J].Chem Biodivers, 2006, 3 (11): 1249-1254.

[47] Zhu B W, Dong X P, Sun L M.Effect of Thermal Treatment on the Texture and Microstructure of Abalone Muscle (*Haliotis discus*) [J].Food Sci Biotechnol, 2011, 20 (6): 1467-1473.

[48] Zhu B W, Zhao L L, Sun L M.Purification and characterization of a cathepsin I-like enzyme from the body wall of the sea cucumber *Stichopus japonicus* [J]. Agricultural and Biological Chemistry, 2008, 72 (6): 1430-1437.

[49] Zhu B W, Zheng J, Zhang Z S, et al.Autophagy plays a potential role in the process of sea cucumber body wall "melting" induced by UV irradiation [J]. Wuhan University Journal of Natural Sciences, 2008, 13 (2): 232-238.

第
十
三
章

总结

○ 海参加工工艺
  - 海参的形态特征。
  - 海参的自溶及控制。
  - 海参在热加工过程中的品质变化。
  - 典型海参产品的加工工艺。

○ 鲍鱼加工工艺
  - 鲍鱼的形态特征。
  - 鲍鱼在热加工过程中的品质变化。
  - 典型鲍鱼产品的加工工艺。

○ 扇贝加工工艺
  - 扇贝的形态特征。
  - 典型扇贝产品的加工工艺。

○ 海胆加工工艺
  - 海胆的形态特征。
  - 典型海胆产品的加工工艺。

○ 其他海珍品的加工工艺
  - 鱼肚的加工工艺。
  - 鱼唇的加工工艺。
  - 鱼翅的加工工艺。

课后练习

一、正误题

1）加热温度为 60～70℃时，海参体壁剪切力随加热时间延长呈现先升高后降低的趋势，而且温度越高出现峰值时间越晚。（　　）

2）温度超过 70℃时，随着加热时间的延长，海参体壁由于胶原蛋白变性形成明胶，其硬度逐渐降低，组织逐渐变软。（　　）

3）制作干海参的刺参原料应达到商品规格，鲜重达到 150～200g 以上，无病害，体表光泽且无污染。（　　）

4）多糖沉淀干燥温度应高于 60℃，有利于保证多糖性状。（　　）

5）在扇贝热加工过程中，随加工时间的延长或温度的提高，蛋白质变性程度提高，结构变化使蛋白质亲水能力大大减弱，扇贝柱开始失水，质量下降。（　　）

6）热风干燥中提高热风风速和降低相对湿度都有助于显著提高干燥速率，同时干贝收缩率会降低，复水率会提高，硬度、咀嚼性将变大，致密程度和坚实度将明显降低，导致产品品质提升。（　　）

7）处理过的海胆生殖腺置于控水盘内控水，直至无水滴为止。可在控水室内

安装吹风机加速脱水，室内温度不超过 20℃。（　　）

8）鱼唇以鲟鱼、鳇鱼、大黄鱼以及一些鲨鱼的上唇部的皮或连带鼻、眼、鳃部的皮干制而成，鱼头部的皮也可用作加工鱼唇的原料。（　　）

9）包装后的海胆要在 24h 内运到销售地。在发运前的一段时间内，要放在 0～5℃冷藏库内保存，保存时间不宜超过 24h。（　　）

10）鱼翅是可以用硫黄熏干的，其目的为漂白和防虫蛀。（　　）

二、选择题

1）以下水产品中（　　）不是海珍品。
　　A. 海藻　　　　　B. 鲍鱼　　　C. 虾　　　　D. 扇贝

2）对于盐渍海参（　　）会对海参脱盐效果产生影响。
　　A. 温度　　　　　B. 时间　　　C. 料液比　　D. 换水次数

🔋 设计问题

　　热加工过程中海参体壁的质构分析主要包括哪几个方面？并陈述在不同温度下，其质构特征的变化规律？

（www.cipedu.com.cn）

第十四章 海洋功能食品加工

超临界 CO_2 萃取可以在接近室温下进行功能性成分的提取，操作温度低，能够较完整地保存提取物的热敏性有效成分不被破坏，是近年来在油脂浸提及改性方面备受关注的先进技术。

（a）从海洋鱼类中提取鱼油，其工艺流程包括萃取、油层分离、脱胶、脱酸、脱色、脱臭等

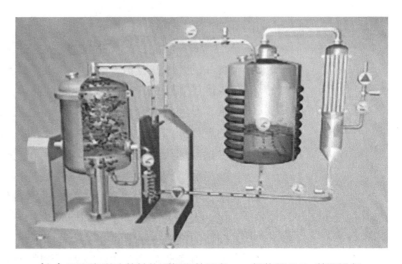

（b）用于海洋功能性物质提取的设备——超临界 CO_2 萃取设备

 为什么学习海洋功能食品加工工艺?

　　　　饮食与健康有着密切的关系，合理的饮食不但可以满足人体的营养需要，而且可以防病健身。如果能科学合理地食用功能性食品还可缓解并调节亚健康，甚至可以医食同源，防病治病，延年益寿。近年，随着人们对陆地上动植物食品及其食品功能成分的开发利用的深入，陆地上的有限资源已严重制约了功能性食品的开发。近几十年来，各国纷纷将功能性食品的开发对象转向资源丰富的海洋。海洋生物所含有的许多陆地动植物所不具备的生理活性成分及其对人体健康所富有的特殊效果备受瞩目。其中，海洋生物体内功能成分因其生活环境的特殊性，其含量常常会伴随生物个体、产地和季节等因素的影响而产生较大的差异。因此要实现开发利用其某一特定功能成分或若干特定功能成分的目标，不仅要清楚地解明其构-效关系及物理化学性质，还要制备出其某一功能性成分，按照其量-效关系开发出相应的药物或功能制品。其研究前景及意义深远且具有挑战性。目前，按照海洋资源中主要成分的划分，海洋功能食品主要包括海洋氨基酸、肽、蛋白质，海洋多糖及海洋脂类等功能食品。

👁 学习目标

○ 能指出海洋功能食品的营养成分及主要功效因子。
○ 能指出蛋白质类海洋功能食品的种类，并描述结构和功能上的差异性。
○ 能指出并描述海洋功能食品的加工工艺。
○ 能简要描述鱼油精炼的目的和产品的国家标准。
○ 能简要描述功能油脂加工过程中为防止油脂氧化应注意的事项和采取的措施。
○ 从保护环境的角度描述绿色生产海洋功能食品的必要性。

　　海洋功能食品是指以海洋生物资源作为食品原料的功能性食品，具有一般食品的共性，能调节人体的机能，适于特定人群食用，但不以治疗疾病为目的。我国《"健康中国"2030规划纲要》提出："健康是促进人的全面发展的必然要求，是经济社会发展的基础条件。实现国民健康长寿，是国家富强、民族振兴的重要标志，也是全国各族人民的共同愿望。"我国居民膳食结构不合理、食物供给与居民营养健康需求不符等现象是造成我国居民肥胖率高，心血管疾病、糖尿病等慢性病患病率高的主要原因。目前，我国食物生产尚不能适应营养需求，居民存在营养不足、过剩及膳食结构不平衡等现象。同时，工业化、城镇化、人口老龄化、生态环境及生活方式变化等，也给维护和促进健康带来一系列新的挑战，健康服务供给总体不足与需求不断增长之间的矛盾依然突出。

　　海洋是人类的宝库，孕育着丰富的生物资源。海洋食品不仅可为人类提供优质的蛋白质，以富含多种结构独特且具有保健功能的活性成分为基础开发的海洋营养功能食品还可提供功能特异的健康营养物质，满足人们对健康的需求。海洋功能食品科技创新发展与产品开发对引导我国居民合理膳食、满足特殊人群营养改善需求、推动营养相关慢性病的营养防治等方面具有重要意义。

我国海洋食品产业规模巨大，大量海产品仅为传统的初级加工品，目前仍停留在简单的加工阶段，且企业规模小，加工设备落后，产业化程度低，40%~60%下脚料等低值海洋生物资源（如鱼骨、内脏等）或被废弃或仅作为饲料使用，海洋生物资源浪费严重。中国海洋食品业的发展仍处于初级阶段，具有广阔的市场发展空间。但总体来讲，国内的海洋生物的产品加工初级化程度过高，深加工精细加工程度还很低，资源利用率不足，产品附加值低。因此，加大新型海洋功能食品加工技术开发的投入，建立新加工技术体系，开展高品质、高值化的海洋功能食品，具有重要的战略意义和经济价值。

第一节　海洋油脂类功能食品

一、海洋油脂的提取工艺

（一）鱼油

鱼油是鱼体内的全部油类物质的统称，它包括体油、肝油和脑油。鱼油是鱼粉加工的副产品，是鱼及其废弃物经蒸、压榨和分离而得到的。鱼油的主要成分是甘油三酯、磷脂、脂溶性维生素、固醇、色素、烃类等。与陆生动植物油相比较，构成鱼油的脂肪酸，其不饱和程度较高，例如四烯酸、五烯酸、六烯酸的含量较高。值得注意的是，鱼油与鱼肝油完全不同，鱼肝油的主要成分是维生素 A 和维生素 D。鱼油主要用来预防心脑血管疾病和健脑，而鱼肝油则是用来防治夜盲症和佝偻病。

海水鱼油和淡水鱼油的主要差别在于脂肪酸的种类和数量上。通常海水鱼油组成比较复杂，C_{18}、C_{20}、C_{22} 的脂肪酸含量较高，而淡水鱼油所含的 C_{20}、C_{22} 不饱和脂肪酸含量较少，但含有较多的 C_{16} 饱和脂肪酸和 C_{18} 不饱和脂肪酸。在非甘油酯的成分中，某些海水鱼油中含有大量的不皂化物，例如维生素 A、维生素 D 或烃类等，这也是与淡水鱼油的一大差异。

鱼油的主要功效成分是二十碳五烯酸（EPA）和二十二碳六烯酸（DHA）。EPA，被称为"人类血管的清道夫"，极易在人体内转化为高密度脂蛋白（HDL），发挥生理功能。EPA 能有效降低胆固醇和甘油三酯的含量，降低血脂、血液黏度，预防脑出血、脑血栓等疾病，减少动脉硬化及高血压症，促进血液循环及消除疲劳，减少脂肪的形成，消除黑斑，增进皮肤营养，防止脑细胞老化，帮助记忆等功效。EPA 还是缓和痛风及风湿性关节炎的天然良药。DHA，俗称"脑黄金"，在大脑和视网膜等组织中含量很高，是人体脑部、眼部、各神经系统及防御系统的重要成分，与脑部和眼睛的发育有着非常密切的关系。DHA 能有效活化脑细胞，提高脑神经传递速度，增强记忆力，延缓衰老，提高个人工作和学习能力。

鱼油的提取是充分利用鱼油在甲醇、乙醇、己烷等有机溶剂中的可溶特性，将海产鱼切碎后，利用有机溶剂萃取可制得粗鱼油，再经脱胶、脱酸、脱色及脱臭等进一步精加工后，即可制得精制鱼油。其工艺流程及工艺要点如下：

海产鱼→切碎→萃取→油层分离→脱胶→脱酸→脱色→脱臭→鱼油

1. 海产鱼

原料沙丁鱼、金枪鱼、黄金枪鱼和肥壮金枪鱼等海产鱼是提取富含不饱和脂肪酸鱼油的理想原料。尤其是海产鱼眼窝脂肪中含量最高，故一般从鱼的头部取出眼窝脂肪，以此为原料制备富含不饱和脂肪酸的鱼油。此外，鱼类加工的下脚料也是主要原料之一，但要求无腐烂、无杂质。

2. 切碎

用切碎机将原料切成 2～3cm 的小块，然后用绞肉机进行细化。

3. 萃取、油层分离

细化后的鱼糜送入萃取罐，加入 3～4 倍质量的有机溶剂，浸提 1～2h，而后取出并尽量沥干溶有鱼油的萃取液，被萃取的物料应通过分子蒸馏除尽残余的有机溶剂，收集浸出液，分离出粗鱼油。

4. 脱胶

粗制鱼油中加入适量软化水（每 100g 鱼油可加入 5mL 水），并充分搅拌，室温下静置 1h，使鱼油中既带有亲水基团又带有亲油非极性基团的磷脂吸水膨胀并相互聚合形成胶团，从油中沉降析出，经过滤后除去水化油脚，即可达到鱼油脱胶的目的。

5. 脱酸

脱胶后的鱼油升温至 40～45℃，喷入 50% 烧碱溶液并充分搅拌，而后加热至 65℃，继续搅拌 15min，静置分层使皂脚完全沉淀。然后吸取上清液，于105℃下脱酸，即为脱酸鱼油。

6. 脱色

脱色分为常压脱色和减压脱色两种，常压操作易发生油脂的热氧化，而减压操作（真空度为 93.3～94.7kPa）可防止油脂氧化。将鱼油加热至 75～80℃，加入适量干燥的酸性白土，并不断搅拌使吸附剂在油中分布均匀，利于色素与酸性白土充分接触并被吸附。脱色后在没有过滤完以前，搅拌不能停止，以防吸附剂沉淀，然后用压滤机分离油脂。

7. 脱臭

鱼油中存在自然或加工过程中生成的醛类、酮类、过氧化物等臭味成分，需进行脱臭处理。将脱色后的鱼油泵入真空脱臭罐，在 93kPa 的真空度下进行脱臭，得到清亮、淡黄色的鱼油。

（二）藻类油

藻类油是藻类中全部油类物质的总称。由于藻类种质资源十分丰富，生长所需养分少、生长繁殖速度快、生物产量大且合成油脂能力强，是油脂萃取的优良原材料之一，因此受到全世界研究者的关注。藻类油常温下多为略带腥味的淡黄色液体，其应用主要包括藻类油保健品和生物柴油。藻类油富含 DHA 和 EPA 等大量不饱和脂肪酸，在预防心血管疾病、抗肿瘤、抗炎、降血脂、降胆固醇等方面具有明显的生理活性。

随着藻类油保健品市场的兴起，藻类油萃取技术也得到了快速发展。有机溶剂萃取法是最早最经典的萃取方法，近年来，酸水解法、反复冻融法、尿素包合法、超声/微波法、超临界流体萃取法、亚临界流体萃取法、酶解法、微负压法等在藻类油的提取过程中都得到了应用。下面以超声/微波法、超临界流体萃取法、亚临界流体萃取法、酶解法、微负压法为例，介绍藻类油的提取工艺。

1. 超声/微波法

超声波提取基本原理是应用超声波强化提取待提取物有效成分，是一种物理破碎过程。微波萃取机理：一方面微波辐射过程是高频电磁波穿透萃取介质，到达物料内部产生的压力导致细胞破裂；另一方面，微波所产生电磁场加速被萃取部分成分和萃取溶剂界面间扩散速率。将海藻粉末置于专用圆底烧瓶中，按不同料液比加入无水乙醇，称重；置入超声波-微波协同萃取仪中，选定微波功率和提取时间，开启超声波装置（频率为25kHz），微波协同提取，定容，过滤，取续滤液为提取液。工艺流程如下：

藻类→超声波-微波协同萃取→抽滤→减压蒸馏→干燥→藻类油

2. 超临界流体萃取法

超临界 CO_2 流体萃取（SFE）分离过程原理是利用超临界流体溶解能力与其密度关系，即利用压力和温度对超临界流体溶解能力影响而进行的。在超临界状态下，将超临界流体与待分离物质接触，使其有选择性地将不同极性大小、沸点高低和分子量大小成分依次萃取出。

3. 亚临界流体萃取法

亚临界流体萃取是利用亚临界流体作为萃取剂，在密闭、无氧、低压压力容器内，依据有机物相似相溶原理，通过萃取物料与萃取剂在浸泡过程中分子扩散过程，达到固体物料中脂溶性成分转移到液态萃取剂中，再通过减压蒸发将萃取剂与目的产物分离，最终得到目的产物的一种新型萃取与分离技术。

4. 酶解法

酶解法提取藻类油脂工艺是以生物酶法为手段破坏、降解微藻细胞壁，使其中油脂得以释放。操作时一般先利用酸碱调节适当 pH 值，然后加入酶液对细胞壁进行处理，使包裹油脂的纤维素、半纤维素、木质素等物质降解，细胞壁破裂，油脂游离出，然后再经固液分离，实现油脂与固体物料分离。其工艺流程如下：

藻类→破碎磨浆-水提取→酶解→离心→上清液酸沉→分离→藻类油

5. 微负压法

将新鲜藻类通过机械挤压脱水和烘干，通过预榨机压榨制油，压榨后的藻饼通过微负压多级逆流连续萃取，萃取后的混合油进入烘干脱溶机烘干和脱除溶剂，负压蒸发分离和负压汽提继续去除残留的有机溶剂，最终获得藻类油。其工艺流程如下：

藻类→机械挤压烘干脱水→低温压榨制油→微负压逆流连续→负压蒸发分离→负压汽提→藻类油

（三）南极磷虾油

南极磷虾油是用南极海域野生的磷虾经过一系列复杂工艺提取后获得，其含有丰富的不饱和脂肪酸、

具有抗氧化作用的虾青素，此外还含有多种维生素、微量元素等生理活性物质。在南极磷虾油中，不饱和脂肪酸 EPA 和 DHA 的含量高达 15.86%，且主要以磷脂形式存在，易被人体吸收和利用。南极磷虾油具有预防心脑血管疾病、抗氧化、调节脂肪代谢、降低血中总胆固醇和甘油三酯含量、清除过多脂质的作用。南极磷虾油作为一种新型的海洋功能性油脂受到了广泛的关注，可广泛应用于食品、保健食品、生物医药等行业，具有较高的深度开发和应用价值。

由于南极磷虾油富含磷脂及虾青素，磷脂属强极性油脂，具有亲水性，遇水膨胀，而虾青素具有热敏性，使得鱼油加工中常用的蒸煮法和淡碱消化法不适用于南极磷虾油的提取。目前，国内外已经开发了多种南极磷虾油的提取工艺，以磷虾粉为原料的南极磷虾油的提取方法主要有有机溶剂萃取法和超临界 CO_2 萃取法；以湿鲜虾为原料的南极磷虾油的提取方法主要有酶解法结合有机溶剂萃取法和压榨法。

1. 有机溶剂萃取法

有机溶剂溶解油脂能力强，对油脂化学性质的破坏小，腐蚀设备的程度低，并且有机溶剂沸点一般较低，有利于后续的分离、回收操作。有机溶剂萃取法中常用的有机溶剂有甲醇、乙醇、己烷、乙酸乙酯等。有机溶剂萃取法是将原料虾晒干粉碎，加溶剂搅拌浸提，静置分层，最后离心，旋蒸即可制得精制南极磷虾油。其基本工艺流程如下：

原料虾粉→加溶剂浸提→静置分层→离心分离→旋蒸脱溶→南极磷虾油

2. 超临界 CO_2 萃取法

超临界流体萃取技术是利用超临界流体分离天然有效成分的一种先进技术，一般采用 CO_2 作为萃取剂。超临界 CO_2 萃取法操作温度低，能够较完整地保存提取物的热敏性有效成分不被破坏，萃取工艺简单，高效且无污染，是近年来备受关注的油脂浸提技术。首先将原料虾粉置于萃取釜中，设定萃取温度和分离温度，CO_2 加压，萃取一定时间后获得南极磷虾油。使用超临界 CO_2 萃取法提取的南极磷虾油的提取率较有机溶剂萃取法高，溶剂的使用量也较少，提取条件温和，对热敏性生理活性物质的破坏小，无溶剂残留，是绿色、安全的提取方法。但超临界 CO_2 萃取设备较为昂贵，前期资金投入较大。

3. 酶解法结合有机溶剂萃取法

酶解法是近年来研究和利用的新的提油工艺，其原理是通过酶解作用使脂类与复合的蛋白质、多糖分开，从而促使油脂释放。酶解法提取条件温和，一般不使用有机溶剂。但是由于南极磷虾油富含具有亲水性的磷脂，遇水膨胀，很难与水分离。因此常规酶解法并不适用于南极磷虾油的提取。如果将酶解法结合有机溶剂萃取从南极磷虾中提取虾油，将会获得较好的油脂提取率。首先将鲜虾用组织捣碎机打成匀浆，加适量复合酶进行酶解，用有机溶剂将虾油萃取出来，真空干燥后获得南极磷虾油。其基本工艺流程如下：

鲜虾匀浆→复合酶酶解→有机溶剂浸提萃取→真空干燥→南极磷虾油

4. 压榨法

压榨法是利用机械压力将南极磷虾油从原料中挤压分离出来。将鲜虾切碎，加热至 $60\sim70$℃保持数分钟，再加热至 $93\sim96$℃后进行压榨，压榨液高速离心获得乳液，乳液再经薄膜蒸发水分后获得南极磷虾油。其工艺流程如下：

鲜虾切碎→加热→压榨→离心→蒸发水分→南极磷虾油

二、海洋油脂中 EPA 和 DHA 的富集

海产鱼油中的 EPA 和 DHA 含量一般为 $3\%\sim20\%$，对鱼油中 EPA 和 DHA 进行分离纯化以提高它们的含量，可广泛地应用于功能食品中。鱼油中 EPA 和 DHA 分离纯化可采用低温结晶法、尿素包合法、硝酸银柱法 / 银盐络合法、超临界 CO_2 萃取法、减压蒸馏和分子蒸馏法、脂肪酸盐结晶法、选择性酶水解和酯交换、工业制备色谱法等。

（一）低温结晶法

利用饱和脂肪酸与不饱和脂肪酸凝固点的差异，将混合脂肪酸中的不饱和脂肪酸分离开，再利用脂肪酸在不同溶剂中的溶解度差异，结合低温处理（饱和脂肪酸在 -40℃下几乎不溶解，而油酸在 -60℃下才变得不溶解），往往会得到更好的分离效果。但这些方法只能粗略分离，一般作为 EPA 和 DHA 的预浓缩处理，产物中的 EPA 浓度可达总脂肪酸的 $25\%\sim35\%$。

低温结晶法纯化 EPA 和 DHA 具体操作过程为：在鱼油中加 7 倍体积的 95% 丙酮溶剂萃取和过滤。经过滤后的鱼油，先于 -20℃下静置过夜，滤去未结晶的饱和脂肪酸及低度不饱和脂肪酸，再于 -40℃低温静置过夜并再次过滤，即可得到多不饱和脂肪酸 EPA 和 DHA。

（二）尿素包合法

尿素是具有四方晶系的充实结晶，不具有其他分子包入的自由空间。但当尿素溶解于溶剂，遇到不带支链的脂肪酸、酯、醇、酮等有机物时，尿素分子以氢键结合方式，在有机分子的周围沿六棱边螺旋上升，形成六方晶系，选择性地保藏脂肪酸等分子。一般饱和脂肪酸较不饱和脂肪酸更容易形成稳定的复合物，单不饱和脂肪酸比多不饱和脂肪酸更容易形成复合物。利用这一特性可除去混合物中饱和及低度不饱和脂肪酸。

采用尿素包合法纯化鱼油中 EPA 和 DHA 过程中，首先要对尿素 - 乙醇饱和溶液用量、搅拌时间、包合次数、尿素 - 乙醇液添加方式等因素对提取率的影响进行讨论，再确定最佳工艺条件。

（三）硝酸银柱法 / 银盐络合法

硝酸银与多不饱和脂肪酸能形成可逆的强极性复合物，因此可用硝酸银柱等来富集 EPA 和 DHA。但要解决硝酸银的稳定性问题，以防硝酸银泄漏造成污染。

银盐络合法是获取高纯度 DHA 产品的一种精制方法。DHA 等高度不饱和脂肪酸在浓硝酸银溶液中形成可溶于水的物质，不溶解的脂肪酸进入己烷溶剂被除去。DHA 和银形成可溶于水的物质，经加水搅

拌稀释后，解离生成不溶于水的 DHA 脂，再加入己烷溶剂萃取，去除己烷后就可得到含量在 95% 以上的 DHA 产品，或进行二次操作可得到含量在 99% 以上的产品。在实际生产中，通常采用尿素包合法与银盐络合法相结合进行纯化 DHA，具体工艺流程如下：

鱼油→皂化→分离脂肪酸→尿素包合浓缩→银盐络合纯化→鱼油 DHA

具体操作过程：鱼油中加入 95% 乙醇溶液混合均匀，于 50~60℃加热皂化 1h。皂化液加水稀释后，用 6mol/L 盐酸酸化处理，静置片刻后可使脂肪酸分离出来，收集上层脂肪酸。在脂肪酸中加入 25% 尿素 - 甲醇溶液，搅拌加热至 60℃，保持 20min 后于室温下冷却 12h，过滤收集滤液；滤液于 40℃减压蒸馏回收甲醇，再用等量蒸馏水稀释，并用 6mol/L 盐酸调节 pH 为 5~6，离心收集上层浓缩物。于富含 DHA 的浓缩物中加入浓的硝酸银溶液，并加入己烷溶剂充分搅拌，去除己烷后就可得到 DHA 成品。

（四）超临界 CO_2 萃取法

超临界 CO_2 萃取是近年来发展起来的新型的化工分离技术。由于它的萃取温度低，不易破坏被萃取物的生理活性、选择性好、无溶剂残留，所以特别适合于萃取鱼油这类热敏性、易氧化的天然产物。超临界 CO_2 萃取鱼油中 EPA、DHA 国内外已研究得较多，但其流程大都是间歇式。近年来，由于对高纯度 EPA、DHA 需求的增长，所以需要把这一萃取工艺应用到连续化生产中。

最早的间歇式萃取是把鱼油放在萃取釜里，然后通入 CO_2 进行萃取的。但是这种流程过于简单，由于鱼油组分的复杂性，所以产品中 EPA、DHA 纯度很低，无实用提纯价值。由于超临界 CO_2 的密度随着温度的升高而降低，相应的其溶解度也是如此。而鱼油又是含有十几种脂肪酸的复杂混合物，要得到高纯度的 EPA 和 DHA 需要借助其他方法。一般需先将含多不饱和脂肪酸的甘油三酯形式转变为游离脂肪酸或脂肪酸甲酯（乙酯），以增加在超临界 CO_2 中的溶解度。鱼油中脂肪酸随其链长和饱和度不同，在超临界 CO_2 和油相中的分配系数不同，从而得到分离。为了增加溶解度和选择性，还可添加些辅助溶剂（如乙醇、己烷）。

（五）减压蒸馏和分子蒸馏法

根据脂肪酸碳数不同其沸点亦不同的原理，可将不同碳数的脂肪酸用蒸馏法分离出来。由于脂肪酸的沸点较高，常压下蒸馏时可能出现分解现象，因此需在减压条件下进行蒸馏。通常是将脂肪酸酯化（如甲酯化或乙酯化）后再行蒸馏，因为脂肪酸酯的沸点较相应的游离脂肪酸沸点低，而且脂肪酸酯的沸点间隔可以拉开。

高真空分子蒸馏法是通过分子蒸馏装置借助离心力形成薄膜，分离脂肪酸可起到浓缩、分离和精制等多方面效果，已成功地应用在 EPA 和 DHA 的分离精制上。高真空分子蒸馏法蒸发效率高，但结构复杂，制造及操作难度大。为了提高分离效率，工业上往往需要采用多级串联使用，即离心薄膜式和转子刷膜式联合使用，实行多级分子蒸馏（三级、五级等）后，可大大提高提纯效果。

采用减压蒸馏和分子蒸馏法进行 EPA 和 DHA 的分离精制时，需要注意以下几个方面。

① 由于碳数相同，如油酸（$C_{18:1}$）与硬脂酸（$C_{18:0}$），蒸气压相差不大，故很难通过蒸馏分离开。所以在预处理时，一定要把饱和及低度不饱和脂肪酸尽可能地去除。

② 在减压蒸馏时，为降低脂肪酸的沸点，通常先甲酯化来进行蒸馏。EPA 在 665Pa 压力下沸点在 200℃以上，而 DHA 的沸点则更高。在此高温下操作，可能会发生聚合及环肽化等反应。因此，应尽可能地提高真空度，维持稳定的压力。而精馏部分的性能对分离效果影响也很大，精馏装置一定要极精密才行。如果一次减压蒸馏馏出物纯度不够时，可重复操作以提高纯度。

③ 大量分离 EPA 时，必须使用高浓度减压蒸馏，在特殊情况下也可使用分子蒸馏。普通的蒸馏是以物质蒸气压大于外界气压而发生激烈的沸腾现象。而分子蒸馏时，由于高度的真空，分子有极自由的挥发性，理论上的沸点已不存在，但仍可从温度和浓度关系中求出目的物蒸出量的极大值。采用锂盐丙酮法对鳕鱼肝油脂肪酸进行多不饱和脂肪酸甲酯化，然后在 0.013Pa 压力进行分子蒸馏，可有效地得到接近纯粹的 EPA 及 DHA。

（六）其他方法

① 脂肪酸盐结晶法：利用脂肪酸的不同盐（或酯）在不同溶剂中的溶解度不同来进行分离，如铅盐乙醇法、锂（或钠）盐丙酮法和钡盐苯法。

② 选择性酶水解和酯交换：利用脂肪水解酶的专一性，选择性水解甘油三酯中非多不饱和脂肪酸部分，或利用酯交换特性在甘油三酯分子上接上 2～3 个多不饱和脂肪酸分子而起到富集纯化作用。

③ 工业制备色谱法：可用来制备高纯度的 EPA 与 DHA，分离效果很好，只是成本较高，难以推广。

此外，对鱼油中的 EPA 与 DHA 进行分离纯化，通常采用几种方法相结合的方式以提高提取效果，例如尿素包合法和蒸馏法相结合、酶水解法和低温结晶法相结合。

三、海洋油脂的微胶囊包埋

鱼油在贮存过程中，由于化学或生物化学的影响，会逐渐劣化甚至丧失食用价值，表现为鱼油颜色加深、味道苦涩并产生特殊的气味，这种现象称为鱼油的酸败。鱼油的酸败包括水解酸败和氧化酸败。水解酸败是由解脂酶引起的，尤其在未精炼的鱼油中较多。氧化酸败主要包括鱼油的自动氧化和鱼油的光氧化，不饱和脂肪酸更易发生氧化酸败。在鱼油氧化的最后阶段，过氧化物开始分解或与其他氧化产物相互反应，形成具有"酸败"气味的物质。鱼油作为功能性食品基料，对质量要求也相应提高了，为了充分发挥其中 EPA、DHA 的生理功能，对它的抗氧化保护是首先要解决的问题。既要保证有效成分不受损失，又需除去污染物质和不良气味。

鱼油的抗氧化保护，可采用避光、避热、低真空、充氮、加抗氧化剂和除氧等方法，还可制成胶囊或微胶囊来保存。对于大批量的鱼油或 EPA/DHA 产品可通入充足的氮气；维生素 E 是最常用的油脂抗氧化剂，但海产鱼油中天然维生素 E 含量不高；卵磷脂具有乳化和抗氧化双重作用，而且与维生素 E 有协同抗氧化效果；茶多酚是具有多种生理功能的天然抗氧化剂，在鱼油中使用效果明显；维生素 C 同维生素 E 具有明显的协同抗氧化作用。有人用卵磷脂作乳化剂制备 W/O 型乳状液，水相中含维生素 C，油相中含维生素 E，对多不饱和脂肪酸具有良好的抗氧化作用。除此之外，还有报道用黄酮化合物、草莓提取物及芝麻酚来防止鱼油的氧化。

在鱼油的提取、精制、贮藏、运输以及后续加工过程中，必须随时防止氧化。空气的存在是氧化的主要因素，紫外线、高温以及 Cu^{2+}、Fe^{2+} 等因素都要尽量避免。添加抗氧化剂可以适当延缓多不饱和脂肪

酸的氧化，但抗氧化剂并不能把氧气抵制在外，而只能适度延缓，微胶囊包埋可使鱼油长时间保存。

（一）微胶囊造粒方法

目前生产食品微胶囊的方法很多，可大致分为物理法、物化法、化学法。根据不同的生产目的以及材料的理化性质加以选择，最终达到造粒率高、成本低、满足工业化大生产的要求。

1. 喷雾法

喷雾微胶囊造粒是将芯材分散在液化的壁材中，混合均匀，将此混合物用雾化器雾化呈小液滴，然后通过干燥或冻凝固化的手段产生微胶囊的方法。根据固化原理不同，又可分为喷雾干燥法和喷雾冻凝法。

喷雾干燥法是目前国内外食品工业使用最普遍的微胶囊化方法。其原理是：对形成的芯材、壁材溶液两相体系，芯材分散于壁材溶液之中且被壁材所包围，该两相体系通过压力或离心方式以微滴状被喷入干燥室中，遇到热空气壁材溶液迅速蒸发，壁材脱去溶剂之后在芯材外收缩覆盖于芯材之外形成一层膜。雾化原料和热空气的接触时间最长不超过十几秒，壁材溶剂的迅速蒸发保证了芯材受热温度不会过高。喷雾干燥微胶囊造粒的装置需具备五个系统，分别为初始溶液调制系统、溶液输送雾化系统、空气加热输送系统、气液接触干燥系统及成品分离和气体净化系统，其中决定装置特性的主要为雾化器和干燥室。

喷雾冻凝法是喷雾干燥法的引申，其原理与喷雾干燥法相反，它是将芯材分散于加热至熔融状态的壁材中，经雾化后物料以微滴形式喷雾于冷却室中，利用冷却空气使液体状态下的壁材冷却，从而达到固化的目的。一般常用于喷雾冷却的壁材是蜡和固体脂，芯材物质是油不溶性物质。喷雾冻凝法所用的设备装置与喷雾干燥法基本相似，只是将后者的空气加热输送系统换成冷气发生与输送设备，干燥室也随之换成冷却或冷冻室。图14-1为喷雾冻凝微胶囊造粒装置示意图。

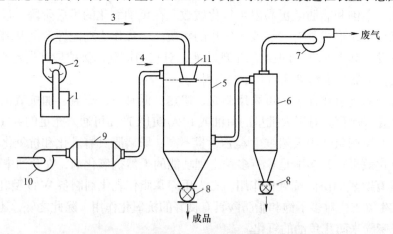

图14-1　喷雾冻凝微胶囊造粒装置示意图

1—胶囊化初始熔融液调制缸；2—进料泵；3—胶囊化初始熔融液；4—冷气；5—冷却（冻）塔；6—旋风分离器；7—排风机；8—旋转卸料口；9—制冷机；10—送风机；11—雾化器

2. 空气悬浮法

流态化技术主要是使固体微粒与气体接触转变成类似流体状态的单元操作。空气悬浮法是流态化技术与微胶囊技术结合的一种造粒方法，它是由美国威斯康星大学 D.E.Wurster 教授最先提出的，故又称为 Wurster 法。Wurster 法所用的装置主要由直立的柱筒、流化床和喷雾管组成。柱筒分成膜段和沉降段两部分，后者的截面积要比前者的截面积大（图 14-2）。在造粒过程中，当空气气流速度 u 介于临界流化速度 u_{mf} 和悬浮速度 u_t 之间时（$u_{mf}<u<u_t$），固体芯材颗粒在流化床所产生的湍动空气流中剧烈翻滚运动，这时将调制好的壁材溶液喷射到芯材表面。然后，芯材表面的成膜溶液逐渐被空气流所干燥，从而完成芯材的包囊和壁材的固化过程。当芯材颗粒被吹至柱顶部时，由于截面积增大，顶部的空气流速减小，使得芯材向柱底部降落，在这一升降的过程中，芯材颗粒被均匀成膜，达到规定的厚度。

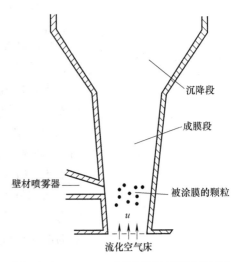

图 14-2 Wurster 微胶囊造粒装置示意图

3. 相分离凝聚法

相分离凝聚法是在含有芯材和壁材的初始溶液中，加入另一种物质、溶剂或采用适宜的方法使壁材溶解度降低，从而达到使已包裹芯材的壁材从初始溶液中分离出来的方法。此方法是在连续搅拌下，三种互不相溶的化学相的调制、囊壁层的析出和囊壁层的固化。首先将芯材分散于壁材溶液中，其次通过有效的物理混合，使壁材包裹在芯材上，再利用壁材的物理或化学性质，通过加热、高分子物质间的铰链或去除溶剂等方法，将囊壁层固定。根据壁材所溶解的介质性质，相分离法又分为水相分离法和油相分离法。

水相分离法针对的是芯材为水不溶性的固体粉末或液体，而壁材为水溶性聚合物的微胶囊。壁材通常为分子胶体物质如阿拉伯胶、明胶、海藻酸钠、壳聚糖等。以明胶为例，芯材在明胶水溶液中充分搅拌使其均匀分散，通过滴加乙醇（沉淀溶剂），明胶会分级沉淀析出。

油相分离法针对的是芯材为水溶性的固体粉末或液体，而壁材为水不溶性聚合物的微胶囊。将壁材溶解于有机溶剂之中后，加入芯材物质搅拌使芯材分散均匀，然后采用升温、恒温或降温搅拌的方法使壁材从溶剂中析出并覆盖在芯材表面。

4. 挤压法

挤压法是通过挤压实现微胶囊造粒的。这一方法最早是在 1956 年被提出，是目前被认为最适合于香精香料微胶囊化的方法，其示意图如图 14-3 所示。芯材在合适的乳化剂和抗氧化剂作用下与呈熔融状的糖 - 水解淀粉混合物（壁材）混合，于密闭的加压容器中乳化，所形成的胶囊化初始溶液通过压力模头挤成一条条很细的丝条，落入兼具冷凝和固化双重功能的异丙醇中。在搅拌杆的作用下将细丝打断成细小的棒状颗粒。最后，从异丙醇中分离出湿颗粒，经水洗干燥后获得微胶囊。

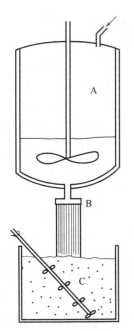

图 14-3 挤压法微胶囊造粒示意图
A—压力反应器；B—挤压模头；C—异丙醇浴

5. 复相乳液法

复相乳液法是将壁材和芯材的混合物乳化，再以液滴状分散于挥发性介质中，然后将挥发性分散介质急骤从滴液中蒸除，形成微胶囊的方法。

当芯材为水溶性的，可选择水／油／水（W/O/W）型乳状液。具体方法为首先选择一种与水不混溶的溶剂，要求其沸点和蒸气压均比水高，将壁材溶解于该溶剂中。然后，将芯材水溶液分散于该溶液中，形成 W/O 型乳化液。最后，单独制备一种含有保护胶体稳定剂的水溶液，在搅拌条件下将此溶液也加入上述分散液中，调制成〔W/O〕/W 型复相乳化液。

当芯材为油溶性物质时，可选择油／水／油（O/W/O）型乳状液。具体方法为首先将芯材乳化在聚合物水溶液中，形成第一乳液。然后，将其分散到稳定的油性材料，例如液体石蜡或豆油中，调制成〔O/W〕/O 型复相乳化液。

6. 分子包埋法

分子包埋法是一种发生在分子水平上的微胶囊化法，它主要利用 β- 环糊精作为胶囊化的包覆介质。在 β- 环糊精分子的环形中心的空洞部位，配料可以进入其中而与其分子形成包囊物。采用这种微胶囊化方法只有在水存在时通过反应才能进行，因为 β- 环糊精分子为非极性基团、占据的水分子可以被无极性的外来分子快速置换下来。囊心物质的含量一般为 6%～15%，由于核心物质与环糊精结合得非常牢固，会形成较稳定的微胶囊。

（二）鱼油的微胶囊包埋

在众多微胶囊化方法中，喷雾干燥法因具有成本低廉、工艺简单，易实现大规模工业化生产，并具有良好产品质量等优点，从而在鱼油造粒中得到广泛应用。鱼油喷雾干燥工艺过程中关键要解决如下两个问题。一是壁材的选择。用于喷雾干燥制取微胶囊的壁材应具有高度水溶性，良好乳化性、成膜性，且不易吸潮，还要求高浓度壁材溶液应具有较低黏度。但每一种壁材都只能符合某些方面要求，目前还没有发现有一种物质能符合壁材应具备的所有性能。例如蛋白质乳化能力和易成膜性对脂类物质保留率有很大作用，但它存在冷水溶解性差、和羧基发生反应及价格较高的缺点。碳水化合物表面活性及溶液低黏度对乳化液稳定不利，但它们对壁材中多功能基质形成起着重要作用。将蛋白质和碳水化合物按一定比例混合则可满足对壁材物质多功能性要求。二是喷雾干燥工艺参数的确定。在喷雾干燥微胶囊化过程中，影响产品质量的因素很多，如芯材与壁材比例、进料固形物含量、干燥室进／出风温度、进料速度和温度及空气和料液接触速度等。其中进／出风温度和固形物含量的影响尤为显著。产品结构致密程度、芯材是否被破坏和产品水分含量等都与进／出风温度有关。微胶囊乳化液中固形物含量直接关系到对芯材的持留能力，固形物含量越高，在干燥时越易形成壁膜，从而对芯材物质持留能力越好。但同时乳化液黏度也会升高，黏度过高会给喷雾干燥带来困难，所以在选择壁材时应兼顾高固形物含量和低黏滞性要求。

近年来，对于用喷雾干燥法制备鱼油微胶囊研究也日渐增多，例如将具有良好成膜性和黏着性的玉米醇溶蛋白（具有肠溶性和抗氧化性）作为壁材，以 4 份玉米醇溶蛋白加 1 份精制鱼油经喷雾干燥制成含 DHA 54mg/g 的产品。以明胶、酪蛋白酸钠和麦芽糊精为壁材制备鲍鱼油微胶囊，考察微胶囊抗氧化和热稳定性，发现壁材中添加微晶纤维素和卵磷脂可进一步提高微胶囊抗氧化和热稳定性。以阿拉伯胶、糊精、玉米糖浆复配（3∶3∶4）作为壁材，并添加 0.8% 乳化剂，芯材占壁材添加量 30%，通过喷雾干燥法对鱼油进行微胶囊化，乳化温度为 50～60℃，进风温度为 200℃，产品粒径为 38μm，水分含量为2.30%，溶解度达 94.7%（30℃），氧化稳定性较好，在 40℃下储藏 21 天 POV 值为 0.32。以蛋清蛋白作壁材，并添加少量糖浆复配，在 50～60℃下经过两次均质，然后采用喷雾干燥法（进风温度 195℃，出风温度 80～90℃），对浓缩鱼油进行微胶囊化，产品粒径约 100μm，包埋率最高达 98.3%，流动性、溶解性较好。

此外，研究人员还利用其他方法研究鱼油的微胶囊化。例如利用 β- 环糊精和花粉为壁材经减压真空干燥制备鱼油微胶囊，发现采用二次包埋工艺及以脱脂花粉为壁材粉末鱼油在抗氧化性和包埋率上都好于采用一次包埋及以未脱脂花粉为壁材粉末鱼油产品。以海藻酸钠作微胶囊壁材，并添加特丁基对苯二酚作抗氧化剂，用挤压法把鱼油包埋起来，制成微胶囊化颗粒，其氧化稳定性良好，包埋率达 87.5% 以上，产品具有缓释性能。采用复相乳液法先将鱼油微胶囊化，然后喷雾干燥，也可成功制取稳定性良好含油量达 50%～60% 的粉末鱼油。

综上所述，将鱼油进行微胶囊包埋，可防止由于氧、光照等造成的氧化变质，掩盖不良风味和色泽。目前已研制的鱼油微胶囊技术大致有以下几种类型。

① 将蛋白质、碳水化合物与鱼油混合制成乳状液后喷雾干燥，例如以明胶、酪蛋白酸钠和麦芽糊精为壁材制备鱿鱼油微胶囊。

② 用酶法改性的多孔淀粉吸附，例如用酶处理玉米淀粉得到多孔的具有大比表面积的多孔淀粉，并与玉米醇溶蛋白结合来包埋 DHA（产品的包埋率以油脂计可达 50%，其中 DHA 为 10%）。

③ 卵蛋白包埋，例如用鸡蛋白与鱼油（9∶1）混合后，以喷雾干燥和冷冻干燥两种方法制备鱼油微胶囊。

此外，还有用环糊精包埋和用蛋黄粉包埋等。各种微胶囊化产品由于壁材和加工方法不同而具有不同的溶解、分散、乳化特性，可添加于各种食品中，包括婴儿配方奶粉、乳制品、肉制品、焙烤食品、蛋黄酱和饮料等。还可以与其他活性物质配合，制成片剂和胶囊。

四、EPA 和 DHA 在功能食品中的应用

1. 作为功能食品的重要基料

由于多不饱和脂肪酸的功能保健作用，粉末状微胶囊鱼油各种产品 DHA 含量不同，在 40～108mg/g，目前已大量应用于如"脑黄金"等功能性食品中。

2. 用于胶丸／鱼油微胶囊的生产

利用微胶囊包埋技术，将鱼油微胶囊化后可以防止鱼油氧化，掩盖不良风味和色泽，使用方便。例如以 DHA 为主的胶丸每粒 300mg，内含 135mg DHA、12mg EPA 和 0.9mg 维生素 E；以 EPA 为主的胶丸每粒 300mg，内含 84mg EPA、36mg DHA 和 8mg 维生素 E。

3. 作为强化食品的强化剂

EPA 和 DHA 可作为食品营养强化因子添加于婴儿配方奶粉、乳酸菌饮料、鱼罐头、调味品、火腿肠、腊肠、人造奶油、蛋黄酱、巧克力糖果和蛋糕等食品中。

4. 婴儿配方奶粉

自 1987 年起日本明治乳业就开始销售添加了 DHA 油的婴儿配方奶粉。FAO/WHO 为了使婴幼儿的大脑及脑网膜等发育正常，把高度不饱和脂肪酸的提取比例标准规定为 ω-6 系 /ω-3 系为 5，而日本人母乳中其比值为 6.2。明治公司强化的 DHA 量为 70mg/100g，ω-6 系 /ω-3 系为 6。

5. 罐头食品

日本幡食品株式会社开发了强化 DHA 的碎片金枪鱼罐头，1992 年 6 月产品上市，80g 碎片金枪鱼罐头的鱼肉本身约含 100mg DHA，添加由金枪鱼眼窝脂肪制得的含 DHA28% 的精制 DHA 油后，每罐的 DHA 含有量高达 200mg。

6. 鸡蛋

采用 EPA 和 DHA 含量高的特殊饲料喂养母鸡所产的鸡蛋与普通鸡蛋相比，富集蛋中 EPA 含量高 5 倍，DHA 含量高 2.5 倍。EPA 和 DHA 含量高的特殊饲料的调制并不是采用精制 EPA 和 DHA 鱼油，而是添加 EPA 和 DHA 含量较高的鱼肉或粗制鱼油。

7. 其他

此外，强化 EPA 和 DHA 的食品还有酱油、食醋、人造奶油等调味品。

 概念检查 14-1

○ 描述鱼油提取的过程，请给出具体措施如何防止鱼油的氧化？

第二节　海洋蛋白类功能食品

随着人们生活水平的提高，低值鱼类直接食用的价值越来越低，大量的副渔货和水产品加工中的下脚料，例如鱼类的头、皮、内脏、尾、碎肉、鳞等，除了少量用于蛋白质的生产外，主要用于生产鱼粉、直接作饲料和肥料或丢弃，造成资源的巨大浪费的同时，世界蛋白质资源的缺乏又是人类面临的严峻问题，可以说对低值鱼类和水产加工下脚料进行水解、提取等深加工，无疑是获得优质蛋白质，以及用于开发功能食品的良好途径。

一、浓缩鱼蛋白

浓缩鱼蛋白一般是利用低值鱼、小杂鱼或水产加工下脚料经过化学、生物及物理方法处理后提取的一种高蛋白质、低脂肪的鱼蛋白浓缩物，许多国家已进入规模化生产。

浓缩鱼蛋白一般是将生鱼磨粉后，用有机溶剂浸提脱脂、除臭去腥、浓缩干燥，再经适当的研磨制成颗粒或粉末状，即得无臭味的浓缩鱼蛋白，其蛋白质含量在75%以上。若同时脱骨、去内脏处理，做成的则是去内脏浓缩鱼蛋白，蛋白质含量在93%以上。

（一）浓缩鱼蛋白的加工工艺

浓缩鱼蛋白的加工工艺流程如下：

原料→蒸煮→压榨→干燥→脱脂脱臭→干燥→杀菌→成品

原料采用60℃进行蒸煮，经压榨脱水脱油后获得压榨饼，采用蒸汽干燥机在40℃条件下干燥约1h。将干燥后的压榨饼用乙醇或异丙醇脱脂、脱臭，每次萃取约20min，温度升至近有机溶剂的沸点，溶剂与原料比为2：1。萃取后用热空气或真空干燥使鱼粉中溶剂挥发。经此法而获得的食用鱼粉为褐色、中性、没有鱼腥味和其他杂味。

（二）浓缩鱼蛋白的质量标准

FAO制定的浓缩鱼蛋白A规格的质量标准规定：蛋白质含量应大于75%，脂肪、水分和灰分含量应分别小于0.5%、10%和15%，对浓缩鱼蛋白中的无机盐含量没有规定。目前，国内外生产的浓缩鱼蛋白的各项指标基本都超过了该质量标准。浓缩鱼蛋白的低脂肪和低水分能有效地避免产品的氧化和微生物的滋生，有利于稳定产品质量，提高贮藏时间。但是，它的一些功能性质，如溶解性、分散性、吸湿性等较差，必须经过一些特殊的加工（如组织化、水解等）处理后才可在食品中应用。

二、鱼精蛋白

（一）鱼精蛋白的结构、性质和生理功能

鱼精蛋白是一种多聚阳离子蛋白，主要存在于成熟鱼精巢组织中，与DNA紧密结合在一起，以核精蛋白的形式存在。它是一种小而简单的球形碱性蛋白质，分子量小，通常在10000以下，一般由30个左右的氨基酸组成，其中2/3以上是精氨酸，加热不凝固。按其氨基酸组成的种类和数量，鱼精蛋白可以分为以下几种：①单鱼精蛋白（monoprotamine），碱性氨基酸只有精氨酸一种，如鲱鱼的鲱精蛋白，大麻哈鱼的鲑精蛋白，鲭鱼的鲭精蛋白，虹鳟鱼的虹鳟精蛋白等；②双鱼精蛋白（diprotamine），碱性氨基酸除了含有精氨酸外，还有组氨酸或赖氨酸，如鲤鱼的鲤精蛋白；③三鱼精蛋白（triprotamine），碱性氨基酸含有精氨酸、组氨酸、赖氨酸三种，如中吻鲟的鲟精蛋白。事实上，这些鱼精蛋白并不是单一组分，而是由相互非常类似的数种成分组成的混合物。如虹鳟鱼的虹鳟精蛋白由6种差别极小的成分组成，鲱鱼的鲱精蛋白由3种成分组成，金枪鱼的鱼精蛋白也由3种非常相似的成分组成。

鱼精蛋白产品呈白色至淡黄色粉末，有特殊味道，可溶于水，微溶于含水乙醇，不溶于乙醇。在

210℃条件下保持 90min，仍具有抑菌活性。在中性和碱性条件下，对耐热芽孢菌、乳酸菌、金黄色葡萄球菌、霉菌和革兰氏阴性菌均有抑菌作用，pH 7～9 时适宜与蛋白质、盐、酸性多糖等相结合而呈不溶性物质。

鱼精蛋白除具有抗疲劳、增强免疫力、延缓衰老等作用外，还具有促进消化、强化肝功能、抑制血液凝结等作用。

（二）鱼精蛋白的制备工艺

以鲑鱼（包括：大麻哈鱼、淡红鲑、红鲑）、鲱、鳟、鲭、鲣等大型鱼类的成熟雄鱼精巢（鱼白）为原料，在酸性条件下使所含核酸和碱性蛋白质分解，分离，再中和而得。流程如下：

成熟精巢组织→均浆→硫酸酸解（1mol/L 的 H_2SO_4 酸解 1h）→提取（pH=3 的硫酸铵 0.2mol/L，以除去杂蛋白）→过滤→滤液盐析（0.4mol/L 硫酸铵）→沉淀过滤→精制（热水复溶、静置、透析除盐）→洗涤（沉淀用乙醚洗涤）→干燥→粗品→聚丙烯酰胺（取碱性端）→凝胶过滤色谱（进入凝胶孔）→洗脱→干燥→成品

三、藻蓝蛋白

生长于淡水、海水、咸水湖中的一些藻类，包括蓝藻、红藻、微藻等，含有 10% 左右的藻胆蛋白体（phycobilisome），约占干重的 60%～70%，是某些藻类特有的重要捕光色素蛋白。藻胆蛋白体主要包括藻蓝蛋白和异藻蓝蛋白（isophycocyanin），另有藻红蛋白（phycoerythrin）和藻红蓝蛋白，共四大类。

（一）藻蓝蛋白的结构、性质和生理功能

藻蓝蛋白由分子量 18500 的 α 亚基（肽键）和分子量约 4 万的 β 亚基（肽链）构成。已知藻蓝蛋白中的 α 亚基由 162 个氨基酸组成，β 亚基由 172 个氨基酸组成，每一个 α 亚基和 β 亚基上有 1～4 个藻青素（phycocyanobilin）发色团。即藻蓝蛋白是藻青素与水溶性蛋白质以共价键形式的结合体，在生物体内以多聚体形式存在，主要有三聚、六聚等聚合的颗粒（即藻胆蛋白体）配位在类囊体（thylakoid）线上（如图 14-4）。

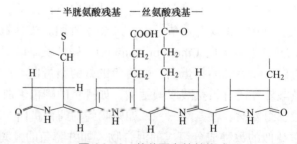

图14-4 藻蓝蛋白的结构式

藻蓝蛋白是蓝色颗粒或粉末，属蛋白质结合色素，因此具有与蛋白质相同的性质，等电点 pH 为 3.4。溶于水，不溶于醇和油脂，对热、光、酸不稳定。

在弱酸和中性条件下（pH 4.5～8）稳定，酸性条件时（pH 4.2）发生沉淀，强碱可致脱色。藻蓝蛋白在可见光区 620nm 和紫外线区 280nm 处有吸收峰，两者的吸收比大于 4.5。异藻蓝蛋白则分别在 650nm 和 280nm 处有吸收峰，两者的吸收比大于 4.0。藻蓝蛋白的分子质量约 246000Da，异藻蓝蛋白分子质量为 12800Da。

藻蓝蛋白是一种氨基酸配比比较好的蛋白质（缺乏色氨酸），有促进生长发育、延缓衰老等作用。能抑制肝脏肿瘤细胞，提高淋巴细胞活性，促进免疫系统功能，以抵抗各种疾病。藻蓝蛋白中的藻青素具有与血红素相似的结构（由 4 个吡咯环构成），因此可与铁形成可溶性化合物，提高对铁的吸收，并对骨髓的造血功能有刺激作用，可辅助治疗包括白血病在内的各种血液疾病。

（二）藻蓝蛋白的制备方法

用蓝藻类螺旋藻属的宽胞节旋藻孢子在 pH 8.5～11 以碳酸盐或二氧化碳为碳源的培养基中，在 30～35℃ 下通气培养而得藻体，经干燥后用水抽提其中的色素和可溶性蛋白质，抽提液经真空浓缩后喷雾干燥而成。

四、海洋活性肽

肽是由氨基酸通过肽键连接起来的聚合物。海洋活性肽是以海洋生物资源为原料制备而成的具有特殊生理活性的肽类。海洋生物不仅在极端环境中生存，且需要对其他生物防御，海洋生物蛋白质无论氨基酸的组成还是氨基酸的序列都与陆地生物蛋白质有很大的不同。目前研究及开发的海洋活性肽主要来源于海鞘、海葵、海绵、芋螺、海星、海兔、海藻、海参、鱼类、贝类等。上述活性肽或因含量微少，或因提取困难，目前还不足以大量生产并应用于功能食品中。因此，人们更多地把目光投向开发蛋白酶解产物途径上来。通过蛋白酶水解这些蛋白质所获得的生物活性肽具有原料廉价、成本低、安全性好、便于工业化生产等很多优点。有时也使用酸、碱水解法，但高的 pH 会使一些氨基酸特别是色氨酸、丝氨酸和苏氨酸水解，而且工厂排出的水污染环境。因此，酶解法是生产海洋活性肽的常用方法，该方法具有反应条件温和、反应时间短、效率高、反应过程易控制、成本低廉等优点。市售的酶包括碱性蛋白酶、胰蛋白酶、胃蛋白酶、木瓜蛋白酶、嗜热菌蛋白酶等都可用于酶解各种海洋蛋白制备活性肽。水解过程中要时刻注意 pH 和温度，以确保得到想要的产物。肽链的长度会影响水解液的感官和功能特性，也影响苦味、溶解性和乳化能力。因此，通常采用膜过滤，包括超滤、微滤、超微滤和反渗透等方法，对分子量不同的蛋白肽进行分离。

在酶法生产寡肽产品时，由于采用酸、碱溶液调整酶解底物的 pH 值，因而产生了大量的盐分，过多的盐分影响产品的纯度以及小肽的功能性，而且对人体也是有害的。目前适合于大分子生物活性物质的脱盐方法主要包括透析、超滤和纳滤等，小分子物质可以采用电渗析、大孔树脂法和离子交换树脂法进行脱盐。电渗析脱盐法因回收率不高、能耗大而没有得到广泛应用。离子交换树脂法因阴阳离子树脂需要大量的酸碱进行前处理，并且肽液得率低，而受到了限制。大孔吸附树脂为非离子的高分子吸附剂，具有大孔网状吸附结构，可根据肽的极性和分子量进行分离，具有吸附和筛选功能。大孔树脂用于脱盐具有吸附容量大、吸附迅速、解析容易、回收率高、再生处理和利用率高等特点，因而，被广泛用于生物活性物质的脱盐。

分离纯化活性肽常用到各种色谱法，其中反相高效液相色谱可以快速地分离和检测混合体系中的肽；正相液相色谱则广泛用于亲水性肽的分离纯化；离子交换色谱和毛细管电泳等可分离带有各种不同电荷特性的肽；凝胶色谱则可分离不同分子量的肽。此外，超滤、结晶、分配色谱等也被广泛用于肽的分离纯化。在肽的分离纯化过程中，应根据需要选择合适的分离方法。随着质谱技术的发展，分离纯化得到

的抗氧化活性肽常采用 Triplestage Model API- Ⅲ、ESI-MS/MS 和 MALDI-TOF-MS 等方法鉴别。

五、牛磺酸

牛磺酸目前已广泛应用于食品（如婴幼儿奶粉、饮料）及保健食品中用作强化剂。著名的红牛饮料，其中的主要有效成分之一即是牛磺酸。扇贝边是提取牛磺酸的良好原料，含量为 3～4mg/kg。牛磺酸的制备工艺流程及工艺要点如下：

扇贝边→浸提浓缩→脱蛋白质→分离→醇沉结晶→烘干→成品

1. 浸提浓缩

扇贝边经洗净后，用匀浆机进行匀浆。匀浆液加入 3～5 倍的水，煮沸 1h，过滤后，滤渣再浸提，重复 3 次。合并滤液，浓缩。

2. 脱蛋白质

浓缩液用 HCl 调 pH 值为 3，使酸性蛋白沉淀，离心取上清液；上清液用 NaOH 调 pH 值为 10，使碱性蛋白沉淀，离心取上清液，调 pH 值为 4～5。

3. 分离

脱蛋白质溶液经强酸性离子交换树脂，蒸馏水洗脱，薄层色谱跟踪检测，合并含有牛磺酸的组分。

4. 醇沉结晶

将含牛磺酸组分的洗脱液浓缩，加 3 倍体积的无水乙醇，于 5℃静置结晶，收集牛磺酸晶体，烘干后得成品。

六、海藻氨基酸

氨基酸是海藻中众多生物活性物质中的一类，其相关研究可为海藻作为天然食品原料、食品添加剂及饲料添加剂等提供营养价值参考。海藻氨基酸包括游离氨基酸、肽和非蛋白质氨基酸，其中大部分氨基酸结合成蛋白质，只有部分氨基酸以游离的形式存在。海藻非蛋白质氨基酸是指不存在于蛋白质分子中而以游离状态和结合状态存在于海藻中的一类重要生物活性物质。除了常规氨基酸种类外，海藻中还含有微量游离态的牛磺酸、γ-氨基丁酸、羟（基）脯氨酸、瓜氨酸等非蛋白质氨基酸活性成分。

（一）海藻氨基酸的生理功能

海藻由于其特殊的生长环境及生理、生化特性，使得海藻非蛋白质氨基酸具有特殊的口感风味和生物活性成分，发挥着重要的生物学功能，如抗肿瘤、抗病毒、抑菌消炎、降血压、免疫调节等。海藻氨基酸的种类和含量与海藻的品种相关，其含量还会随着季节变化，其口感风味和营养价值也各不相同。

（二）海藻氨基酸检测和提取方法

目前氨基酸检测分析的方法主要有：化学分析法、分光光度法、色谱法、电化学法等。海藻非蛋白质氨基酸的分离提取一般是先经过水或乙醇对藻类样品进行粗提，再经过各种纯化方法对其进行分离纯化。目前，用于氨基酸分离纯化的方法主要有吸附法、沉淀法、萃取法、离子交换法等，其中应用最为广泛的为离子交换法。

目前，对于大规模开发利用海藻非蛋白质氨基酸还存在许多困难，如大多海藻非蛋白质氨基酸结构复杂、难以化学合成、在海藻中的含量较低、不易从天然海藻中直接提取等。

第三节　海洋多糖类功能食品

一、甲壳素类功能食品

甲壳素通常从虾、蟹甲壳中制取。甲壳素及其衍生物具有多种生物学功能。

甲壳素在食品工业中的应用十分广泛，在保健食品的开发方面也越来越引起关注，例如在婴幼儿食品中加入甲壳素的水解产物乙酰氨基葡萄糖及其寡糖，能促进肠道中乳酸菌的生长，有利于婴幼儿的健康；在食物中添加水溶性甲壳胺，不仅具有抑菌保鲜作用，而且还具有螯合体内重金属铅并使之排出体外的独特解毒功效；羧甲基壳聚糖可用于抑菌消炎的含片及口香糖的添加剂，以防治咽喉炎、口腔溃疡及龋齿等。

（一）甲壳素的制取

通常从虾、蟹甲壳中制取甲壳素的过程主要由两部分组成：用稀酸脱除甲壳中的磷酸或碳酸钙，然后用稀碱脱除蛋白质及油垢，即得到甲壳素。制取甲壳素的工艺流程及工艺要点如下：

原料→预处理→浸酸→水洗→碱煮→水洗→脱色、漂白→甲壳素

1. 原料

采用用来生产甲壳素的虾、蟹壳应力求新鲜，并将附着的虾、蟹肉及污物除去，用清水冲洗干净。

2. 浸酸

浸酸一般用工业盐酸，虾壳用酸浓度为5%，河蟹壳用酸浓度为10%，海蟹（梭子蟹）壳用酸浓度为10%～15%。浸酸过程中应保证虾、蟹壳完全浸没于盐酸溶液中，并经常翻动，待虾、蟹壳中的钙全部溶出，盐酸溶液不再产生气泡时，即可停止浸酸。浸酸通常需要2～3天。

3. 水洗

捞出虾、蟹壳用清水充分冲洗，洗至pH 6～7时，挤干其中的水分。

4. 碱煮、水洗

碱煮一般是在 8%～10% 的氧氧化钠溶液中煮沸 1～2h。捞出虾、蟹壳用清水充分冲洗，洗至中性，挤干其中的水分。

5. 脱色、漂白

产品颜色要求严格者，还需氧化脱色，通常用浓度 1% 的高锰酸钾溶液浸泡 1h。在阳光下曝晒也可达到脱色目的，成本可以降低，但时间较长。再用还原剂（如草酸硫代硫酸钠、重亚硫酸钠等）处理，通常还原剂浓度为 1%～1.5% 的重亚硫酸钠。在还原剂溶液中浸泡 1h 后，捞出用清水冲洗，挤干水分，烘干或晒干，即为洁白的甲壳素产品。

（二）壳聚糖的制备

甲壳素通过脱乙酰基来制备壳聚糖是甲壳素研究的核心。脱乙酰基制备壳聚糖的方法很多，这里主要介绍传统的制备方法及新型的微波制备方法。

1. 碱液法

目前国内外大多研究及生产单位制备壳聚糖的方法是：用质量分数 40%～60% 的浓碱液，在 100～180℃ 下将甲壳素进行脱乙酰处理几小时，得到可溶于稀酸的、脱乙酰度一般在 80% 左右的壳聚糖。碱液法设备简单而且制备成本较低，人们对于甲壳素脱乙酰化的研究也主要集中于碱液法，并且获得了一些脱乙酰基速率与碱液浓度、温度的规律。研究指出脱乙酰化的碱液浓度、温度和反应时间是主要影响因素，采用间歇碱处理方法可以制得高脱乙酰度（>90%）的壳聚糖，间歇碱处理即分段反应。如果用 50% 的 NaOH 溶液，在 100℃ 下处理甲壳素 1h，脱乙酰度约 70%，而持续处理 5h，脱乙酰度仅逐渐增加到 80%。持续的碱处理不能有效地脱乙酰基，而仅仅是引起壳聚糖分子链的降解。而且作用时间长，能耗高，长时间作用下造成分子链的降解，制备的壳聚糖脱乙酰度不高，黏度低。

2. 碱熔法

将甲壳素与固体氧氧化钾（1∶5）在氮气保护下，在镍坩埚中共熔，在 180℃ 加热搅拌 30min 熔融物，然后小心地倒入乙醇中，生成的胶状沉淀用水洗至中性，可得到粗的壳聚糖。将粗壳聚糖洗涤溶于 5% 甲酸中，再用稀氢氧化钠溶液使之沉淀析出，重复三次。最后得到的沉淀物洗净后溶于 50℃ 左右的 0.1mol/L HCl 中，再慢慢加入浓盐酸，直至出现沉淀，得到壳聚糖的盐酸盐。该产物主链遭到降解，经透析几天，离心分离，用乙醇洗涤，再用乙醚洗涤，产品大概具有 0 个糖单元，分子量较低，不适宜做色谱和絮凝剂用，使得壳聚糖的使用范围受限。

3. 醇钠法

该方法具体操作为将 0.2g 脱乙酰度为 67% 的壳聚糖置于磨口三角瓶中，依次加入 100g/L 的 NaOH 5.0mL、一定体积的蒸馏水和一定体积的 95% 乙醇，使反应总体积为 20.0mL，NaOH 浓度 25%，在一定温度下恒温冷凝回流反应一定时间，用水反复洗涤至中性，烘干得壳聚糖。

4. 酶法

用脱乙酰酶与甲壳素在缓冲溶液（pH 5.5）中 30℃ 培养 48h 即可获得壳聚糖。该方法可在常温下脱出乙酰基，可以节约大量的烧碱，但目前基本上还处于实验室探索阶段。

5. 微波制备法

1979 年，最早把微波法用于壳聚糖制备的方法，是在玻璃容器内将 15g 磨细的甲壳素与碱溶液混合，然后置于微波炉内，在频率 2450MHz、辐射功率为 390W 的条件下处理 10min，混合物沸腾后，即可从微波炉中取出，在室温放置过夜，用水洗至中性，即得产品。鉴于此，一种利用微波辐射新技术替代传统加热、快速制备壳聚糖及其衍生物的新方法得到了应用。

试验研究发现在微波辐射下，壳聚糖与甲苯在相转移催化剂和 NaOH 水溶液中能迅速地发生反应，生成相应的 O- 苯甲基化产物，取代度可达 0.65。应用微波辐射技术，用 50% 的 NaOH 溶液与甲壳素进行脱乙酰基制备壳聚糖，经一次碱处理 15min 脱乙酰度达到 77.4%，经第二次微波碱处理脱乙酰度可达 90% 以上，经 3 次以上微波碱处理脱乙酰度几乎接近 100%。有试验结果也表明在羧甲基化反应中，微波对壳聚糖的活化有促进作用，反应时间由常规加热法的 3h 下降到 20～25min。

无论化学法还是微波法在制备壳聚糖上还存在一些不足，其生产原料虾壳和蟹壳不易收集，虾壳、蟹壳的供应量随着季节和年份的不同有很大差异。采用化学法的工艺过程中排放的废水量比较多，除部分废水的 pH 值可从排放的废酸、废碱中调整之外，一般需建立废水处理装置。化学法和微波法生产工艺比较复杂，每步均损失一定量的壳聚糖，且碱用量大，后处理需要一定设备投资，故成本较高。从 20 世纪 80 年代后期，日本和美国先后开始研究利用微生物发酵的方法生产壳聚糖。

（三）壳聚糖产品质量标准

医药食品级壳聚糖产品质量标准：白色或淡黄色，微细，无臭，活动性粉末，密度 1.35～1.40g/cm³，pH 6.5～7.5，灰分 <1%，水分 <10%，不溶物 <1%，黏度 20～500mPa·s，脱乙酰度 ≥85%。

另外，甲壳素或壳聚糖经过各种化学修饰和改性（如羧甲基化、端基化、酯化、醚化等）后，可获得具有不同性能和功效的甲壳素及壳聚糖衍生物，从而拓宽了其应用领域，提高了应用价值。

（四）甲壳素及壳聚糖的应用

甲壳素的特别结构单元——氨基葡萄糖决定了其具有广泛的应用价值。甲壳素经结构修饰后，得到大量衍生物，这些甲壳素衍生物具有良好的物理特性，广泛应用于化学工业、医疗、日用品、农业、食品、环保等领域。高黏度和中黏度壳聚糖还广泛应用于污水处理、重金属富集以及纺织、印染、胶合剂、医药等行业。羧甲基壳聚糖可作为保鲜剂、化妆品、絮凝剂、抑菌剂等加以应用。

在医药方面，壳聚糖及其衍生物的生物兼容性良好，在生物医学及制药等方面的应用极其广泛。含

有羧甲基壳聚糖的膜和凝胶可用作烧伤敷料、伤口愈合剂、人造皮肤，并可以防止组织粘连。将壳聚糖溶于乙酸尿素混合物的水溶液中过滤，再加入氢氧化钠和乙醇的凝聚液，经拉伸、干燥制成的细纤维可作缝合线。这种缝合线强度好，可长期存放，能用常规法消毒、染色、掺入药剂，被人体组织液降解，伤口愈合后无需拆除手术线。医学研究表明，壳聚糖具有提高人体免疫力、清除体内有害杂质的作用。羧甲基壳聚糖具有抑菌杀菌的功能，口服羧甲基壳聚糖具有促进肠内共生有益菌群的繁殖，抑制有害菌的生长，能显著提高人体免疫力，具有降血脂及降胆固醇的作用，并能清除机体内的铅、汞等有害金属。羧甲基壳聚糖对口腔变形链球菌和口腔乳酸杆菌有一定的抑制作用，可用作抑菌消炎的含片及口香糖的添加剂，以防治咽喉炎、口腔溃疡及龋齿等。

在食品方面，壳聚糖可用作保鲜膜，壳聚糖和羧甲基壳聚糖溶于水，将其水溶液涂于果蔬表面可形成薄膜，在果蔬表面形成一个低氧高二氧化碳的环境，抑制果蔬呼吸，同时抑菌繁殖，提高果蔬光泽度，提高果树的感官品质。羧甲基壳聚糖的螯合作用应用于肉类的保鲜方面，还能起到抗氧化的作用。在肉类罐头中添加一定量的壳聚糖后，不仅能起到保鲜作用，还可以与脂肪酸结合，不被人体肠胃吸收，可作为低热、减肥食品。羧甲基壳聚糖还可用作食品增稠剂，用于制造冰激凌、雪糕、面包及果酱等。此外，壳聚糖可作为给水和饮用水处理的絮凝剂，是良好的净水剂，也可作为果酒等饮料的澄清剂。

在农业方面，用羧甲基壳聚糖的水溶液处理玉米种子，能促进玉米种子的萌发，提高发芽率和发芽势；还可作为植物蛋白质生长调节剂，提高玉米等粮食作物的品质和蛋白质的含量。此外，壳聚糖也是植物抗菌剂，能显著抑制玉米和花生中的黄曲霉毒素，产毒性真菌细胞显示，壳聚糖的存在抑制了孢子发芽和真菌体孢子的形成。

在日用化工方面，羧甲基壳聚糖由于其优良的水溶性、乳化性及成膜性能而适于制备水质性化妆品的功能性成分。它在水中的黏度比其他的保湿剂高，持续保湿性优于透明质酸，可代替昂贵的透明质酸用于高档护肤品。羧甲基壳聚糖在加热过程中不易发生黏度降低、凝胶化、沉淀等变化。0.25% 的羧甲基壳聚糖水溶液在广泛的 pH 值范围内，即使在高温和长期加热的条件下也非常稳定。因此，特别适用于需要加热和杀菌处理的化妆品，例如清洗液和洗面奶等。壳聚糖还可作为固发及护发剂，也是塑料、纺织、印染、彩色胶片等工业中多种定型剂、固色剂、黏合剂、稳定剂等助剂中不可缺少的辅料。利用壳聚糖的乙酸溶液作直接染料和硫化染料的固定剂，不仅能增进织物和花布的耐光、耐磨、色泽经久不褪色等特性，而且使织物具有良好的外观。

在环保方面，壳聚糖分子中存在游离的氨基，在稀酸溶液中质子化，从而使壳聚糖分子链带上正电荷，成为典型的阳离子型絮凝剂。壳聚糖能吸附水中带负电的物质，例如微生物、悬浮物等，从而使之逐渐形成大颗粒，达到絮凝的目的。此外，壳聚糖上存在的氨基具有很好的螯合作用，具有能吸附重金属的功能。因此，壳聚糖具有絮凝沉降和去除重金属离子的双重功能，有望在工业水处理中作为絮凝剂得以应用。目前水处理中应用的絮凝剂主要有两大类：一类是无机絮凝剂，如聚铝、聚铁、聚铝铁，这类絮凝剂制备成本低，但存在使用浓度大的问题，特别是聚铝，被认为对环境有一定影响，并可诱发老年痴呆症；另一类是有机絮凝剂，例如聚丙烯酰胺，可分为阴离子聚丙烯酰胺、阳离子聚丙烯酰胺及两性聚丙烯酰胺三种。聚丙烯酰胺是由丙烯酰胺聚合而成，而丙烯酰胺一般由丙烯腈水解制得，因此在聚丙烯酰胺中不同程度地含有酰胺和丙烯腈这两类单体，这两类单体均有剧毒及致癌性，使得聚丙烯酰胺存在不安全性。与聚丙烯酰胺相比，壳聚糖的絮凝速度较快，吸附容量大；由于从生物体中提取，具有安全无毒的优点，不会造成二次环境污染；可选择地吸附去除重金属离子等优点。此外，壳聚糖及其衍生物还可应用于含染料、蛋白质、放射性元素等物质废水的处理。随着对环保要求的日益提高，壳聚糖作为新一代高效的、多功能的絮凝剂在环保领域中的作用将日益明显。

在生物技术方面，壳聚糖是酶、抗原、抗体等的良好载体，可用于固定化细胞或酶载体等。壳聚糖不仅具有固定化反应所有的优点，而且还可以利用滤膜选择渗透的特点，实现反应与分离同步进行。N-甲基壳聚糖作为酶固定化载体，可应用于固定 D-葡萄糖异构酶、葡萄糖淀粉酶、D-葡萄糖氧化酶、β-半乳糖苷酶、溶菌酶等。

二、海藻膳食纤维

（一）海藻膳食纤维的生理功能

膳食纤维一般是指那些不被人体所消化吸收的碳水化合物。膳食纤维是一类复杂的混合物，按照其溶解性可分为水溶性膳食纤维和水不溶性膳食纤维两大类。膳食纤维主要防治便秘、调节肠内菌群、防治痔疮、控制肥胖、调节血糖、降低血脂和预防冠心病等。由于具备多种生理功能，膳食纤维被现代医学和营养学确认为与传统的六大营养素并列的"第七营养素"。而膳食纤维广泛存在于谷类、豆类、水果、蔬菜和海洋藻类中，由不同原料提取的膳食纤维，其组分有较大的差别，生理功能也大不相同。充分利用海藻资源，从海藻中提取膳食纤维的前景十分广阔。

（二）海藻膳食纤维的提取方法

我国藻类资源丰富，产于南方的马尾藻、江蓠、麒麟菜以及产于北方的海带都含有丰富的藻胶、纤维素、半纤维素等，是生产膳食纤维的优质原料。目前，马尾藻的资源相当丰富，大部分在近海岸生长，易获得；江蓠、麒麟菜主要靠养殖获得，养殖方式主要为半天然和全人工养殖。马尾藻、江蓠和麒麟菜藻类都不能直接食用，为非直接食用海藻，主要作为生产食品添加剂的原料。我国海带年产量约占世界年产量的一半，除了用于直接食用外，主要被用作生产海藻酸钠的原料，产生的废渣中含有大量膳食纤维，从海带提取褐藻胶后的残渣中提取膳食纤维可以提高附加值，提高海藻酸钠生产企业的经济效益。因此有必要改变这些藻类的加工方法，提高藻类的利用价值，拓宽膳食纤维的资源领域。

膳食纤维依据原料及产品特征要求的不同，其加工方法有很大的不同。目前，膳食纤维的提取方法主要有以下五种。

① 粗分离法：例如悬浮法和气流分级法，适合于原料的预处理。

② 化学分离法：采用化学试剂来分离膳食纤维，主要有酸法、碱法和絮凝剂等。化学分离法采用较普遍，经酸碱处理后，滤清液用酸调 pH 值、漂白，并经过离心处理，再将清液用碱回调 pH 至中性，并用酒精沉淀，所得沉淀物即为水溶性膳食纤维，滤渣为水不溶性膳食纤维。

③ 膜分离法：是通过改变膜的分子截留量来制备不同分子量的膳食纤维的方法，该方法避免了化学分离法的有机残留。

④ 化学试剂和酶结合提取法：在使用化学试剂处理的同时，用各种酶如α- 淀粉酶、蛋白酶、糖化酶和纤维素酶等降解膳食纤维中含有的其他杂质，再用有机溶剂处理，用清水漂洗过滤、甩干后便可获得纯度较高的膳食纤维。

⑤ 发酵法：采用保加利亚乳杆菌和嗜热链球菌对原料进行发酵，然后水洗至中性，干燥即可得到膳食纤维。目前该法在果皮原料制取膳食纤维时使用。

目前，我国从陆生植物原料制取膳食纤维时，主要是化学分离法与化学试剂和酶结合提取法这两种方法。化学分离法的特点是成本较低，但酸碱处理过程中使大量的水溶性膳食纤维流失，产品的持水力和膨胀力较低。化学试剂和酶结合提取的方法则成本较高，但酶能温和地去除淀粉、蛋白质、脂肪等杂质，不影响水溶性膳食纤维，产品的持水力和膨胀力高，得率也高。

三、硫酸软骨素功能食品

（一）硫酸软骨素结构与生理功能

硫酸软骨素是存在于动物软骨组织和体液中的一种酸性黏多糖类，以游离状态或与蛋白质结合成蛋白质黏多糖形式存在。可与大量的水形成凝胶状物质（可吸收 1000 倍以上的水），以保持人体软骨和体液的保水性、胶黏性和润滑性。随着年龄的增长，其含量会逐渐减少并低分子化，从而使骨关节的滑液黏性下降，润滑功能下降，从而引起关节炎等症状。口服硫酸软骨素可改善上述功能下降，为此已有不少为改善关节炎、增加保水性和润滑性的商品上市。

硫酸软骨素的主要构架是由硫酸化的乙酰化半乳糖胺与葡萄糖相结合而成的双糖为基本构架的多糖类物质，由于与糖相结合的硫酸基的位置和数量的不同，已知有硫酸软骨素 A～硫酸软骨素 E、硫酸软骨素 H、硫酸软骨素 K 等数种。哺乳动物的软骨中以硫酸软骨素 A 为主，含少量硫酸软骨素 C；鲨鱼的软骨中则主要是硫酸软骨素 D，有少量硫酸软骨素 C；硫酸软骨素 B 主要存在于表皮皮肤中，故又称硫酸皮肤素（dermatansulfate）；硫酸软骨素 E 存在于乌贼等软骨中。目前用于生产硫酸软骨素的原料以牛的鼻软骨、猪的肋软骨和气管软骨、鸡的软骨以及鲑鱼的鼻软骨等为原料，经水浸、用碱调节 pH 后用蛋白酶酶解后精制，最后用酒精或甲醇将硫酸软骨素沉淀后加工而成。

硫酸软骨素具有如下一些生理功能：

① 保护骨关节。服用硫酸软骨素促使软骨滑液和软骨组织中的硫酸软骨素蓄积，从而有效改善腰痛、关节痛和肩关节炎等症状。

② 护眼。通过硫酸软骨素的保水作用而防止泪液蒸发，保持眼睛湿润，防止干眼痛、防止眼睛疲劳、保护角膜。

③ 减肥。在体内可抑制小肠对脂质和葡萄糖的吸收以达到减肥作用。

④ 抗氧化。对 LDL 有抗氧化作用。

⑤ 改善听力。对神经性失聪、外伤性噪声失聪有改善作用。

⑥ 改善肌肤干燥。

（二）硫酸软骨素的提取方法

目前硫酸软骨素生产工艺很多，主要有稀碱 - 浓盐提取、稀碱提取及碱解 - 酶解提取法等。但都有其不完善的地方。浓碱提取工艺产品颜色较深，且废碱液对环境的危害较大；稀碱提取工艺蛋白质含量和氮含量较高，生产周期较长；稀碱 - 浓盐提取工艺，产率和纯度都不高。其中碱解 - 酶解提取法生产的产品质量较高，且大大缩短了生产周期，但是最佳的工艺条件没有确定，需要进一步优化提取条件，提高产品质量，缩减生产成本。

1. 稀碱 - 浓盐提取法

将干燥粉碎的原料采用稀碱浸提，继续用稀碱调节 pH 值至碱性，加热至 40℃，用电动搅拌机不断搅拌，恒温提取 12h，随后用双层纱布过滤，滤液用酸调节 pH 至中性后迅速升温至 90℃，恒温 20min，速降温至室温，获得盐解液。将其放置 2h，低速离心，弃沉淀，留取上清液，用去离子水稀释。稀释液中加入 95% 的乙醇，混匀后静置；除去上清液，沉淀物再用低浓度 NaCl 溶液溶解，再离心，过滤除去沉淀，其上清液再用 95% 的乙醇沉淀，所得到的沉淀物即为硫酸软骨素。用丙酮浸泡脱水一次，乙醚浸泡脱脂一次，最后将沉淀物放入 60℃的烘箱中直接烘干得成品。其工艺流程如下：

原料→干燥粉碎→稀碱提取→调节滤液 pH →加热→滤液→ 95% 乙醇沉淀→过滤→沉淀物干燥→硫酸软骨素成品

2. 稀碱提取法

将干燥粉碎的原料采用稀碱浸提，抽提，再用盐酸调节 pH，除去酸性蛋白，离心，沉淀物干燥，即获得硫酸软骨素成品。其工艺流程如下：

原料→干燥粉碎→稀碱浸提→抽提→调节滤液pH→离心→沉淀物干燥→成品

3. 碱解 - 酶解提取法

首先用稀碱提取硫酸软骨素，再用碱性蛋白酶分解去除杂蛋白，然后用乙醇沉淀，将沉淀物在 60℃下恒温干燥获得硫酸软骨素成品。其工艺流程如下：

原料→干燥粉碎→碱提取→滤液→酶降解→80%乙醇沉淀→过滤→干燥→成品

第四节　　海洋色素类功能食品

使鱼虾贝等水产品呈现各种色泽的化学成分主要包括：黑色素、虾青素、叶黄素、肌红蛋白、血红蛋白、β- 胡萝卜素、血蓝蛋白等，因生物的种类和组织不同，其所含的色素种类及量亦不同。类胡萝卜素多存在于鱼虾贝类体表，其多种衍生物的存在是构成水产品多彩体色的主要原因。虾青素不仅是真鲷鱼类、红色鱼类及虾、蟹类体表的重要色素，而且还是鲑鳟鱼类的红色肌肉色素。鱼的肌肉呈色的主要原因是肌红蛋白和血红蛋白，由于鱼肉肌红蛋白的自身氧化速度大于牲畜肉，导致贮藏中鱼肉更易变色。血蓝蛋白是虾蟹等甲壳类、乌贼、章鱼、腹足类等软体动物中的色素蛋白。捕捞后，缺氧状态的乌贼、蟹的体液为无色，死后逐渐吸收空气中的氧而带有蓝色。

一、虾青素

（一）虾青素的结构、性质和生理功能

虾青素是一种在自然界中广泛分布的天然类胡萝卜素，是鲤鱼、鳟鱼的鲜粉红色和虾、蟹类体表的重要色素，是虾壳红色素的主要成分。甲壳类加工的下脚料中含有大量虾青素，全世界每年有数百万吨的甲壳纲水产品的下脚料作为甲壳素生产的原料，如果能在甲壳素生产之际提取出虾青素，不但可为企业获得更大的经济效益，而且有利于提高甲壳素质量，减少废水的色度，对废水治理和循环经济具有积极作用。

虾青素学名 3, 3′-二羟基-4, 4′-二酮基-β, β'-胡萝卜素，分子式 $C_{40}H_{52}O_4$，分子量 596.86，是一种萜烯类不饱和化合物，呈粉红色，是 600 多种类胡萝卜素中的一种。其结构式如图 14-5 所示。

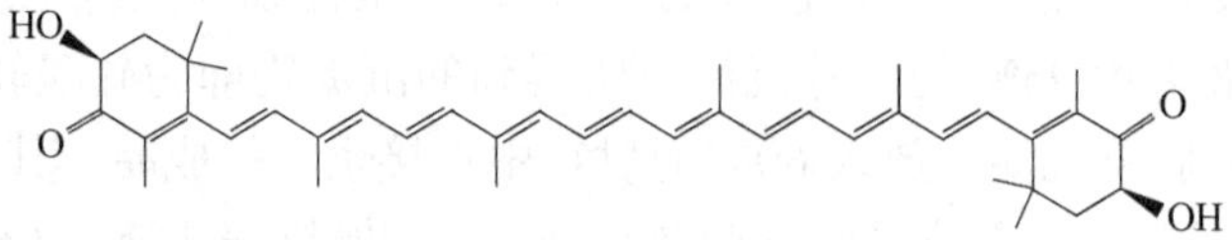

图 14-5　虾青素的结构式

虾青素易溶于氯仿、丙酮、苯和二硫化碳等有机溶剂，由于在两个白芷酮环上有一个羟基和一个酮基，所以易酯化。自然存在的虾青素常与蛋白质结合在一起，或者更为常见的是与一个或者两个脂肪酸结合形成酯，使得虾青素比较稳定。虾青素的氧化产物为虾红素。

在大多数情况下，虾青素呈鲜艳的红色或橙色，但在一些甲壳类动物中，虾青素由于与蛋白质的结合而变成了深蓝或绿色，在加工过程中由于加热破坏了虾青素与蛋白质的结合而恢复了虾青素本来的颜色。

类胡萝卜素在生物学上首先被认识是它们作为维生素 A 原，在机体内转化为维生素 A 再发挥作用。近年来的研究发现，类胡萝卜素的许多其他功能与维生素 A 前体并无关联。虾青素是一种非维生素 A 原的类胡萝卜素，由于其结构上与其他类胡萝卜素的细微差别，使其某些生物学作用远比其他类胡萝卜素要强。研究表明，虾青素具有抗氧化、抗肿瘤、增强免疫力、保护神经系统、抗炎症、促进肝脏功能、保护细胞中的线粒体、保护眼睛、保护皮肤、光保护以及提高细胞健康等许多重要的生理和生物学功能。

（二）虾青素的提取方法

从甲壳类加工下脚料中提取回收虾青素，是虾青素生产的主要途径之一，关于这方面国内外均有较长的研究历史，方法较多。目前提取虾青素主要有 4 种方法：碱提法、油溶法、有机溶剂法以及超临界 CO_2 流体萃取法。

1. 碱提法

甲壳下脚料中的虾青素大多与蛋白质结合。碱提法主要是应用碱液脱蛋白质的原理，当用热碱液煮下脚料时，其中的蛋白质溶出，而与蛋白质结合的虾青素随之分离，从而达到提取虾青素的目的。有专利报道：将虾壳等置于沸碱液中使虾青素溶出，然后加酸沉淀或冷却将虾青素分离出来。虾青素的氢氧化钠提取法见图14-6。

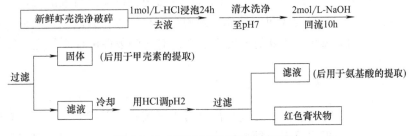

图14-6　虾青素的氢氧化钠提取法

用 1mol/L HCl 浸泡脱去龙虾壳中的碳酸钙等无机物，同时使龙虾壳由本色变为鲜红色，脱去钙质后的龙虾壳鲜红变软。用 2mol/L NaOH 回流将色素从壳质中脱下来，调 pH 值约为 2 使色素沉淀下来，与溶液中的其他成分分离。由于碱提法加工过程需消耗大量酸碱，其废水排放是很难解决的问题，因此近几年来对碱提法的报道较少。

2. 油溶法

虾青素具有良好的脂溶性，油溶法正是利用这一特性进行的。该方法所用的油脂主要为可食用油脂类，最常见的是大豆油，也有用鱼油（如鲱鱼油、鳕鱼肝油等）。

油用量直接影响虾青素的提取效率。从克氏原螯虾中提取虾青素时，认为油用量与原料比在 1∶（10～1）（体积比）之间时提取效率差别不大，但是增至 1∶1 后则开始下降。用豆油处理红蟹壳时，得出结论认为油料比 1∶9 为最佳比例，并且采用三阶段逆流提取更为有效。不同类型油的提取效果不同，相同工艺下大豆油的提取效果明显高于鱼油。鳕鱼肝油作为提取剂，以油料比 2∶1（g∶mL）于60℃提取 0.5h，虾青素回收率可达74%。油提取温度在60～90℃。提取时温度较高会影响虾青素的稳定性，另外提取后含色素的油不易浓缩，产品浓度不高，使应用范围受到限制。若想纯化，需采用色谱方法。

3. 有机溶剂法

有机溶剂是一种提取虾青素的有效试剂，通常提取后可将溶剂蒸发，从而将虾青素浓缩，得到浓度较高的虾青素，同时溶剂也可回收循环利用。常见的溶剂有丙酮、乙醇、乙醚、石油醚、氯仿、正己烷等，不同的溶剂提取效果不同。

4. 超临界 CO_2 流体萃取法

超临界流体萃取技术是 20 世纪 60 年代兴起的一种新型分离技术。超临界流体即为温度和压力在临界值以上的流体，它兼有气体、液体两者的特点，密度接近于液体，黏度和扩散系数接近于气体，不仅具有与液体溶剂相当的溶解力，而且具有优良的传质性能。超临界流体萃取技术就是利用上述超临界流体的特殊性质，在高压条件下与待分离的固体或液体混合物接触，调节系统的操作压力和温度，萃取出所需要的物质，随后通过降压或升温的方法，降低超临界流体的密度，使萃取物得到分离。由于超临界 CO_2 流体萃取法提取的产品具有纯度高、溶剂残留少、无毒副作用等优点，越来越受到人们的重视。

（三）提高虾青素提取率的措施

据报道，虾壳中的虾青素主要是以各种结合态存在的，如与蛋白质、钙、甲壳素等结合。因此其结合程度必将会影响虾青素的提取，尤其是虾壳上的色素，研究发现即使是最有效的溶剂也很难将其溶出。另外，虾壳的颗粒大小等均会影响最终虾青素的提取率，对这些条件进行研究是非常必要的。

1. 物理加工

虾壳在提取之前往往进行机械破碎，以增大溶剂与物料的接触面积，从而提高提取效率。颗粒尺寸从 5mm 变为 2mm 时，回收率提高 40%。常见的破碎方法是组织捣碎、研磨、双螺杆挤压、超声波等。

由于研磨、挤压过程是机械作用，容易局部产生高温，这非常不利，极易造成虾青素的氧化损失，因此，通常原料先经冷却或冻结后再进行处理。超声波主要是通过溶剂内部小气泡的形成和破碎，产生冲击波，从而在短时间内有效破坏虾壳组织，达到高效提取虾青素的目的。一般来说，超声波强度和作用时间与提取效率成正比。

2. 酸化处理

虾壳上的部分色素与碳酸钙结合紧密，对甲壳进行去钙化处理，减少虾青素与钙的结合，才能将这部分虾青素提取出来，从而提高虾青素的提取率。各种酸均可去钙化，但是无机酸腐蚀性强，若添加过量，后期处理麻烦，建议使用有机酸，常用的有机酸有甲酸、乙酸、丙酸等。

3. 聚合剂提取

在脱去碳酸钙后，采用聚合剂从加工虾的下脚料中提取虾青素、虾青素酯和虾红素，其产率明显提高。得到的产品以游离或与蛋白质、脂类等结合的形式存在。

（四）防止虾青素氧化的措施

虾青素容易被氧化，在加工过程中需要采取有效的抗氧化措施。

1. 温度

提取温度对提取效率而言非常重要。温度升高提取速率提高，但同时虾青素的氧化速率加快，这是一个矛盾的过程。研究发现，当温度达到 70℃以上时氧化损失最快，因此加工过程应尽量避免温度高于 70℃，且应尽量缩短处理时间。

2. 光照

虾青素在日光下很不稳定，加工过程中应注意避光。生产中用铅或铂把容器围起来避光能有效提高回收率。

3. 抗氧化剂

在加工过程中添加抗氧化剂将会很好地起到保护虾青素的作用，常用的抗氧化剂有 BHA、BHT、乙氧基喹啉、维生素 E 等。用热油提取虾青素时添加乙氧基喹啉，发现虾青素回收率明显提高，且在一定范围内回收率随抗氧化剂用量的增加而增加。维生素 E 可明显抑制提取过程中虾青素的氧化，且随着提取温度的升高，效果更加明显。

4. 真空度

加工过程可以采用抽真空和充氮气的方法来保护虾青素，这样可以将虾青素与氧隔离，减少氧化，从而达到提高回收率的目的。

5. 生物技术

生物技术是目前应用较广泛的技术，利用生物技术处理虾壳等下脚料，不但可以提高虾青素的回收率，还可以同时回收蛋白质，降低化学法脱蛋白质造成的污染，具有环保高效的作用。

（1）酶的应用

对于虾蟹等下脚料中与蛋白质结合的虾青素，国内外有很多研究是利用蛋白酶来水解虾蛋白从而断裂色素与蛋白质的结合，以提高色素回收率。常用的酶有真菌蛋白酶、细菌蛋白酶、木瓜蛋白酶等。利用牛胰蛋白酶水解龙虾壳，水解液经真空干燥后得到虾青素含量 295mg/kg 的粉末产品。在 4℃，0.5mol/L EDTA 溶液和 pH 7.7 的条件下，添加纯化的胰蛋白酶反应 50h 后，虾青素的回收率从 35% 升高到 75% 左右，效果显著。运用类似的条件处理南极磷虾下脚料废料，虾青素的回收率也达到 74%；而应用 Milezyme8X 预处理虾废料，则使虾青素的释放率提高了 58%。

除蛋白酶外，其他酶对虾青素的提取也有一定的效果。曾有专利报道了解脂酶（如脂肪酶和磷脂酶）有促进虾青素提取的作用。也有研究者认为 α- 淀粉酶、纤维素酶等可断开甲壳素与虾青素之间的结合，从而有利于色素的提取；但有的研究结果却相反，这可能是由于 α- 淀粉酶在 70℃ 的高温下反应，导致了虾青素的氧化。各种酶之间往往会有协同作用，选用不同的酶进行配合，可在某种程度上达到增效的作用。

（2）微生物发酵

甲壳类下脚料含有丰富的蛋白质，因此可用来作微生物的培养基。国外研究发现，采用乳酸菌发酵来预处理原料，将很好地起到稳定虾青素的作用。研究发现经半固体培养基发酵后的虾废料与未发酵的比较，虾青素的回收率约提高 30%。乳酸菌发酵的作用可能主要有三个方面：乳酸的产生使体系中氢离子增多，从而增强了体系的还原性，抑制了虾青素的氧化；酸的脱钙化作用，促进了虾青素与钙的解离；乳酸菌发酵过程中产生各种酶（主要是蛋白酶）促进了蛋白质等的水解，从而提高了虾青素的提取率。

二、乌贼墨

乌贼，又称花枝、墨斗鱼或墨鱼，是我国近海重要的头足动物，种类繁多，资源量极其丰富。乌贼墨存在于墨囊中，主要成分为黑色素和蛋白质多糖复合物。

新鲜的乌贼墨中的水分、色素、蛋白质、脂肪和糖类等物质的比例约为 75：15.5：6.3：3.0：0.2。乌贼墨颗粒有两层结构，直径在 90～250nm 之间。结构内部是高密度的内核，即黑色素；低密度的外核可能就是连接在黑色素上的蛋白质多糖复合物。最初，由扫描显微镜观测显示黑色素是由黑色素单体堆积而成的，X 射线光电子能谱进一步研究表明黑色素由 5,6- 二羟基吲哚（DHI）和 5,6- 二羟基吲哚 -2- 羧

酸（DHICA）组成（如图 14-7）。通过 MALDL-MS 图像，并和黑色素的图谱相比较，鉴定出乌贼墨黑色素中含有分子质量 450～1200Da 不等的次生降解低聚糖。乌贼墨中有丰富的酶系，有学者从中检测到酪氨酸酶、壳多糖酶、β- 乙酰己糖胺酶及一种可以催化多巴色素重排的黑色素酶的活性。

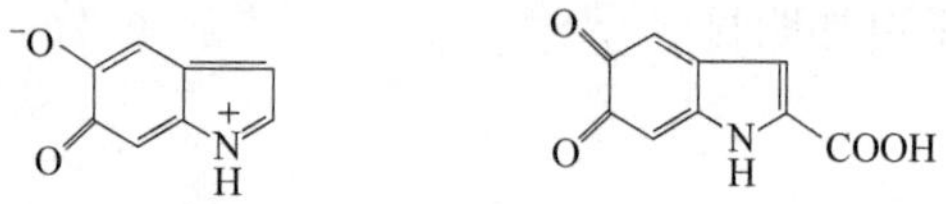

DHI   DHICA

图 14-7 乌贼墨黑色素结构

理化性质：乌贼墨不溶于水和多种有机溶剂，在乙醇、乙醚、氯仿和强酸中仍为颗粒状，化学性质稳定。可溶于二甲亚砜、二氯乙醇和碱性溶液，而在酸性环境下又产生沉淀。对许多物理处理手段，如加热、超声波处理具有较强的耐受性。

生理活性：乌贼墨具有多功能的海洋生物活性，有较高的药用价值。研究表明，乌贼墨具有抗氧化、抗肿瘤、凝血活性、抗菌活性、化疗后损伤修复作用等许多重要的生理和生物学功能。

概念检查 14-2

○ 目前海洋功能食品产业存在哪些主要问题？如何解决？
  请结合所学的知识谈谈开发海洋功能食品的重要性。

参考文献

［1］凌关庭.保健食品原料手册.北京：化学工业出版社，2006.

［2］刘静波，林松毅.功能食品学.北京：化学工业出版社，2008.

［3］申铉日，李川，夏光华.水产品加工副产物的综合利用.北京：科学出版社，2018.

［4］谭仁祥.功能海洋生物分子——发现与应用.北京：科学出版社，2007.

［5］章超华，薛长湖.水产食品学.2 版.北京：中国农业出版社，2010.

［6］朱蓓薇.实用食品加工技术.北京：化学工业出版社，2005.

［7］朱蓓薇，曾名湧.水产品加工工艺学.北京：中国农业出版社，2011.

总结

○ 海洋油脂

• 海洋油脂的主要来源：鱼、微藻、南极磷虾、海洋微生物。

• 鱼油的组成成分：甘油三酯、磷脂、脂溶性维生素、固醇、色素、烃类等。

• 南极磷虾油的特点：DHA和EPA的含量高，且大部分以磷脂型存在。

• DHA和EPA的富集技术：低温结晶法，尿素包合法，硝酸银柱法/银盐络合法，超临界CO$_2$萃取法，减压蒸馏和分子蒸馏法等。

○ 海洋蛋白质

- 浓缩鱼蛋白的加工工艺流程：

  原料→蒸煮→压榨→干燥→脱脂脱臭→干燥→杀菌→成品

- 鱼精蛋白的作用：抗菌、抗疲劳、增强免疫力、延缓衰老、促进消化、强化肝功能、抑制血液凝结等。

- 海洋活性肽的制备方法：蛋白酶解法、酸水解法、碱水解法、天然活性肽提取法、定向合成法。其中，制备功能食品时常用的是蛋白酶解法。

- 蛋白酶解法常用的酶：胰凝乳蛋白酶、胃蛋白酶、嗜热菌蛋白酶、碱性蛋白酶、中性蛋白酶、复合蛋白酶、木瓜蛋白酶、菠萝蛋白酶、风味酶等。

- 海洋活性肽的分离、纯化方法：板框过滤、膜过滤、结晶、大孔树脂分离、色谱法等。

○ 海洋多糖功能食品

- 壳聚糖：又称脱乙酰甲壳素，是由自然界广泛存在的甲壳素脱乙酰基得到的。

- 壳聚糖的制备方法：碱液法、碱熔法、醇钠法、酶法、微波制备法等。

- 海藻膳食纤维的提取方法：粗分离法、化学分离法、膜分离法、化学试剂和酶结合提取法、发酵法等。

- 硫酸软骨素的功能：保护骨关节、保护眼睛、减肥、抗氧化、改善听力、改善肌肤干燥等。

- 硫酸软骨素的提取方法：稀碱-浓盐提取、稀碱提取及碱解-酶解提取法等。

课后练习

一、正误题

1）海水鱼油C$_{18}$、C$_{20}$、C$_{22}$的脂肪酸含量较高，而淡水鱼油C$_{16}$饱和脂肪酸和C$_{18}$不饱和脂肪酸含量较高。（　　）

2）碳原子数越大的鱼油脂肪酸，超临界CO$_2$对它的溶解能力就越大。（　　）

3）鱼油的主要功效成分是EPA和DHA。（　　）

4）南极磷虾油的DHA和EPA含量高，且大部分以磷脂型存在。（　　）

5）海藻除了可以制备海藻油保健品，还可以制备生物柴油。（　　）

6）通过向粗制鱼油添加适量软化水并搅拌是为了脱酸。（　　）

7）鱼油萃取过程需将多不饱和脂肪酸脱乙酰化；壳聚糖制备过程需提前进行酯化。（　　）

8）羧甲基壳聚糖适于制备水质性化妆品的功能性成分是由于其优良的水溶性、乳化性及成膜性能。（　　）

9）海洋活性肽最常用的制备方法是定向合成法。（　　）

10）虾蟹等甲壳类、乌贼、章鱼、腹足类等软体动物中的色素蛋白是血蓝蛋白。（　　）

二、选择题

1）鱼油提取过程中脱色方式有（　　）。

　A. 常压脱色　　　B. 增压脱色　　　　C. 减压脱色

2）海藻非蛋白质氨基酸难以大规模开发利用的原因不包括（　　）。

　A. 氨基酸结构复杂　B. 海藻中的含量较低　C. 不易从天然海藻中直接提取

第十五章　水产品加工高新技术

　　真空油炸可以使产品的原有风味和色泽得到较好保留，产品质构好，含油量少，有害的热反应产物降到最低，是适合应用于功能成分复杂的海洋食品的现代食品加工新技术。

水产原料与真空低温油炸食物

 为什么学习水产品加工高新技术?

　　社会的发展推动了科学技术的进步。水产品加工技术已从腌制、晒干、熏烤等常规的加工，向真空冷冻干燥、超高压处理、辐照、酶技术、气调保鲜和超微粉碎等新型技术转变。随着我国水产业的发展及国内市场需求和对外贸易的增加，水产品加工的重要性日渐凸显。同时，水产原料的转化率低、产品附加值低等一直困扰我国水产品加工业的重要问题亟待解决。如何依靠水产品加工技术的创新提高产品竞争力，如何采用新方法、新工艺、新技术进行技术创新，如何重点开发具有一定超前性的高技术含量、高附加值的深加工产品，如何加强海洋保健食品、特医食品、方便食品的研究开发和水产废弃物的高值化利用是我国水产品加工业的发展方向及技术领先的重要前提。学习并掌握水产品加工高新技术，把握并运用学科发展前沿知识，是时代发展的需要，也是建设美丽中国的需要。

👁 学习目标

○ 能描述出不同水产品加工高新技术的原理。
○ 能指出并描述出不同水产品加工高新技术的工艺流程。
○ 能描述出水产品加工高新技术在水产品加工中的应用。
○ 能分别指出基于物理、化学或生物学方法的水产品加工高新技术。

　　水产品具有低脂肪、高蛋白质的特点，是合理膳食结构中不可缺少的重要组分，已成为人们摄取动物性蛋白质的重要来源。由于水产品上市期比较集中，肉质细嫩，营养丰富，水分含量高，体内组织酶活跃，易腐败。同时，人们在加工或食用水产品时，往往将其下脚料等加工副产品抛弃，不仅浪费资源，而且污染环境。因此，充分利用水产品下脚料，综合加工利用，不仅是水产品加工利用的一个重要研究方向，而且也是提高生态效益和社会效益的必然要求。传统海洋食品加工技术具有水产品种类开发不足、原料利用不完全、食品的营养成分遭到破坏和加工过程中产生有害成分等诸多缺点。为了满足消费者对高品质和安全食品的需求，我们有必要在生产中应用新的食品加工技术。如真空低温油炸技术、超高压技术、超微粉碎技术等，我们可有选择地应用于海洋食品加工过程，以最大限度地保证食品的安全和品质，同时延长海洋食品的货架储藏期。

　　本文要讨论的是几种特定的新型海洋食品加工技术。通过对这些加工技术概念、原理及在其应用方面的描述，利用它们的优势和益处加工水产品，或者在原有技术基础上进行改进，都有着巨大的发展空间。

第一节　蛋白组织化技术

鱼肉蛋白重组技术是指借助于机械和添加辅料（食盐、食用复合磷酸盐、动植物蛋白淀粉、卡拉胶等）以提取肌肉纤维中基质蛋白和利用添加剂的黏合作用使肉颗粒或肉块重新组合，经冷冻后直接出售或者经预热处理保留和完善其组织结构的肉制品的加工技术。在肉制品加工中，剔骨肉或碎肉由于加工及品质上的原因，无法被完全利用，而通过肉的重组技术，则可以完全利用这些价格便宜的剔骨肉或碎肉，提高其功能性质和附加值。鱼肉蛋白重组技术在水产加工业中应用广泛。目前，鱼肉蛋白重组技术主要有酶法、化学法、物理法等。

一、鱼肉蛋白酶法重组技术

酶法是指利用酶催化肉的肌原纤维蛋白和酶的最适底物，如酪蛋白、大豆分离蛋白（SPI）等同源或异源蛋白质的基团之间发生聚合和共价交联反应，提高蛋白质的凝胶能力和凝胶的稳定性，从而将肉片、肉块在外界合适的条件下黏结在一起的技术。酶法加工技术主要使用谷氨酰胺转氨酶（transglutaminase，TG），TG能够催化蛋白质分子内部或蛋白质分子之间的酰基转移反应产生共价交联。肌肉中的肌球蛋白和肌动蛋白正是谷氨酰胺转氨酶作用的最适底物，经TG的催化肌肉蛋白质分子间形成致密的三维网状结构，从而将不同粒度大小的碎肉黏结在一起，改善了肉制品的品质，提高了产品的附加值。除了TG外，研究人员还研制出了血浆纤维蛋白黏合剂，其黏结机理是模拟血凝的最后阶段反应。以Ca^{2+}激活纤维蛋白原形成半刚性纤维蛋白单体，单体自发形成以氢键相连接的可溶性多聚体，多聚体通过物理作用与化学键黏合周围碎肉而形成大片肉或大块肉。

由鲜羊血制备的纤维蛋白原溶液，可以通过凝血酶的催化交联作用，使碎肉充分黏结。通过与正常肉的成片性和煮后状态的对比试验结果表明，此法黏结的重组肉与正常肉在这两方面无差别。通过比较谷氨酰胺转氨酶、蛋清和玉米淀粉等对重组小梅鱼鱼肉黏合性的影响，发现谷氨酰胺转氨酶对重组鱼肉的黏合效果优于蛋清和玉米淀粉。以谷氨酰胺转氨酶的作用浓度、作用pH、反应温度和作用时间为黏合正交因子，通过正交实验得出谷氨酰胺转氨酶的最优参数为酶浓度0.4%、黏合pH 8.0、温度45℃、时间60min，重组鱼肉的黏合性最佳。

二、鱼肉蛋白化学法重组技术

由于TG的价格较贵，为了降低重组肉的生产成本，保证产品质量，人们研究使用了化学方法，如使用海藻酸钠和氯化钙的方法。其原理是海藻酸钠的羧基活性较大，可以与镁和汞以外的二价以上金属盐形成凝胶。重组肉的生产则利用海藻酸钠与Ca^{2+}形成海藻酸钙热不可逆凝胶，其凝胶强度取决于溶液中Ca^{2+}的含量和温度，从而获得从柔软至刚性的各种凝胶体。某些阴离子多糖如海藻酸盐还可以通过静电作用力与肌球蛋白、牛血清蛋白等蛋白质相互作用。此外，还有使用结冷胶的方法，在加热状态下，结冷胶呈不规则的线形存在，在凝胶促进因子Ca^{2+}、Mg^{2+}等离子存在下，将其冷却后即可形成刚性的双螺旋凝胶，并通过凝胶促进因子而使螺旋体聚集在一起。有研究将海藻酸钠与结冷胶复合后发现海藻酸钠的添加量对各种性质的影响较大。

三、鱼肉蛋白物理法重组技术

物理法利用加热、高压、机械力等作用使肌肉中肌纤维蛋白形成凝胶。

（一）热凝固法

蛋白质浓溶液在平滑的热金属表面发生水分蒸发，蛋白质随即产生热凝结作用，形成组织化蛋白。

（二）热塑挤压法

含有蛋白质的混合物在螺杆的输送作用下，在机筒温度、压力和螺杆剪切的作用下，发生熔融，当挤出模头后，物料水分迅速蒸发，形成了膨胀、干燥的多孔结构，得到组织化蛋白。

（三）纤维纺丝法

在 pH>10 的条件下制备高浓度蛋白质溶液，经过脱气、澄清后在高压下通过多孔的喷头进入含有氯化钠的酸性溶液，在等电点和盐析效应的共同作用下，蛋白质发生凝结，形成纤维状结构。

三种方法中，热塑挤压法连续性较好，工艺集成性高，原料适用性宽泛，是应用最广泛的技术。挤压组织化蛋白产品已从普通型发展成根据蛋白质含量、水分含量、纤维状结构等分类的多个系列产品。以鱼肉、大豆蛋白为主要原料，通过双螺杆挤压技术将其内部结构进行重新组合得出最佳挤压条件为：物料含水率30%、进料速度35r/min、螺杆转速175r/min、挤压机五区温度90℃→100℃→110℃→145℃→110℃，在这种条件下挤出物的组织化程度可达到2.12。

四、展望

鱼肉重组制品的加工技术现已基本成型，只要控制好关键工艺参数、原料鲜度、安全卫生环节，就能够生产出优质的鱼肉重组产品。我国鱼肉重组制品工业化生产线不仅实现了自动化，而且还研制开发了一系列新型高档次的鱼肉重组制品，如虾丸、鱼香肠、模拟蟹肉、模拟虾肉等。重组肉制品加工技术现在广泛应用于肉制品加工业生产的产品以熟制品居多。在未来，以生产生鲜状态为主的重组肉制品，如冷冻调理食品、强化某种营养成分适合特殊人群食用的产品将成为一个主要发展方向，其功能性和耐存性将会有更大的改善与提高；此外，随着人们研究的不断深入，重组肉制品的化学安全性、微生物安全性都会得到评估，并通过技术手段保证其货架期的稳定性。

第二节　超高压技术

超高压（ultra-high pressure，UHP）又称为高压加工（high pressure processing，

HPP）或高静水压（high hydrostatic pressure，HHP），在我国一般将压力超过100MPa的压强称为超高压。超高压是食品非热加工技术之一，通过采用100MPa以上（100～1000MPa）的静水压力在常温下或较低温度下对食品物料进行处理，达到灭菌、钝酶、物料改性和改变食品的某些理化反应速度的效果。

一、超高压技术的作用机制

超高压技术的作用机制主要包括勒夏特列原理以及帕斯卡原理，属于物理过程。超高压处理过程主要是通过减少物质分子间、原子间的距离，使物质的电子结构和晶体结构发生变化。破坏物料分子中的非共价键，但对共价键影响微弱，即对食品中的氨基酸、维生素等成分的破坏力较小，从而能够较好保持食品原有的营养、色泽和风味。蛋白质是微生物细胞膜的主要组成成分，当进行超高压处理时，蛋白质的氢键受到破坏，使得微生物蛋白质的二、三、四级结构发生变化，致使蛋白质变性，微生物细胞膜破裂，最终导致微生物死亡。当微生物细胞处于低压环境状态时形态结构只会部分改变，无法导致细胞死亡，但压力超出限定值后会出现变化。不同种类的微生物所承受的超高压的限定值不同。超高压能够对微生物的细胞膜、核糖体以及酶带来损害，并且抑制微生物DNA的复制，进而杀死微生物。

二、超高压技术在水产品加工中的应用

超高压加工技术一个重要应用领域就是水产品的冷鲜加工。近年来，国内外对于超高压技术应用于水产品加工的报道逐渐增多，主要针对鱼类和虾蟹贝类。超高压技术在鱼类的加工中主要是水产品杀菌、脱壳、改性、快速冷冻和解冻等。

（一）杀菌

微生物是影响水产品货架期的重要因素，而超高压处理能有效地减少水产品中微生物的数量，进而延长其货架期。很多腐败菌对高压敏感，因此超高压对水产品中特定微生物也有很好的抑制效果。相较于传统的热加工处理方法，超高压技术具有灭菌均匀、瞬时高效等优点。经超高压处理后的食品，能最大限度保持食品原有的营养成分，易被人体吸收。加压温度、时间和压力的大小均会对其作用产生直接的影响，且温度越高，杀菌作用越明显。超高压处理在任何温度条件下，都可改善微生物对压力的敏感性，即便在较低的温度下都能取得较好效果。在合适的压力条件下，超高压处理对食品物料的加压大小与杀菌保鲜效果成正比，压力越高，杀菌保鲜效果越显著。在一定的保压温度与压力条件下，适当延长保压时间有助于杀菌。鱼和贝类易被革兰氏阴性菌感染，这些菌对压力比较敏感。在400MPa超高压下处理半干鱿鱼片20min，可以使嗜冷菌数至少降低4.7个对数值。4℃条件下，450MPa超高压处理3min，能较好抑制嗜冷菌、常温菌与产硫菌，尤其是希瓦氏菌的生长。超高压技术在水产品杀菌的应用对我国水产品的保鲜问题提供了新的方向，为后续工业化发展提供了许多理论基础。

（二）脱壳

现阶段，我国虾贝类脱壳主要是以人工剥离为主，与发达国家虾贝类的脱壳方法（加热脱壳法、微波脱壳法、激光脱壳法和超高压脱壳法）相比，我们的加工方式不仅效率低、卫生性难以得到保

第十五章

证，同时，也不易获得完整的贝肉，使贝类产品的加工受到限制。超高压技术虽然最早出现于食品杀菌领域，但随着深入的研究，超高压脱壳技术的应用也逐渐增多。通过对贝类产品施加超高压力，不仅能够消除食品中的致病菌，还能使闭壳肌的肌肉纤维和壳体的粘连组织在压力的作用下松懈，使肉和壳之间的蛋白质明胶化，失去弹性和束缚，从而达到轻松脱壳的目的。图 15-1 为超高压脱壳机。

图 15-1 超高压脱壳机

在 300MPa 的超高压力下保持 1min，可以使南美白对虾脱壳率达到 100%，在保持虾仁完整度的同时，还能降低虾仁品质的破坏程度，使虾仁保持较好的色泽、含水量及咀嚼性。超高压技术应用于甲壳类水产品的脱壳也日渐成为研究的热点，其中最典型的例子之一是牡蛎的加工，241MPa、2min 条件下超高压处理可以使牡蛎脱壳率达到 88%，而 310MPa 瞬时处理的脱壳率达到 100%，不仅可以获得比较完整的贝肉，还可以最大限度地保持贝肉本身的营养价值和感官品质。此外，还可以同时杀灭食品中存在的微生物，延长产品的货架期。

（三）改性

凝胶强度、持水性是衡量鱼糜制品特性的重要指标，但目前的热加工方式（如传统水浴加热，又称"二段式加热"）对于改善鱼糜凝胶特性还不够理想，超高压作为一种新型技术，通过诱导鱼糜蛋白变性，破坏原有空间结构，构造新的凝胶网络结构，可以得到凝胶特性更好的鱼糜制品。超高压（300MPa）应用于低盐阿拉斯加鳕鱼鱼糜凝胶可以诱导肌原纤维蛋白展开，使得理化性质和感官特性优于普通食盐添加量（3%）的鱼糜凝胶。同时，超高压对鱼糜凝胶特性的影响与压力、保压时间、温度、鱼糜种类等有密切关系，在 400MPa 处理马鲛鱼糜 30min 后，其硬度和咀嚼度分别提高了 2.87 倍和 2.70 倍。

（四）快速冷（解）冻

低温保藏是现代水产原料与水产加工制品的主要保存方式之一。其中冷冻与解冻是其加工处理的重要环节，且在这两个环节中，冷冻水产品的最终食用价值、品质都会受到很大影响。

1. 超高压应用于水产品快速冷冻

冷冻是水产品保存中最常见的手段，而冷冻水产品的品质则受到冰晶大小和形成位置的直接影响。在传统冷冻中，冷空气传导速率较慢，冰晶形成从表面向中心逐渐移动，冰晶大且不均匀，导致细胞破裂，进而对产品的风味和品质产生不利影响。而由于超高压可创造超冷度的特点，在近年来成为了实现水产品快速高品质冷冻的潜在工具。压力转移冻结（PSF）是当前研究得比较多的模式，在这一过程中，水产品在200MPa下进行冷却，当达到略高于该压力条件下的水冰点温度（通常为−18℃）时，瞬间释放压力，这时水产品的相转变温度快速提升，进而迅速加大了相转变温度和水产品温度的直接温度差，即时产生大量细小且均匀的冰晶，实现了真正速冻，减少了因细胞组织破坏而出现的品质变差。

2. 超高压应用于水产品快速解冻

在解冻过程中，压力辅助解冻（PAT）可理解为PSF的逆过程，它通过提高冷冻品相转变温度和热源间的温度差，使热源传递增加，进而达到快速解冻的目的。相较于空气和水解冻，在压力100MPa、150MPa、200MPa的超高压条件下，对−20℃虾的解冻的PAT解冻时间分别缩短了34.3%、42.9%、51.4%，解冻时间缩短效果明显。

三、展望

超高压技术在水产品加工应用广泛，能够强力杀灭水产品中的有害微生物，快速有效地对虾贝类脱壳、鱼糜凝胶改性等。在当代社会，人们对食品的营养安全需求越来越高，安全无污染已经变成一种趋势。虽然当前超高压技术在水产品加工储藏的应用仍然处于初步成熟阶段，但是相信在未来的发展中超高压技术的应用范围必将得到拓展，为消费者带来更加健康、更加安全的食品。

 概念检查 15-1

○ 目前水产品的冷冻和解冻存在哪些主要问题？有何高新技术用于解决这些问题？

第三节　超临界流体萃取技术

超临界流体萃取（supercritical fluid extraction，SFE，简称超临界萃取）是一种将超临界流体作为萃取剂，把一种成分（萃取物）从混合物（基质）中分离出来的技术，是一种新型的物质分离提纯技术。超临界流体是指介于液体和气体之间的特殊流体，兼具液体和气体的双重物性。超临界萃取装置如图15-2所示。

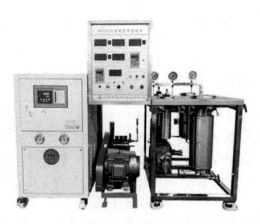

图 15-2 超临界萃取装置

一、超临界萃取技术原理

超临界流体是指温度和压力均高于临界点的流体，若向其加压，气体不会液化，只是密度会增大，具有类似液体的性质，同时保留气体的性能。超临界流体具有良好的溶解和传质特性，能与萃取物很快达到传质平衡，实现物质的有效分离。因此，超临界流体萃取分离过程是利用超临界流体的溶解能力与其密度的关系，即利用压力和温度对超临界流体溶解能力的影响而进行的。在超临界状态下，流体与待分离的物质接触，使其有选择性地依次把极性大小、沸点高低和分子质量大小的不同成分萃取出来。然后借助减压、升温的方法使超临界流体变成普通气体，被萃取物质则自动完全或基本析出，从而达到分离提纯的目的。

二、超临界萃取技术的特点

超临界萃取技术是近代化工分离中出现的一种高新分离技术。它可同时完成蒸馏和萃取两个步骤，而且可在接近室温的环境下完成，不会破坏生物活性物质，适合于一些热敏性等其他难分离的物质。由于超临界 CO_2 流体具有高扩散能力和高溶解性能，且质剂分离只需改变温度和压力即可，使其与传统的分离方法相比，具有溶解能力强、传递性能好、分离效率高、操作简便、渗透能力强及选择性易于调节等方面的优点，广泛应用于食品、天然产物、药物、环境重金属回收等方面工业化生产，分离出的产品纯度高。因此 CO_2 流体是美国食品和药物管理局和欧洲食品安全局公认的便宜、环境友好型的介质，该技术也被称为是一种"超级绿色技术"。

三、超临界萃取技术在水产品加工中的应用

超临界流体萃取技术在各种多不饱和脂肪酸油脂、生物活性物质的提取方面已取得很大进展，有的已实现工业规模生产。目前超临界萃取技术在水产品加工中的应用主要见于多不饱和脂肪酸，包括 EPA 和 DHA，以

及一些海洋生物活性物质的提取。

（一）超临界萃取技术提取多不饱和脂肪酸

多不饱和脂肪酸具有抗癌、抗动脉粥样硬化、减肥、提高免疫力等多种生理功效，其中 EPA 和 DHA 更是具有很高的生理活性。超临界萃取技术可以大大提高多不饱和脂肪酸的提取率，这种特有的优势在多不饱和脂肪酸的提取过程中发挥着重要的作用。采用超临界 CO_2 流体萃取冻干鱼子粉中 DHA 和 EPA，其提取率分别达到 55.81% 和 56.93%。采用超临界 CO_2 萃取技术，以 CO_2 流量 2.5～3.5L/h、萃取温度 30℃、时间 3h、压力 25MPa 的萃取工艺提取海藻不饱和脂肪酸时，提取率可达 67.2%。通过添加助溶剂可以改变超临界 CO_2 的极性，以增强超临界流体的溶剂化能力，因此，以乙酸乙酯为改性剂，通过正交试验确定了提取海洋微藻中 EPA 和 DHA 的最佳工艺条件，超临界 CO_2 萃取日本小球藻中 ω-3 脂肪酸中的 EPA 和 DHA 的提取率分别高达 92.1% 和 89.4%，对钝顶螺旋藻和亚心形扁藻的提取率也达 90% 左右，高于直接酯化法、Bligh-Dyer 法、索氏抽提法和乙醇 - 乙烷法等溶剂法，产物中 EPA 和 DHA 的纯度也优于溶剂法。

（二）超临界萃取技术提取水产生物活性成分

超临界萃取技术适用的操作范围广、萃取温度低，能最大限度地保持营养成分不被破坏，且萃取后的 CO_2 不残留，萃取速度快，因此特别适用于水产资源生物活性成分的提取。研究证明，超临界 CO_2 萃取物比索氏萃取物更具活性，通过富含共溶剂的超临界 CO_2 技术从 *Posidonia oceanica* 和 *Zostera marina* 两种海藻中提取的活性化合物苯基丙酸对人的癌细胞具有细胞毒性，可用于治疗癌症。与采用索氏提取法相比较，酶辅助有机溶剂法和超临界 CO_2 流体萃取技术结合，更适合扇贝内脏脂质的提取，实现 78.3%±0.6% 的脂质回收率且提取时间更短。

第四节　微胶囊技术

微胶囊造粒技术就是将固体、液体或气体包埋、封存在一种微型胶囊内成为一种固体微粒产品的技术。它是一种保护技术，采用成膜材料将一些具有反应活性、敏感性或挥发性的液体或固体包封形成微小粒子。微小粒子的粒径在纳米、微米甚至毫米的范围，不同粒径大小的微小粒子分别称为纳米粒或纳米胶囊、微胶囊、微粒以及微球等。

被包埋的材料称为芯材，包埋材料称为壁材。芯材可以为亲水性的也可以为疏水性的。壁材通常为天然高分子材料、半合成高分子材料或全合成高分子材料。天然高分子材料如明胶、淀粉、糊精等，材料无毒，稳定，成膜性好。半合成高分子材料如羧甲基纤维素、甲基纤维素、乙基纤维素等，材料毒性小，黏度大，成盐后溶解度增加，但易水解，不耐高温，需临时配制。全合成高分子材料如聚乙烯、聚苯乙烯、聚脲等，材料成膜性好，化学稳定性好。通常选择壁材的基本原则是：①微胶囊芯壁材之间不发生化学反应或即使发生反应也不会影响到芯材效果；②油溶性芯材一般选择水溶性壁材，水溶性芯材一般选择油溶性壁材；③壁材在溶液中具有良好的溶解性、稳定性及成膜性。

一、微胶囊的作用

微胶囊的主要作用有：①改变原材料的物理状态，使原本液态或气态的材料固体化，从而改善其流动性及贮藏稳定性，而且固化后的材料更便于加工、运输及保存；②有效减少活性物质对外界环境因素（如光、氧、水）的反应，提高物质的稳定性；③控制芯材的释放，可以根据需要的恰当的时间和恰当的位置以一定的速率释放；④掩蔽不良异味，微胶囊化可以掩饰某些物质令人不愉快的味道或气味，如辛辣味、苦味等；⑤改变芯材的物理性质（包括颜色、形状、密度、分散性能）、化学性质等。

二、微胶囊的制备方法及原理

如表 15-1 所示，微胶囊制备方法大致分为化学法、物理化学法和物理法。化学法主要利用单体小分子发生聚合反应生成高分子或膜材料并将芯材包覆，常使用的是界面聚合法；物理化学法是通过改变条件（温度、pH、加入电解质等）使溶解状态的成膜材料从溶液中聚沉出来并将芯材包覆形成微胶囊；物理法是利用物理和机械原理的方法制备微胶囊。

表15-1　微胶囊制备方法

类型	微胶囊制备方法	类型	微胶囊制备方法
物理法	喷雾干燥法	物理化学法	相分离法
	喷雾冷却法		脂质包埋法
	流化床法		复相凝聚法
	挤出法	化学法	界面聚合法
	共结晶法		分子包结络合法
	冷冻干燥法		

（一）喷雾干燥法

喷雾干燥法是微胶囊技术中应用最广泛的方法。图 15-3 为小型喷雾干燥机。喷雾干燥是利用雾化器将料液分散为细小的雾滴，并在热干燥的介质中迅速蒸发溶剂从而形成干粉产品的过程。一般喷雾干燥包括四个阶段：料液雾化、雾群与热干燥介质进行接触混合、雾滴的蒸发干燥、干燥产品与干燥介质分离。料液的形式可以是溶液、悬浮液、乳浊液等泵可以进行输送的液体形式，干燥的产品可以是粉状、颗粒状或经过团聚的。喷雾干燥法优点是可进行连续化生产；生产操作简单、方便、经济、环保；设备是常规设备；产品得率较高，颗粒均匀，且溶解性较好。其缺陷是颗粒太小，使得流动性比较差；操作控制不当时，会有较多的香料吸附在胶囊的表面发生氧化，影响风味；而且，在干燥过程中，为了迅速把水蒸发，干燥温度会比较高，容易造成高挥发性芯材的损失。

（二）复相凝聚法

复相凝聚法是由于环境介质的改变而引发带相反电荷的聚合物瞬间去溶剂化的过程，其结果形成两相，处于下层含有较多高分子聚合物的为凝聚相，与下层相平衡的稀溶液为稀释相。发生复相凝聚的先决条件是两种高聚物所带电荷必须相反且正负电荷的数目相等，例如蛋白质和阴离子多糖的反应，当调节到相应的 pH 时，—NH_3^+ 和—COO^- 相互吸引发生电中和反应产生凝聚，溶解度降低，包覆芯材形成微胶囊。在该法中，由于微胶囊化是在水溶液中进行的，故芯材必须是非水溶性的固体粉末或液体。其凝聚过程温和，适于对芯材为非水溶性的固体粉末或液体的包埋，尤其对一些不稳定的物质，如多酚类物质，复相凝聚包埋效率较高。由于有良好的控释特性，复相凝聚包埋技术广泛应用于食品成分微胶囊化，提高食品功能成分稳定性。

图 15-3　小型喷雾干燥机

（三）分子包结络合法

分子包结络合法是 β- 环糊精作为微胶囊的包覆材料，是一种在分子水平上形成的微胶囊，也是近些年来应用较广的制备微胶囊的方法。β- 环糊精是 7 个吡喃葡萄糖通过 α-1,4 糖苷键连接而成的，具有环状分子结构的物质。它的分子成油饼形，具有中空的结构，中心具有疏水性，而外层则呈现出亲水性，因此许多疏水性的风味物质、色素和维生素能取代它中心的水分子而和它强烈地络合。研究表明，β- 环糊精能有效地防止由氧、光、热和挥发造成的风味损失。并且产品有如下优点：产品稳定性高，产品是流动性好的粉末，良好的结晶性与不吸湿性，可节省包装和贮存的费用，生产上的经济性。此法的缺点是：载量较低，一般为 9%～14%；能够包埋的风味物质的大小和极性受到了限制，小分子的短链脂和酐并不适合于这一种方法；对于水溶性风味物质，产率则更低。

三、微胶囊技术在水产品加工中的应用

（一）鱼油微胶囊

鱼油中所含的多不饱和脂肪酸极不稳定，容易发生氧化变质，人体摄入后会在体内产生过氧化物，不仅对健康无益，反而会对人体造成极大的危害。由于鱼油所特有的强疏水性、低分散性以及过度氧化敏感性，加上鱼油的腥味难以被接受，限制了鱼油在食品中的应用。将鱼油微胶囊化，可以使鱼油在食品中充分发挥其功能特性的基础上，减少外界环境对鱼油的影响，且具有更好的操作性和储存稳定性，从而拓展其在食品中的应用范围。以蓝圆鲹鱼油为原料所制得的鱼油微胶囊外观为圆球形颗粒，表面光滑、致密、无裂痕，整个表面性状良好；经 60℃加速氧化 6 天后蓝圆鲹鱼油微胶囊的过氧化值显著低于未微胶囊化鱼油（$P<0.05$），表明蓝圆鲹鱼油的稳定性在微胶囊化后得到显著提高。

（二）南极磷虾油微胶囊化

南极磷虾油营养价值高，具有较好的保健功能，有很大的开发潜力和广阔的市场前景，但其含有丰富不饱和脂肪酸，易氧化变质而影响南极磷虾油品质，使其应用受到了限制。目前南极磷

虾油产品形式单一，为了综合开发利用南极磷虾油，丰富其产品形式，可将其微胶囊化。选择合适的囊壁包裹住磷虾油，可将其从黏稠的油状物转化为流动性较好的粉末状，形成 5～200μm 的微小颗粒，既可保护南极磷虾油不被氧化，也可掩蔽虾腥味，又方便运输和贮藏，同时拓宽南极磷虾油应用领域，丰富产品形式。其中以明胶和麦芽糊精为壁材，采用喷雾干燥法制备的南极磷虾油微胶囊，其物化稳定性及生物利用率得到提高，制得的微胶囊可作为多功能的膳食补充剂，扩大了其在水产食品中的应用。

第五节　超微粉碎技术

一、超微粉碎技术原理

超微粉碎技术，是指利用机械或流体动力的方法克服固体内部凝聚力使之破碎，从而将 3mm 以上的物料颗粒粉碎至 10～25μm 的操作技术，是 20 世纪 70 年代以后兴起的一种物料加工高新技术。超微粉碎设备如图 15-4 所示。

图 15-4　超微粉碎设备

超微粉碎技术是粉体工程中的一项重要内容，包括对粉体原料的超微粉碎、高精度的分级和表面活性改变等。目前，对超微粉体粒径的限定尚无统一标准，各国不同行业之间由于超微粉体的用途、制备方法和技术水平的差别，对超微粉体的粒度有不同的划分。一般而言，超微粉体可分为粗粉碎、细粉碎、微粉碎（超细粉碎）和超微粉碎 4 种类型，粒径在 1～100nm 的粉体称为纳米粉体，1～100μm 的粉体称为微米粉体，在 0.1～1μm 的粉体称为亚微米粉体。

目前超微粉碎技术有化学方法和物理方法（机械式粉碎法）两种。水解、喷雾、氧化还原、冷冻干燥等均属于化学方法，化学方法产量低、加工成本高、应用范围窄。物理方法使物料不发生化学反应，保持了物料原有的化学性质，现已大规模应用于工业生产。物理方法可以分为湿法和干法两种，具有粉碎粉末细微、保护营养物质、改善水产品的流动性和粉碎油脂、糖类成分等优点，粉碎后的物料比表面积增加、颗粒分散性和溶解性提高，同时可以改善添加到其他产品时对该产品感官品质的不良影响。根据粉碎过程中产生粉碎力的原理不同，干法粉碎有气流式、高频振动式、旋转球磨式、锤击式和自磨式等几种形式，湿法粉碎主要是胶体磨和均质机。针对韧性、黏性、热敏性和纤维类物料的超微粉碎，可采用深冷冻超微粉碎方法。该方法的原理是利用物料在不同温度下具有不同性质的特性，先将物料冷冻至脆化点或玻璃体温度之下，使其成为脆性状态，然后再用机械粉碎或气流粉碎方式，使物料超微化。如表 15-2 列出了干法和湿法粉碎的几种区别。

表15-2　干法和湿法粉碎的区别

	类型	级别	基本原理
干法	气流式	超微粉碎	利用气体通过压力喷嘴的喷射产生强烈的冲击、碰撞和摩擦等作用力实现对物料的粉碎
	高频振动式	超微粉碎	利用球或者棒形磨介的高频振动产生冲击、摩擦和剪切等作用力实现对物料的粉碎
	旋转球（棒）磨式	超微粉碎或微粉碎	利用球或者棒形磨介在水平回转时产生冲击和摩擦等作用力实现对物料的粉碎
	锤击式	微粉碎	利用高速旋转的锤头产生冲击、摩擦和剪切等作用力粉碎物料
	自磨式	微粉碎	利用物料间的相互作用产生的冲击或摩擦力粉碎物料
湿法	胶体磨	超微粉碎	通过转子的急速旋转，产生急剧的速度梯度，使物料受到强烈的剪切、摩擦和扰动来粉碎物料
	均质机	超微粉碎	由于急剧的速度梯度产生强烈的剪力，使液滴或颗粒发生变性和破裂以达到微粒化的目的

二、超微粉碎技术在水产品加工中的应用

水产品营养丰富，能够提供大部分人类所需的优质蛋白质。水产品在我国动物产品消费中始终占有重要位置，水产品加工和综合利用是渔业生产的延续，大力发展水产品加工和综合利用，对支持水产养殖业的发展具有重要作用，不仅提高了渔业资源的附加值，也为涉渔产业拓展了发展空间，还为渔民就业提供了发展途径。

水产品可经过超微粉碎技术开发为食品加工产业原料，提高水产动物的高附加值和多功能食品产量。鱼、虾、龟和鳖等水产品均可以制成相应的粉，作为多功能保健食品食用。或海藻、海带等加工成粉体作为食品辅助添加剂添加于多种食品，可提高食品的营养价值。例如，在开发利用具有潜力的膳食纤维资源方面，可采用超微粉碎技术将初级粉碎的海带进一步细化，从而增强海带膳食纤维的结构功能性质。鱼骨中含有丰富的钙质和微量元素，经超微粉碎后可以制成方便食用的骨粉。经高精密湿法超微粉碎技术制备的微细鱼骨泥，实现了鱼骨高值化利用，提升了鱼类废弃物价值，并且增强人体吸收率。超微粉碎后的鱼骨，其超细粉末的表面积增大，流动性高，保水性高，蛋白质溶解度高，导电率高，从而更方便用于零食和方便食品。虾、蟹等甲壳类水产品的甲壳富含甲壳素，经超微粉碎用于保健品食用，能够加速人体伤口愈合，能活化细胞，具有防止细胞老化、促进细胞新生的功能。鲨鱼软骨经过超

微粉碎后可制成具有较好作用的抗癌药剂。牡蛎壳超微粉碎后可作为理想的补钙剂，也可以应用于液体食品中。珍珠中有 20 多种氨基酸，还含有 30 多种微量元素、牛磺酸、丰富的维生素、肽类，珍珠粉已被证实具有有效的抗溃疡功效。传统粉碎方法不仅会破坏珍珠营养成分还会使产品粒度过粗，不利于人体吸收利用，超微粉碎能够很好地解决这些问题，使珍珠的营养成分更好地发挥。

第六节　膜分离技术

一、膜分离技术原理

膜分离技术是建立在高分子材料基础上的新兴边缘学科的高新技术，涉及材料、化工、生物工程、环境工程、医药工程、食品工程、机械工程和系统工程等多学科。膜分离与其他分离过程相比具有许多优点：①一般不发生相变，能耗低；②分离效率高，效果好；③通常在室温下工作，操作、维护简便，可靠性高；④设备体积较小，占地面积少。按成膜材料不同，膜可以分为有机膜和无机膜。有机膜制备工艺简单方便，膜产品易变形，膜组件的装填密度高，受热不稳定，不耐高温，在液体中易溶胀，强度低，再生复杂，使用寿命短；无机膜制备工艺较复杂，因其具有膜不易变形、耐高温、耐有机溶剂、抗微生物腐蚀、刚性及机械强度好、再生性能好、不老化等特点，因而有更大的发展潜力。

膜分离技术的原理为天然或人工合成的高分子薄膜以压力差、浓度差、电位差和温度差等外界能量位差为推动力，对双组分或多组分的溶质和溶剂进行分离、分级、提纯和富集。膜分离常用的方法主要有：微滤、超滤、纳滤、反渗透和电渗析等。近年来，微滤、超滤、反渗透已经出现了相互重叠的现象，其中纳膜过滤（nanofiltration，NF）技术就是介于传统分离范围的超滤和反渗透之间的一种新型分子级膜分离技术。膜分离技术具有节能、高效、简单、造价较低、易于操作等特点，可代替传统的如精馏、蒸发、萃取、结晶等分离，可以说是对传统分离方法的一次革命，被公认为 20 世纪末至 21 世纪中期最有发展前景的高新技术之一，也是当代国际上公认的最具效益技术之一。

二、膜的分类

1. 微孔过滤膜

微孔过滤膜的孔径 0.1~10μm，多为对称性多孔膜，可分离大的胶体粒子和悬浮微粒，适用在低压（<0.3MPa）条件下过滤，如应用于制备无菌水、药品、饮料和酒类过滤。

2. 超滤膜

超滤膜孔径为 $0.001 \sim 0.1 \mu m$，一般为非对称性膜，可分离淀粉、果胶及悬浮固形物等大的合成分子，截留分子质量范围一般为 $500 \sim 500000Da$，纯水工作压力为 $0.3MPa$，一般在常温下进行操作，特别适用于热敏性物质的浓缩与分离，如应用超滤装置对乳制品、生物制品、果酒、果汁的分离和提纯，蛋白质浓缩等。随着生物技术的飞速发展，超滤膜分离技术在生物技术中的应用越来越广泛，目前已在酶制剂、疫苗、药物、基因生物制品、农用抗生素、钩端螺旋体菌苗和马血清生物制剂的分离、浓缩和提纯中应用。

3. 反渗透膜

反渗透膜孔径 $0.0001 \sim 0.001 \mu m$，工作压力比超滤膜的高。通常反渗透膜运行的截留分子质量小于 $500Da$，能截留盐或小分子量有机物，使水选择性通过或气体通过。如应用在海水脱盐、天然气提纯、回收有机物蒸气、气体分离技术、制备富氧空气、干燥氮气、氧氮分离、氢氮分离、果汁和蔬菜汁加工等。从合成氨气中回收氢，亦适用于石化行业中的尾气提纯，属 20 世纪 90 年代的高新技术。为满足各种不同用途的需要，增加薄膜强度及使用寿命，已开发薄膜与金属网的复合物，薄膜与优选织物的复合物，双层、三层、强化薄膜及带电荷薄膜等新品种。

4. 纳滤膜

过滤精度孔径 $0.0005 \sim 0.005 \mu m$，截留分子质量为 $200 \sim 1000Da$；持留通过纳滤膜的溶质介于传统分离范围的超滤和反渗透之间，如盐类。适用范围为海水淡化、超纯水、多糖、乳酸、酪素和抗生素浓缩等。

三、膜分离技术在水产品加工中的应用

由于膜分离过程在常温下即可进行，不需要采取加热措施，从而可有效避免对热敏物质的破坏，且无相态变化、无化学变化，集分离、提纯、浓缩和杀菌为一体，分离效果良好，操作较简单，故非常适合应用于食品工业。如酱油、啤酒、食醋、果蔬汁和茶汁等生产中用膜分离技术进行澄清；食品饮料中如纯生啤酒，用膜分离技术阻止微生物通过以代替热杀菌，既有效地保证了产品纯正的口味，又减少了营养物质的损失等。近年来，膜分离技术在水产品加工方面的应用也越来越受到人们的关注。

（一）在水产调味液加工中的应用

我国是一个渔业大国，水产品年产量多年位居世界首位，但水产加工中产生的大量下脚料及废弃物，如鱼类加工中的各种废弃液、贝类加工中的贝边等，长期以来未得到有效、合理利用，不仅污染环境，而且造成资源浪费。经研究，水产废弃物中含有丰富的核苷酸类和蛋白质，如果能经过一定的加工，除去其中所含的杂物以及腥苦味成分，不仅可以有效增加水产品的整体效益，还可以保护环境。水产品蒸煮废液中含有大量的蛋白质，其中大部分属于水溶性蛋白，而在呈味作用中，这一类蛋白质起主要作用，所以若用它来加工天然调味产品，必定香气浓郁、味道鲜美。而且除了富含蛋白质外，废液中还含有一定量的核苷酸类物质，而核苷酸对鲜味贡献最大。因此，充分利用水产品废液加工成水产调味料具有良好的发展前景和重大意义。

大量试验表明，在水产废液蛋白质的回收中，普通方法的回收效率往往很低。日本学者神保尚幸进

行了从鱿鱼蒸煮废液中，用酶反应配合膜分离技术生产调味液的试验，为进一步推动水产调味液的研究和生产提供了帮助。在膜分离技术中，超滤及反渗透较适合用来生产水产调味液，若将这两种膜进行适当组合，再加以合适的蛋白质水解酶，即可形成一个酶-膜反应器，不仅可以提高酶反应的速率，又可以有效去除杂质，保证调味液纯正的风味。传统的筛网过滤法制得的产品腥苦味成分未得到有效去除，色泽也不好，而且在放置时间较长后特别容易出现沉淀分层的现象，若再采用活性炭进行脱色，不仅会造成氨基酸及小分子肽类物质的损失，还会损失很多风味成分，从而对成品的风味等感官指标以及营养价值造成很大影响。而采用膜分离技术可除去酶解液中的高分子物质、微粒成分和胶体等物质，截留腥、苦味成分，使之不能进入调味液中，进而生产出具有纯正风味、品质较高的水产调味液。

（二）在藻类多糖及醇等物质提取方面的应用

1. 应用超滤技术脱除羊栖菜粗多糖中的盐分

羊栖菜是一种重要的海藻资源，主要分布在暖温带-亚热带海域，属褐藻门马尾藻科。羊栖菜多糖是羊栖菜中富含的一种多糖类物质，主要是由充填在细胞壁间的褐藻胶和褐藻糖胶以及存在于细胞质中的极少量的褐藻淀粉组成，其具有促进造血功能、增强免疫功能、抗肿瘤作用，还可有效预防"三高"。

提取羊栖菜多糖所用的原料羊栖菜一般是从海里采收后不作具体处理，直接进行晒干的，因此往往含有较多的盐分。采用中空纤维超滤技术（截留分子质量6000Da，入口压力1.00～1.09MPa，出口压力0.40～0.46MPa，操作温度13～15℃）对提取到的羊栖菜粗多糖进行处理后，得到了非常好的脱盐效果，脱盐率高达99.9%；此外羊栖菜粗多糖提取液中一部分可溶性色素随着超滤的进行而进入透过液，料液颜色较未处理提取液浅，从而达到了脱色的效果；超滤技术还一定程度上浓缩了羊栖菜粗多糖提取液，从而增加了主要成分褐藻胶及褐藻糖胶的含量，又有效地保留了羊栖菜粗多糖提取液中的生理活性物质。

2. 应用超滤技术进行甘露醇的提取纯化

甘露醇（mannitol）是一种己六醇，在医药上是良好的利尿剂，可降低颅内压、眼内压及治疗肾病，也是良好的脱水剂、食糖代用品，常用作药片的赋形剂及固体、液体的稀释剂。我国利用海带提取甘露醇已有几十年历史，其传统工艺是离心水洗重结晶法，这种工艺简单易行，但受到原料资源、提取收率、气候条件和能源消耗等限制，且由于海带浸泡液中还含有许多的杂质，如悬浮物、泥沙、有机物、无机盐、褐藻糖胶和色素等，单纯靠活性炭吸附以及水洗离心等方法很难全部去除干净，故长期以来，其发展受到制约。很多学者一直在为提高甘露醇品质做着不懈的研究。采用中空纤维超滤装置对传统的纯化工艺做了改进后，原料料液中所含的活性炭、褐藻糖胶、微粒物质等杂质明显减少，而且料液经超滤处理后，其颜色由微黄变为无色，脱色效果良好，证明用超滤技术纯化甘露醇的效果比较明显。从而有效地提高了甘露醇的质量，提高了我国甘露醇在国内外市场上的竞争力。

3. 在蛋白酶解物的分离纯化方面的应用

生物活性肽是指那些具有特殊的生理活性的肽类，按其主要来源，可分为天然活性肽和蛋白酶解活性肽。大部分的天然活性肽产量微少，或者提取难度较大，而化学合成又费力费时，因此，人们更多地开始关注开发蛋白酶解产物这条途径。而且随着人类对海洋生物资源重要性的认识，海洋蛋白源已成为开发生物活性肽的重要资源之一。为了从蛋白酶解物中获得具有高活性的生物活性肽，许多学者做了试验研究，结果发现，膜分离技术可以有效地纯化蛋白酶解物，提高生物活性肽制品的生理活性。

沙丁鱼是一种近海暖水性鱼类，具有很高的食用及药用价值，我国也有丰富的沙丁鱼类资源。沙丁鱼肽是沙丁鱼自身固有的或在特定条件下将沙丁鱼蛋白质中具有一定功能特性的氨基酸序列片段从肽链中切断并释放出来，且具有一定生物活性的肽类物质。沙丁鱼肽具有特定的生理功能，它是一种血管紧张素转换酶抑制肽，不含苦味，可用于防治高血压的保健食品或制剂，因此越来越受到关注。但在用蛋白酶处理沙丁鱼蛋白质制备沙丁鱼肽时，因蛋白质本身结构的复杂性，往往会导致蛋白酶解液的成分比较复杂。因此，要使沙丁鱼肽得以广泛应用，其关键便是通过现代高新技术，寻找经济合理的分离方法，纯化沙丁鱼蛋白酶解液。超滤技术便是其中一种较为有效的方法。采用超滤技术对沙丁鱼蛋白酶解液进行处理，超滤技术可以很好地分离纯化沙丁鱼粗肽溶液中不同分子质量的组分。

四、展望

膜分离技术在水产品加工方面的应用还有待进一步开发，可以确定的是膜分离技术是水产品加工的一个很好技术，可以开发混合和复合新品种膜，并结合其他分离生产加工工艺，提高效率。

第七节　栅栏技术

无论什么类型的食品都会在制备、加工、贮运、销售及消费的过程中不同程度地丧失其原有的品质。而使食品丧失其固有品质的原因有许多，包括理化、生化和微生物等方面。其中微生物是造成食品腐败变质最主要的原因。因此食品加工过程中或贮存期间只有有效控制微生物的生长繁殖，才能有效地保障产品的品质。

目前，已经有多种物理化学方法延长食品的货架期，冷藏已经成为一种重要的贮藏方式。但研究表明，在冷藏温度下，仍有一些好气嗜冷的假单胞杆菌的生长，从而导致贮藏品的腐败变质。这说明，单一的抑菌方法不能满足延长货架期的要求。当其他的生长因素都适宜时，微生物对单一的抑制因素显示出很强的耐受性，两种或两种以上的抑制因素结合则更有利于控制微生物的生长。而多种因素结合产生的效果称为"阻滞"效应或"栅栏"效应。

一、栅栏效应

"栅栏技术"一词最早由德国肉类食品专家 Leistner 博士提出。栅栏技术是多种技术的科学结合，这

些技术协同作用，阻止食品品质的劣变，将食品的危害性以及在加工和运输销售过程中品质的恶化降到最低程度，它是食品保藏的根本所在。Leistner 博士把食品防腐的方法或原理归结为：高温处理、低温冷藏、降低水分活度、酸化、氧化还原电势、防腐剂、竞争性菌群及辐照等几种因子的作用。这些因子单独或相互作用形成特殊的防止食品腐败变质的栅栏，决定着食品微生物的稳定性，抑制引起食品氧化变质的酶类的活性，即栅栏效应。水分活度、酸度、温度、防腐剂等栅栏因子相互影响对食品的联合防腐保护作用，人们将其命名为栅栏技术。栅栏技术的应用是以微生物学分析为基础的，危险关键点确定前，对食品加工原料、辅料及其他影响因子先有微生物菌群的控制分析，从而有目的地设置关键点，加强某些微生物生长的阻滞因子，确保食品安全卫生及优良品质并延长产品保存期。

利用栅栏效应可使食品内的微生物达到稳定性，从而延长食品保存期或改善食品感官、营养特性是防腐保鲜技术的根本所在。栅栏技术在食品中的应用广泛，包括传统和现代防腐保质工艺技术，管理学、卫生学、营养学等与食品相关的各个领域。其主要关键点是以在采用以保证食品安全、优质、可贮的栅栏因子及其因子间的互作效应为基础，根据栅栏效应原理，结合现有加工条件，尽可能保证卫生安全性，改善产品感官和营养特性，延长保存期，开发适应市场发展需求的新产品，获取较佳经济效益。

二、栅栏技术的原理

在食品防腐保藏中的一个重要现象是微生物的内平衡，内平衡是微生物处于正常状态下内部环境的统一和稳定，食品保质就是通过栅栏因子扰乱了一个或更多的内平衡机制，从而阻碍微生物的生长繁殖，导致其失去活性甚至死亡。几乎所有的食品保藏都是几种保藏方法的结合，包括加热、冷却、干燥、腌渍或熏制、酸化、除氧、发酵、加防腐剂等，这些方法及其内在原理已经被人们以经验为依据广泛应用了许多年。而栅栏技术在其作用机理上研究了这些方法，这些方法即所谓栅栏因子。栅栏因子控制微生物稳定性所发挥的栅栏作用不仅与栅栏因子种类、强度有关，而且受其作用次序影响，两个或两个以上因子的作用强于这些因子单独作用的累加。某种栅栏因子的组合应用还可大大降低另一种栅栏因子的使用强度或不采用另一种栅栏因子而达到同样的保存效果。如果某一食品内的不同栅栏因子是有效针对微生物细胞内不同靶子，例如针对细胞膜、DNA 或酶系统，以及针对 pH、水分活度等内环境条件，则可实现有效的栅栏交互作用。因此在食品内应用不同类型、不同强度和缓和的防腐栅栏，比应用单一而高强度栅栏更为有效，更益于食品防腐保质，这就是建立于栅栏技术之上的"多靶共效防腐"技术。

三、栅栏技术在水产品加工储藏中的应用

栅栏效应是食品防腐保质的根本所在，利用食品栅栏效应原理，设计或调节栅栏因子，优化加工工艺，改善产品质量，延长保存期，保证产品的卫生安

全性和提高加工效益。栅栏技术能够将多种保鲜技术科学地结合在一起，从而阻止氧化酸败等不良化学变化并抑制微生物的生长繁殖，延长食品货架期。在肉类和果蔬等食品加工工业中已经广泛应用，能够达到很好的抑菌抗氧化效果。

水产品营养丰富，味道鲜美，深受大众喜爱。但由于其容易腐败变质，不易保藏而大大限制其大规模贮藏加工，降低了其经济效益。栅栏技术在水产品加工贮藏中的应用在国内外已经有相关研究，而且效果显著。

常规的栅栏技术的应用可以显著延长即食水产品和海鲜调味料等的货架期。通过设置栅栏因子控制加工休闲即食合浦珠母贝肉、牡蛎肉食品的关键控制点，可以生产出品质好、保质期长的即食产品；多种栅栏因子合理组合应用于开发新型即食高水分调味半干鱼片，可以使产品在 4℃条件下延长货架期达 8 个月以上，且仍能较好地保持其优良品质；通过水分活度、pH、压力及杀菌方式等栅栏因子对调味虾制品感官品质及贮藏稳定性进行研究，确定出最优的保质栅栏组合使产品在 4℃下可保存 9 个月以上；臭氧水与饱和食盐水气调包装的结合制作生食水产品炝蟹，微生物和常见致病菌得到有效控制，制品符合国家卫生标准，且味道鲜美，在 -20℃下可保存 7 个月。

栅栏技术还能够将多种保鲜技术科学地结合在一起，从而阻止氧化酸败等不良化学变化并抑制微生物的生长繁殖，延长食品货架期。近年来，一些新兴的栅栏因子在水产品加工贮藏过程也得到了广泛应用，达到了很好的抑菌抗氧化效果，主要集中在冷杀菌工艺和抗菌包装技术。基于受热使热敏性营养成分损失比较严重，食品的感官、色泽、风味和质构方面均受到不同程度的影响，近年来食品杀菌更倾向于使用尽量保持食品固有性状不发生改变的冷杀菌技术。冷杀菌技术主要是通过物理方式达到杀死微生物的目的，如静水压、磁力摆动和 γ 射线照射等，主要包括超高压杀菌、辐照杀菌、磁力杀菌、脉冲强光杀菌和二氧化钛等杀菌技术。冷杀菌工艺由于设备昂贵，操作技术要求高，对食品的形态和外观有限制，在食品工业应用还不普遍，国内外有关冷杀菌技术在水产品中的应用较多处于研究阶段。基于此，许多研究人员提出了联合冷杀菌的概念，即降低两种杀菌工艺的强度并有机结合从而达到高效的杀菌效果，如抗菌包装和静水压结合，辐照和真空包装结合等。

抗菌包装技术是在包装材料中添加抗菌剂，通过在包装膜中的渗透性将抗菌剂缓慢释放到食品中。由于在食品包装中的抗菌剂浓度远远大于被包裹食品，所以抗菌剂由高浓度的包装膜中向低浓度的食品中缓慢迁移。使抗菌剂在食品中不超过最高限制使用量，实现长期的抗菌剂对食品补充，保鲜效果持久。常用的抗菌包装材料中的抗菌剂主要是姜黄素、Nisin 和植物精油等。以明胶 - 壳聚糖、明胶 -EGCG 制备缓释可食用膜对鱼肉进行包装，可以表现出较强的抗氧化和抑菌效果。

四、展望

过去对食品安全的控制主要是基于经验或历史传统，现在可以根据栅栏因子理论，将栅栏因子科学合理地结合利用来控制产品的安全，延长产品的货架期。对于具体产品的食品安全而言，简洁、高效、低成本地将产品加工达到质量控制效果是目前待解决的问题之一。也因此，栅栏技术也成为一个具有应用前景非常广阔的实用型理论工具，将为企业带来越来越多的经济效益和社会效益。

第八节　玻璃化转变贮藏技术

由美国科学家 L.Slade 和 H.Levine 最先提出的"食品聚合物科学"理论，其中心内容就是食品的冷冻玻璃化保存，食品材料的分子与人工合成聚合物的分子间有着最基本、最普遍的相似性；若聚合物分子

结构变化，则其宏观性质也将发生较大变化。

一、玻璃化理论

玻璃化（vitrification）的概念来自材料科学，尤其指聚合物和金属材料。在材料科学中，低分子物质的凝集状态定义为四种：液体、玻璃、液晶和晶体。在自然界中，当温度降低时，液态转变为固态的形式有两种：晶态（crystaline）和玻璃态（或非晶态，amorphous）。它们在宏观上都呈现固体的特征，具有确定的体积和形状，实质区别在于其内部的微观质点的排列有无周期性重复。晶态物质中的质点（原子、离子、分子及其集团）呈有序排列，而玻璃态物质中的质点呈无序排列。

发生玻璃化转变时的温度称为玻璃化转变温度（T_g）。对特定的物质，玻璃态的形成主要取决于冷却速率的大小。当非晶态高聚物的温度低于 T_g 时，高分子链段运动既缺乏足够的能量以越过内旋转所要克服的能垒，又没有足够的自由体积，链段运动被冻结，高分子材料失去柔性，成为玻璃样的无定形的固体，具有良好的结构和化学稳定性。图 15-5 为某溶液的补充相图示意图，T_m 线为溶液的熔融曲线或冻结曲线，T_g 线为玻璃化转变曲线，玻璃化转变温度 T_g 随溶液浓度而变化。一般地，食品的玻璃化保存大多借助部分结晶的玻璃化方法。当初始浓度为 A 的溶液从室温（A 点）开始冷却时，随着温度的下降，溶液过冷到 B 点后将开始析出冰晶，结晶潜热的释放又使溶液局部温度升高。这样，溶液将沿着平衡的熔融曲线不断析出冰晶，冰晶周围剩余的未冻溶液随温度下降，浓度不断升高，一直下降到熔融曲线与玻璃化转变曲线交点（D 点）时，溶液中剩余的水分将不再结晶（称为不可冻水），此时的溶液达到最大冻结浓缩状态。不用很快的冷却速率即可使最大冻结浓缩溶液实现玻璃化，最终形成镶嵌着冰晶的玻璃体。

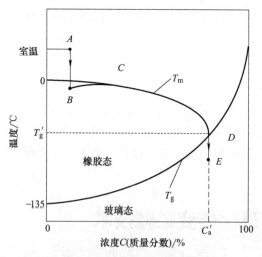

图 15-5 溶液补充相图示意图

对于给定体系而言，冷冻时降温速率越高，所得到的产品冰晶含量越低。但由于 T'_g 的降低，使得所要求的贮藏温度也同步降低，这从实用角度来讲是不利的。另外，从食品的低温断裂理论分析，不同食品存在不同的极限降温速度，一旦降温速度超过临界降温速度，则对食品的微观结构产生破坏，影响食品的贮藏质量。

使用添加剂的目的是改变体系的热力学相图，从而调整 T'_g 的位置，促使冷冻过程中的玻璃化转变在较高的温度下发生，如图 15-6 所示。无论是冷冻稳定剂还是冷冻保护剂，它们对玻璃化冷冻贮藏食品的贮藏质量之作用效果都是双重的，稳定剂可提高 T'_g，但持水能力差；保护剂可提高持水能力，又会降低 T'_g。如果能找到一些既有较高的 T'_g 值，又具有较好持水性的添加剂，对提高食品贮藏质量无疑是最有效的，当然这些添加剂同时也应是安全易得的。

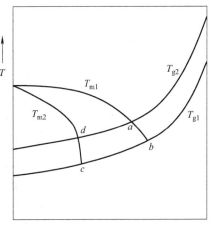

图 15-6　添加剂对体系相图的影响

二、玻璃化转变在水产品冷冻加工和贮藏中的应用

玻璃化冻存技术是近年来发展的一项新兴技术，是超低温保存技术中保存效果较好的一种方法。食品处于玻璃化状态，即意味着食品内部在没有达到化学平衡的状态下就停止了各组分间的物质转移及扩散，也就是说处于玻璃化状态的食品不进行各种反应，可长期保持稳定。就水产品而言，就可达到长期保鲜的目的。

水产品具有丰富的营养成分，从氨基酸组成和蛋白质的生物价来看，鱼贝类蛋白质的营养价值很高，同时还存在某些特殊的营养成分或生理活性物质，这就使水产品的某些组分具有不稳定性，即容易发生化学变化。在众多的水产品中，鱼贝类特别容易腐败变质。

水产品的玻璃化转变温度，与组成水产品的蛋白质、糖类等高分子化合物和低分子化合物的含量有关，而水产品组分的玻璃化转变温度又与其分子量有关。对于多组分组成的水产品而言，由于组分间的相互作用，使得玻璃化情况变得十分复杂，尤其是水产品的含水量对 T'_g 的影响较大。一般来说，水分含量增加 1%，T'_g 下降 5～10℃。

鱼肉组织是一个极其复杂的体系，它的玻璃化转变行为与均质的糖溶液和单一的高分子有较大的差异。如胡庆兰等以带鱼贮藏为研究对象实验表明，贮藏温度和大分子物质对带鱼制品的品质有影响。T_g 或者低于 T_g 温度在一定程度上能抑制蛋白质和脂肪的氧化变质，保持制品原有的品质。日本学者矶直道等则证实了鳕鱼肉与普通高分子化合物不同的情况，即随着水分的增加，玻璃化转变温度是上升的，并且当含水量为 19% 时，其玻璃化转变温度达到最低，为 -89℃。

水产品在被冷冻时也要在 T'_g 点与玻璃化转变曲线相交，则残留的浓缩物即向玻璃化转变。如果鱼肉处于玻璃化状态则比较稳定，在 T'_g 以下贮藏期间，首先质量劣化不大，其次，包围着冰晶的玻璃状成分还可以阻止水分的流失并抑制冰晶的长大。所以 T'_g 应该作为冷冻贮藏的最佳温度。但找到 T'_g 非常困难，不同的水产品，其 T'_g 的差异也会很大。

第九节　真空低温油炸技术

传统油炸方法加工食品时，油温高达 160℃以上，此状态下大部分食品的营养成分会受到破坏，蛋

白质降解及糖焦化反应过度易形成表面干燥效应，使得成品品质表里不一，颜色暗黑，不易复水；高温下反复使用炸油，油中的成分发生聚合反应，会产生致癌物质，从而对人体健康产生有害影响。真空低温油炸技术的出现则大大弥补了传统油炸产品的缺点。真空低温油炸技术是在减压（真空）的情况下，使食品物料中的水分迅速汽化，在短时间内迅速完成脱水过程，实现在低油温（90～100℃）条件下食品的脱水过程。从而可有效地避免食品高温处理所带来的一系列问题，如炸油的聚合劣变，食品本身的褐变反应、美拉德反应、营养成分的损失等。

低温油炸技术作为食品迅速脱水的新技术，能够起到改善食品风味的作用。在低温油炸前对食品物料进行漂烫护色、浸渍等预处理，能够最大限度地保持食品物料的本来状态，提高油炸后食品的固形物含量，降低真空低温油炸食品的含油率。此外，真空低温油炸技术的油温低，且处于完全密封的状态下进行油炸，油面与空气接触面积小，导致油炸用油不易氧化，油脂酸价和过氧化值上升缓慢，不易腐败。真空低温油炸技术实际上是以低温油为介质对食品物料的干燥脱水过程。真空油炸设备如图 15-7 所示。

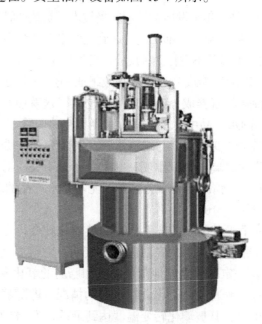

图 15-7　真空油炸设备

一、真空油炸技术原理

在真空低温油炸过程中，食品物料中的水分在油温低于常压油的沸点下减压快速蒸发。在真空环境下，浸在热油中的食品中水的沸点降低，同时，食品表面温度迅速升高，表面自由水分以泡沫的形式迅速蒸发，此时周围油温降低，但通过对流传热而得以补充，由于蒸发致表面干燥，表面亲油性增加，油黏附在外表面。当油炸食品离开油炸锅时，孔里面的蒸汽冷凝和孔之间的压力差引起黏附在表面的油浸入空隙。然而，当食品含水量较高时，较高的含水量阻止了油的浸入。水分蒸发也引起收缩与孔隙度和松脆的形成。作为油炸的改进，食品水分含量缓慢减少，从而降低了留在表面的蒸汽量。

在研究油炸温度、真空度、油炸时间与水分蒸发之间的关系时发现，水分蒸发量随着真空度的增加而增大；由于蒸发潜热的需要，油炸温度随着蒸发的进行而下降，例如，当真空度增加到 93.3kPa 时，油温从 110～115℃降到 80～85℃，随后真空度和油温随着水分的不断蒸发而稳定。当食品中的水分降到临界点以下时，水分从内部向食品表面的蒸发速率下降到低于水分蒸发到周围油脂的速率，油温上升而真空度仍然恒定直到油炸过程结束。

二、真空低温油炸工艺

一般而言，根据是否使用冻结预处理可分为以下两种主要的商业化工艺：

工艺一：原料→清洗→粗加工→热烫→浸渍→冷冻→真空油炸→脱油→冷却→包装分级

工艺二：原料→清洗→粗加工→热烫→浸渍→真空油炸→脱油→冷却→包装分级

三、真空低温油炸的特点

与传统深度油炸相比，真空低温油炸具有以下优点：①产品的原有风味和色泽得到保留；②有害的热反应产物降到最低，如丙烯酰胺；③产品含油量降低；④能加工还原糖含量较高的土豆；⑤蒸发速率高；⑥产品质构好；⑦对油质量的不良影响降低。

四、真空低温油炸技术在水产品加工中的应用

真空低温油炸技术在水产品加工中的应用还较少，主要集中在半干水产品和体积较小的水产品。真空低温油炸半干水产品过程中真空度是影响油炸产品的最主要因素，在高真空度的条件下，油炸出的产品各个指标都有较大程度的改善，其水分含量更低，蛋白质含量更高且脂肪含量也更低，而且其感官性状也更易控制，得到较高的品质，大大提高了油炸产品的食用价值。真空低温油炸还可以显著降低油炸面包虾的吸油量，较大程度地保留面包虾的水分。与常压油炸相比，经历相同的油炸时间，真空低温油炸面包虾的硬度值较低，色泽较浅，亮度较高，整体的产品品质得到了显著提高，货架期得到延长。此外，相较于传统的常压油炸，真空低温油炸能有效降低面包虾外裹层的丙烯酰胺含量，存在于富含碳水化合物的高温烹调食品中的丙烯酰胺可致癌。因此，真空低温油炸可以提高油炸食品的安全性，降低油炸食品中有害物质对人体的危害。

五、展望

在国际市场，真空低温油炸食品已经初步实现产业化规模生产，随着真空低温油炸技术的不断发展，真空低温油炸食品取代传统油炸食品成为发展趋势。在国内市场，虽然在真空低温油炸技术方面进行了大量研究，但市场上真空低温油炸食品所占比例较少，尤其在海洋食品的研究上更少。

为了更好更快地发展真空低温油炸技术在食品加工方面的应用，首先要进行深入的基础设施研究，设计连续化、自动化、高效节能的真空低温油炸设备，降低能耗、降低成本；其次要开发新的真空低温油炸产品，不断丰富真空低温油炸食品的种类，充分挖掘其加工潜力和市场潜力；最后应进一步优化加工工艺，提高真空低温油炸食品的品质，降低含脂率，完善产品的感官性状，加大宣传力度，让老百姓了解真空低温油炸技术，了解真空低温油炸食品的质量，在发展技术的同时创造经济效益。

第十节　低温等离子体杀菌技术

　　等离子体通常被称为物质的第4种状态，它可以由任何中性气体在高电压下高度电离产生具有正、负电荷的离子、自由电子、自由基、激发或未激发的分子和原子及紫外光子等，整体呈中性的状态。当电子与其他气体物质处于热力学平衡状态时，等离子体被归类为高温等离子体；当电子与其他气体物质处于非平衡态时，等离子体被归类为低温等离子体。低温等离子体在大气压或低压（真空）条件下获得，它的一个重要特征是能够在接近环境温度（30～60℃）下产生大量化学活性物质，如活性氧（reactive oxygen species，ROS）和活性氮（reactive nitrogen species，RNS）。其中ROS是指化学性质活跃的含氧原子或原子团，包括臭氧、过氧化氢、单线态氧分子、超氧阴离子自由基、羟自由基等。RNS是指以一氧化氮（NO）为中心的衍生物，包括二氧化氮（NO_2）、三氧化二氮（N_2O_3）、四氧化二氮（N_2O_4）等氮氧化物。低温等离子体技术可在环境温度和大气压条件下进行操作，对于食品工业来说具有安全、温和、操作简便和节约成本等优点。

一、低温等离子体杀菌工作原理

　　低温等离子体冷杀菌技术可以产生ROS、RNS、带电粒子和紫外光子等多种具有杀菌性能的物质。如图15-8为低温等离子体灭菌器。不同的杀菌物质作用于细胞的不同部位造成细胞破坏或者生物体死亡。低温等离子体的杀菌机理包括杀菌性能物质对细胞的蚀刻作用、细胞膜穿孔与静电干扰和大分子氧化三个方面。①蚀刻作用是指微生物在低温等离子体产生的活性氧ROS自由基和紫外线作用下，某些物质发生化学键断裂，最终产生挥发性物质，如CO_2和C_xH_y等。②低温等离子体产生的高能电子作用于微生物表面，造成细胞膜局部腐蚀及磷脂等物质化学键的破坏；另外，高能电子与活

图15-8　低温等离子体灭菌器

性氧等物质协同作用，氧化细胞膜表面的蛋白质和脂质，细胞膜局部的变形造成细胞膜表面小孔形成；低温等离子体产生的电子和离子在细胞膜表面富集，使微生物表面局部发生不规则性的异样曲率引发静电干扰，使微生物细胞膜的总电张力超过了膜的总抗拉强度，从而造成细胞膜表面小孔形成。③低温等离子体产生的ROS、RNS、氢过氧自由基、超氧阴离子自由基、单线态氧和臭氧会与细胞膜表面的脂质发生氧化反应，引起脂质的链式反应造成细胞膜内旋性的改变，细胞膜的选择透过性破坏，细胞内外渗透压失衡，最终导致细胞的裂解。

二、低温等离子体杀菌的影响因素

（一）处理变量

低温等离子体的工作效率取决于多种处理变量，包括处理时间、处理电压、处理方式和气体类型。处理时间的延长会使低温等离子体中的 ROS 等活性物质的浓度增加，施加更高的处理电压会使产生的低温等离子体中高能粒子的密度增加，进而使工作效率提高。低温等离子体的处理方式包括直接处理和间接处理。其中直接处理是将样品作为接地电极直接暴露于低温等离子区域中，间接处理是将金属网作为接地电极置于样品与等离子体区域之间。直接处理比间接处理显示出更好的效果，这一差异的主要原因是接地金属网屏蔽掉了低温等离子体中的带电粒子。另外，工作气体种类决定了产生的低温等离子体中活性物质的种类和数量。一般来说，惰性气体如氩气和 He 最适合用于低温等离子体灭菌研究，但带电的氦离子和氩离子寿命很短，而且 He 和氩气比普通的双原子气体贵，因此通常不会单独使用。

（二）环境因素

环境因素如 pH 值、相对湿度和样品性质对低温等离子体的有效性有显著影响。例如，固体和液体样品与等离子体产生的活性物质的作用效果不同，因为大多数高活性等离子体物质不能穿透液体。相对湿度的增加会使附加的水分子分解成更多的羟自由基，增加其灭菌的效率。另外，pH 值较低的样品对热、压力和脉冲电场的反应更加敏感。研究发现，与 pH=7 相比，肠炎沙门氏菌细胞更容易在 pH=5 环境下被低温等离子体灭活。

三、低温等离子体杀菌技术在水产品加工中的应用

低温等离子体技术在水产品中主要用于水产品的杀菌及保鲜。低温等离子体灭菌技术有以下优点：①杀菌速度快，效果显著，物质在该技术下只需几秒至几分钟即可达到很好的灭菌效果；②杀菌温度低，在常温或低温状态即可达杀菌作用；③无副产物，环保清洁。低温等离子体技术作为一种新型高效保鲜技术，给水产品灭菌保鲜提供了新方向，规避了传统灭菌保鲜技术的一些局限性和弊端。该技术的环境温度要求低，可以在低温或者常温下操作，有效解决了传统热力保鲜灭菌的弊端，对不宜于高温高压保鲜技术的食品提供了新的灭菌保鲜方向。

在冷链运输或冷藏条件下，某些嗜冷菌还会生长繁殖造成水产品的腐败变质。低温等离子体被发现能够有效地灭杀鱿鱼表面所存在的大部分微生物，延长鱿鱼的保鲜时间，同时对鱿鱼本身的风味、口感和营养成分产生的破坏较小，更不会对鱿鱼的品质产生负面的影响。介质阻挡放电低温等离子体处理鲌鱼，其中的假单胞菌、肠杆菌、弧菌的生长速率显著降低，组胺含量也因此增长缓慢，从而大大延长了冷藏鲌鱼的货架期。

四、展望

尽管低温等离子体灭菌技术具有处理时间短、能够灭杀的微生物种类广泛、具体仪器操作相对简单、对周围环境影响较小等优点，然而其作为一种新兴的食品加工保鲜技术，于实际加工处理过程中仍存在许多问题。比如其所需的设备较为先进，增加了食品企业的投资预算，增加了企业的生产成本，使低温等离子体灭菌技术与传统灭菌工艺相比并不具备性价比优势。未来的研究热点将集中于等离子体灭杀微

生物的作用机理、等离子体相关技术和设备的功能开发以及成本的控制，同时完善低温等离子体设备的安全性能。

 概念检查 15-2

○ 描述水产品加工中用于灭菌的高新技术及其原理。

第十一节　欧姆加热技术

热处理作为一种传统的保鲜技术，在食品工业中有着广泛的应用。在热处理过程中将热能作用于食品原料，从而达到烹饪、提取、降低酶活和微生物净化等多种目的。传统的加热方法作为食品工业中最流行的加热技术主要取决于热的传导和对流模式，但一些新兴的技术，如欧姆加热，已经被认为是可以替代传统加热技术的潜在的节能选择。欧姆加热被定义为交流电流通过导体，流动电荷根据焦耳定律使温度升高的过程。在食品加工中，导体可以是任何具有足够导电性的食品材料。传统的加热方法是从加热表面转移热量，而欧姆加热在材料内部产生体积热，并能以更快的速度提高温度。与传统加热处理相比，欧姆加热技术可使加热食物的时间更短，产品外观更为均一，产品有更高的蒸煮得率和更好的食用品质等优点，逐渐引起国内外食品科学工作者的关注。

一、欧姆加热技术原理

欧姆加热原理是把物料作为电路中的一段导体，利用导电时物料本身所产生的热达到加热的目的。欧姆加热的电导方式是离子的定向移动，如电解质溶液或熔融的电解质等。当溶液温度升高时，由于溶液的黏度降低，离子运动速度加快，水溶液中离子水化作用减弱，其导电能力增强。由于大多数食品含有可电离的酸和盐，当在食品物料的两端施加电场时，食品物料中通过电流并使其内部产生热量。当物料不导电时，此方法不适用。对于极低水分、干燥状态的食品，这种方法也不适用。

图 15-9 为欧姆加热装置。该电源为该过程提供加热过程中所需的电能。电压和电流频率是决定加热速率的两个主要参数。加热室两侧并与食品材料直接接触的两个电极来提供电能。电极与食品材料的接触面积和电极之间的距离也会影响加热速度。加热速率还取决于食物原料特性，如食物的化学成分、物理状态和温度。此外，在加热过程中，食品材料的物理状态的变化，如淀粉糊化、蛋白质变性和水分蒸发，都会影响欧姆加热过程的升温速率。在连续欧姆加热过程中，材料流量、电极数量及其位置等参数也会影响欧姆加热速率。

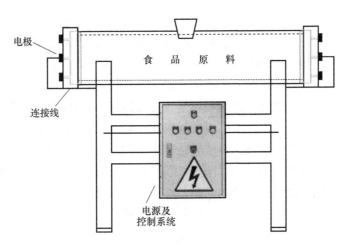

图 15-9 间歇式欧姆系统结构示意图

二、欧姆加热技术在水产品加工中的应用

欧姆加热技术作为 21 世纪最具前景的新型食品加热技术，可广泛应用于食品的杀菌、灭酶、漂烫及解冻、发酵等加工工艺。与传统的加热方式相比，欧姆加热更适合于加工高蛋白质食品原料、高黏度食品原料和固液混合食品的高温瞬时加热，并能最大限度地保持食品的鲜度和风味等。

（一）杀菌处理

杀菌是食品加工中的重要环节，欧姆加热技术中温度场与电场的耦合作用，可以加快对食品中的微生物及酶等灭活和钝化过程，同时可最大限度地保证食品的品质。对于固、液混合食品物料的加工，当其达到杀菌目的时，过高的温度或过长的加热杀菌时间会使物料表面的品质降低。欧姆加热由于其自身的特点，可以有效解决液相与固相食品加热不一致的矛盾，通过调整两者的电导率，可实现固液混合食品的同步加热和高温瞬时加热杀菌。欧姆加热技术应用于对食品物料的杀菌最早可追溯到 19 世纪末，主要应用于对液体原料的杀菌，由于当时落后的食品无菌包装技术，该技术仅能用于罐装食品的加工，且需要特制的包装罐，故未得到商业化推广。20 世纪初，随着欧姆加热技术的日趋成熟，其逐渐在带颗粒、食品灭菌和乳制品加工方面取得突破性进展。

（二）烫漂与钝酶

传统的烫漂工艺是将切分或未切分的食品原料置于沸水或热蒸汽中，进行短时间的热处理，使原料中的酚酶或过氧化酶钝化或者失活，从而达到延长产品货架期的目的。烫漂质量会直接影响产品的品质。相对于传统烫漂，将欧姆加热技术应用于烫漂可有效缩短烫漂时间。

（三）解冻中的应用

传统的食品解冻原理是热传导：通过传热介质向食品内部传热，实现食品的解冻。但是，由于传热介质自身的特性，无法在保证食品品质的前提下根据物料的特性控制解冻时间，因此，传统的解冻方法局限性较大。一般情况下，冷冻食品中有 5%～10% 的水以较高浓度液态溶液的形式存在，为欧姆加热提供了有利条件。欧姆加热解冻的原理是利用冷冻食品物料自身的电导特性，当给物料两端施加电场时，

食品物料自身的阻抗会在电流作用下产生热量。与其他电物理解冻方式相比，欧姆加热解冻对物料的厚度、形状等没有限制，食品物料无局部过热现象，电能利用率较高。

接触式解冻和浸泡式解冻是欧姆加热解冻的两种主要方式，二者的主要区别在于电极与食品物料是否直接接触。早期用于欧姆加热解冻的装置均属于接触式解冻，但是由于实际应用中食品物料不规则的形状，使得食品物料与电极很难充分接触，造成电流分布不均，使金属极板上产生电火花或者出现物料局部过热现象。20世纪末，浸泡式解冻的方法首次被提出，直接解决了电极与物料接触不充分的问题，在保证食品品质的前提下将解冻速度提高了三倍。另外，欧姆加热解冻后样品质地与新鲜样品无较大差异，可以最大限度地保留食品的色、香、味及营养成分。

（四）其他应用

三文鱼在腌制之前，将其在45℃下加热5min，鱼肉制品的脆性得到增加，从而提高了消费者的可接受度。传统加热条件下，样品中肌原纤维蛋白的变性程度越高，其切割强度越高。在欧姆加热温度90℃、频率为60Hz和电场强度为9V/cm条件下，与传统加热相比，贻贝的最大切割强度显著下降。不同的欧姆工艺条件（如加热速率）和产品配方（如蛋白质来源和非蛋白质成分的添加）可以改变欧姆处理过的鱼糜凝胶的结构特性。加热速率对产物的微观结构有一定的影响，导致产物具有不同的结构性能。由于阿拉斯加鳕鱼糜中含有高含量的谷氨酰胺转氨酶和低含量的内源性蛋白酶，当欧姆过程在高加热速率下进行时，阿拉斯加鳕鱼糜凝胶的硬度和黏合性下降；当在阿拉斯加鳕鱼糜和太平洋鳕鱼糜凝胶中加入胡萝卜丁时，它们的黏附性和硬度值就会降低，这是由于胡萝卜丁的存在干扰了鱼类蛋白质之间的传热并断开了它们之间的交联。欧姆加热与传统的水浴加热方法相比鱼糜具有更好的凝胶强度。鱼糜制品中含有不同比例的鱼肉蛋白、非鱼类蛋白和土豆、小麦淀粉等，在频率5kHz、3.5～13V/cm的电压梯度和加热温度85℃的条件下对鱼糜制品进行欧姆加热，结果表明受欧姆加热处理的样品的剪切力值均高于常规处理样品。一方面欧姆加热速度快，体积大，加热时间短，肌原纤维蛋白展开均匀。另一方面，鱼糜制备的水浴加热过程繁琐、不均匀。时间-温度结合和加热均匀性上的差异是造成鱼糜欧姆加热制品与常规制品的结构差异性的主要原因。此外，电压和产品配方也是影响鱼糜凝胶强度的主要参数。欧姆加热处理后的鱼糜制品仍具有优良的结构和品质，可用于替代常规加热鱼糜。此外，虾的大小是传统烹饪方法工艺设计中的一个有效参数，人虾的烹饪时间要求比小虾多55%。但不管虾的大小，欧姆加热所需的处理时间都是40s。这就意味着用欧姆法代替传统的蒸汽蒸煮法可以获得更好的纹理均匀性。这一优点可以使欧姆加热作为烹煮体积不均匀的虾类或类似产品的首选方法，从而使得整个样品达到均匀和所需的结构特征。

参考文献

[1] Bárdos L, Baránková H.Cold atmospheric plasma: Sources, processes, and applications.Thin Solid Films, 2010, 518(23): 6705-6713.

[2] Bastíasad J M, Morenoa J, Piaad C, Reyesa J, Quevedob R, Muñozc O.Effect of ohmic heating on texture, microbial load, and cadmium and lead content of Chilean blue mussel(*Mytilus chilensis*). Innovative Food Science & Emerging Technologies, 2015, 30: 98-102.

[3] Cando D, Herranz B, Borderías A, Moreno H M.Effect of high pressure on reduced sodium chloride surimi gels(Article).Food Hydrocolloids, 2015, 51: 176-187.

[4] Gavahian M, Tiwari B K, Chu Y, Ting Y, Farahnaky A.Food texture as affected by ohmic heating: Mechanisms involved, recent findings, benefits, and limitations.Trends in Food Science & Technology, 2019, 86: 328-339.

[5] Jain A, Thakur D, Ghoshal G, Katare O P, Shivhare U S.Characterization of microcapsulated β-carotene formed by complex coacervation using casein and gum tragacanth.International Journal of Biological Macromolecules, 2016, 87: 101-113.

[6] Kayes M M, Critzer F J, Kelly-Wintenberg K, Roth J R, Montie T C, Golden D A.Inactivation of foodborne pathogens using a one atmosphere uniform glow discharge plasma.Foodborne Pathogens and Disease, 2007, 4(1): 50-59.

[7] Lascorz D, Torella E, Lyng J, Arroyo C.The potential of ohmic heating as an alternative to steam for heat processing shrimps.Innovative Food Science & Emerging Technologies, 2016, 37: 329-335.

[8] Matsubara H, Tanaka J, Seiichi N, Nobuo S.Application of ohmic heating for improving the quality of salted-dried salmon.Nippon Suisan Gakkaishi, 2007, 73(3): 470-477.

[9] Moon J H, Yoon W B, Park J W.Assessing the textural properties of Pacific whiting and Alaska pollock surimi gels prepared with carrot under various heating rates.Food Bioscience, 2017, 20: 12-18.

[10] Okpala C, Bono G, Geraci M, Sardo G, Vitale S V, Schaschke C.Lipid oxidation kinetics of ozone-processed shrimp during iced storage using peroxide value measurements.Food Bioscience, 2016, 16: 5-10.

[11] Sakr M, Liu S.A comprehensive review on applications of ohmic heating(OH)(Review).Renewable and Sustainable Energy Reviews, 2014, 39: 262-269.

[12] Slade L, Levine H.Glass Transitions and Water-Food Structure Interactions. Advances in Food and Nutrition Research, 1995, (38): 103-269.

[13] Timilsena Y P, Wang B, Adhikari R, Adhikari B.Preparation and characterization of chia seed protein isolate-chia seed gum complex coacervates.Food Hydrocolloids, 2016, 52: 554-563.

[14] Ulbin-Figlewicz N, Brychcy E, Jarmoluk A.Effect of low-pressure cold plasma on surface microflora of meat and quality attributes.Journal of Food Science and Technology, 2015, 52(2): 1228-1232.

[15] Wu G, Zhang M, Wang Y, Mothibe K J, Chen W.Production of silver carp bone powder using superfine grinding technology: Suitable production parameters and its properties.Journal of Food Engineering, 2011, 109(4): 730-735.

[16] 程珍珠. 超高压和膳食纤维对复合鱼糜凝胶品质的影响. 江南大学, 2012.

[17] 崔燕, 林旭东, 康孟利, 等. 超高压协同冷冻脱壳对南美白对虾品质的影响. 现代食品科技, 2018, 34(10): 171-178.

[18] 崔燕, 林旭东, 康孟利, 等. 超高压技术在水产品贮藏与加工中的应用研究进展. 食品科学, 2016, 37(21):

291-299.

[19] 单长松, 李法德, 王少刚, 等. 欧姆加热技术在食品加工中的应用进展. 食品与发酵工业, 2017, 43 (10): 269-276.

[20] 刘宝林, 等. 食品冷冻冷藏学. 北京: 中国农业出版社, 2010.

[21] 杜彬. 超微粉碎对海带膳食纤维结构、流变和功能性质的影响研究. 中国食品科学技术学会第十五届年会. 青岛. 2018.

[22] 段振华. 超高压技术在水产品加工中的应用. 中国食物与营养, 2008, (1): 31-33.

[23] 冯志哲, 沈月新. 食品冷藏学. 北京: 中国轻工业出版社, 2001.

[24] 付晓, 王卫, 张佳敏, 等. 栅栏技术及其在我国食品加工中的应用进展. 食品研究与开发, 2011, 32 (5): 179-182.

[25] 古应龙, 杨宪时. 南美白对虾温和加工即食制品栅栏因子的优化设置. 食品科技, 2006, (06): 68-72.

[26] 郭燕茹, 顾赛麒, 王帅, 等. 栅栏技术在水产品加工与贮藏中应用的研究进展. 食品科学, 2014, 35 (11): 339-342.

[27] 过菲, 许时婴, 林之川. 超滤技术在羊栖菜粗多糖提取工艺中的应用. 食品工业科技, 2002, (10): 50-51.

[28] 韩格, 陈倩, 孔保华. 低温等离子体技术在肉品保藏及加工中的应用研究进展. 食品科学, 2019, 40 (3): 286-292.

[29] 胡庆兰. 带鱼制品的玻璃化转变及其品质变化研究. 浙江大学, 2014.

[30] 黄俊辉, 曾庆孝, 佘纲哲. 超临界萃取法提取海带多不饱和脂肪酸的研究. 华南理工大学学报: 自然科学版, 2001, (12): 79-83.

[31] 黄莉, 孔保华, 陈立东, 等. 重组肉加工技术及发展趋势. 食品工业科技, 2010, (5): 421-423.

[32] 黄耀江, 于伟, 张淑萍, 等. 血浆纤维蛋白黏合剂的制备及其在重组肉中应用. 现代生物医学进展, 2008, (1): 59-61.

[33] 金图南. 低温等离子体对冰鲜鱿鱼保鲜作用的研究. 浙江海洋大学, 2017.

[34] 李国霞, 冯爱国, 李春艳. 膜分离技术在水产品深加工中的应用. 农业工程, 2012, 2 (05): 40-42.

[35] 李学鹏, 谢晓霞, 范大明, 等. 鲽鱼骨超微细鱼骨泥的加工工艺研究. 食品工业科技, 2018, 39 (11): 161-165.

[36] 林伟锋, 龙晓丽, 赵谋明. 超滤法分离纯化沙丁鱼肽. 食品与发酵工业, 2004, (03): 109-112.

[37] 刘兵, 韩齐, 孔保华, 等. 重组肉加工中黏合剂的应用及研究进展. 肉类研究, 2016, (11): 33-36.

[38] 刘程惠, 王雪冰, 胡文忠. 超临界 CO_2 流体萃取大马哈鱼籽中 DHA 和 EPA 的工艺. 食品与发酵工业, 2009, 35 (5): 194-198.

[39] 刘书成. 水产食品加工学. 郑州: 郑州大学出版社, 2015.

[40] 陆海霞, 毛逸涛, 李学鹏, 等. 超高压技术及其在水产品保鲜杀菌中的应用. 食品研究与开发, 2013, 34 (6): 111-113.

[41] 马媛, 王璐, 孙玉梅, 等. 超临界萃取法提取扇贝内脏脂质的研究. 食品与发酵工业, 2006, (9): 156-159.

[42]　潘广坤.面包虾真空油炸技术研究.广东海洋大学,2014.

[43]　秦贞苗,李海龙,赖伟勇,等.气流粉碎技术制备牡蛎壳超微粉的工艺研究.海南医学,2018,29(11):1551-1553.

[44]　裘迪红,李八方.臭氧水减菌化处理在炝蟹生产中的应用.农业工程学报,2008,(7):273-275.

[45]　申楼,余楚钦,吕竹芬.β-环糊精包合高良姜油的工艺研究.国际医药卫生导报,2006,(5):71-73.

[46]　沈月新.水产品冷藏加工.北京:中国轻工业出版社,1996.

[47]　施姿鹤,陈静,陈星洁,等.介质阻挡放电低温等离子体在鲐鱼杀菌及组胺含量控制中的作用.食品科学,2017,38(18):237-243.

[48]　宋亚英.超细粉碎技术在渔业生产中的应用.渔业现代化,2003,(3):37-38.

[49]　孙新虎.番茄红素微胶囊包埋的研究.江南大学,2004.

[50]　孙艳宾,张慧婧,景大为,等.超临界CO_2萃取技术在海洋生物活性物质的应用研究进展.食品工业,2019,40(1):286-290.

[51]　滕怀华,李成勇.超滤在天然甘露醇精制中的应用.膜科学与技术,2002,(04):35-37.

[52]　汪秋安.酶-膜反应器在制造水产调味液中的应用.山东食品发酵,1995,(Z1):71-75.

[53]　汪涛,马妍,金桥.利用栅栏技术研制H-Aw型即食调味鱼片.沈阳农业大学学报,2007,(2):224-228.

[54]　王丽宏,张延,张宝彤,等.超微粉碎技术的特点及应用概况.饲料博览,2013,(10):13-16.

[55]　王卫,张佳敏,王新惠,等.肉品加工栅栏技术控制与冷链管理.肉类研究,2013,27(7):58-61.

[56]　王鑫钰,曾小群,潘道东,等.现代高新技术在水产品加工中的应用.食品工业科技,2014,35(18):391-394.

[57]　夏荃,林传权,莫全毅,等.珍珠层粉超微粉的制备及药效学研究.中成药,2014,36(2):396-399.

[58]　晏绍庆,华泽钊,刘宝林,等.食品的低温断裂及其对保存质量的影响.低温工程,1999,(4):245-249.

[59]　杨方威,冯叙桥,曹雪慧,等.膜分离技术在食品工业中的应用及研究进展.食品科学,2014,35(11):330-338.

[60]　杨华,李共国,高有领.非肉蛋白对重组低值海水鱼鱼肉粘合特性的研究.食品工业科技,2007,(10):105-107.

[61]　杨建刚,弓志青,王月明,等.真空低温油炸技术在食品加工中的应用.农产品加工,2018,(3):63-64.

[62]　杨金生,尚艳丽,夏松养.低温真空油炸对半干水产品营养成分和食用油品质的影响.食品工业科技,2011,(10):173-177.

[63]　尹涛,石柳,熊善柏,等.预处理方式对微粒化白鲢鱼骨泥物理特性的影响.华中农业大学学报,2016,35(5):112-116.

[64]　张慧旻.结冷胶与海藻酸钠对低脂猪肉糜凝胶性质的影响.合肥工业大学,2007.

[65]　张俊艳.真空油炸技术在食品加工中的应用.食品研究与开发,2013,34(10):129-132.

[66]　张鹏举,周显青,张玉荣,等.膜分离技术在食品工业中的应用.现代食品,2016,(21):60-63.

[67]　张穗,高红莲,陈浩如,等.海洋微藻中EPA和DHA的超临界CO_2提取方法研究.热带海洋学报,1999,(02):33-38.

[68]　张晓,王永涛,李仁杰,等.我国食品超高压技术的研究进展.中国食品学报,2015,15(5):157-165.

[69]　章建浩,黄明明,王佳媚,等.低温等离子体冷杀菌关键技术装备研究进展.食品科学技术学报,2018,36(4):8-16.

[70]　赵志峰,雷鸣,卢晓黎,等.栅栏技术及其在食品加工中的应用.食品工业科技,2002,(8):93-95.

[71]　周爱梅,杨小斌,王爽,等.蓝圆鲹鱼油微胶囊的制备工艺优化及其稳定性.食品工业科技,2017,38(24):181-186.

[72]　周亚军,殷涌光,王淑杰,等.食品欧姆加热技术的原理及研究进展.吉林大学学报.工学版,2004,(2):324-329.

[73]　朱松明,苏光明,王春芳,等.水产品超高压加工技术研究与应用.农业机械学报,2014,45(1):168-177.

[74]　祝水兰,闵华,冯健雄,等.膜过滤技术在现代食品加工中的应用.江西农业科技,2004,(1):19-21.

第十五章

总结

- ○ 再组织化技术
  - 借助于机械和添加辅料将肌肉纤维中基质蛋白与添加剂黏合，使肉颗粒或肉块重新组合。
  - 冷冻后或者经预热处理保留其组织结构的肉制品的加工技术。
  - 鱼肉蛋白重组技术主要有酶法、化学法、物理法。
  - 酶法加工技术主要使用谷氨酰胺转氨酶。
  - 化学方法常使用海藻酸钠和氯化钙。
  - 物理法利用加热、高压、机械力等作用使肌肉中肌纤维蛋白形成凝胶。
- ○ 超高压技术
  - 主要是通过减少物质分子间、原子间的距离，使物质的电子结构和晶体结构发生变化。
  - 破坏物料分子中的非共价键，但对共价键影响微弱，即对食品中的氨基酸、维生素等成分的破坏力较小。
  - 超高压技术在鱼类的加工中主要是水产品杀菌、脱壳、改性、快速冷冻和解冻等。
- ○ 超临界流体萃取技术
  - 将超临界流体作为萃取剂，把一种成分（萃取物）从混合物（基质）中分离出来的分离纯化技术。
  - 超临界流体是指介于液体和气体之间的特殊流体，兼具液体和气体的双重物性。
  - 超临界CO_2流体技术具有高扩散能力和高溶解性能、分离效率高、渗透能力强。
  - 超临界CO_2流体技术在水产品加工方面常用于多不饱和脂肪酸和其他生物活性物质的提取纯化。
- ○ 微胶囊技术
  - 将固体、液体或气体包埋、封存在一种微型胶囊内成为一种固体微粒产品。
  - 改变原材料的物理状态，使原本液态或气态的材料固体化，从而改善其流动性及贮藏稳定性。
  - 有效减少活性物质对外界环境因素（如光、氧、水）的反应，提高物质的稳定性。
  - 控制芯材的释放，可以根据需要的恰当的时间和恰当的位置以一定的速率释放。
  - 掩蔽不良异味。
  - 主要有喷雾干燥法、复相凝聚法、分子包结络合法。
  - 在水产品加工中常用于鱼油和南极磷虾油的包裹。

- ○ 超微粉碎技术
  - 利用机械或流体动力的方法克服固体内部凝聚力使之破碎，从而将3mm以上的物料颗粒粉碎至10~25μm的操作技术。
  - 对粉体原料进行超微粉碎、高精度的分级和表面活性改变。
  - 化学合成法有水解、喷雾、氧化还原、冷冻干燥等。
  - 物理制备法可以分为湿法和干法两种。具有粉碎粉末细微、保护营养物质、改善水产品的流动性和粉碎油脂、糖类成分等优点。
- ○ 膜分离技术
  - 天然或人工合成的高分子薄膜以压力差、浓度差、电位差和温度差等外界能量位差为推动力，对双组分或多组分的溶质和溶剂进行分离、分级、提纯和富集。
  - 膜分离常用的方法主要有微滤、超滤、纳滤、反渗透和电渗析等。
  - 一般不发生相变，能耗低；分离效率高，效果好；通常在室温下工作，操作、维护简便，可靠性高；设备体积较小，占地面积少。
  - 在水产品加工中常用于水产调味液过滤，藻类多糖及醇等物质提取，以及蛋白酶解物的分离纯化等。
- ○ 栅栏技术
  - 多种技术的科学结合，协同作用，阻止食品品质的劣变，将食品的危害性以及在加工和运输销售过程中品质的恶化降到最低程度。
  - 以微生物学分析为基础的，危险关键点确定前，对食品加工原料、辅料及其他影响因子先有微生物菌群的控制分析，从而有目的地设置关键点，加强某些微生物生长的阻滞因子，确保食品安全卫生及优良品质并延长产品保存期。
  - 新兴的栅栏因子在水产品加工贮藏过程的应用主要集中在冷杀菌工艺和抗菌包装技术。
- ○ 玻璃化转变贮藏技术
  - 低分子物质的凝集状态定义为四种：液体、玻璃、液晶和晶体。当温度降低时，液态转变为固态的形式有晶态和玻璃态两种。
  - 食品处于玻璃化状态，即意味着食品内部在没有达到化学平衡的状态下就停止了各组分间的物质转移及扩散，食品不进行各种反应，可长期保持稳定。
- ○ 真空低温油炸技术
  - 在减压（真空）的情况下，使食品物料中的水分迅速汽化，在短时间内迅速完成脱水过程，实现在低温条件下食品的脱水过程。
  - 有效地避免食品高温处理所带来的一系列问题，如炸油的聚合劣变，食品本身的褐变反应、美拉德反应、营养成分的损失等。
  - 产品的原有风味和色泽得到保留；有害的热反应产物降到最低，如丙烯酰胺；产品含油量降低；能加工还原糖含量较高的土豆；蒸发速率高；产品质构好；对油质量的不良影响降低。
- ○ 低温等离子体杀菌技术
  - 低温等离子体可以产生ROS、RNS、带电粒子和紫外光子等多种具有杀菌性能的物质。
  - 不同的杀菌物质作用于细胞的不同部位造成细胞破坏或者生物体死亡。
  - 低温等离子体的杀菌机理包括杀菌性能物质对细胞的蚀刻作用、细胞膜穿孔与静电干扰和大分子氧化三

个方面。

- 低温等离子体的工作效率取决于多种处理变量，包括处理时间、处理电压、处理方式和气体类型等。
- 低温等离子体的工作效率还取决于环境因素如pH值、相对湿度和样品性质。
- 低温等离子体技术在水产品中主要用于水产品的杀菌及保鲜。

○ 欧姆加热技术

- 原理是把物料作为电路中的一段导体，利用导电时物料本身所产生的热达到加热的目的。
- 当溶液温度升高时，由于溶液的黏度降低，离子运动速度加快，水溶液中离子水化作用减弱，其导电能力增强。
- 当物料不导电时，此方法不适用。对于极低水分、干燥状态的食品，也不适用。
- 欧姆加热是新型食品加热技术，可广泛应用于食品的杀菌、灭酶、漂烫及解冻、发酵等加工工艺。
- 适合于加工高蛋白质食品原料、高黏度食品原料和固液混合食品的高温瞬时加热，并能最大限度地保持食品的鲜度和风味。

课后练习

一、正误题

1）酶法制备鱼肉重组蛋白常用的酶是谷氨酰胺转氨酶。（   ）

2）超高压可以破坏物料分子中共价键，但对非共价键影响微弱。（   ）

3）超临界 CO_2 萃取过程如果向 CO_2 加压，气体不会液化，而只是密度增大。（   ）

4）微胶囊造粒技术中油溶性芯材一般选择水溶性壁材，水溶性芯材一般选择油溶性壁材。（   ）

5）超滤膜孔径为 $0.1\sim10\,\mu m$，可分离淀粉、果胶及悬浮固形物等大的合成分子。（   ）

6）栅栏因子控制微生物稳定性所发挥的栅栏作用跟栅栏因子种类、强度有关，但不受其作用次序影响。（   ）

7）向食品中添加冷冻保护剂可提高食物的持水能力，降低食品的玻璃化转变温度。（   ）

8）真空低温油炸过程中水分蒸发量随着真空度的增加而增大。（   ）

9）相对湿度的增加可以提高低温等离子设备的灭菌效率，是因为产生了更多活性氧。（   ）

10）欧姆加热技术对极低水分、干燥状态的食品不适用是因为这些食品不能导电。（   ）

二、选择题

1）低温等离子体的杀菌机理有（　　　）。

　A. 杀菌性能物质对细胞的蚀刻作用

　B. 细胞膜穿孔与静电干扰

　C. 大分子氧化

2）湿法超微粉碎技术包括（　　　）。

　A. 气流式　　　　　　　　　　B. 胶体磨　　　　　　　　C. 均质机

第十六章　水产品质量与安全

○○ —— ○○ ○ ○○

三文鱼？大西洋鲑？虹鳟？
通过感官、化学、生物学等技术方法分析鉴定鱼肉种类。

（a）大西洋鲑（*Salmo salar*）

（b）虹鳟（*Oncorhynchus mykiss*）

❋ 为什么要学习水产品质量与安全?

从前面的章节学习我们知道，随人们生活水平的提高，水产品在食物结构中所占比例迅速增加，但由于水产品水分含量高、鲜度下降快、易腐败变质的特点，存在着比其他食物更大的安全风险，因此亟待加强水产食品质量安全的学习了解，从而建立水产食品质量安全保障体系。本章主要知识点如水产品的危害来源及检测技术、水产食品安全风险分析及质量管理体系、水产食品质量安全追溯等将有助于您更好地了解水产品质量与安全的发展趋势。

◉ 学习目标

○ 能概述水产品危害的主要来源并举例分析各自特点。
○ 能区分水产品生物性危害和化学性危害。
○ 分别列举3种水产品生物性危害的来源。
○ 能分析各类水产品危害对人体造成的影响。
○ 比较液相色谱和气相色谱检测水产品危害物的差别以及各自优缺点。
○ 能熟悉食品安全风险分析的概念及基本框架。
○ 能阐述风险分析在水产食品安全中的应用步骤。
○ 能通过交流讨论，分析国内外如何运用风险分析来保证水产食品的安全。
○ 了解并掌握GMP、SSOP、HACCP的概念及在水产食品中的应用。
○ 清楚食品质量安全可追溯的概念，了解正向追溯与反向追溯的途径及用途。
○ 了解食品质量安全追溯的优势与发展趋势。
○ 了解国内外水产品可追溯体系的规范及发展。

第一节　水产品的危害来源

一、生物性危害

影响水产品质量安全的生物因素主要是指自然原因寄生于水产品体内的微生物和寄生虫。水产品中由生物性危害导致的疾病占全部危害的 80% 左右，主要分为细菌、病毒、寄生虫三大类。

1. 细菌

由细菌引起的水产品危害是指水产品被细菌污染后，细菌及其毒素会引起细菌性食物中毒，或者由于细菌的作用引起水产品变质，产生许多有毒物质，食用后对人体造成伤害。水产品中常见的病原菌分布、传播途径及临床症状如表 16-1。

表16-1　水产品常见病原菌分布、传播途径及临床症状

名称	分布	传播途径	临床症状
单核增生李斯特氏菌	土壤、水域、腐烂的植物、动物粪便等	食用带菌水产品、通过破碎黏膜进入人体	脑膜炎、败血症等
沙门氏菌	寄生于人类和动物肠道内	食物及水源传播	恶心、呕吐、腹痛、发热等
大肠埃希氏菌	水体环境、人和动物的肠道中	食用带菌水产品和水源	出血性肠炎、溶血尿毒症等
副溶血性弧菌	热带的河口、入海口及沿海区域	食用带菌水产品	急性腹泻、呕吐等
金黄色葡萄球菌	空气、土壤、水和恒温动物	通过破损的皮肤、黏膜进入人体	恶心、呕吐、眩晕
邻单胞菌	水环境、鱼、动物和人类肠道	食用带菌水产品	腹泻、脓毒症、脑膜炎

2. 病毒

病毒污染也是水产品常见的生物性危害中的一种，水产品中最常见的病毒为诺如病毒、甲型肝炎病毒等。诺如病毒是人类杯状病毒科诺如病毒属的一种病毒，近年来越来越多水产品遭受诺如病毒污染。其传播途径包括人传人、食物性传播以及通过水传播。人传人可通过粪口途径，食源性传播是通过食用诺如病毒污染的食物进行传播（如生吃水产品），牡蛎等贝类海产品极容易爆发污染。感染诺如病毒的临床症状通常为腹痛、腹泻、恶心、呕吐等症状。甲型肝炎病毒属微小RNA病毒科，呈球状，主要通过粪口传播、水源传播等。感染后的临床症状通常表现为厌食、恶心、呕吐、心神不宁等。

3. 寄生虫

存在我国水产品中且对人健康危害较大的寄生虫主要为线虫、绦虫、吸虫。线虫包括广州管圆线虫、异尖线虫、棘颚口线虫等，其中异尖线虫可通过一系列捕食关系，最终在海洋哺乳动物中发育成成虫，人类因食用带有异尖线虫的水产品而被感染。感染后容易出现腹痛、恶心等症状，严重时会导致心脏穿孔、心力衰竭等。绦虫包括阔节裂头绦虫、曼氏迭宫绦虫等，与水产品相关的主要为节裂头绦虫，主要寄生于人类、食用鱼的野生鸟类等的肠道中，感染后症状较轻，一般表现为疲倦、腹泻等。吸虫包括华支睾吸虫、卫氏并殖吸虫、棘口吸虫，主要寄生于食鱼类哺乳动物的胆管或胆囊中，感染后导致呼吸道损伤、溃疡、出血等。

二、化学性危害

影响水产品质量安全的化学因素主要是水产品中化学性污染，比较复杂，涉及范围十分广泛，污染源种类也较多。

1. 药物残留

为了防止水产品受病害影响，不同药物被用于防治水产品病害，进而导致药物在水产品中残留，药

残严重时可造成食物中毒等不良后果。

2. 重金属

重金属包括铅、汞、镉等，摄入少量就能产生明显的毒性作用，人体在摄取被环境中的重金属污染的水产品的同时会摄入重金属，并可在人体中堆积，对人体产生多方面伤害，当重金属在人体内含量较高时会引发重金属中毒，甚至死亡。

3. 致敏原

联合国粮农组织划定的八大类过敏食物中，两大类为水产品。水产品因其味道鲜美深受消费者喜爱，近年来，关于水产品过敏的相关报道也屡见不鲜，其致敏原有原肌球蛋白、精氨酸激酶、肌质钙结合蛋白、磷酸丙糖异构酶等。水产品过敏的临床症状因人而异，主要涉及呼吸道、胃肠道、皮肤系统等。

三、天然有毒物质

1. 贝类毒素

贝类毒素是海洋毒素中较大危害者之一。麻痹性贝类毒素（PSP）主要来源于有毒甲藻，中毒表现为从嘴唇周围轻微刺痛和麻木发展到全身麻痹，并由于呼吸障碍而致死。腹泻性贝类毒素（DSP）是一种脂溶性物质，因食用后会引起腹泻而得名。神经性贝类毒素（NSP）主要来源于短裸甲藻，会产生气喘、咳嗽、呼吸困难等中毒症状。健忘性贝类毒素（ASP）主要来自软骨藻酸，可导致记忆功能的长久性损害。

2. 鱼类毒素

世界上可食用的鱼类约有 3 万种，其中约有 600 种鱼类体内的一些部位含有毒素。鱼类毒素可分为雪卡毒素、河豚毒素等。含有雪卡毒素的鱼类大约有 400 种，对人类产生食品安全隐患的主要是珊瑚鱼，如红斑鱼、老虎斑等。感染后的主要症状有头晕、乏力、恶心、呕吐、腹泻、唇周麻木、膝关节酸痛等。河豚毒素是小分子化合物，属神经毒，主要是通过阻断神经传导，导致呼吸抑制和呼吸麻痹，也可导致血管神经麻痹、血压下降。

3. 组胺

一种活性胺化合物，作为身体内的一种化学传导物质，可以影响许多细胞的反应，包括过敏、炎性反应、胃酸分泌等，也可以影响脑部神经传导，会导致昏昏欲睡等效果。组胺主要存在于红肉洄游性鱼类中，因为这些鱼类肌肉中含血红蛋白较多，因此组氨酸含量也较高，当遇到富含组氨酸脱羧酶的细菌污染后可使鱼肉中的游离组氨酸脱羧基形成组胺。组胺诱发疾病的风险很高。组胺耐热，即使食用前将鱼烹调、制罐或作其他热处理都不能破坏组胺。其主要症状为皮肤红肿、四肢发麻、腹痛腹泻、呼吸困难和血压下降等。

概念检查 16-1

○ 简述什么是水产品的生物性危害，水产品生物性危害主要分为几种？

○ 简述什么是水产品的化学性危害，请结合所学知识谈谈如何避免水产品的化学性危害？

第二节　水产品危害物的检测技术

一、水产品危害物的生物学检测技术

1. 微生物检测技术

目前，检测水产品中微生物主要包括水产品中细菌含量及是否含有致病菌（沙门氏菌、金黄色葡萄球菌、副溶血性弧菌等）。

菌落总数主要是根据 GB 4789.2—2016 来进行测定，该法能够判断食品的被污染程度。首先取 25g（mL）样品和 225mL 无菌水，混匀，均质，并进行 10 倍系列稀释。根据对样品污染状况的估计，选择 2～3 个适宜稀释度的样品匀液（液体样品可包括原液），吸取 1mL 样品匀液于无菌平皿内，同时吸取 1mL 空白稀释液加入两个无菌平皿内做空白对照。及时将平板计数琼脂培养基倒入平皿，并转动平皿使其混合均匀。待琼脂凝固后，将平板翻转，于 30℃ ±1℃培养 72h±3h 后进行菌落计数。

大肠菌群计数的方法主要根据含量高低分为 MPN 法和平板计数法，前者适合大肠菌群含量较低的水产品，后者适合大肠菌群含量较高的水产品。该法的操作与菌落总数操作类似（GB 4789.3—2016），但所用培养基不同，分别为月桂基硫酸盐胰蛋白胨（LST）肉汤及 VRBA 平板和煌绿乳糖胆盐肉汤（BGLB），当肉汤管产气时，可证明水产品中含有大肠菌群。具体操作为：选择 3 个适宜的连续稀释度的样品匀液（液体样品可以选择原液），每个稀释度接种 3 管 LST 肉汤，每管接种 1mL，于 36℃ ±1℃培养 24h±2h，观察倒管内是否有气泡产生，24h±2h 产气者进行复发酵试验，如未产气则继续培养至 48h±2h，产气者进行复发酵试验。未产气者为大肠菌群阴性。复发酵试验主要是用接种环从产气的 LST 肉汤管中分别取培养物 1 环，移种于 BGLB 管中，于 36℃ ±1℃培养 48h±2h，观察产气情况。产气者，计为大肠菌群阳性管。

霉菌和酵母菌的培养方法也与菌落总数类似（GB 4789.15—2016），将马铃薯葡萄糖琼脂或者孟加拉红琼脂加入平皿中，待凝固后，倒扣，于 28℃ ±1℃培养，观察并记录培养至第五天。

金黄色葡萄球菌的检验方法有三种，分别是定性检验、平板计数法以及 MPN 计数法（GB 4789.10—2016）。其中，第一法适用于定性检验，第二法适用于金黄色葡萄球菌含量较高的食品的计数，第三法适用于金黄色葡萄球菌含量较低的食品的计数，具体检验方法参考 GB 4789.10—2016。

沙门氏菌和副溶血性弧菌不同于金黄色葡萄球菌的检测方法，这两种菌在检测前都要进行增菌和分离等操作，而后进行生化检测及血清学鉴定和分型等，具体检验方法参考和 GB 4789.4—2016 和 GB 4789.7—2013。

2. 免疫检测技术

免疫检测技术主要是利用抗体特异性与抗原结合，通过抗原-抗体的特异性识别反应来进行检测，是一种特异而简便的检测技术。目前水产品生物性危害物的免疫检测技术主要有免疫荧光技术、免疫酶技术以及免疫磁珠分离法等。

免疫荧光技术是利用荧光素通过化学方法与特异性抗体结合制成荧光抗体，荧光抗体与被检测抗体特异性结合后，形成的免疫复合物在一定波长的激发下可产生荧光，借助荧光显微镜可检测或定位被检测抗原。免疫荧光技术将免疫化学和血清学的高度特异性及敏感性与显微镜的高度精确性相结合，在水产养殖病原的检测上得到一定应用。

免疫酶技术利用了抗原-抗体反应的高度特异性和酶促反应的高度敏感性，通过肉眼、显微镜观察或者分光光度计测定，达到在细胞或亚细胞水平上示踪抗原或抗体的部位，并对其进行定量的目的，分为固相、均相和双抗体酶免疫测定技术。酶联免疫吸附实验（ELISA）是目前应用最广泛的固相免疫测定技术。

免疫磁珠分离法可将特异性抗体偶联在磁性颗粒表面，与样品中被检测致病微生物发生特异性结合，载有致病微生物的磁性微球在外磁场作用下向磁极方向聚集，因此特异性地将目的微生物从样品中快速分离出来。

3. PCR 检测技术

聚合酶链反应（polymerase chain reaction，PCR）通过模拟 DNA 聚合酶在生物体内的催化作用，在体外进行特异 DNA 序列的聚合及扩增。目前水产品生物性危害物的 PCR 检测技术主要有竞争 PCR、实时 PCR、定量 PCR 等。

定量竞争 PCR 检测技术是通过构建含有修饰过的内部标准 DNA 片段（竞争 DNA），与待测 DNA 共同扩增。由于竞争 DNA 与待测 DNA 的大小不同，可以通过琼脂糖凝胶电泳将二者分开，并进行定量分析。此方法对实验室要求不高，但对于构建竞争 DNA 片段略有难度。

实时定量 PCR 首先设计一个包含 5′ 端荧光报告因子和 3′ 端猝灭因子的内部探针，该内部探针可在 PCR 反应前不产生荧光信号。随着 PCR 反应的进行，引物和标记探针会与目标 DNA 分子中对应的互补序列复性，聚合酶与探针相遇，产生荧光信号从而反映 PCR 的产物量，达到实时定量的目的。该法的灵敏度远高于竞争 PCR，能够检测未加工、已加工以及混合样品。

二、水产品危害物的化学检测技术

1. 色谱检测技术

如前所述，水产品中的化学性危害有药物残留、重金属等，一般可以采用色谱法来检测这些成分。其中，色谱法包括气相色谱法（GC）和高效液相色谱法（HPLC）。

气相色谱是机械化程度很高的色谱方法，气相色谱系统由气源、色谱柱、检测器和记录器等部分组成。该法首先需要制备水产品中残留样，而后取试样溶液和相应的标准溶液，按照设置好的色谱条件，做单点或者多点校准，按外标法，以峰面积算。气相色谱被广泛应用于小分子量复杂组分物质的定量分析，但有相当数量的残留成分极性或沸点偏高，需繁琐的衍生化步骤，因而限制了气相色谱的应用。

高效液相色谱是目前应用最多的色谱分析方法，高效液相色谱系统由流动相储液瓶、输液泵、进样器、色谱柱、检测器和记录器组成，其整体组成以及测量方法同气相色谱相近。但 HPLC 相较于 GC，重复性好且检测速度快，应用非常广泛，几乎遍及定量定性分析的各个领域。

2. 色谱 - 质谱检测技术

色谱 - 质谱联用技术一般是用来进行定量定性分析的，通常先利用色谱法进行定量分析，而后利用质谱法进行定性分析。定量分析一般采用气相色谱或者液相色谱进行峰面积计算。而定性分析是一种测量离子荷质比（电荷 - 质量比）的分析方法，其基本原理是使试样中各组分在离子源中发生电离，生成不同荷质比的带正电荷的离子，经加速电场的作用，形成离子束，进入质量分析器。在质量分析器中，再利用电场和磁场使发生相反的速度色散，将它们分别聚焦而得到质谱图，从而确定其质量。在测定过程中，按照规定条件检测，当样品溶液与标准溶液在相同的保留时间有峰出现，则进行质谱确定，在扣除背景后的质谱图中，所选择的离子全部出现，并且这些离子的离子丰度与标准品相关离子的相对丰度一致，波动范围在最大容许偏差之内，则可判定水产品中存在该物质。

第三节　水产食品安全风险分析

一、食品安全风险分析的概念及基本框架

风险分析（risk analysis）应用于多个领域，最早出现在环境科学危害控制领域中，到了 20 世纪 80 年代，随着国际食品贸易的不断扩大和食品危害的不断增加，风险分析开始应用在食品安全领域。食品安全风险分析就是对食品中有害人体健康的因素进行评估，根据风险程度确定相应的风险管理措施，控制或者降低食品安全风险，并且在风险评估和风险管理的全过程中保证风险相关各方保持良好的风险交流状态。风险分析作为一种有效的监管，能够起到很好地保护消费者的健康和维持食品贸易公平的作用。

20 世纪 80 年代，发达国家意识到了风险分析在食品安全中的重要性，1991 年到 1997 年其间，联合国粮农组织（FAO）、世界卫生组织（WHO）和关贸总协定（GATT）联合针对国际上发生的一系列食品安全问题召开了多次国际会议，会议最后形成了风险分析的框架体系。风险分析包括以科学为依据的风险评估、以政策为导向的风险管理及整个风险分析中对风险信息和观点的风险交流。

1. 风险评估

风险评估（risk assessment）是指科学地评估食品中有害物质对人体产生危害的概率和强度。评估的危害贯穿从农田到餐桌的全过程。危害根据性质可以分为物理性危害、化学性危害和生物性危害，所以风险评估一般也被分为物理性风险评估、化学性风险评估和生物性风险评估。风险评估包括四个步骤，分别为危害识别（hazard identification）、危害特征描述（hazard characterization）、暴露评估（exposure assessment）和风险特征

描述（risk characterization）。通过以上四个步骤人们可以清楚地知道食用某项食物是否有危害、危害的名称、易感人群、危害的症状、危害的传播途径、危害的发生概率、安全的标准和限度。如果危害没达到标准限度，那么就不存在风险，就能够证明食用该食品是安全的。有了科学的风险评估结果，人们就不会因为无知而恐慌。科学的风险评估有助于人们更加认清食品安全的界限。另外，风险评估报告将成为风险管理的有力依据，为风险管理和风险交流提供信息和依据。

2. 风险管理

风险管理（risk management）是一个复杂的过程，主要是根据风险评估和其他有关的评价结果，权衡选择决策的过程，在必要时选择和实施适宜的控制点。不同于风险评价，风险管理并不只是基于科学，还要考虑其他合理的因素，如风险控制技术的可行性、经济社会的可行性以及对于环境的影响，并以风险交流为保证，避免由于信息的片面性而造成的决策错误。风险评估和风险管理相互作用又相互独立。风险评估是风险管理的基础，在风险评估之前，要风险评估者和风险管理者共同做出风险评估的策略，在实际风险评估和管理的过程之中两者又要相互独立，以保证评估的科学完整和决策制定的正确性。

3. 风险交流

风险交流（risk communication）是指为了食品安全风险分析能够顺利进行，风险评估者、风险管理者和风险利益相关方对风险信息进行的交流。食品安全风险交流并不是食品安全风险分析的最后一步，而是贯穿于评估者、管理者和利益相关方所有的信息交流过程中。食品安全风险交流有助于提高风险分析的管理效果和效率，使得各风险分析机构可以更好地进行联动；有助于通过有效的风险交流消除消费者心理的恐慌，消费者通过参与风险分析全过程，增强了风险防范的意识和能力，也增强了对食品安全性的信心；有助于保证食品安全利益相关者对风险分析全过程的信息的理解，保证食品安全风险评估的逻辑性和科学性，并且使得风险分析的局限性能够最好地被食品安全利益相关者理解，进而使得食品风险管理决策的制定和执行被广大消费者和企业认同。

二、风险分析在水产食品安全中的应用

水产品是人类食品的一个重要来源，国内外运用风险分析来保证水产食品的安全。

风险分析作为一种有效保障水产食品安全的措施，主要有以下几个步骤：①危害识别，对可能在水产品中存在的能够对健康产生副作用的生物、化学和物理的致病因子进行鉴定。其中最好的方法是证据加权，该法对不同研究的重视程度的顺序是：流行病学研究、动物学毒理学研究、体外试验等。②危害特征描述，定量、定性地评价由危害产生的对健康副作用的性质。对于化学性致病因子要进行剂量 - 反应评估；对于生物或物理因子在可以获得资料的情况下也应进行剂量 - 反应评估。③暴露评估，定量、定性地评价由水产品以及其他

相关方式对生物的、化学的和物理的致病因子的可能摄入量。常见的有总膳食研究、个别食品的选择性研究、双份饭研究三种方法。WHO 制定了化学污染物膳食摄入量的研究准则。④风险特征描述，在危害确定、危害特征描述和暴露评估的基础上，对给定人群中已知或潜在的副作用产生的可能性和副作用的严重性，做出定量或定性估价的过程，包括伴随的不确定性的描述。参考相关因素后，提出和实施风险管理措施。值得注意的是，风险交流贯穿风险分析整个过程，风险交流能恰当地说明问题，是制定、理解和做出最佳风险管理决策的必要的、关键的途径。

发达国家风险分析起步较早。美国最早建立了从农场到餐桌的微生物风险评估机制，并建立了"危害分析与关键控制点"（HACCP）作为风险管理工具。为了减少水产品生产加工过程中潜在的危害，美国制定了大量详细而又严格的操作规程及标准，并制定了严格的检疫监管程序确保包括水产品在内的食品质量安全，为水产品质量安全风险评估的实施提供了有力的法规保障。欧盟号称拥有世界上"最严格的食品质量安全管理制度"，与美国类似，欧盟水产品质量安全风险分析主要是结合 HACCP 体系来开展的。由于水产品的质量安全往往受到生物、物理和化学等多种危害因素的影响，因此欧盟委员会针对不同种类的水产品、生产加工过程、检测检验方法、运输工具卫生等颁布了一系列的法规和标准，保证了风险分析的有序实施。

我国的风险分析起步比较晚，但部分工作也已经开始进行，例如宋红波等开展了恩诺沙星在水产品中残留的风险评估研究，结果表明恩诺沙星在水产动物体内有较长的半衰期，对于供食用的水产品，用药后一般需 20 天以上的停药期；王群等开展了水产品中孔雀石绿的风险评估研究，分析了水产品中孔雀石绿的膳食暴露评估和风险特征，为方便快捷地了解国际组织对孔雀石绿的风险评估提供参考。我国制定和颁布了一系列涉及水产食品质量安全的法律法规，也陆续出台了多个涉及风险分析的标准及技术规范。颁布并实施的《食品安全法》详细阐述了食品质量安全风险监测、风险信息采集及风险评估程序，法律明确指出我国应对各类危害公共卫生安全及环境安全的潜在风险开展评估。农业部渔业局自 2010 年起开展了孔雀石绿、硝基呋喃类抗生素、溴氰菊酯类农药、有机氯类农药、生物毒素、有毒重金属等 30 多种水产品典型危险物质的风险排查工作，为水产品安全管理确定目标。

我国水产品质量安全风险分析尚处于起步阶段，在风险评估技术及人才队伍建设等方面都存在许多不足。因此，我国应加强食品质量安全风险评估机制，构建和完善我国水产品质量安全风险分析体系，最终推动水产行业的健康发展。

概念检查 16-2

○ 描述食品安全风险分析的概念及基本框架，风险分析在水产食品安全中的应用有哪些步骤？

第四节　水产食品质量安全管理体系

一、水产食品的良好操作规范

1. 良好操作规范概述

良好操作规范（good manufacturing practice，GMP）是国际上普遍采用的用于食品生产的先进管理系

统，要求食品生产企业具备良好的生产设备、合理的生产过程、完善的质量管理和严格的检测系统，以确保最终产品的质量符合标准。

（1）GMP 的起源

1963 年，美国食品和药物管理局（FDA）根据修改的法规制定了世界上第一部关于药品的 GMP，第一次以法令的形式予以颁布。1969 年，美国食品和药物管理局将实施 GMP 管理的观点引用到食品的生产法规中。同年，世界卫生组织在第 22 届世界卫生大会上，向各成员国首次推荐了 GMP。

（2）水产品加工的 GMP 要素

水产品加工环境（厂址的选择、要求及地点的预处理）；工厂的布局（平面布置、害虫控制设计、加工设计中应注意的问题）；基本设施（地板、天花板、墙壁、门、窗、地面排水道等）；水产品预处理、加工、保藏和包装技术。

2.GMP 在水产食品安全中的应用

（1）国外

欧盟于 1991 年 7 月发布《活双壳贝类生产和投放市场的卫生条件规定》和《水产食品生产和投放市场的卫生条件的规定》，美国在 1995 年 12 月发布联邦法规《水产食品加工与进口的安全卫生的规定》，加拿大在 1992 年开始强制实施《水产食品质量管理规范（QMP）》等。东南亚地区的泰国、越南等国家于二十世纪九十年代前后，在本国的水产食品加工行业中建立了 GMP 体系，并实施了危害分析与关键控制点（HACCP）体系，使本国的水产食品加工业质量控制水平有了极大的提高。

（2）国内

我国针对水产食品加工环节的标准和法规有原农业部标准《水产品加工质量管理规范》和原国家质检总局颁布的《出口水产品生产企业注册卫生规范》。这两个文件的文件名虽然没有出现"良好操作规范"字样，但其内容主要规定了水产食品加工企业生产过程中的厂房、设备与设施、卫生管理、人员等问题，在实际生产中起到规范水产食品加工企业生产行为的作用。1994 年颁布的《食品企业通用规范》，作为强制性标准发布并于当年开始实施，在没有制定水产食品加工企业专门的质量管理规范之前，就以此为依据对水产食品加工企业的行为进行规范。

二、水产食品的卫生标准操作程序

1. 卫生标准操作程序概述

卫生标准操作程序（sanitation standard operation procedure，SSOP）是食品生产企业为了使其加工的食品符合卫生要求，制定的指导食品加工过程中如何具体实施清洗、消毒和卫生保持的作业指导文件，以 SSOP 文件的形式出现。SSOP 是实施 HACCP 的前提条件之一，是落实 GMP 卫生法规的具体程序。

卫生标准操作程序的基本内容包括：①与食品接触或与食品接触物表面接触的水（冰）的安全；②与食品接触的表面（包括设备、手套、工作服）的清洁度；③防止发生交叉污染；④手的清洗与消毒，厕所设施的维护与卫生保持；⑤防止食品被污染物污染；⑥有毒化学物质的标记、储存和使用；⑦雇员的健康与卫生控制；⑧虫害的防治。

2.SSOP 在水产食品安全中的应用

1995 年 2 月颁布的《美国肉、禽产品 HACCP 法规》中第一次提出了要求建立一种书面的常规可行程序——卫生标准操作程序（SSOP），确保生产出安全、无掺杂的食品。同年 12 月，美国 FDA 颁布的《美国水产品的 HACCP 法规》中进一步明确了 SSOP 必须包括的八个方面及验证等相关程序，从而建立了 SSOP 的完整体系。从此，SSOP 一直作为 GMP 和 HACCP 的基础程序加以实施，成为完成 HACCP 体系的重要前提条件。

三、水产食品的危害分析与关键控制点

1. 危害分析与关键控制点概述

危害分析与关键控制点（hazard analysis critical control point，HACCP）是由食品的危害分析（HA）和关键控制点（CCP）两部分组成，应用食品加工、微生物学、质量控制和危害评价等有关原理和方法，对食品原料、加工以至最终产品等过程实际存在和潜在性的危害进行分析判定，找出与最终产品质量有影响的关键控制环节，并采取相应控制措施，使食品的危害性减少到最低限度，从而达到最终产品较高安全性的目的。

HACCP 体系的特点如下：①建立在企业良好的食品卫生管理系统的基础上，不是孤立体系。②是预防性的食品安全控制体系，要对所有潜在的危害进行分析，确定预防措施，防止危害发生。③强调关键控制点的控制，在②的基础上确定哪些是显著危害，找出关键控制点。④其具体内容因不同食品加工过程而异，每个 HACCP 计划都反映了某种食品加工方法的专一特性。⑤是基于科学分析而建立的体系，需要强有力的技术支持。⑥不是零风险体系，而是能减少或者降低食品安全风险。⑦需要一个实践——认识——再实践——再认识的过程，企业在制订 HACCP 体系计划后，不是一成不变的，要不断对其有效性进行验证，在实践中加以完善和提高。

HACCP 基本原理包括：①危害分析；②确定关键控制点；③建立关键限值、保证 CCP 受控制；④确定监控 CCP 的措施；⑤确立纠偏措施；⑥确立有效的记录保持程序；⑦建立审核程序以证明 HACCP 系统是在正确运行中。

2. HACCP 在水产食品安全中的应用

（1）国外
1993 年，日本采取了 HACCP 管理方法；1995 年 12 月，美国颁布 "水产品 HACCP 法规"；1997 年 2 月，国际食品法典委员会、加拿大、欧盟、韩国和澳大利亚均认可采用 HACCP；1997 年 12 月，美国水产品均强制执行 "水产品 HACCP 法规"。
（2）国内
水产品 HACCP 体系最早应用在出口水产品加工厂，为了水产品能顺利出口美国，我国开始在出口水

产品加工中按照 FDA 水产品法规要求建立 HACCP 体系。1990 年起，出入境检验检疫部门开始研究并制定了"在出口食品企业中建立 HACCP 质量管理体系"的原则和一些具体方案。2000 年 1 月 1 日农业部渔业局颁布了《水产品加工质量管理规范》SC/T3009—1999。建立在 GMP 和 SSOP 基础上的 HACCP 计划。2002 年 5 月 20 日，我国颁布实施的国家质量监督检验检疫总局令第 20 号《出口食品生产企业卫生注册登记管理规定》明确要求，出口水产品（除活品、冰鲜、晾晒、腌制品外）加工厂在 2003 年 12 月 31 日以前均要通过 HACCP 体系的官方验证，否则其产品不能出口。

第五节　水产食品质量安全追溯

一、食品质量安全追溯的概述

随着人们生活水平的提高，水产品在食物结构中所占比例迅速增加，但因其易腐易变质的特点，存在着比其他食物更大的安全风险，因此为保障消费者知情权，加强食品安全监管、建立有效的水产食品质量安全追溯体系刻不容缓。

1. 概念

"可追溯性"被定义为：具有可追踪和溯源某个产品的来源、形成过程、使用和位置的能力。即在食品生产加工和销售的各个关键环节中对食品、饲料以及构成其成分的所有物质进行记录，方便生产者、销售者、市场监管者和消费者对产品生产全过程进行正向和反向追踪。食品安全追溯的正向追踪即为对最终产品生产过程中全部成分的生产加工过程，从上游到下游进行供应链的信息记录与跟踪，使产品流和信息流同步更新。食品安全追溯的反向追踪是在正向追踪的基础上，当产品出现质量安全问题时，通过记录在册的供应链了解产品的来源，寻找出现问题原因，召回问题产品，从而实现由供应链下游向供应链上游的溯源。

2. 优势

食品安全追溯体系的建立能保障消费者应有的消费权益，让消费者查询食品的来源地及生产流程，并能在出现食品质量安全问题时更快速追责获赔；便于企业通过追溯体系对订单协商、库存物料管理、企业资产等多方面信息进行内部的量化管理和外部的流通管理，提高企业综合效率；在发现食品质量安全问题后，可通过反向追溯手段追踪食品流向，查明原因，回收存在危害而尚未被消费的食品，封存尚未出厂的食品，撤销其上市许可，切断危险源头以消除危害并减少损失；通过采集追溯食品生产经营者的各类信息，建立生产经营者电子档案，落实各生产环节之间的行为责任，便于政府管理部门行使监管权，杜绝出现质量安全问题后生产商、销售商推卸责任的现象，强化全过程质量安全管理。

食品质量安全追溯作为保障食品安全的一种重要手段，受到各国政府、行业组织和企业的高度重视。主要通过建立相对完善、科学合理的食品质量安全法律法规，约束食品生产企业的生产和销售行为；建立有效的食品质量安全监管体系，增加企业违法生产的成本，降低了企业违法生产的可能性；建立完善的可追溯体系，加大企业和消费者对可追溯体系的重视程度、认可度和参与度，鼓励企业及机构自愿参与建设，实现食品质量安全可追溯体系的健康发展。

二、水产食品质量安全追溯的国际规范

欧美等发达国家是食品质量安全可追溯体系的领跑者，建立了比较完善的水产品质量安全可追溯法律法规、监督管理体系和可追溯体系要求规范。

1. 科学合理的法律法规

欧盟有一部作为核心的食品安全白皮书，规定了 116 项条款，要求所有成员国执行并实现从"农田到餐桌"的全供应链过程控制，涉及了食物链各参与主体的任务和责任、标签管理、管理机构、食物安全要求与召回、详细卫生规范、水产品追溯等要求，并要求所有的食品或者市场出售的食物都必须有足够的标识，保证食品可追溯，通过科学严谨的立法降低水产品质量安全问题的发生。美国以《生物反恐法案》和《食品安全现代法案》为追溯法核心，规定所有涉及食品运输、配送和进口企业都要建立并保全相关食品流通的全过程记录，也对国内和进口食品安全的标准、生产、运输、召回等方面进行了更为系统的规定。日本在《食品安全基本法》中规定了食品的全供应链可追溯和食品流通各个阶段的安全措施的要求，追溯法体系健全，覆盖标签、农产品、检疫、农药、肥料饲料安全、食品安全等溯源，不仅保障食品生产的安全性，更能确保流通过程中的安全性。

2. 行之有效的质量监管体系

欧盟是由欧盟食品安全局负责管理食品安全监管职能，为生产企业提供科技支持，为欧盟委员会、议会、欧盟成员国提供食品风险评估结果，向公众提供风险信息。美国水产品监管由 FDA、商业部国家海洋渔业服务中心、农业部食品安全检验局和动植物检验检疫局等多部门共同监管。日本则是由食品安全委员会、厚生劳动省及农林水产省负责水产品安全监管。

3. 完善的水产品质量安全可追溯体系

绝大多数水产品都以活品或冻品形式流通，对时效性和鲜活性要求很高。欧盟、美国、日本、加拿大等发达国家和地区运用较为先进的运输、追溯和标签技术，其水产品冷链物流流通率达到了100%，避免了由于运输条件限制造成的质量安全损失。在编码标签方面，多数欧美发达国家都以全球统一的标识系统（EAN-UCC 系统）为基础，对水产品生产、流通、加工、销售各个环节进行记录追踪。在标签和信息采集技术上，则将供应链管理与电子商务结合，并运用耳标、条形码、电子标签、无线射频识别技术（RFID）及物联网等技术，提高了可追溯的效率及商品的竞争力；按照可追溯机制内的 HACCP、GMP 理念的规定进行产品生产加工，从源头上防止食品安全危害，确保可追溯体系的实施。

三、水产食品质量安全追溯的国内规范

1. 我国法律法规和相关标准体系状况

我国制定的《中华人民共和国食品安全法》和《食品安全法（修订草案）》的立法宗旨是"保证食品安全，保障公众身体健康和生命安全"，这为实施水产品追溯机制提供了原则保障；2015年将食品追溯制度纳入《中华人民共和国食品安全法》中，确立了建立国家食品安全全程追溯制度，并制定了《食品可追溯性通用规范》《食品追溯信息编码与标识规范》等若干食品安全追溯的国家标准。我国沿海各省市同时加快了水产品追溯机制相关法律法规的制定和实施，上海市、广东省、福建省等都部署了本省市水产品质量安全可追溯体系建设的总体规划，加强了对水产品质量安全可追溯体系建设的支持力度和政策引导作用。

2. 我国监管部门的设置和运行

我国的食品安全政府管理由多部门分环节构成，由农业部门负责初级农产品生产环节的监管，质检部门负责食品生产加工环节的质量和卫生监管，工商部门负责食品流通环节的监管，卫生部门负责餐饮业和食堂等消费环节的监管，食品药品监管部门负责对食品安全的综合监督、组织协调和依法组织查处重大事故。目前，这些监管部门之间基本上形成了信息通报、行政协调、行政协助、联合执法、案件移交、信息与资源共享等合作制度。

3. 我国水产品可追溯体系的建立

我国开发设计了水产品主体标识与标签标识技术，建立了水产品供应链数据传输与交换技术体系，科学设置了追溯信息导入与查询动态权限分配原则与方法，集合形成政府水产品质量安全追溯与监管平台，研发出了水产养殖与加工产品质量安全管理软件系统、水产品市场交易质量安全管理软件系统和水产品执法监管追溯软件系统，并建立了多个层级的追溯系统，如基于 EAN-UCC 国际通用编码系统的国家食品安全追溯平台。目前我国水产品追溯体系主要通过条码识别、无线传感网络（WSN）、RFID、时间温度指示器（TTI）、机器视觉等技术读取食品生产、加工、销售过程的数据，对整个过程进行信息精准定位，从而达到可追踪源头、可分化责任、可召回问题食品，使消费者的饮食得到保障。

📁 参考文献

[1] 缪苗, 黄一心, 沈建, 等. 水产品安全风险危害因素来源的分析研究 [J]. 食品安全质量检测学报, 2018, 9（14）: 5195-5201.

[2] 袁华平, 徐刚, 王海, 等. 食品中的化学性风险及预防措施 [J]. 食品安全质量检测学报, 2018, 9（14）: 3598-3602.

[3]　王光强, 俞剑燊, 胡健, 等. 食品中生物胺的研究进展 [J]. 食品科学, 2016, 37 (1) : 269-278.

[4]　GB 4789.2—2016 食品安全国家标准　食品微生物学检验　菌落总数测定 [S]. 北京: 中国标准出版社, 2016.

[5]　GB 4789.3—2016 食品安全国家标准　食品微生物学检验　大肠菌群计数 [S]. 北京: 中国标准出版社, 2016.

[6]　GB 4789.4—2016 食品安全国家标准　食品微生物学检验　沙门氏菌检验 [S]. 北京: 中国标准出版社, 2016.

[7]　GB 4789.7—2013 食品安全国家标准　食品微生物学检验　副溶血性弧菌检验 [S]. 北京: 中国标准出版社, 2013.

[8]　GB 4789.10—2016 食品安全国家标准　食品微生物学检验　金黄色葡萄球菌检验 [S]. 北京: 中国标准出版社, 2016.

[9]　GB 4789.15—2016 食品安全国家标准　食品微生物学检验　霉菌和酵母计数 [S]. 北京: 中国标准出版社, 2016.

[10]　GB 23200.88—2016 食品安全国家标准　水产品中多种有机氯农药残留量的检测方法 [S]. 北京 中国标准出版社, 2016.

[11]　GB 29684—2013 食品安全国家标准　水产品中红霉素残留量的测定　液相色谱 – 串联质谱法 [S]. 北京: 中国标准出版社, 2013.

[12]　周德庆. 水产品质量安全与检验检疫实用技术. 北京: 中国计量出版社 2007: 271-313.

[13]　吴燕燕, 李凤霞, 李来好. 水产品病原菌及其检测与控制技术研究进展 [J]. 微生物学通报, 2009, 36 (1) : 113-119.

[14]　米娜莎. 我国水产品质量安全风险分析体系现状与问题研究 [D]. 青岛: 中国海洋大学, 2015.

[15]　曾莉娜. 中国食品安全风险分析机制研究——基于国际比较的视角 [D]. 上海: 上海师范大学, 2010.

[16]　陈玮. 出口水产食品安全风险综合评估与应用研究 [D]. 厦门: 集美大学, 2012.

[17]　刘秀兰, 夏延斌. 食品安全风险分析及其在食品质量管理中的应用 [J]. 食品与机械, 2008, 24 (4) : 124-127.

[18]　王群, 宋怿, 马兵. 水产品中孔雀石绿的风险评估 [J]. 中国渔业质量与标准, 2011, 01 (2) : 38-43.

[19]　孙图南, 张瑾. 我国水产加工业 HACCP 体系实施现状及研究进展 [J]. 中国水产, 2006, (1) : 69-70.

[20]　周翀. GMP 在我国水产食品加工企业中的应用研究 [D]. 青岛: 中国海洋大学, 2006.

[21]　叶嘉鑫, 高凛. 我国食品安全追溯体系的发展现状及对策研究 [J]. 中国食品药品监管, 2018, (11) : 46-52.

[22]　郑建明, 郑久华. 中美水产品质量安全可追溯政府治理机制比较分析 [J]. 中国农业资源与区划, 2016, 37 (5) : 35-40.

总结

○ 水产品生物性危害
- 可分为细菌、病毒、寄生虫等三大类。
- 细菌危害包括单核增生李斯特氏菌、副溶血性弧菌、沙门氏菌、金黄色葡萄球菌等。
- 病毒性危害包括诺如病毒、甲型肝炎病毒等。
- 水产品中寄生虫主要为线虫、绦虫、吸虫等。

○ 水产品中微生物的检测指标
- 菌落总数
- 大肠菌群数量
- 霉菌和酵母菌
- 沙门氏菌
- 金黄色葡萄球菌
- 副溶血性弧菌

○ 免疫检测的原理
- 让抗体特异性与抗原结合。

- 通过抗原-抗体的特异性识别反应来进行检测。
- 方法有免疫荧光技术、免疫酶技术以及免疫磁珠分离法等。
○ PCR检测技术
- 在体外进行特异DNA序列的聚合及扩增，使用琼脂糖凝胶电泳进行定量分析。
- 方法有竞争PCR、实时PCR、定量PCR等。
○ 色谱检测技术
- 制备水产品中残留样。
- 设定色谱仪的操作条件。
- 取试样溶液和相应的标准溶液做单点或者多点校准，按外标法，以峰面积计算。
- 方法有气相色谱法（GC）、高效液相色谱法（HPLC）以及色谱-质谱串联技术。
○ 水产食品安全风险分析
- 食品安全风险分析的基本框架包括风险评估、风险管理和风险交流。
- 风险评估包括四个步骤：危害识别、危害特征描述、暴露评估和风险特征描述。
○ 水产品加工的GMP要素
- 水产品加工环境
- 工厂的布局
- 基本设施
- 水产品预处理、加工、保藏和包装技术
○ SSOP的基本内容
- 与食品接触或与食品接触物表面接触的水（冰）的安全。
- 与食品接触的表面（包括设备、手套、工作服）的清洁度。
- 防止发生交叉污染。
- 手的清洗与消毒，厕所设施的维护与卫生保持。
- 防止食品被污染物污染。
- 有毒化学物质的标记、储存和使用。
- 雇员的健康与卫生控制。
- 虫害的防治。
○ HACCP基本原理
- 危害分析
- 确定关键控制点
- 建立关键限值、保证CCP受控制
- 确定监控CCP的措施
- 确立纠偏措施
- 确立有效的记录保持程序

- 建立审核程序以证明HACCP系统是在正确运行中
- ○ 食品质量安全可追溯
  - 食品生产加工和销售各个关键环节对构成食品成分的所有物质进行记录。
  - 便于生产者、销售者、市场监管者和消费者对产品生产全过程进行追踪。
  - 正向追溯：由供应链上游到下游进行信息记录与跟踪，使产品流和信息流同步更新。
  - 反向追溯：当产品出现质量安全问题时，通过记录在册的供应链了解到产品的来源，由供应链下游向上游寻找出现问题原因，召回问题产品。
- ○ 可追溯体系建立的优势
  - 保障消费者应有的消费权益。
  - 便于企业进行内部量化管理和外部流通管理。
  - 出现食品质量安全问题后，可快速查明原因，回收封存问题产品，撤销上市许可从而消除危害并减少损失。
  - 建立生产经营者各类信息电子档案，落实各生产商之间的行为责任，便于政府管理部门行使监管权。
- ○ 食品质量安全可追溯体系建立的国内外规范
  - 科学合理的法律法规。
  - 行之有效的质量监管体系。
  - 完善的水产品质量安全可追溯体系。

课后练习

一、正误题

1）水产品的危害来源主要分为生物性危害、化学性危害及天然有毒物质等。（　　　）

2）水产品生物性危害包括水产品本身的过敏物质。（　　　）

3）大肠菌群计数的方法中的 MPN 法适合大肠菌群含量较高的水产品；平板计数法适合大肠菌群含量较低的水产品。（　　　）

4）色谱分为两类，包括气相色谱和高效液相色谱法。（　　　）

5）培养霉菌和酵母菌需要使用 VRBA 平板。（　　　）

6）食品安全风险交流是食品安全风险分析的最后一步。（　　　）

7）美国和欧盟水产品质量安全风险分析均主要是结合 HACCP 体系来开展的。（　　　）

8）未除去外包装的原辅料可直接进入洁净区。（　　　）

二、选择题

1）水产品常见的生物性危害有（　　　）。

　　A. 细菌　　　　　　B. 病毒　　　　　C. 寄生虫

2）水产品中常见的化学性危害有（　　　）。

　　A. 药物残留　　　　B. 重金属　　　　C. 病毒及其产生的毒素

3）下列属于鱼类毒素的是（　　　）。

　　A. 雪卡毒素　　　　　B. 河豚毒素　　　　C. 腹泻性贝类毒素

4）引起组胺中毒的鱼类是（　　　）。

　　　A. 红肉鱼　　　　　B. 河豚　　　　C. 内陆湖泊鱼

5) 检测水产品常用的免疫检测技术主要有（　　）。

　　　A. 免疫荧光技术　　B. 免疫酶技术　C. 免疫磁珠分离法

6) 食品安全风险分析的基本框架包括（　　）。

　　　A. 风险评估　　　　　B. 风险管理　　C. 风险交流

7) 食品加工企业制订 SSOP 计划，首先要考虑的元素是（　　）。

　　　A. 食品接触表面的卫生要求　　　　B. 水或冰的卫生要求

　　　C. 员工健康　　　　　　　　　　　D. 交叉污染的防止

8) HACCP 全称为（　　）。

　　　A. 危害分析和关键控制点　　　　　B. 危害分析

　　　C. 关键控制点　　　　　　　　　　D. 关键限值

9) （　　）是食品安全危害能被控制的，能预防、消除或降低到可以接受的水平的一个点、步骤或过程。

　　　A. 关键控制点　　　　B. 控制点　　　C. 操作限值　　D. 以上都不是

10) 近年来欧盟出台的一系列有关食品安全的法律法规，为了保证食品安全，进一步明确：（　　）。

　　　A. 所有的食品或者市场出售的食物都必须有足够的标识，保证食品安全

　　　B. 所有的食品或者市场出售的食物都必须有商品条码，保证食品可追溯

　　　C. 所有的食品或者市场出售的食物都必须有食品可追溯码，保证食品可追溯

　　　D. 所有的食品或者市场出售的食物都必须有足够的标识，保证食品可追溯

11) 实现食品可追溯就要求（　　）。

　　　A. 对从"农田到餐桌"的整个食品供应链的全过程进行记录

　　　B. 将记录的所有信息保存，并保证与物流信息进行同步实时更新

　　　C. 按照这些记录信息可以查询到每一件食品的具体位置和在食品供应链中的位置

　　　D. 消费者能够熟练掌握食品可追溯技术